高等学校教学用书

可编程控制技术与应用

主　编　刘志刚
副主编　吴红霞　汪小志

北　京
冶金工业出版社
2011

内容简介

本书首先介绍了可编程序控制器的基础知识，并以 FX_2 系列可编程序控制器为核心，系统介绍了可编程序控制器的基本结构、指令系统与程序设计、控制系统设计以及 PLC 在逻辑控制系统、模拟量控制系统中的应用等。本书力求结合职业教育和应用型本科的特点，注重理论联系实际，特别对可编程序控制器控制系统的组成、指令系统等作了详细的介绍，重在突出实用性，加强对学生实践能力的培养。本书结构合理、条理清晰、通俗易懂，列举了大量的应用实例，并在每章末配有习题，便于教学与自学。

本书可作为独立学院、应用型本科以及高职高专电类及机电类等专业的教材，也可供相关专业及有关工程技术人员学习参考。

图书在版编目（CIP）数据

可编程控制技术与应用/刘志刚主编. —北京：冶金工业出版社，2011.1

高等学校教学用书

ISBN 978-7-5024-5283-4

Ⅰ. ①可… Ⅱ. ①刘… Ⅲ. ①可编程序控制器—高等学校—教材参考资料 Ⅳ. ①TM571.6

中国版本图书馆 CIP 数据核字（2011）第 002471 号

出 版 人　曹胜利
地　　址　北京北河沿大街嵩祝院北巷 39 号，邮编 100009
电　　话　(010)64027926　电子信箱　yjcbs@cnmip.com.cn
责任编辑　张　晶　美术编辑　李　新　版式设计　葛新霞
责任校对　卿文春　责任印制　张祺鑫
ISBN 978-7-5024-5283-4
北京兴华印刷厂印刷；冶金工业出版社发行；各地新华书店经销
2011 年 1 月第 1 版，2011 年 1 月第 1 次印刷
787mm×1092mm　1/16；16.25 印张；429 千字；247 页
35.00 元

冶金工业出版社发行部　电话：(010)64044283　传真：(010)64027893
冶金书店　地址：北京东四西大街 46 号(100010)　电话：(010)65289081(兼传真)
（本书如有印装质量问题，本社发行部负责退换）

前　言

本书作者长期从事高等学校的可编程序控制器教学与科研工作，作者在积累了大量教学经验的基础上，参考众多可编程序控制器教学用书，结合职业技术教育和应用型本科的特点，组织编写了本教材。教材内容以 FX_2 系列可编程序控制器为核心，包括可编程序控制器基础知识、常用可编程序控制器及基本指令系统、可编程序控制器程序设计、可编程序控制器控制系统设计、PLC 在逻辑控制系统和模拟量控制系统中的应用以及 PLC 实验实训等。大部分的例子有较详细的设计要求，并进行设计思路分析，然后给出主要流程图和梯形图，包括详细注释等。

本书由刘志刚任主编，吴红霞和汪小志担任副主编。参加编写人员的具体分工如下：第 1 章由吴红霞编写，第 2、3 章由刘志刚编写，第 4 章由祁峰编写，第 5 章由胡亚娟编写，第 6、7 章由汪小志编写。全书由刘志刚负责统稿，熊年禄教授审稿。

在本书的编写过程中，得到了武汉理工大学、中国地质大学江城学院、武汉生物工程学院、武汉大学东湖分校、武汉大学珞珈学院、河南工业职业技术学院等院校领导和教师的大力支持，在此一并表示诚挚的谢意。同时对所引用的参考文献的作者们表示衷心的感谢。

由于编者水平有限，加之时间仓促，书中不妥之处敬请广大读者批评指正。

编　者

2010 年 10 月

目　录

1 可编程序控制器基础知识

1.1 可编程序控制器概述

可编程序控制器（programmable controller）通常也可简称为可编程控制器，英文缩写为 PC 或 PLC，是以微处理器为基础，综合了计算机技术、自动控制技术和通信技术发展起来的一种通用的工业自动控制装置。它具有体积小、功能强、程序设计简单、灵活通用、维护方便等一系列的优点，特别是它的高可靠性和较强的适应恶劣工业环境的能力，更是得到用户的好评，因而在冶金、能源、化工、交通、电力等领域中得到了越来越广泛的应用，成为现代工业控制的三大技术支柱（PLC、机器人和 CAD/CAM）之一。

1.1.1 可编程序控制器的由来与定义

在可编程序控制器问世以前，工业控制领域中是继电器控制占主导地位。这种由继电器构成的控制系统有着十分明显的缺点：体积大、耗电多、可靠性差、寿命短、运行速度不高，尤其是对生产工艺多变的系统适应性更差，如果生产任务或工艺发生变化，就必须重新设计，并改变硬件结构，造成了时间和资金的严重浪费。为改变这一现状，早在 1968 年，美国最大的汽车制造商——通用汽车公司（GM），为了适应需要不断更新汽车型号以求在竞争激烈的汽车工业中占有优势的局面，提出要研制新型的控制装置以取代继电器控制装置，为此，特定十项公开招标的技术要求，即：

（1）编程简单方便，可在现场修改程序；

（2）硬件维护方便，最好是插件式结构；

（3）可靠性高于继电器控制装置；

（4）体积小于继电器控制装置；

（5）可将数据直接送入管理计算机；

（6）成本上可与继电器控制装置竞争；

（7）输入可以是交流 115V；

（8）输出为交流 115V、2A 以上，能直接驱动电磁阀；

（9）扩展时，原有系统只需做很小的改动；

（10）用户程序存储器容量至少可以扩展到 4KB。

1969 年，美国数字公司（DEC）就研制出世界上第一台可编程序控制器，并在 GM 公司自动装配线上试用，获得了成功。其后日本、德国等相继引入这项新技术，可编程序控制器由此而迅速发展起来。在这一时期，可编程序控制器虽然采用了计算机的设计思想，但实际上只能完成顺序控制，仅有逻辑运算、定时、计数等顺序控制功能，所以人们将可编程序控制器又称为 PLC（programmable logical controller），即可编程序逻辑控制器。

20 世纪 70 年代末至 80 年代初，微处理器技术日趋成熟，使可编程序控制器的处理速度大大提高，增加了许多特殊功能，如浮点运算、函数运算、查表等，使得可编程控制不仅可以进行逻辑控制，而且还可以对模拟量进行控制。因此，美国电器制造协会 NEMA（National Electrical Manufacturers Associations）将之正式命名为 PC（programmable controller）。

20 世纪 80 年代后，随着大规模和超大规模集成电路技术的迅猛发展，以 16 位和 32 位微处理器构成的微机化可编程序控制器得到了惊人的发展，在概念上、设计上、性价比等方面有了重大的突破。可编程序控制器具有了高速计数、中断技术、PID 控制等功能，同时联网通信能力也得到了加强，这些都使得可编程序控制器的应用范围和领域不断扩大。

为规范这一新型的工业控制装置的生产和发展，国际电工委员会（IEC）制定了 PLC 的标准，并给出了它的定义：可编程序控制器是一种数字运算操作的电子系统，专为在工业环境下应用而设计，它采用可编程序的存储器在其内部存储执行逻辑运算、顺序控制、定时、计数和算术运算等操作命令，并通过数字式、模拟式的输入和输出，控制各种类型的机械或生产过程。可编程序控制器及其有关的设备，都应按易于与工业控制系统联成一个整体、易于扩充功能的原则而设计。

值得注意的是，目前国内使用的可编程序控制器的英文缩写有两种形式：一是 PC，二是 PLC。因为个人计算机的简称也是 PC（personal computer），有时为了避免混淆，人们习惯上仍将可编程序控制器简称为 PLC（尽管这是早期的名称）。

1.1.2 可编程序控制器的产生与发展

世界上公认的第一台 PLC 是 1969 年由美国数字设备公司（DEC）研制的，限于当时的元件条件及计算机发展水平，早期的 PLC 主要由分立元件和中小规模集成电路组成，可以完成简单的逻辑控制及定时、计数功能。20 世纪 70 年代初出现了微处理器，人们很快将其引入可编程控制器，使 PLC 增加了运算、数据传送及处理等功能，成为真正具有计算机特征的工业控制装置。为了方便熟悉继电器、接触器系统的工程技术人员使用，可编程控制器采用和继电器电路图类似的梯形图作为主要编程语言，并将参加运算及处理的计算机存储元件都以继电器命名。因而人们称可编程控制器为微机技术和继电器常规控制概念相结合的产物。

20 世纪 70 年代中后期，可编程控制器进入了实用化发展阶段，计算机技术已被全面引入可编程控制器中，使其功能发生了飞跃，更高的运算速度、超小型的体积、更可靠的工业抗干扰设计、模拟量运算、PID 功能及极高的性价比奠定了它在现代工业中的地位。20 世纪 80 年代初，可编程控制器在先进工业国家中已获得了广泛的应用。例如，在世界第一台可编程控制器的诞生地美国，权威情报机构 1982 年的统计数字显示，大量应用可编程控制器的工业厂家占美国重点工业行业厂家总数的 82%，可编程控制器的应用数量已位于众多的工业自控设备之首。这个时期可编程控制器发展的特点是大规模、高速度、高性能、产品系列化，这标志着可编程控制器已步入成熟阶段。这个阶段的另一个特点是世界上生产可编程控制器的国家日益增多，产量日益上升。许多可编程控制器的生产厂家已闻名于全世界，如美国 Rockwell 自动化公司所属的 A-B（Allen-Bradley）公司、GE-Fanuc 公司、日本的三菱公司和立石公司、德国的西门子（Siemens）公司、法国的 TE（Telemecanique）公司等，他们的产品已风行全世界，成为各国工业控制领域中的知名品牌。

20 世纪末期，可编程控制器的发展特点是更加适应于现代工业控制的需要。从控制规模上来说，这个时期发展了大型机及超小型机；从控制能力上来说，诞生了各种各样的特殊功能单元，用于压力、温度、转速、位移等各式各样的控制场合；从产品的配套能力来说，生产了各种人机界面单元、通讯单元，使应用可编程控制器的工业控制设备的配套更加容易。目前，可编程控制器在机械制造、石油化工、钢铁冶金、汽车、轻工业等领域的应用都得到了长足的发展。

我国可编程控制器的引进、应用、研制、生产是伴随着改革开放开始的。最初是在引进设备中大量使用了可编程控制器，接下来在各种企业的生产设备及产品中不断扩大对它的应用。目前，我国已可以生产中小型可编程控制器。上海东屋电气有限公司生产的CF系列、杭州机床电器厂生产的DKK及D系列、大连组合机床研究所生产的S系列、苏州电子计算机厂生产的YZ系列等多种产品已具备了一定的规模并在工业产品中获得了应用。此外无锡华光公司、上海香岛公司等中外合资企业也是我国比较知名的可编程控制器生产厂家。可以预见，随着我国现代化进程的深入，可编程控制器在我国将有更广阔的应用天地。

1.1.3 可编程序控制器的应用范围

近年来，随着微处理器芯片及其有关元器件的价格大幅度下降，使得PLC的成本也随之下降。与此同时，PLC的性能却在不断完善，功能也在增多、增强，使得PLC的应用已由早期的开关逻辑扩展到工业控制的各个领域。根据PLC的特点，可以将其应用形式归纳为如下几种类型：

（1）开关逻辑控制。这是PLC的最基本、最广泛的应用领域。PLC具有强大的逻辑运算能力，可以实现各种简单和复杂的逻辑控制。

（2）模拟量控制。在工业生产过程中，有许多连续变化的模拟量，如温度、压力、流量、液位和速度等，而PLC中所处理的是数字量，为了能接受模拟量输入和输出信号，PLC中配置有A/D和D/A转换模块，将现场的温度、压力等这些模拟量经过A/D转换变为数字量，经微处理器进行处理，微处理器得出的数字量，又经D/A转换后，变成模拟量去控制被控对象，这样就可实现PLC对模拟量的控制。

（3）闭环过程控制。运用PLC不仅可以对模拟量进行开环控制，而且还可以进行闭环控制，现代大中型的PLC一般都配备了专门的PID（比例、积分、微分调节）控制模块，当控制过程中某一个变量出现偏差时，PLC就按照PID算法计算出正确的输出去控制生产过程，把变量保持在整定值上。PLC的PID控制已广泛地应用在加热炉、锅炉、反应堆、酿酒以及位置和速度等控制中。

（4）定时控制。PLC具有定时控制的功能，它可以为用户提供几十甚至上百个定时器，其时间可以由用户在编写用户程序时设定，也可以由操作人员在工业现场通过编程器进行设定，从而实现定时或延时的控制。

（5）计数控制。计数控制也是控制系统不可缺少的，PLC同样也为用户提供了几十个甚至上百个的计数器，设定方式同定时一样。如果用户需要对频率较高的信号进行计数的话，则可以选择高速计数模块。

（6）顺序（步进）控制。在工业控制中，采用PLC实现顺序控制，可以用移位寄存器和步进指令编写程序，也可以采用顺序控制的标准化语言——顺序功能图SFC（sequential function chart）编写程序，使得PLC在实现按照事件或输入状态的顺序控制相应输出更加容易。

（7）数据处理。现代PLC都具有数据处理的能力。它不仅能进行算术运算、数据传送，而且还能进行数据比较、数据转换、数据显示和打印以及数据通信等。对于大、中型PLC还可以进行浮点运算、函数运算等。

（8）通信和联网。PLC的控制已从早期的单机控制发展到了多机控制，实现了工厂自动化。这是由于现代的PLC一般都有通信的功能，它既可以对远程I/O进行控制，又能实现PLC与PLC、PLC与计算机之间的通信，从而可以方便可靠地搭成“集中管理，分散控制”的分布式控制系统，因此PLC是实现工厂自动化的理想工业控制器。

1.2 PLC控制系统与其他工业控制系统的比较

1.2.1 PLC控制与继电器控制的比较

PLC控制与继电器控制的比较见表1-1。

表1-1 PLC控制与继电器控制的比较

比较项目	继电器控制	PLC控制
控制功能的实现	由许多继电器，采用接线的方式来完成控制功能	各种控制功能是通过编制的程序来实现的
对生产工艺过程变更的适应性	适应性差，需要重新设计，改变继电器和接线	适应性强，只需对程序进行修改
控制速度	低，靠机械动作实现	极快，靠微处理器进行处理
计数及其他特殊功能	一般没有	有
安装、施工	连线多，施工繁	安装容易，施工方便
可靠性	差，触点多，故障多	高，因元器件采取了筛选和老化等可靠性措施
寿命	短	长
可扩展性	困难	容易
维护	工作量大，故障不易查找	有自诊断能力，维护工作量小

结论：由于PLC控制与继电器控制相比有许多优点，因此，在今后的控制系统中，传统的继电器控制系统被PLC控制所取代将是大势所趋。

1.2.2 PLC与通用计算机的比较

PLC与通用计算机的比较见表1-2。

表1-2 PLC与通用计算机的比较

比较项目	通用计算机	PLC
工作目的	科学计算，数据管理等	工业自动控制
工作环境	对工作环境的要求较高	对环境要求低，可在恶劣的工业现场工作
工作方式	中断处理方式	循环扫描方式
系统软件	需配备功能较强的系统软件	一般只需简单的监控程序
采用的特殊措施	掉电保护等一般性措施	采用多种抗干扰措施，自诊断，断电保护，可在线维修
编程语言	汇编语言、高级语言，如：BASIC，C等	梯形图、助记符语言等
对操作人员的要求	需专门培训，并具有一定的计算机基础	一般的技术人员，稍加培训即可操作使用
对内存的要求	容量大	容量小
价格	价格高	价格较低
其他		机种多，模块种类多，易于构成系统

结论：一般情况下，在工业自动化工程中采用PLC要比通用计算机可靠、方便、易于维护。就目前情况来看，计算机在信息处理方面还是优于PLC，所以在一些自动化控制系统中，常常将两者结合起来，PLC作为下位机进行现场控制，计算机作为上位机进行信息处理。计算机与PLC之间通过通信线路实现信息的传送和交换。这样相辅相成，构成一个功能较强的、完整的控制系统。

1.2.3 PLC与集散控制系统的比较

由前所述可知，PLC是由继电器逻辑控制系统发展而来的，而集散控制系统DCS（distribution control system）是由回路仪表控制系统发展起来的分布式控制系统，它在模拟量处理、回路调节等方面有一定的优势。而PLC随着微电子技术、计算机技术和通信技术的发展，无论在功能上、速度上、智能化模块以及联网通信上，都有了很大的提高，并开始与小型计算机连成网络，构成了以PLC为重要部件的分布式控制系统。随着PLC网络通信功能的不断增强，PLC与PLC以及计算机互连，可以形成大规模的控制系统，在数据高速公路上（data highway）挂接在线通用计算机，实现在线组态、编程和下装，进行在线监控整个生产过程，这样就已经具备了集散控制系统的形态，加上PLC的价格和可靠性优势，使之可与传统的集散控制系统相竞争。

1.3 可编程序控制器的基本组成

世界各国生产的可编程控制器外观各异，但作为工业控制计算机，其硬件结构都大体相同，主要由中央处理器（CPU）、存储器（RAM、ROM）、输入输出器件（I/O接口）、电源及编程设备几大部分构成。PLC的硬件结构框图如图1-1所示。

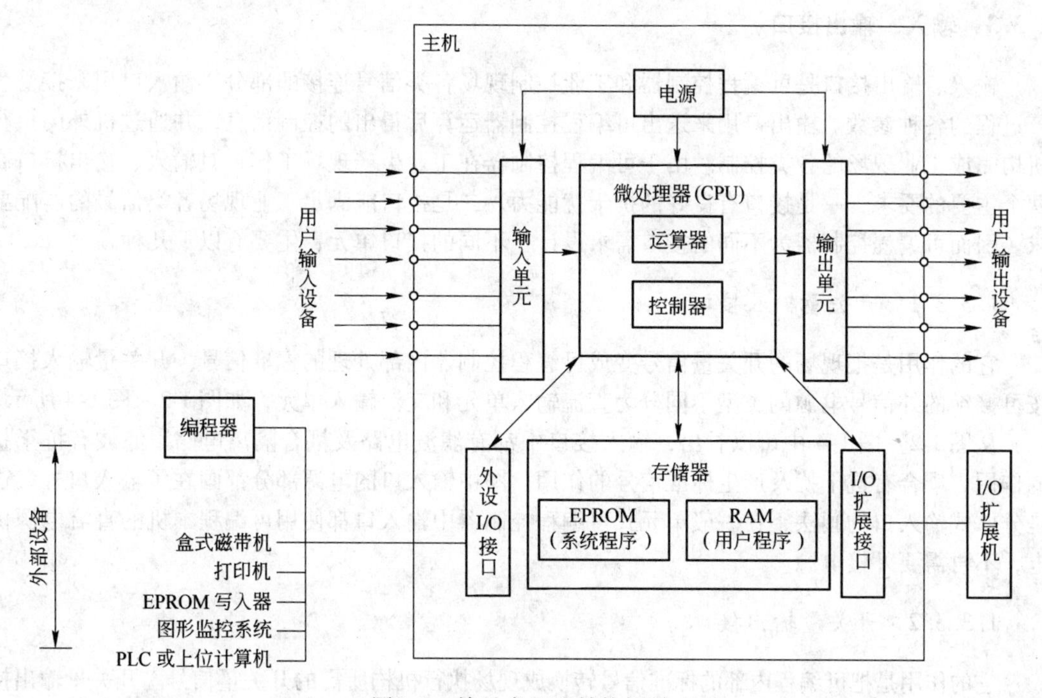

图1-1 单元式PLC结构框图

1.3.1 中央处理器（CPU）

中央处理器是可编程控制器的核心，它在系统程序的控制下，完成逻辑运算、数学运算、协调系统内部各部分工作等任务。可编程控制器中采用的 CPU 一般有三大类，一类为通用微处理器，如 80286、80386 等；一类为单片机芯片，如 8031、8096 等；另外，还有位处理器，如 AMD2900、AMD2903 等。一般说来，可编程控制器的档次越高，CPU 的位数越多，运算速度越快，指令功能越强。现在常见的可编程机型一般多为 8 位或者 16 位机。为了提高 PLC 的性能，也有一台 PLC 采用多个 CPU 的。

1.3.2 存储器

存储器是可编程控制器存放系统程序、用户程序及运算数据的单元。和一般计算机一样，可编程控制器的存储器有只读存储器（ROM）和随机读写存储器（RAM）两大类，只读存储器是用来保存那些需永久保存（即使机器掉电后也需保存）的程序的存储器，一般为掩膜只读存储器和可编程电擦写只读存储器。只读存储器用来存放系统程序。随机读写存储器的特点是写入与擦除都很容易，但在掉电情况下存储的数据就会丢失，一般用来存放用户程序及系统运行中产生的临时数据，为了能使用户程序及某些运算数据在可编程控制器脱离外界电源后也能保持，在实际使用中都为一些重要的随机读写存储器配备电池或电容等掉电保护装置。

可编程控制器的存储器区域按用途不同，又可分为程序区及数据区。程序区为用来存放用户程序的区域，一般有数千个字节。用来存放用户数据的区域一般要小一些。在数据区中，各类数据存放的位置都有严格的划分。由于可编程控制器是给熟悉继电器、接触器系统的工程技术人员使用的，所以其数据单元都叫做继电器，如输入继电器、时间继电器、计数器等。不同用途的继电器在存储区中占有不同的区域，每个存储单元有不同的地址编号。

1.3.3 输入、输出接口

输入、输出接口是可编程控制器和工业控制现场各类信号连接的部分。输入口用来接受生产过程的各种参数。输出口用来送出可编程控制器运算后得出的控制信息，并通过机外的执行机构完成工业现场的各类控制。由于可编程控制器在工业生产现场工作，对输入、输出接口有两个主要的要求，一是接口有良好的抗干扰能力，二是接口能满足工业现场各类信号的匹配要求。因而可编程控制器为不同的接口需求设计了不同的接口单元，主要有以下几种。

1.3.3.1 开关量输入接口

它的作用是把现场的开关量信号变成可编程控制器内部处理的标准信号。开关量输入接口按可接纳的外信号电源的类型不同分为直流输入单元和交流输入单元，如图 1-2 ~ 图 1-4 所示。

从图 1-2 ~ 图 1-4 中可以看出，输入接口中都有滤波电路及耦合隔离电路。滤波有抗干扰的作用，耦合有抗干扰及产生标准信号的作用。图中输入口的电源部分都画在了输入口外，这是分体式输入口的画法，在一般单元式可编程控制器中输入口都使用可编程本机的直流电源供电，不再需要外接电源。

1.3.3.2 开关量输出接口

它的作用是把可编程内部的标准信号转换成现场执行机构所需的开关量信号。开关量输出接口按可编程机内使用的器件可分为继电器型、晶体管型及可控硅型。内部参考电路图见图 1-5。

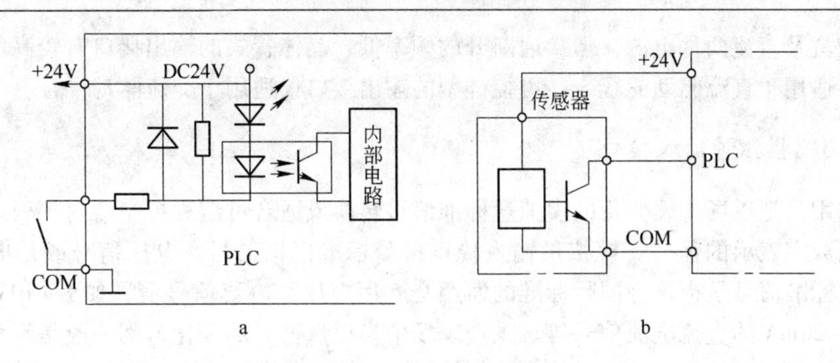

图 1-2 直流输入电路

a—直流输入电路内部接线图；b—直流输入电路外部接线图

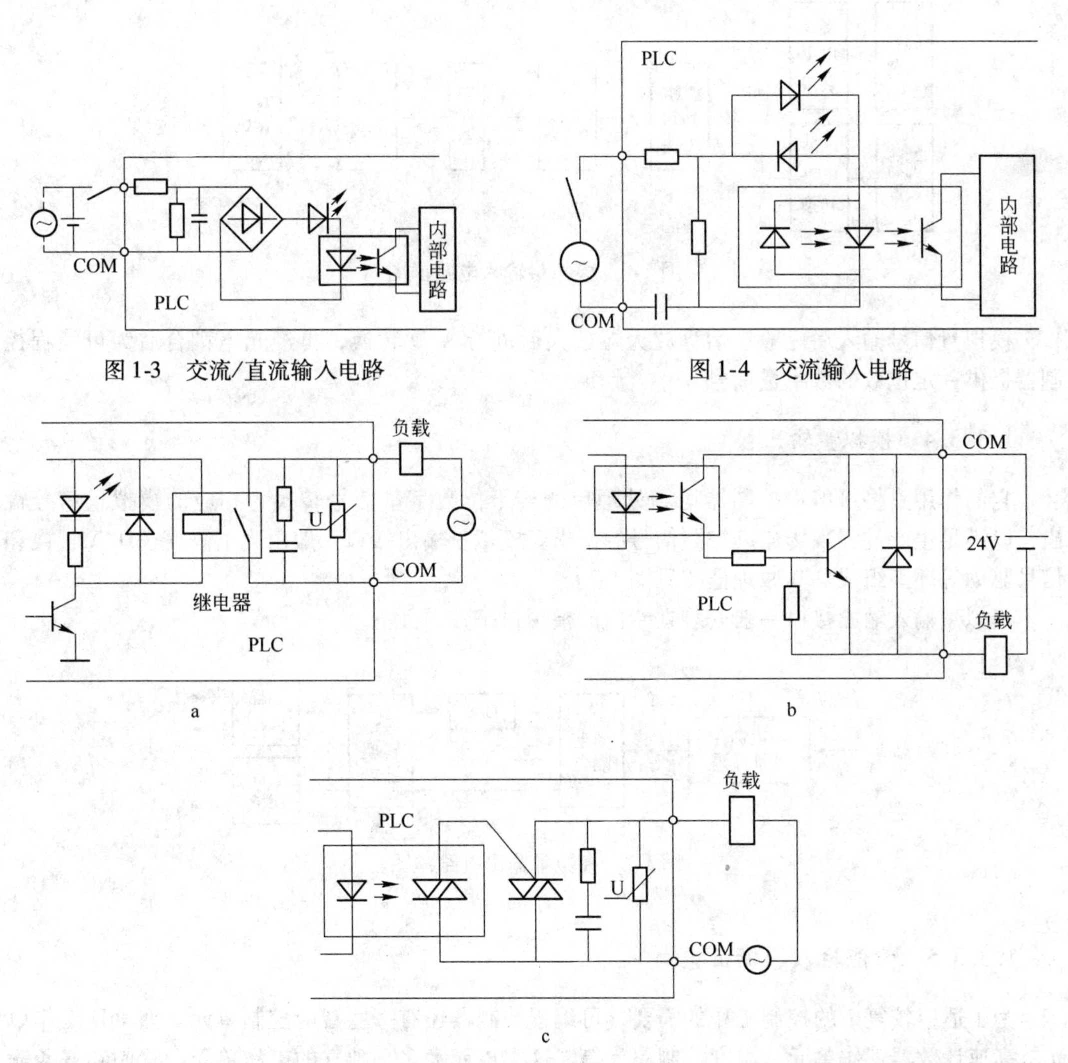

图 1-3 交流/直流输入电路

图 1-4 交流输入电路

图 1-5 开关量输出电路

a—继电器型输出接口电路；b—晶体管型输出接口电路；c—可控硅型输出接口电路

从图中可以看出，各类输出接口中也都具有隔离耦合电路。这里特别要指出的是，输出接口本身都不带电源，而且在考虑外驱动电源时，还需考虑输出器件的类型。继电器式的输出接口可用于交流及直流两种电源，但接通断开的频率低，晶体管式的输出接口有较高的接通断开频率，但只适用于直流驱动的场合，可控硅型的输出接口仅适用于交流驱动场合。

1.3.3.3 模拟量输入接口

它的作用是把现场连续变化的模拟量标准信号转换成适合可编程控制器内部处理的、由若干位二进制数字表示的信号。模拟量输入接口接受标准模拟信号，电压信号或是电流信号均可。这里的标准信号是指符合国际标准的通用交互用电压、电流信号值，如 1～10V 的直流电压信号、4～20mA 的直流电流信号等。工业现场中模拟量信号的变化范围一般是不标准的，在送入模拟量接口时一般都需经变送处理才能使用。图 1-6 是模拟量输入接口的内部电路框图。

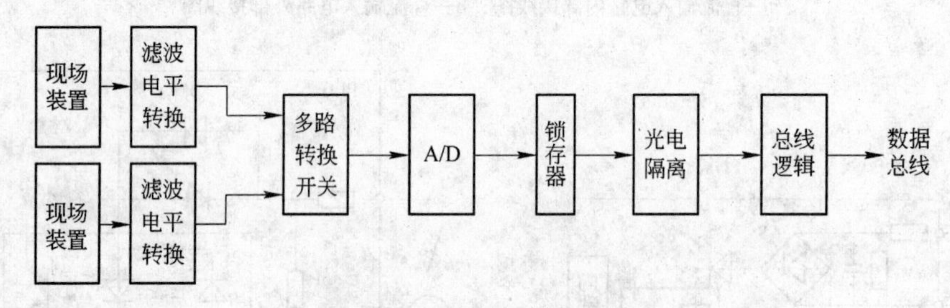

图 1-6 模拟量输入电路框图

模拟量信号输入后一般经运算放大器放大后进行 A/D 转换，再经光电耦合后为可编程控制器提供一定位数的数字量信号。

1.3.3.4 模拟量输出接口

它的作用是将可编程控制器运算处理后的若干位数字量信号转换为相应的模拟量信号输出，以满足生产过程现场连续控制信号的需求。模拟量输出接口一般由光电隔离、D/A 转换和信号驱动等环节组成。其原理框图见图 1-7。

模拟量输入输出接口一般安装在专门的模拟量工作单元上。

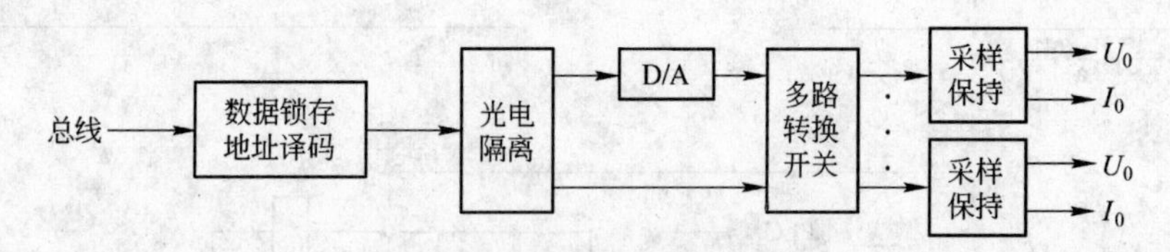

图 1-7 模拟量输出电路框图

1.3.3.5 智能输入、输出接口

为了适应较复杂的控制工作的需要，可编程控制器还有一些智能控制单元。如 PID 工作单元、高速计数器工作单元、温度控制单元等。这类单元大多是独立的工作单元，它们和普通输入、输出接口的区别在于一般带有单独的 CPU，有专门的处理能力。在具体的工作中，每个扫描周期智能单元和主机的 CPU 交换一次信息，共同完成控制任务。从近期的发展来看，不少新型的可编程控制器本身也带有 PID 功能及高速计数器接口，但它们的功能一般比专用单元的功能弱。

1.3.4 编程器

可编程控制器的特点是它的程序是可变更的，能方便地加载程序，也可方便地修改程序。于是编程设备就成了可编程控制器工作中不可缺少的设备。可编程控制器的编程设备一般有两类，一类是专用的编程器，有手持的，也有台式的，也有的可编程控制器机身上自带编程器。其中手持式的编程器携带方便，适合工业控制现场应用。另一类是个人计算机，在个人计算机上运行可编程控制器相关的编程软件即可完成编程任务。借助软件编程比较容易，一般是编好了以后再下载到可编程控制器中去。

编程器除了编程以外，一般都还具有一定的调试及监视功能，可以通过键盘调取及显示PLC的状态、内部器件及系统参数，它经过接口（也属于输入、输出口的一种）与处理器联系，完成人机对话操作。

按照功能强弱，手持式编程器又可分为简易型及智能型两类。前者只能联机编程，后者既可联机编程又可脱机编程。所谓脱机编程是指在编程时，把程序存储在编程器本身存储器中的一种编程方式，它的优点是在编程及修改程序时，可以不影响PLC机内原有程序的执行。也可以在远离主机的异地编程后再到主机所在地下载程序。

图1-8为FX-20P型手持式编程器。这是一种智能型编程器，配备存储器卡盒后可以脱机编程，本机显示窗口可同时显示四条基本指令。

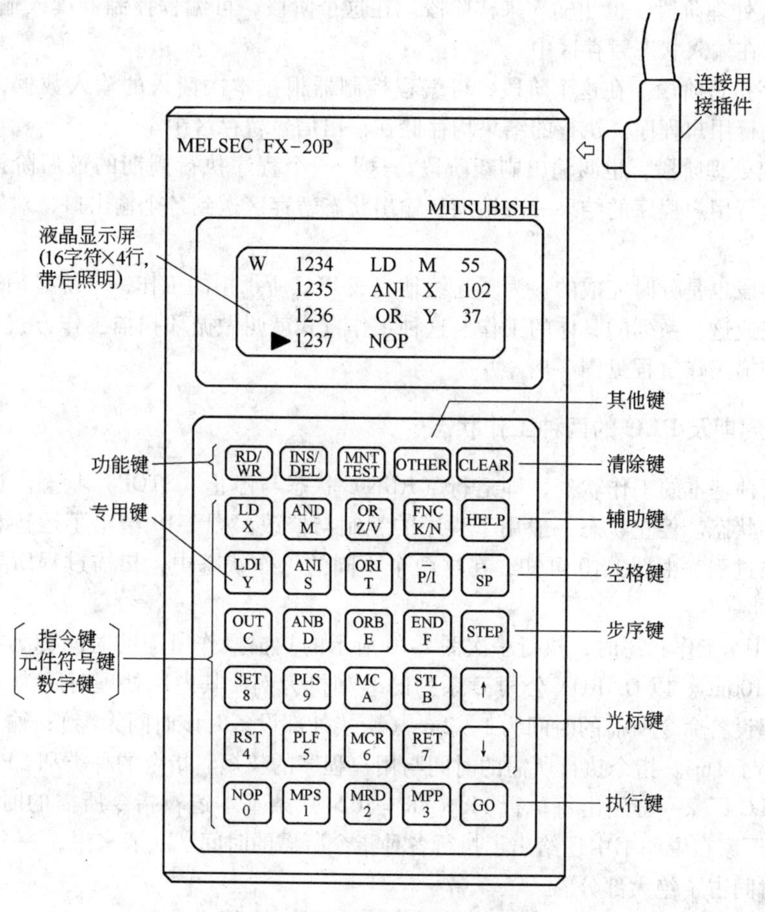

图1-8 FX-20P型手持式编程器

1.4 可编程序控制器的基本工作原理

可编程控制器的工作原理与计算机的工作原理基本上是一致的，可以简单地表述为在系统程序的管理下，通过运行应用程序完成用户任务。但个人计算机与 PLC 的工作方式有所不同，计算机一般采用等待命令的工作方式，如常见的键盘扫描方式或 I/O 扫描方式，当键盘有键按下或 I/O 口有信号输入时则中断转入相应的子程序。而 PLC 在确定了工作任务、装入了专用程序后成为一种专用机，它采用循环扫描工作方式，系统工作任务管理及应用程序执行都是以循环扫描方式完成的。

1.4.1 分时处理及扫描工作方式

PLC 系统正常工作所要完成的任务如下：

(1) 计算机内部各工作单元的调度、监控；

(2) 计算机与外部设备间的通讯；

(3) 用户程序所要完成的工作。

这些工作都是分时完成的。每项工作又都包含着许多具体的工作。以用户程序的完成来说又可分为以下三个阶段。

(1) 输入处理阶段，也叫输入采样阶段。在这个阶段，可编程控制器读入输入口的状态，并将它们存放在输入状态暂存区中。

(2) 程序执行阶段。在这个阶段，可编程控制器根据本次读入的输入数据，依用户程序的顺序逐条执行用户程序。执行的结果均存储在输出信号暂存区中。

(3) 输出处理阶段，也叫输出刷新阶段。这是一个程序执行周期的最后阶段。可编程控制器将本次执行用户程序的结果一次性地从输出状态暂存区送到各个输出口，对输出状态进行刷新。

这三个阶段也是分时完成的。为了连续地完成 PLC 所承担的工作，系统必须周而复始地依一定的顺序完成这一系列的具体的工作。这种工作方式就叫做循环扫描工作方式。PLC 用户程序执行阶段扫描工作过程见图 1-9。

1.4.2 扫描周期及 PLC 的两种工作状态

PLC 有两种基本的工作状态，即运行（RUN）状态与停止（STOP）状态。运行状态是执行应用程序的状态。停止状态一般用于程序的编制与修改。图 1-10 给出了运行和停止两种状态不同的扫描过程。由图 1-10 可知，在这两个不同的工作状态中，扫描过程所要完成的任务是不尽相同的。

PLC 在 RUN 工作状态时，执行一次图 1-10 所示的扫描操作所需的时间称为扫描周期，其典型值为 1 ~ 100ms。以 OMRON 公司 C 系列的 P 型机为例，其内部处理时间为 1.26ms；执行编程器等外部设备命令所需的时间为 1 ~ 2ms（未接外部设备时该时间为零）；输入、输出处理的执行时间小于 1ms。指令执行所需的时间与用户程序的长短、指令的种类和 CPU 执行速度有很大关系，PLC 厂家一般给出每执行 1K（1K = 1024）条基本逻辑指令所需的时间（以 ms 为单位）。某些厂家在说明书中还给出了执行各种指令所需的时间。一般来说，一个扫描过程中，执行指令的时间占了绝大部分。

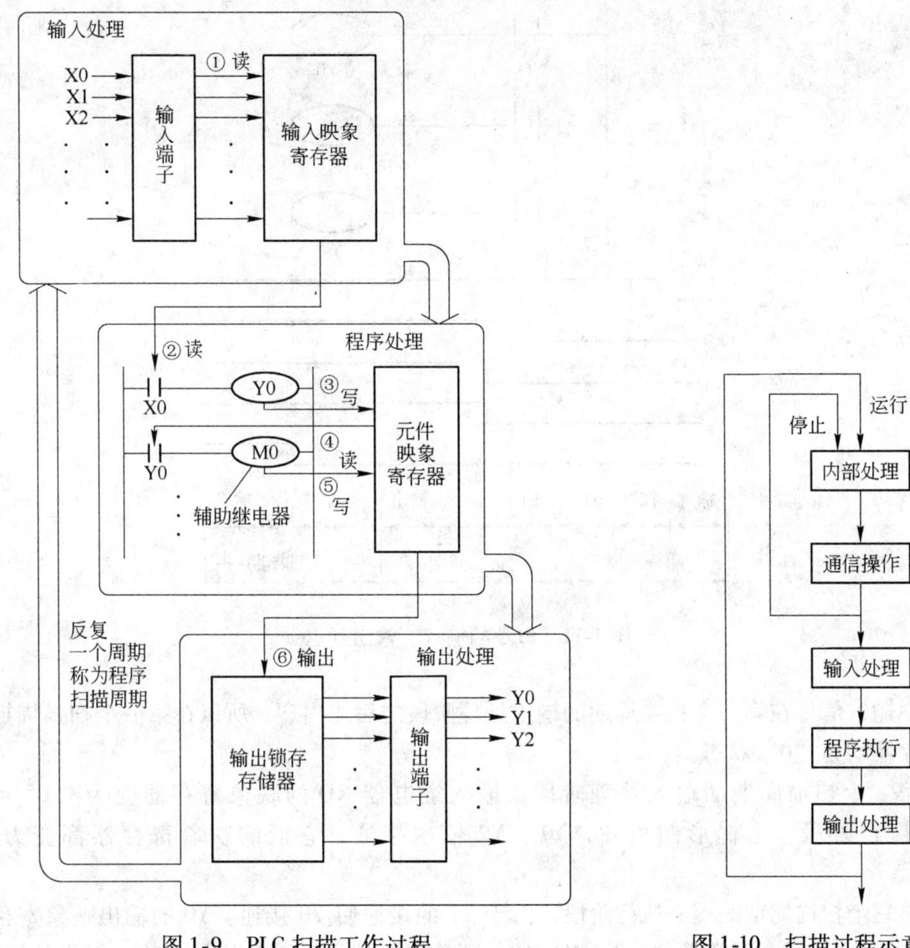

图 1-9　PLC 扫描工作过程　　　图 1-10　扫描过程示意图

1.4.3　输入、输出滞后时间

输入、输出滞后时间又称为系统响应时间，是指 PLC 外部输入信号发生变化的时刻起至它控制的有关外部输出信号发生变化的时刻止之间的间隔。它由输入电路的滤波时间、输出模块的滞后时间和因扫描工作方式产生的滞后时间三部分所组成。

输入模块的 RC 滤波电路用来滤除由输入端引入的干扰噪声，消除因外接输入触点动作时产生抖动引起的不良影响。滤波时间常数决定了输入滤波时间的长短，其典型值为 10ms 左右。

输出模块的滞后时间与模块开关元件的类型有关。继电器型输出电路的滞后时间一般最大值在 10ms 左右；双向可控硅型输出电路的滞后时间在负载被接通时的滞后时间约为 1ms，负载由导通到断开时的最大滞后时间为 10ms；晶体管型输出电路的滞后时间一般在 1ms 左右。

下面分析由扫描工作方式引起的滞后时间。在图 1-11 所示梯形图中的 X0 是输入继电器，用来接收外部输入信号。波形图中最上一行是 X0 对应的经滤波后的外部输入信号的波形。Y0、Y1、Y2 是输出继电器，用来将输出信号传送给外部负载。图中 X0 和 Y0、Y1、Y2 的波形表示对应的输入、输出映象寄存器的状态，高电平表示“1”状态，低电平表示“0”状态。

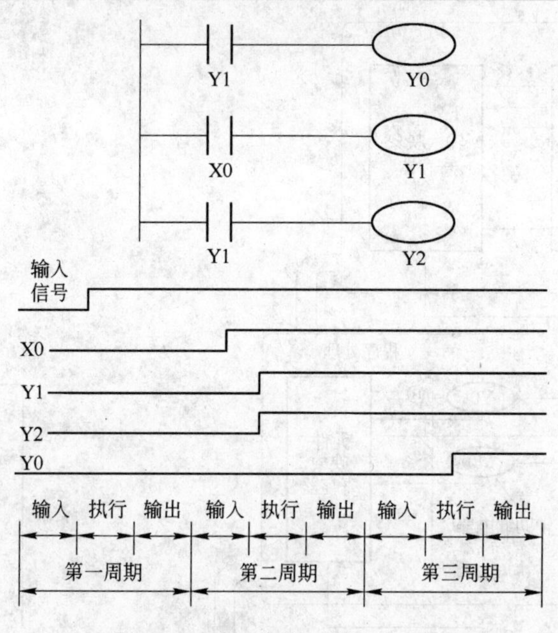

图1-11　PLC的输入、输出延迟

图中输入信号在第一个扫描周期的输入处理阶段之后才出现，所以在第一个扫描周期内各映象寄存器均为“0”状态。

在第二个扫描周期的输入处理阶段，输入继电器XO的映象寄存器变为“1”状态。在程序执行阶段，由梯形图可知，Y1、Y2依次接通，它们的映象寄存器都变为“1”状态。

在第三个扫描周期的程序执行阶段，由于Y1的接通使Y0接通。Y0的输出映象寄存器变为“1”状态。在输出处理阶段，Y0对应的外部负载被接通。可见从外部输入触点接通到Y0驱动的负载接通，响应延迟最长可达两个多扫描周期。

交换梯形图中第一行和第二行的位置，Y0的延迟时间将减少一个扫描周期，可见这种延迟时间可以使程序优化的方法减少。PLC总的响应延迟时间一般只有数十毫秒，对于一般的控制系统是无关紧要的。但也有少数系统对响应时间有特别的要求，这时就需选择扫描时间快的PLC，或采取使输出与扫描周期脱离的控制方式来解决。

1.5　可编程序控制器的特点及分类

1.5.1　可编程序控制器的主要特点

由于控制对象的复杂性、使用环境的特殊性和运行工作的连续、长期性，使得PLC在设计、结构上具有许多其他控制器无法相比的优点。

（1）可靠性高，抗干扰能力强。这是用户关心的首要问题。为了满足PLC“专为在工业环境下应用设计”的要求，PLC采用了如下硬件和软件的措施：

1）光电耦合隔离和R-C滤波器，有效地防止了干扰信号的进入。

2）内部采用电磁屏蔽，防止辐射干扰。

3）采用优良的开关电源，防止电源线引入的干扰。

4）具有良好的自诊断功能，可以对 CPU 等内部电路进行检测，一旦出错，立即报警。

5）对程序及有关数据用电池供电进行后备，一旦断电或运行停止，有关状态及信息不会丢失。

6）对采用的器件都进行了严格的筛选，避免了因器件问题而造成故障。

7）采用了冗余技术，进一步增强了可靠性。对于某些大型的 PLC，还采用了双 CPU 构成的冗余系统或三 CPU 构成的表决式系统。

随着构成 PLC 的元器件性能的提高，PLC 的可靠性也在相应提高。一般 PLC 的平均无故障时间可达到几万小时以上。某些 PLC 的生产厂家甚至宣布，今后生产的 PLC 不再标明可靠性这一指标，因为对 PLC 这一指标已毫无意义了。经过大量实践人们发现，PLC 系统在使用中发生的故障，大多是由 PLC 的外部开关、传感器、执行机构引起的，而不是 PLC 本身发生的。

(2) 通用性强，使用方便。现在的 PLC 产品都已系列化和模块化了，PLC 配备有各种各样的 I/O 模块和配套部件供用户选用，可以很方便地搭成能满足不同控制要求的控制系统。用户不再需要自己设计和制作硬件装置。在确定了 PLC 的硬件配置和 I/O 外部接线后，用户所做的工作只是程序设计而已。

(3) 程序设计简单、易学、易懂。PLC 是一种新型的工业自动化控制装置，其主要的使用对象是广大的电气技术人员。PLC 生产厂家考虑到这种实际情况，一般不采用微机所用的编程语言，而采取与继电器控制原理图非常相似的梯形图语言，工程人员学习、使用这种编程语言十分方便。这也是为什么 PLC 能迅速普及和推广的原因之一。

(4) 采用先进的模块化结构，系统组合灵活方便。PLC 的各个部件，包括 CPU、电源、I/O（其中也包含特殊功能的 I/O）等均采用模块化设计，由机架和电缆将各模块连接起来。系统的功能和规模可根据用户的实际需求自行组合，这样便可实现用户要求的合理的性价比。

(5) 系统设计周期短。由于系统硬件的设计任务仅仅是依据对象的要求配置适当的模块，如同点菜一样方便，这样就大大缩短了整个设计所花费的时间，加快了整个工程的进度。

(6) 安装简便，调试方便，维护工作量小。PLC 一般不需要专门的机房，可以在各种工业环境下直接运行。使用时只需将现场的各种设备与 PLC 相应的 I/O 端相连，系统便可以投入运行，安装接线工作量比继电器控制系统少得多。PLC 软件的设计和调试大都可以在实验室里进行，用模拟实验开关代替输入信号，其输出状态可以观察 PLC 上的相应发光二极管，也可以另接输出模拟实验板。模拟调试好后，再将 PLC 控制系统安装到现场，进行联机调试，这样既节省时间又方便。由于 PLC 本身故障率很低，又有完善的自诊断能力和显示功能，一旦发生故障，可以根据 PLC 上的发光二极管或编程器提供的信息，迅速查明原因。如果是 PLC 本身，则可用更换模块的方法排除故障。这样提高了维护的工作效率，保证了生产的正常进行。

(7) 对生产工艺改变适应性强，可进行柔性生产。PLC 实质上就是一种工业控制计算机，其控制操作的功能是通过软件编程来确定的。当生产工艺发生变化时，不必改变 PLC 硬件设备，只需改变 PLC 中的程序。这对现代化的小批量、多品种产品的生产特别适合。

1.5.2　可编程序控制器的分类

1.5.2.1　按硬件的结构类型分类

可编程序控制器是专门为工业生产环境设计的，为了便于在工业现场安装、便于扩展和方便接线，其结构与普通计算机有很大区别，通常有单元式、模块式及叠装式三种结构。

（1）单元式结构。从结构上看，早期的可编程控制器是把CPU、RAM、ROM、I/O接口及与编程器或EPROM写入器相连的接口、输入输出端子、电源、指示灯等都装配在一起的整体装置，一个箱体就是一个完整的PLC。它的优点是结构紧凑、体积小、成本低、安装方便。缺点是输入输出点数是固定的，不一定能适合具体的控制现场的要求。有时整体PLC的输入口或输出口要扩展，这就又需要一种只有一些接口而没有CPU和电源的装置。为了区分这两种装置，人们把前者叫做基本单元，而把后者叫做扩展单元。

某一系列的PLC产品通常都有不同点数的基本单元及扩展单元，单元的品种越多，其配置就越灵活。PLC产品中还有一些功能单元，这是为某些特殊的控制目的设计的具有专门功能的设备，如高速计数单元、位控单元、温控单元等，通常都是智能单元，内部一般有自己专用的CPU，它们可以和基本单元的CPU协同工作，构成一些专用的控制系统。

综上所述，扩展单元及功能单元都是相对基本单元而言的，单元式PLC的基本特征是一个完整的PLC装在一个机箱中。图1-12是装有编程器的F_1系列PLC，是单元式结构PLC的一个实例。

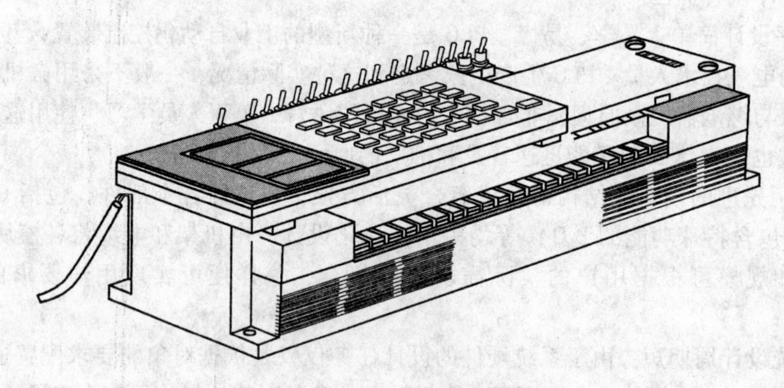

图1-12 单元式可编程序控制器

（2）模块式结构。模块式结构又叫积木式结构，它的特点是把PLC的每个工作单元都制成独立的模块，如CPU模块、输入模块、输出模块、电源模块、通讯模块等。另外，机器有一块带有插槽的母板，实质上就是计算机总线。把这些模块按控制系统需要选取后，都插到母板上，就构成了一个完整的PLC。这种结构的PLC的优点是系统构成非常灵活，安装、扩展、维修都很方便，缺点是体积比较大。图1-13为模块式PLC的示意图。

（3）叠装式结构。叠装式结构是单元式结构和模块式结构相结合的产物。把某一系列PLC工作单元的外形都作成外观尺寸一致的，CPU、I/O口及电源也可以作成独立的，不使用模块式PLC中的母板，采用电缆连接各个单元，在控制设备中安装时可以一层层地叠装，这就是叠装式PLC。叠装式PLC的一个实例为西门子S7-200PLC，见图1-14。

单元式PLC一般用于规模较小，输入、输出点数固定，以后也少有扩展的场合。模块式PLC一般用于规模较大，输入、输出点数较多，输入、输出点数比例比较灵活的场合。叠装式PLC具有二者的优点，从近年来市场上看，单元式及模块式有结合为叠装式的趋势。

1.5.2.2 按可应用规模及功能分类

为了适应不同工业生产过程的应用要求，PLC能够处理的输入、输出信号数是不一样的。

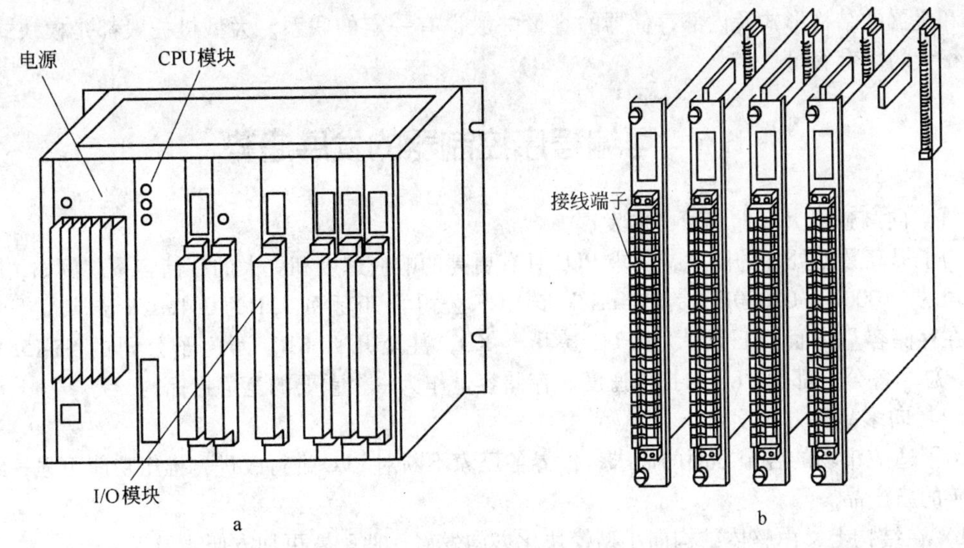

图 1-13 模块式可编程序控制器

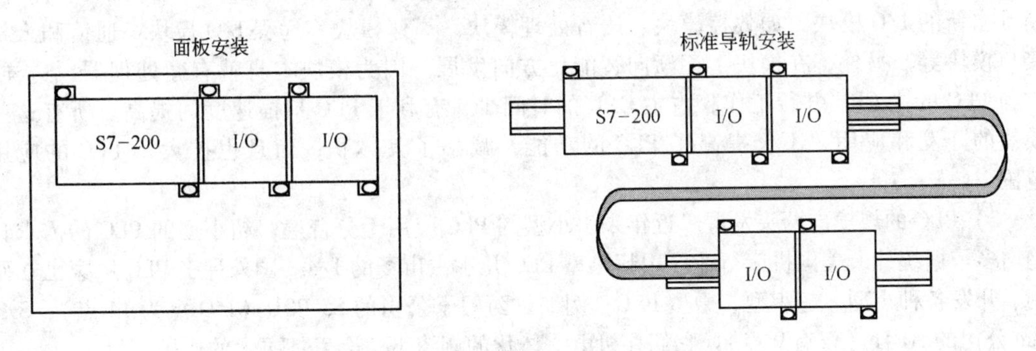

图 1-14 叠装式可编程序控制器

一般将一路信号叫做一个点，将输入、输出点数的总和称为机器的点。按照点数的多少，可将PLC 分为超小（微）、小、中、大、超大等五种类型。表 1-3 为 PLC 按点数规模分类的情况。只是这种划分并不十分严格，也不是一成不变的。随着 PLC 的不断发展，标准已有过多次的修改。

表 1-3 PLC 按规模分类

超小型	小 型	中 型	大 型	超大型
64 点以下	64 ~ 128 点	128 ~ 512 点	512 ~ 8192 点	8192 点以上

PLC 还可以按功能分为低档机、中档机及高档机。低档机以逻辑运算为主，具有计时、计数、移位等功能。中档机一般有整数及浮点运算、数制转换、PID 调节、中断控制及联网功能，可用于复杂的逻辑运算及闭环控制场合。高档机具有更强的数字处理能力，可进行矩阵运算、函数运算，可完成数据管理工作，有更强的数字处理能力，可以和其他计算机构成分布式生产过程综合控制管理系统。

PLC 的按功能划分和按点数规模划分是有一定联系的。一般大型、超大型机都是高档机。

机型和机器的结构形式及内部存储器的容量一般也有一定的联系，大型机一般都是模块式机，都有很大的内存容量。

1.6　可编程序控制器的发展趋势

（1）向高速、大存储容量方向发展。

为了提高数据处理的能力，要求 PLC 具有更高的响应速度和更大的存储容量。例如，欧姆龙公司的 C1000H、C2000H，为 0.4ms/k 步，GE 公司的 90 系列 331 为 0.4ms/k 步。

在存储容量方面，目前大型 PLC 是几十 KB，甚至几百 KB。西门子公司的 S5-155V 为 2MB。总之各公司都把 PLC 的扫描速度、存储容量作为一个重要的竞争指标。

（2）向多品种方向发展。

为了适应市场的各个方面的需求，世界各厂家不断对 PLC 进行改进，推出功能更强、结构更完善的新产品。

1）在结构上，由整体结构向小型模块化方向发展，使配置更加方便、灵活。

2）开发更丰富的 I/O 模块（其中包括智能模块）。在增强 PLC 的 CPU 功能的同时，不断推出新的 I/O 模块，如数控模块、语音处理模块、高速模块、远程 I/O 模块、通信和人机接口模块等。另外，在模块上逐渐向智能化方向发展。因为模块本身就有微处理器，这样，它与 PLC 的主 CPU 并行工作，占主 CPU 的时间少，有利于 PLC 扫描速度的提高。所有这些模块的开发和应用，不仅提高了 PLC 的功能，减小了其体积，而且也扩大了 PLC 的应用范围。

3）PLC 的规模向两头发展。近年来，小型的 PLC 应用十分普遍，超小型的 PLC 的需求日趋增多。据统计，美国机床行业应用超小型 PLC 几乎占市场的 1/4。国外许多 PLC 厂家已在研制、开发各种小型、超小型、微型 PLC，例如，西门子公司的 S5-90U（I/O 点为 14 点），System 公司的 AP41（仅有 9 点）。它们在机电一体化的潮流下，会发挥更大的作用。

在发展小型和超小型的同时，为适应大规模控制系统的需求，对大型的 PLC 则除了向高速、大容量和高性能方向发展外，还不断地将输入、输出点数增加。如 MIDICON 公司的 984-780、984-785 的最大开关量输入、输出点数为 16384，这些大规模 PLC 可实现与主计算机联机，实现对工厂生产全过程的集中管理。

4）发展容错技术。为了进一步提高系统的可靠性，今后必须要发展容错技术，如采用 I/O 双机表决机构、采用热备用等等。

5）增强网络通信功能。由于现代化工业生产过程对控制系统的要求已不再局限于某些生产过程的自动化，还要求工业生产过程长期在最佳状态下运行，这就要求将工业生产过程和信息管理自动化结合起来，PLC 的通信联网功能增强就可以使 PLC 与 PLC 之间、PLC 与计算机之间实现通信，交换信息形成一个分布控制系统。

6）实现软、硬件标准化。长期以来，PLC 的研制走的是专门化的道路，使其在获得成功的同时也带来许多的不便。例如，各个公司的 PLC 都有通信联网的能力，但不同公司的 PLC 之间还无法通信联网，因此制定 PLC 的国际标准已是今后发展的趋势。从 1978 年起国际电工委员会 IEC 在其下设 TC65 的 SC65B 中专设 WGT 工作组制定 PLC 的国际标准。到目前为止已公布和制定的标准有 5 个，它们是：

1131-1：General Information（一般信息）；

1131-2：Equipment Characteristics and Test Requirement（设备特性与测试要求）；

1131-3：Programming Language（编程语言）；

1131-4：User Guidelines（用户导则）；

1131-5：MMS Companion Standard（制造信息规范伴随标准）。

国内于1992年成立了PLC标委会负责制定PLC国家标准。

习　题

1-1　可编程控制器主要应用于哪些方面？

1-2　PLC控制系统与传统的继电器控制系统有何区别？

1-3　开关量输入接口有哪几种类型，各有哪些特点？

1-4　开关量输出接口和模拟量输出接口各适合什么样的工作要求，它们的根本区别是什么？

1-5　什么是可编程控制器的扫描周期，在工作过程中，PLC的扫描周期有什么意义？

1-6　由于工作方式引起的PLC输入、输出滞后是怎样产生的？

1-7　PLC按硬件的结构类型可分为几类？

1-8　可编程控制器的发展趋势是什么？

2 常用可编程序控制器及基本指令系统

日本三菱公司先后推出的小型、超小型 PLC 有 F、F_1、F_2、FX_2、FX_1、FX_{2C}、FX_0、FX_{0N}、FX_{0S}、FX_{2N}、FX_{2NC}等系列。其中 F 系列已停产，F_1系列机在我国曾有较广泛的应用。FX_2系列机是 F、F_1、F_2等机型的更新换代产品，属于高性能叠装式机种，也是三菱公司的典型产品。FX_{2N}机型则是三菱公司的近期产品，按叠装式配置。另外，三菱公司还生产 A 系列 PLC，这是一种中、大型模块式机型。

F_1、F_2由基本单元、扩展单元和特殊单元组成。表 2-1 给出了 F_1系列 PLC 的基本单元及扩展单元的型号。型号由字母及数字组成，以 F_1-40M 为例，F_1为系列名，40 为 I/O 总点数，数字后第一个字母 M 表示基本单元，扩展单元型号点数后的字母为 E。

表 2-1 F_1系列 PLC 的基本单元与扩展单元

基本单元	—	F_1-12M	F_1-20M	F_1-30M	F_1-40M	F_1-60M
扩展单元	F_1-10E	—	F_1-20E	—	F_1-40E	F_1-60E
输入点数	4	6	12	16	24	36
输出点数	6	6	8	14	16	24
功耗/VA	18	18	20	22	25	40
DC24V 输出电流/A	0.1	0.1	0.1	0.1	0.1	0.2

F_1系列机的最大 I/O 点数为 120 点，指令的平均执行时间为 12μs/步，用户程序存储容量为 1000 步。它有一个 6 位 BCD 码高速计数器，最高计数频率为 2kHz。

FX_2系列 PLC 是三菱公司高性能小型机的代表作。系统最大 I/O 点数为 128 点，配置扩展单元后可达 256 点。FX_2系列机执行基本指令的速度为 0.48μs/步，用户程序存储器的容量可扩展至 8K 步。它有与 F_1兼容的 20 条基本指令和 2 条步进指令，此外还有功能很强的 95 种功能指令。它有 6 个和普通输入口兼容的高速计数器输入点，最高计数频率为 10kHz。FX_2系列 PLC 在我国应用比较广泛。

2.1 FX_2系列可编程序控制器软继电器的功能及编号

2.1.1 硬件组成

FX_2系列 PLC 由基本单元、扩展单元、扩展模块及特殊功能单元构成。基本单元（basic unit）包括 CPU、存储器、输入输出口及电源，是 PLC 的主要部分。扩展单元（extension unit）是用于增加 I/O 点数的装置，内部设有电源。扩展模块（extension module）用于增加 I/O 点数及改变 I/O 比例，内部无电源，用电由基本单元或扩展单元供给。因扩展单元及扩展模块无 CPU，必须与基本单元一起使用。特殊功能单元（special function unit）是一些专门用途的装置。FX_2的基本单元、扩展单元、扩展模块的型号规格如表 2-2、表 2-3、表 2-4 所示。用 FX_2的基本单元与扩展单元或扩展模块可构成 I/O 点为 16 ~ 256 点的 PLC 系统。

表 2-2 FX_2基本单元型号规格

型号		输入点数（24VDC）	输出点数	扩展模块最大 I/O 点数
继电器输出	晶体管输出			
FX_2-16MR	FX_2-16MT	8	8	16
FX_2-24MR	FX_2-24MT	12	12	16
FX_2-32MR	FX_2-32MT	16	16	16
FX_2-48MR	FX_2-48MT	24	24	32
FX_2-64MR	FX_2-64MT	32	32	32
FX_2-80MR	FX_2-80MT	40	40	32
FX_2-128MR	FX_2-128MT	64	64	

表 2-3 FX_2扩展单元型号规格

型号	输入点数（24VDC）	输出点数	扩展模块最大 I/O 点数
FX-32ER	16	16	16
FX-48ER	24	24	32
FX-48ET	24	24	32

表 2-4 FX_2扩展模块型号规格

型号	输入点数（24VDC）	输出点数	型号	输入点数（24VDC）	输出点数
FX-8EX	8	—	FX-16EYR	—	16
FX-16EX	16	—	FX-16EYT	—	16
FX-8EYR	—	8	FX-16EYS	—	16
FX-8EYT	—	8	FX-8ER	4	4
FX-8EYS	—	8			

2.1.2 型号编号方法

型号命名的基本格式如图 2-1 所示。

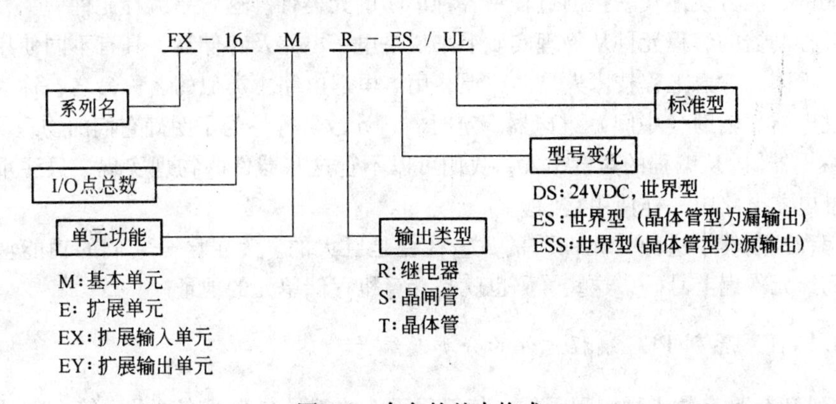

图 2-1 命名的基本格式

对于混合扩展模块及某些特殊模块的命名与上述规则略有不同。关于源型、漏型及世界型说明如下。

2.1.2.1　共［+］型（源型）与共［-］型（漏型）的区别

对于PLC的输入端，电流流入PLC输入端的是源输入，电流流出PLC输入端的是漏输入。具体区别如下。

（1）共［+］型（源型）输入（source input）：输入元件的公共点电位相对为正。电流流入PLC的输入端。源/漏选择端［S/S］应与［0V］端相连，如图2-2所示。

（2）共［-］型（漏型）输入（sink input）：输入元件的公共点电位相对为负。电流流出PLC的输入端。源/漏选择端［S/S］应与［24V］端相连，如图2-3所示。

对于PLC的输出端，电流流出输出端的是源型输出，电流流入输出端的是漏型输出。

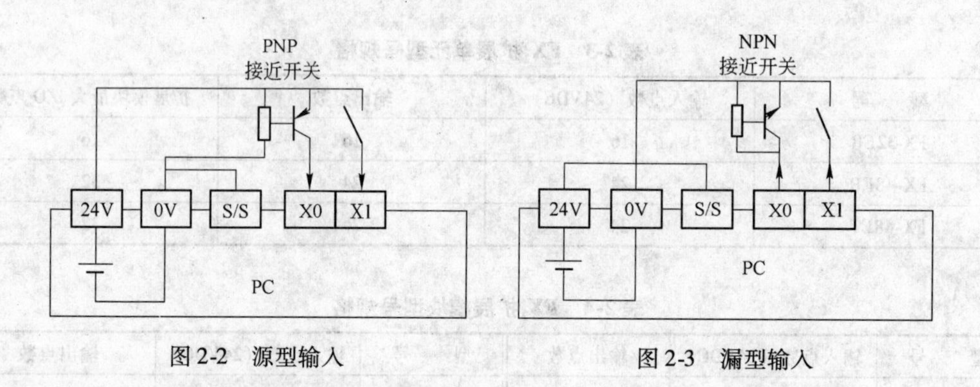

图2-2　源型输入　　　　图2-3　漏型输入

2.1.2.2　世界型

世界型可在世界范围内通用，它的电源电压范围很宽，输入可由用户接成源型或漏型。除世界型外，FX系列PLC还有在日本使用的日本型。

2.1.3　内部器件

可编程控制器用于工业控制，其实质是用程序表达控制过程中事物间的逻辑或控制关系。而就程序来说，这种关系必须借助机内器件来表达，这就要求在可编程控制器内部设置具有各种各样功能的、能方便地代表控制过程中各种事物的元器件。这就是编程元件。

可编程控制器的编程元件从物理实质上来说是电子电路及存储器，具有不同使用目的的元件电路有所不同。考虑工程技术人员的习惯，用继电器电路中类似的名称命名，称为输入继电器、输出继电器、辅助（中间）继电器、定时器、计数器等。为了明确它们的物理属性，称它们为“软继电器”。从编程的角度出发，我们可以不管这些器件的物理实现，只注重它们的功能，像在继电器电路中一样使用它们。

在可编程控制器中这种“元件”的数量往往是巨大的。为了区分它们的功能且不重复地选用，我们给元件编上号码，这些号码也就是计算机存储单元的地址。

2.1.3.1　FX_2系列PLC编程元件的分类及编号

FX_2系列PLC具有数十种编程元件，其编程元件的编号分为两个部分：第一部分是代表功能的字母。如输入继电器用“X”表示，输出继电器用“Y”表示。第二部分为数字，数字为该类器件的序号。FX_2系列 PLC 中输入继电器及输出继电器的序号为八进制，其余器件的序号为十进制。从元件的最大序号我们可以了解可编程控制器可能具有的某类器件的最大数量。例如输入继电器的编号范围为 X0～X177，为八进制编号，我们则可计算 FX_2系列 PLC 可能接入的最大输入信号数为 128 点。这是以 CPU 所能接入的最大输入信号数量标示的，并不是一台具体的基本单元或扩展单元所安装的输入口的数量。

2.1.3.2 编程元件的基本特征

编程元件的使用主要体现在程序中，一般可认为编程元件和继电接触器的元件类似，具有线圈和常开、常闭触点。而且触点的状态随着线圈的状态而变化，即当线圈被选中（通电）时，常开触点闭合，常闭触点断开，当线圈失去选中条件时，常闭接通，常开断开。和继电接触器元件不同的是，作为计算机的存储单元，从实质上来说，某个元件被选中，只是代表这个元件的存储单元置 1，失去选中条件只是这个存储单元置 0。因为元件只不过是存储单元，可以无限次地访问，所以可编程控制器的编程元件可以有无数多个常开、常闭触点。和继电接触器元件不同的另一个特点是，作为计算机的存储单元，可编程控制器的元件可以组合使用。我们将在存储器中只占一位，其状态只有置 1、置 0 两种情况的元件称为位元件，在以后的深入学习中还将接触到使用位元件的组合表示数据的位组合元件及字元件。

编程元件的使用有一定的使用要点，这些要点一般都可以反映在梯形图上，下面我们结合梯形图，介绍基本编程元件的使用要素。

2.1.3.3 编程元件的使用要素

编程元件的使用要素含元件的启动信号、复位信号、工作对象、设定值及掉电特性等，不同类型的元件涉及的使用要素不尽相同。现结合器件介绍如下。

A 输入继电器

FX_2系列可编程控制器输入继电器编号范围为 X0～X177（128 点）。可编程控制器输入接口的一个接线点对应一个输入继电器。输入继电器是接收机外信号的窗口。从使用来说，输入继电器的线圈只能由机外信号驱动，在反映机内器件逻辑关系的梯形图中并不出现。梯形图中常见的是输入继电器的常开、常闭触点，它们的工作对象是其他软元件的线圈。图 2-4 中常开触点 X1 即是输入继电器应用的例子。

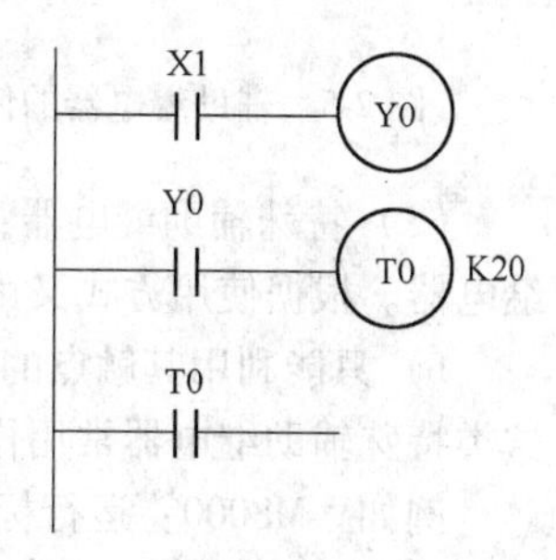

图 2-4 输入继电器的使用

B 输出继电器

FX_2系列可编程控制器输出继电器编号范围为 Y0～Y177（128 点）。可编程控制器输出接口的一个接线点对应一个输出继电器。输出继电器是 PLC 中唯一具有外部触点的继电器。输出继电器可通过外部接点接通该输出口上连接的输出负载或执行器件。输出继电器的线圈只能由程序驱动，输出继电器的内部常开、常闭触点可作为其他器件的工作条件出现在程序中。梯形图 2-4 中 X1 是输出继电器 Y0 的工作条件，X1 接通，Y0 置 1；X1 断开，Y0 复位。时间继电器 T0 在 Y0 的常开触点闭合后工作，T0 可以看作是 Y0 的工作对象（Y0 口上所接负载也称为输出继电器 Y0 的工作对象）。输出继电器为无掉电保持功能的继电器，也就是说，若置 1 的输出继电器在 PLC 停电时其工作状态将归 0。

C　辅助继电器

辅助继电器有通用辅助继电器及特殊辅助继电器两大类，现分别介绍。

（1）通用型辅助继电器：M0 ~ M499（500 点）。可编程控制器中配有大量的通用辅助继电器，其主要用途和继电器电路中的中间继电器类似，常用于逻辑运算的中间状态存储及信号类型的变换。辅助继电器的线圈只能由程序驱动。它只具有内部触点。图 2-5 中 X1 和 X2 并列为辅助继电器 M1 的工作条件，Y10 为辅助继电器 M1 和 M2 串联的工作对象。

（2）具有掉电保持功能的通用型辅助继电器：M500 ~ M1023（524 点）。掉电保持的通用型辅助继电器具有记忆能力。所谓掉电保持是指在 PLC 外部电源停电后，由机内电池为某些特殊工作单元供电，可以记忆它们在掉电前的状态。以下是掉电保持辅助继电器应用的一个例子。图 2-6 为滑块左右往复运动机构，X1 和 X2 外接往复运动两端限位开关，若辅助继电器 M600 及 M601 的状态决定电动机的转向，且 M600 及 M601 为具有掉电保持功能的通用型辅助继电器，在机构掉电又来电时，电机可仍按掉电前的转向运行，直到碰到限位开关才发生转向的变化。需要说明的是，哪些辅助继电器（含后述各种元件）具有掉电保持功能可由使用者在全部通用辅助继电器编号内自由设置。前述有关编号范围的划分，只是机器出厂时的一种安排。

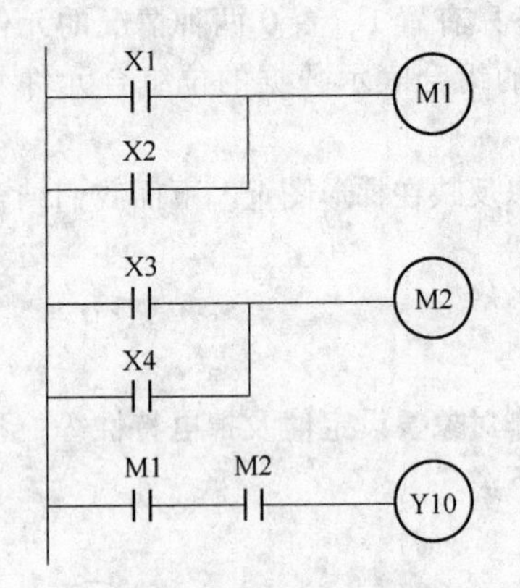

图 2-5　辅助继电器的使用

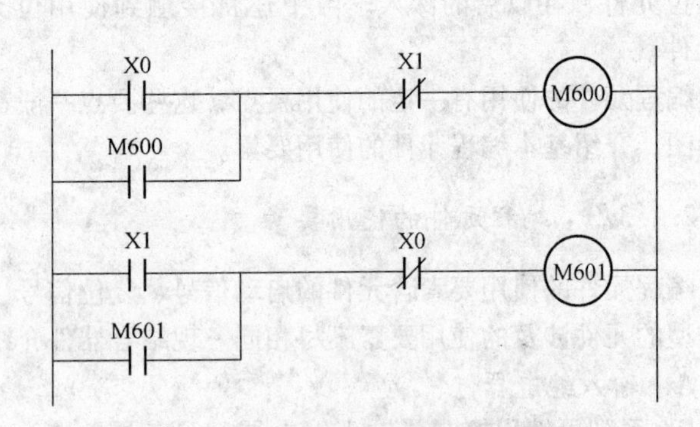

图 2-6　掉电保持辅助继电器的应用

（3）特殊辅助继电器：M8000 ~ M8255（256 点）。特殊辅助继电器是具有特定功能的辅助继电器。根据使用方式又可以分为两类。

1）只能利用其触点的特殊辅助继电器。其线圈由 PLC 自行驱动，用户只能利用其触点。这类特殊辅助继电器常用作时基、状态标志或专用控制元件出现在程序中。

例如　M8000：运行标志（RUN），PLC 运行时监控接通；

M8002：初始化脉冲，只在 PLC 开始运行的第一个扫描周期接通；

M8012：100ms 时钟脉冲；

M8013：1s 时钟脉冲。

2）可驱动线圈型特殊辅助继电器。用户驱动线圈后，PLC 做特定动作。

例如　M8030：使 BATTLED（锂电池欠压指示灯）熄灭；

M8033：PLC 停止时输出保持；

M8034：禁止全部输出；

M8039：定时扫描方式。

注意：未定义的特殊辅助继电器不可在程序中使用。

D 定时器

定时器相当于继电器电路中的时间继电器，可在程序中用作延时控制。FX_2系列可编程控制器定时器具有以下四种类型（表2-5）。

表2-5 FX_2系列可编程控制器定时器类型

类　型	编号范围	I/O 点数	计时范围/s
100ms 定时器	T0 ~ T199	200 点	0.1 ~ 3276.7
10ms 定时器	T200 ~ T245	46 点	0.01 ~ 327.67
1ms 积算定时器	T246 ~ T249	4 点（中断动作）	0.001 ~ 32.767
100ms 积算定时器	T250 ~ T255	6 点	0.1 ~ 3276.7

可编程控制器中的定时器是根据时钟脉冲累积计时的，时钟脉冲有1ms、10ms、100ms等不同规格（定时器的工作过程实际上是对时钟脉冲计数）。因工作需要，定时器除了占有自己编号的存储器位外，还占有一个设定值寄存器（字），一个当前值寄存器（字）。设定值寄存器（字）存储编程时赋值的计时时间设定值。当前值寄存器（字）记录计时当前值。这些寄存器为16位二进制存储器。其最大值乘以定时器的计时单位值即是定时器的最大计时范围值。定时器满足计时条件开始计时，当前值寄存器则开始计数，当当前值与设定值相等时，定时器动作，其常开触点接通，常闭触点断开，并通过程序作用于控制对象，达到时间控制的目的。

图2-7为定时器在梯形图中使用的情况。图2-7a为普通的非积算定时器，图2-7b为积算定时器。图2-7a中X1为计时条件，当X1接通时定时器T10计时开始。K20为设定值。十进制数“20”为该定时器计时单位值的倍数。T10为100ms定时器，当设定值为“K20”时，其计时时间为2s。图中Y10为定时器的工作对象。当计时时间到，定时器T10的常开触点接通，Y10置1。T10为非积算型定时器，在其开始计时且未达到设定值时，计时条件X1断开或PLC电源停电，计时过程中止且当前值寄存器复位（置0）。若X1断开或PLC电源停电发生在计时过程完成且定时器的触点已动作时，触点的动作也不能保持。

若把定时器T10换成积算式定时器T250，情况就不一样了。积算式定时器在计时条件失去或PLC失电时，其当前值寄存器的内容及触点状态均可保持，即可“累计”计时时间，所以称为“积算”。图2-7b为积算式定时器T250的工作梯形图。因积算式定时器的当前值寄存器及触点都有记忆功能，其复位时必须在程序中加入专门的复位指令。图中X2即为复位条件。当X2接通执行“RST T250”指令时，T250的当前值寄存器及触点同时置0。

定时器可以使用立即数K作为设定值，如图2-7中的“K20”及“K345”，也可用数据寄存器的内容作为设定值。例如，设定时器的设定值为“D10”，而“D10”中的内容为100，则定时器的设定值为100。在使用数据寄存器设定定时器的设定值时，一般使用具有掉电保持功能的数据寄存器。即使如此，若备用电池电压降低时，定时器仍可能发生误动作。

E 计数器

计数器在程序中用作计数控制。FX_2系列可编程控制器计数器可分为内部计数器及外部计数器。内部计数器是对机内元件（X、Y、M、S、T和C）的信号计数的计数器。机内信号的

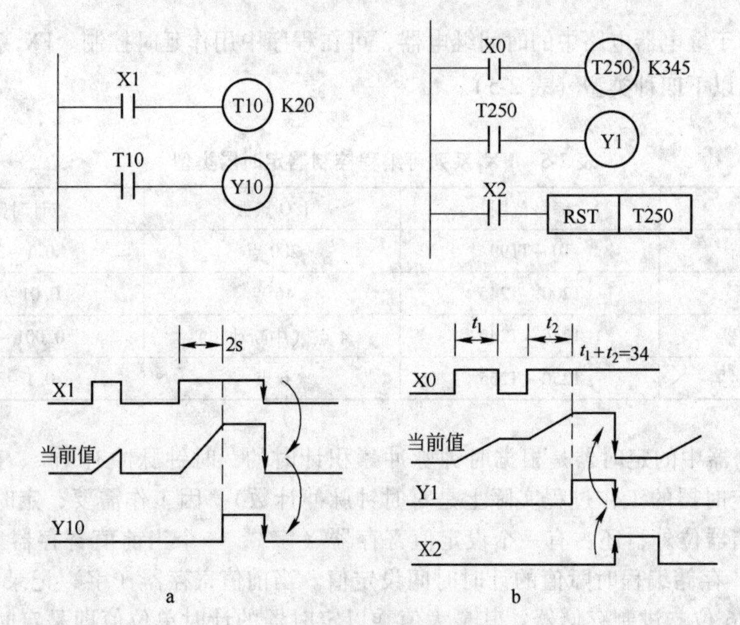

图 2-7 定时器的使用

a—非积算定时器；b—积算定时器

频率低于扫描频率，因而是低速计数器。对高于机器扫描频率的信号进行计数，需用高速计数器。现将计数器分类介绍如下。

（1）16 位增计数器（设定值：1 ~ 32767）。16 位二进制增计数器有两种，即：

通用：C0 ~ C99（100 点）；

掉电保持用：C100 ~ C199（100 点）。

16 位指其设定值及当前值寄存器为二进制 16 位寄存器，其设定值在 K1 ~ K32767 范围内有效。设定值 K0 与 K1 意义相同，均在第一次计数时，其触点动作。

图 2-8 表示 16 位增计数器的工作过程。图中计数输入 X011 是计数器的工作条件，X011 每次驱动计数器 C0 的线圈时，计数器的当前值加 1。“K10”为计数器的设定值。当第 10 次执行线圈指令时，计数器的当前值和设定值相等，输出触点就动作。Y000 为计数器 C0 的工作对象，在 C0 的常开触点接通时置 1，而后即使计数器输入 X011 再动作，计数器的当前值保持不变。

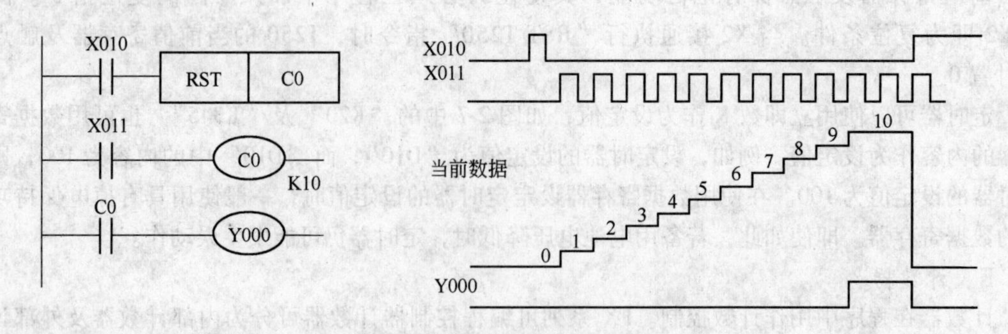

图 2-8 16 位增计数器的工作过程

由于计数器的工作条件 X011 本身就是断续工作的。外电源正常时，其当前值寄存器具有记忆功能，因而即使是非掉电保持型的计数器也需复位指令才能复位。图中 X010 为复位条件。当复位输入 X010 接通时，执行 RST 指令，计数器的当前值复位为 0，输出触点也复位。计数器的设定值，除了常数外，也可间接通过数据寄存器设定。使用计数器 C100 ~ C199 时，即使停电，当前值和输出触点的置位/复位状态也能保持。

（2）32 位增/减计数器（设定值 -2147483648 ~ +2147483647）。32 位的增/减计数器有两种，即：

通用：C200 ~ C219（20 点）；

掉电保持用：C220 ~ C234（15 点）。

32 位指其设定值寄存器为 32 位。由于是双向计数，32 位的首位为符号位。设定值的最大绝对值为 31 位二进制数所表示的十进制数。即为 -2147483648 ~ +2147483647。设定值可直接用常数 K 或间接用数据寄存器 D 的内容。间接设定时，要用元件号紧连在一起的两个数据寄存器。计数的方向（增计数或减计数）由特殊辅助继电器 M8200 ~ M8234 设定。对于 C×××（×××为对应的计数器地址号 200 ~ 234），当 M8×××接通（置 1）时为减法计数，当 M8×××断开（置 0）时为加法计数。

图 2-9 为加减计数器的动作过程。图中 X14 作为计数输入驱动 C200 线圈进行加计数或减计数。X12 为计数方向选择。计数器设定值为 -5。当计数器的当前值由 -6 增加为 -5 时，其触点置 1，由 -5 减少为 -6 时，其触点置 0。

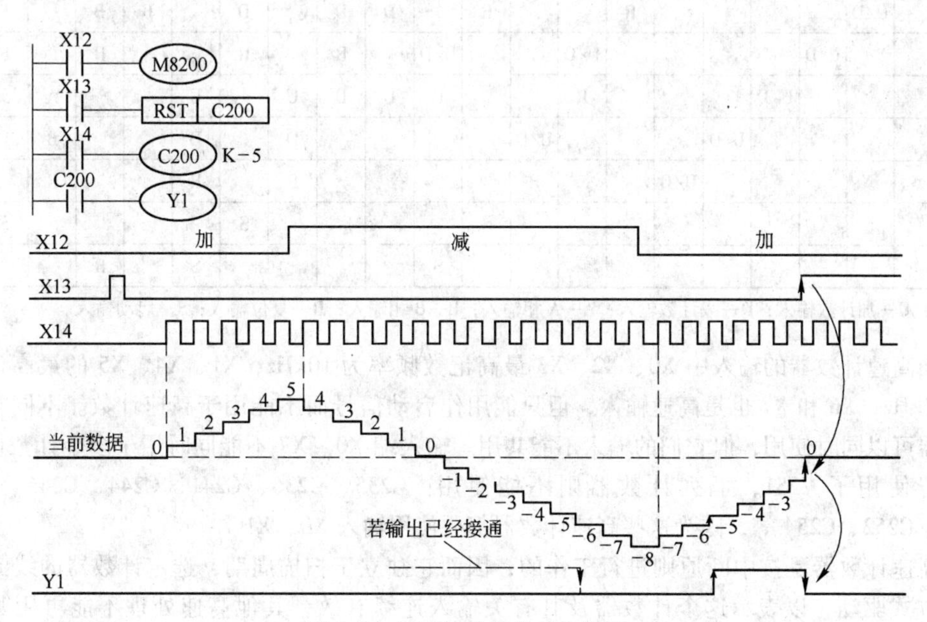

图 2-9 加减计数器的动作过程

32 位增减计数器为循环计数器。当前值的增减虽与输出触点的动作无关，但从 +2147483647 起再进行加计数，当前值就变成 -2147483648。从 -2147483648 起再进行减计数，则当前值变为 +2147483647。

当复位条件 X13 接通时，执行 RST 指令，则计数器的当前值为 0，输出触点也复位；使用断电保持计数器，其当前值和输出触点状态皆能断电保持。

32 位计数器可当作 32 位数据寄存器使用，但不能用做 16 位指令中的操作元件。

（3）高速计数器。高速计数器共 21 点，地址编号 C235 ~ C255，但适用高速计数器输入的 PLC 输入端只有 6 点，即 X0 ~ X5。如果这 6 个输入端中的一个已被某个高速计数器占用，它就不能再用于其他高速计数器（或其他用途）。也就是说，由于只有 6 个高速计数输入端，最多只能有 6 个高速计数器同时工作。另外，高速计数器还可用作比较和直接输出等高速应用功能。

21 个高速计数器均为 32 位递增/递减型计数器。它的选择并不是任意的，取决于所需计数器的类型及高速输入端子。高速计数器的类型如下：

1 相：无启动/复位端子高速计数器 C235 ~ C240；

1 相：带启动/复位端子高速计数器 C241 ~ C245；

2 相：双向高速计数器 C246 ~ C250；

2 相：A-B 型高速计数器 C251 ~ C255。

表 2-6 给出了各个高速计数器对应输入端子的名称。

表 2-6　高速计数器表

输入	1 相无启动/复位						1 相带启动/复位					2 相输入（双向）					2 相输入（A-B 相型）				
	C235	C236	C237	C238	C239	C240	C241	C242	C243	C244	C245	C246	C247	C248	C249	C250	C251	C252	C253	C254	C255
X0	U/D						U/D			U/D		U	U		U		A	A		A	
X1		U/D					R			R		D	D		D		B	B		B	
X2			U/D					U/D			U/D		R		R			R		R	
X3				U/D				R			R	U	U	U		U			A		A
X4					U/D				U/D					D		D			B		B
X5						U/D			R					R		R			R		R
X6										S					S					S	
X7											S					S		R			S

注：U—加计数输入；D—减计数输入；A—A 相输入；B—B 相输入；R—复位输入；S—启动输入。

在高速计数器的输入中 X0、X2、X3 最高记数频率为 10kHz，X1、X4、X5 的最高计数频率为 7kHz，X6 和 X7 也是高速输入，但只能用作启动信号而不能用于高速计数。不同类型的计数器可以同时使用，但它们的输入不能共用。输入端 X0 ~ X7 不能同时用于多个计数器，例如，若使用了 C251，下列计数器则不能使用：C235、C236、C241、C244、C246、C247、C249、C252、C254 等，因为这些高速计数器都要使用输入 X0、X1。

高速计数器是按中断原则进行工作的，因而它独立于扫描周期，选定计数器的线圈应以连续方式驱动，以表示这个计数器及其有关输入连续有效，其他高速处理不能再用其输入端子。图 2-10 表明了高速计数器的输入。当 X20 接通时，选中高速计数器 C235，而从表 2-6 中可查出，C235 对应的计数器输入端为 X0，计数器输入脉冲应为 X0，而不是 X20。当 X20 断开时，线圈 C235 断开，同时 C236 接通，选中计数器 C236，其计数脉冲输入端为 X1。特别注意，不要用计数器输入端触点做计数器线圈的驱动触点。下面分别对 4 类高速计数器加以说明。

1）1 相输入无启动/复位端高速计数器 C235 ~ C240。计数方式及触点动作与前面所述 32 位增减计数器相同。作为递加计数器时，当计数器达到设定值时，触点动作并保持；作为递减计数器时，到达计数值则复位。1相输入计数方向取决于其对应特殊辅助继电器M8×××（×××为对应的计数器地址号235~245），M8×××置1，则对应高速计数器为减计数器。C235~C240高速计数器各有一个计数输入端，如图2-11所示。现以C235为例说明此类计数器的动作过程。X10接通，特殊辅助继电器M8235置位，计数器C235递减计数；反之递加计数。当X11接通，C235复位为0，触点C233断开。当X12接通，C235选中，从表2-6可知对应计数器C235的输入为X0，C235对X0输入的脉冲信号进行计数。

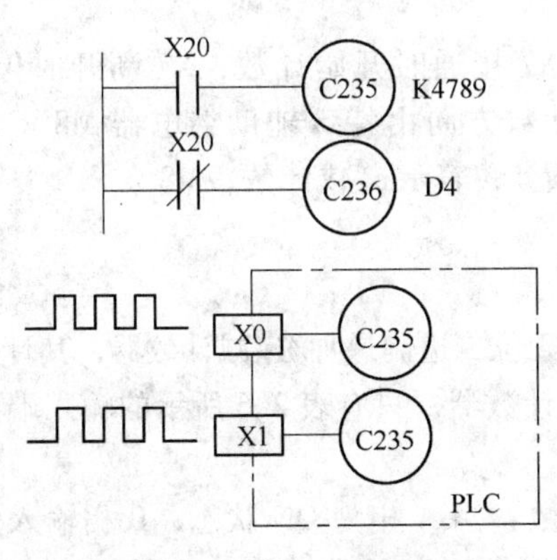

图2-10 高速计数器的输入

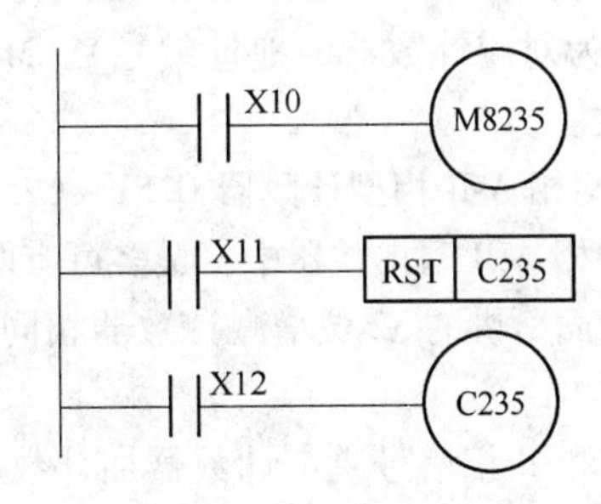

图2-11 C235计数器

2）1相带启动/复位高速计数器C241~C245。

这类高速计数器的计数方式、触点动作、计数方向与C235~C240类似。C241~C245高速计数器各有一个计数输入和一个复位输入。计数器C244和C245还有一个启动输入。现以图2-12所示的C245为例说明此类高速计数器的动作过程。当特殊辅助继电器M8245接通时，C245递减计数；M8245断开时，C245递加计数。当X14接通，C245高速计数器像普通32位计数器一样复位。从表2-6可知，C245还能由外部输入X3复位。计数器C245还有外部启动输入X7。当X7接通时，C245开始计数；X7断开，C245停止计数。当X15接通C245时，对X2输入端的脉冲进行计数。需要说明的是，对C245设置D0，实际上是设置D0、D1，因为计数器为32位。而外部控制启动X7和复位X3是立即响应的，它不受程序扫描周期的影响。

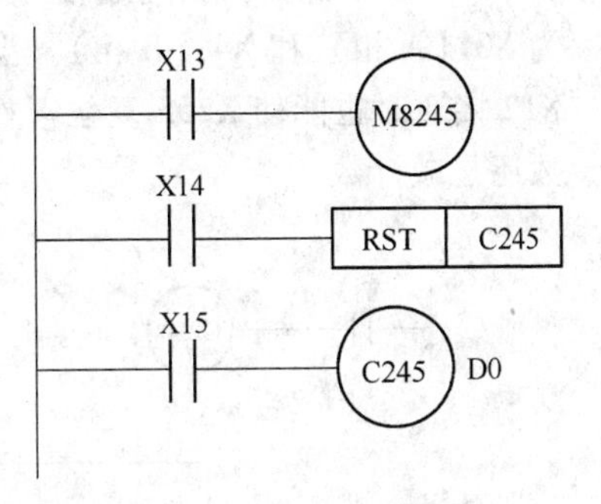

图2-12 C245计数器

3）两相双向高速计数器C246~C250。这5个高速计数器有两个输入端，一个输入端用于递加计数、一个输入端用于递减计数。某些计数器还具有复位输入和启动输入。现以C246为例，用图2-13说明它们的计数过程。当X10接通，C246像32位增减计数器一样复位。从表2-6可知，对于C246，X0为递加计数输入端，X1为递减计数输入端。X11接通时，选中C246，使X0、X1输入有效。X0由OFF变成ON，C246加1；X1由OFF变成ON，C246减1。

图2-14是以C250为例说明带复位和启动端的两相双向高速计数器的动作过程。据表2-6可知，对C250，X5为复位输入，X7为启动输入，因此可由外部复位，而不必用RST C250指

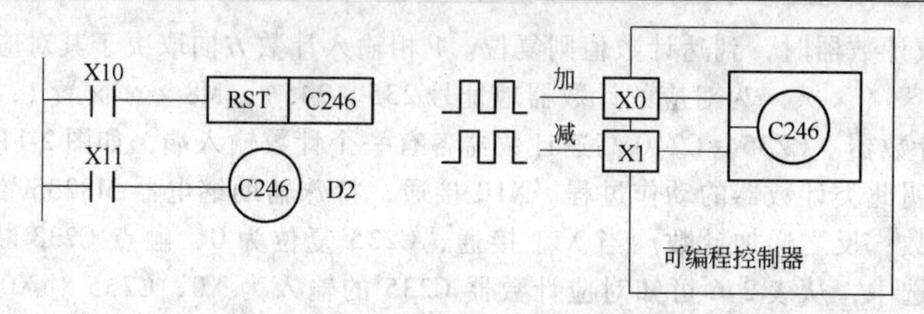

图 2-13　计数器 C246

令。若要选通 C250，必须接通 X13，启动输入 X7 接通时开始计数，X7 断开时停止计数。递加计数输入为 X3，递减计数输入为 X4。而计数方向由特殊辅助继电器 M8×××决定（×××为对应计数器的地址编号）。M8×××置 1，表示递减计数；M8×××复位，表示递加计数。

4）两相 A-B 相型计数器 C251～C255。

在两相 A-B 型计数器中，最多可有两个两相 32 位二进制递加/递减计数器，其计数的动作过程与前面所讲的 32 位增减计数器相同。对这些计数器，只有表 2-6 所示的输入端可以用于计数。

A 相和 B 相信号决定计数器加计数还是减计数：当 A 相为 ON 状态，B 相输入为 OFF→ON 时，为递加计数；而 B 相输入为 ON→OFF 时，为递减计数。图 2-15 为以 C251 和 C255 为例的此类计数器的计数过程。当 X11 接通时，C251 对输入 X0（A 相）、X1（B 相）的 ON/OFF 过程计数。当选通信号 X13 接通时，一旦 X7 接通，C255 立即开始计数，计数输入为 X3（A 相）和 X4（B 相）。当 X5 接通时，C255 复位，在程序中编入虚线所示指令，则 X12 接通时也能使 X255 复位。检查对应的特殊辅助继电器 M8×××，可以知道计数器加计数还是减计数。

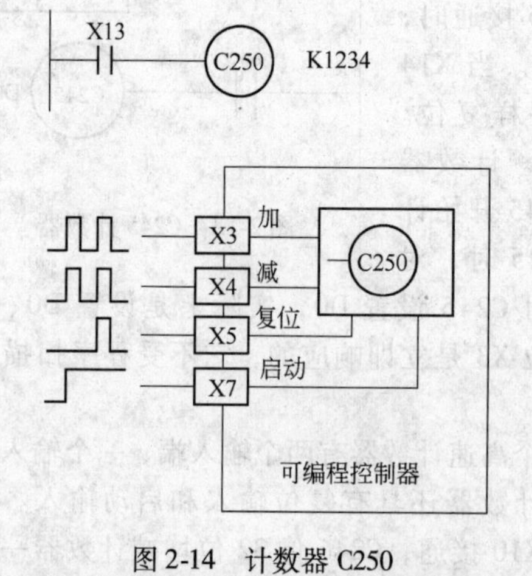

图 2-14　计数器 C250

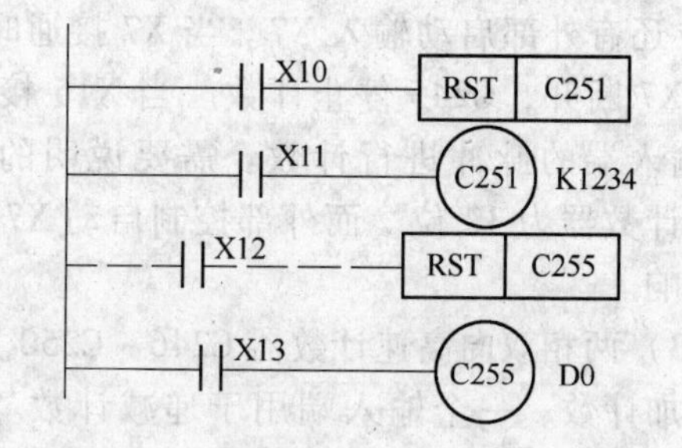

图 2-15　计数器 C251、C255 的计数过程

计数频率：计数器最高计数频率受两个因素限制。一是各个输入端的响应速度，主要受硬件的限制，其中 X0、X2、X3 最高频率为 10kHz。二是全部高速计数器的处理时间，这是高速计数器计数频率受限制的主要因素。因为高速计数器操作采用中断方式，故计数器用得越少，可计数频率就越高。如果某些计数器用比较低的频率计数，则其他计数器可用较高的频率

计数。

状态寄存器：状态寄存器是一个很重要的状态元件，它与步进指令 STL 组合使用，可以用于步进顺控指令。若不与步进指令组合使用，它可作为普通辅助继电器使用，且具有失电保持功能。其常开、常闭触点在 PLC 内部可以自由使用，使用次数不限。

F 数据寄存器

在一个复杂的 PLC 控制系统中需要大量的工作参数和数据。这些参数和数据存储在数据寄存器中，这类寄存器数量随机型的不同而不同。较为简单的、只能进行逻辑控制的机器就没有此类寄存器，而在高档机中可达数千个。

FX 系列 PLC 的数据寄存器容量为双字节（16 位），且最高位为符号位，我们也可以把两个寄存器合并起来存放一个四字节（32 位）的数据，最高位仍为符号位。最高位为 0，表示正数；最高位为 1，表示负数。16 位/32 位数据表示形式如图 2-16 所示。

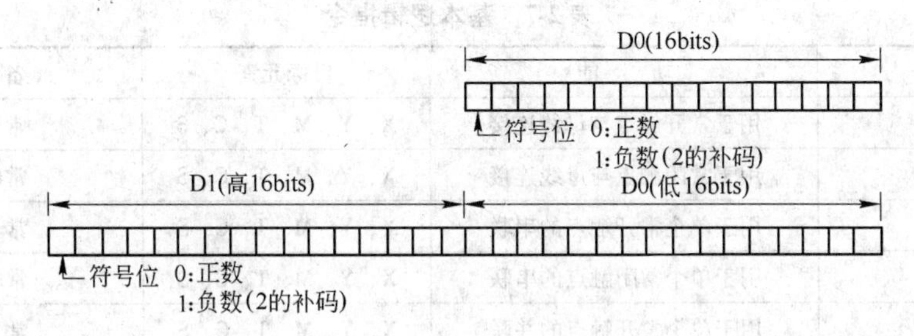

图 2-16 16 位/32 位数据

（1）通用数据寄存器 D0 ~ D199（200 点）。存放在该类数据寄存器中的数据，只要不写入其他数据，其内容保持不变。它具有易失性，当 PLC 由运行状态（RUN）转为停止状态（STOP）时，该类数据寄存器的数据均为 0。当特殊辅助继电器 M8033 置 1 时，PLC 由 RUN 转为 STOP 时，数据可以保持。

（2）失电保持数据寄存器 D200 ~ D511（312 点）。与通用数据寄存器一样，除非改写，否则原有数据不会变化。它与通用寄存器不同的是，无论电源是否掉电，PC 运行与否，其内容不会变化，除非向其中写入新的数据。需要注意的是，当两台 PLC 做点对点的通信时，D490 ~ D509 用作通信。

（3）特殊数据寄存器 D8000 ~ D8255（共 256 点）。这些数据寄存器供监控 PLC 中各种元件的运行方式之用，在电源接通时，写入初始值（先全部清 0，然后由系统 ROM 安排写入初始值）。例如，D8000 所存警戒监视时钟的时间由系统 ROM 设定，若要改变时，用传送指令将目的时间送入 D8000。该值在 PLC 由 RUN 状态到 STOP 状态时保持不变。没有定义的数据寄存器请用户不要使用。

（4）文件数据寄存器 D1000 ~ D2999（共 2000 点）。文件数据寄存器实际上是一类专用数据寄存器，用于存储大量的数据，例如采集数据、统计计算数据、多组控制参数等。其数值由 CPU 的监视软件决定，但可通过扩充存储器的方法加以扩充。

文件数据寄存器占用用户程序存储器（EPROM、E^2PROM）的一个存储区，以 500 点为一个单位，最多可在参数设置时设置 2000 点，用编程器可进行写入操作。

G 变址寄存器

变址寄存器通常用来修改器件的地址编号，存放在它里面的数据为一个增量。变址寄存器由两个 16 位的数据寄存器 V 和 Z 组成，它们可以像其他数据寄存器一样进行数据的读写。进行32位操作时，将V、Z合并使用，寄存器Z为低16位。

变址寄存器的使用方法如下。指令MOV、D5V、D10Z，如果V=8和Z=14，则传送指令操作对象的确定是这样的：D5V指的是D13数据寄存器，D10Z指的是D24数据寄存器，执行该指令的结果是将数据寄存器D24中的内容传送到数据寄存器D13中。

能够变址修正的元件为X、Y、M、S、T、C、D等元件。

2.2 FX_2系列可编程序控制器的指令及其使用

2.2.1 基本逻辑指令

FX_2系列PLC共有20条基本逻辑指令，见表2-7。

表2-7 基本逻辑指令

指 令	功 能	目标元素	备 注
LD	用于常开触点与母线连接	X、Y、M、T、C、S	常开触点
LDI	用于常闭触点与母线连接	X、Y、M、T、C、S	常闭触点
AND	用于单个常开触点的串联	X、Y、M、T、C、S	常开触点
ANI	用于单个常闭触点的串联	X、Y、M、T、C、S	常闭触点
OR	用于单个常开触点的并联	X、Y、M、T、C、S	常开触点
ORI	用于单个常闭触点的并联	X、Y、M、T、C、S	常闭触点
ANB	用于并联电路块的串联	无	
ORB	用于串联电路块的并联	无	
OUT	用于逻辑运算的结果驱动指定线圈	X、Y、M、T、C、S	驱动线圈
MPS	进栈	无	
MRD	读栈	无	
MPP	出栈	无	
SET	置位	Y、M、S	
RET	复位	Y、M、S、D、 V、Z、T、C	
PLS	上升沿微分输出	Y、M	
PLF	下降沿微分输出	Y、M	
MC	用于公共逻辑条件控制多个线圈	Y、M	
MCR	主控结束时返回母线	Y、M	
NOP	空操作	无	
END	用于程序的终了	无	

2.2.2 基本逻辑指令应用举例

2.2.2.1 逻辑取与输出线圈驱动指令LD、LDI、OUT

（1）指令用法。

LD：取指令，用于常开触点与母线连接。

LDI：取反指令，用于常闭触点与母线连接。

OUT：线圈驱动指令，用于以逻辑运算的结果驱动一个指定线圈。

图2-17所示梯形图和助记符语言表示的就是上述指令的用法。

（2）指令用法说明。

1）LD、LDI指令用于将触点接到母线上，操作目标元件为X、Y、M、T、C、S，LD、LDI指令还可以与ANB、ORB指令配合，用于分支回路的起点。

2）OUT指令的目标元件为Y、M、T、C、S和功能指令线圈。

3）OUT指令可以连续使用若干次，相当于线圈并联，如图2-17中的“OUT M100”和“OUT T0”，但是不可串联使用。在对定时器、计数器使用OUT指令后，必须设置常数K。

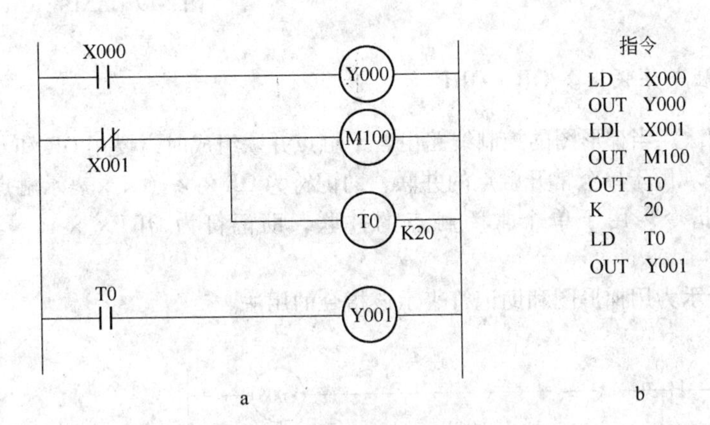

图2-17　LD、LDI、OUT指令用法

a—梯形图；b—助记符语言

2.2.2.2　单个触点串联指令AND、ANI

（1）指令用法。

AND：与指令。用于单个常开触点的串联，完成逻辑“与”运算，助记符号通常为AND××（××为触点地址）。

ANI：与反指令。用于常闭触点的串联，完成逻辑“与非”运算，助记符号通常为ANI××（××为触点地址）。

如图2-18所示为用梯形图和助记符语言表示其指令用法。

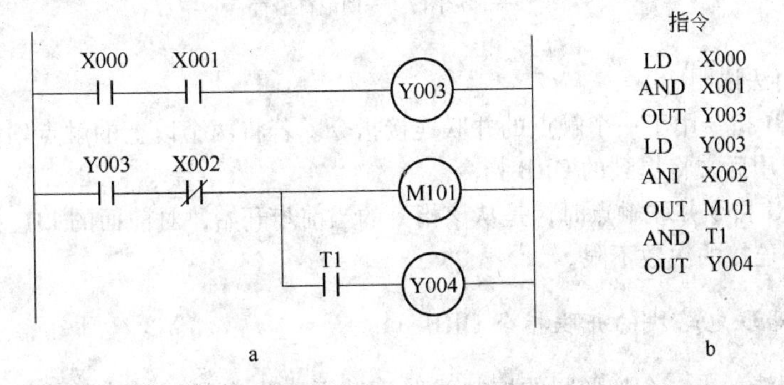

图2-18　AND、ANI指令用法

a—梯形图；b—助记符语言

（2）指令用法说明。

1）AND、ANI 指令均用于单个触点的串联，串联触点数目没有限制。该指令可以重复多次使用。指令的目标元件为 X、Y、M、T、C、S。

2）OUT 指令后，通过触点对其他线圈使用 OUT 指令称为纵接输出，如图 2-18 中 OUT M101 指令后，再通过 T1 触点去驱动 Y4。这种纵接输出，在顺序正确的前提下，可以多次使用。注意图 2-19 的编程方法使用纵接输出指令是错误的。如果程序中必须用到如图 2-19 所示的梯形图，则要使用后文将提到的 MPS 指令。

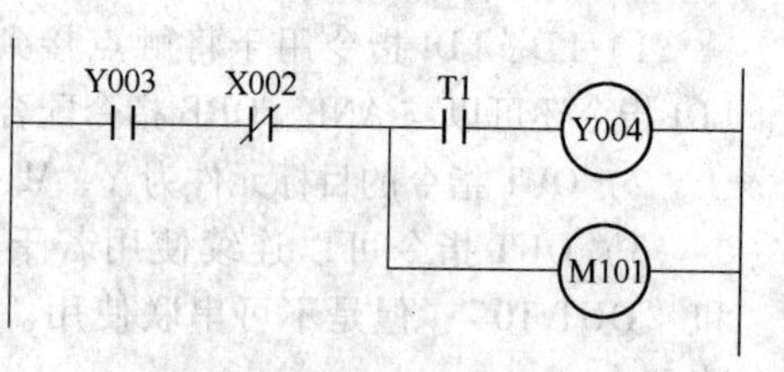

图 2-19 AND、ANI 错误用法

2.2.2.3 触点并联指令 OR、ORI

（1）指令用法。当梯形图的控制线路由若干触点并联组成时，要用 OR 和 ORI 指令。

OR：或指令。用于单个常开触点的并联，助记符为 OR××（××表示触点地址）。

ORI：或反指令。用于单个常闭触点的并联，助记符为 ORI××（××表示触点地址）。

如图 2-20 所示为用梯形图和助记符表示该指令的用法。

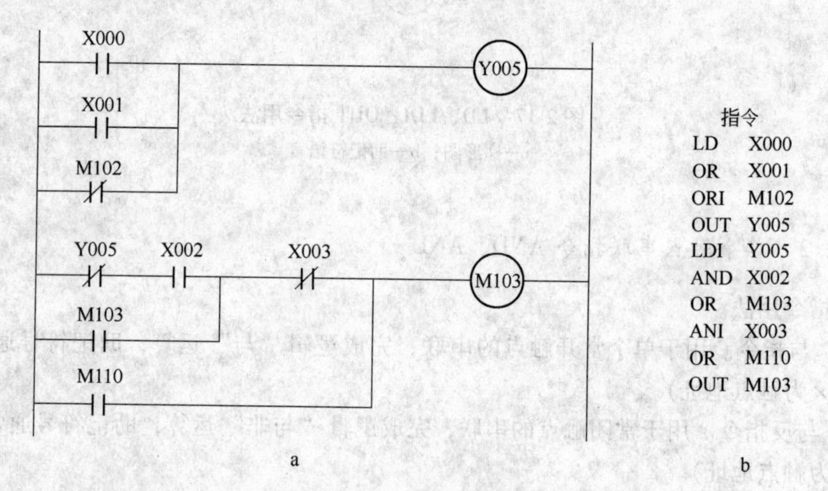

指令	
LD	X000
OR	X001
ORI	M102
OUT	Y005
LDI	Y005
AND	X002
OR	M103
ANI	X003
OR	M110
OUT	M103

b

图 2-20 OR、ORI 指令用法

a—梯形图；b—助记符语言

（2）指令用法说明。

1）OR、ORI 指令用于一个触点的并联连接指令。若将两个以上的触点串联连接的电路块并联连接时，要用后文将提到的 ORB 指令。

2）OR、ORI 指令并联触点时，是从该指令的当前步开始，对前面的 LD、LDI 指令并联连接。该指令并联连接的次数不限。

2.2.2.4 串联电路块的并联指令 ORB

（1）指令用法。当一个梯形图的控制线路由若干个先串联、后并联的触点组成时，可将每组串联的触点看作一个块。与左母线相连的最上面的块按照触点串联的方式编写语句，下面依次并联的块称作子块。每个子块左边第一个触点用LD或LDI指令，其余串联的触点用AND或ANI指令。每个子块的语句编写完后，加一条ORB指令作为该指令的结尾。ORB是将串联块相并联，是块或指令。ORB指令的使用如图2-21所示。

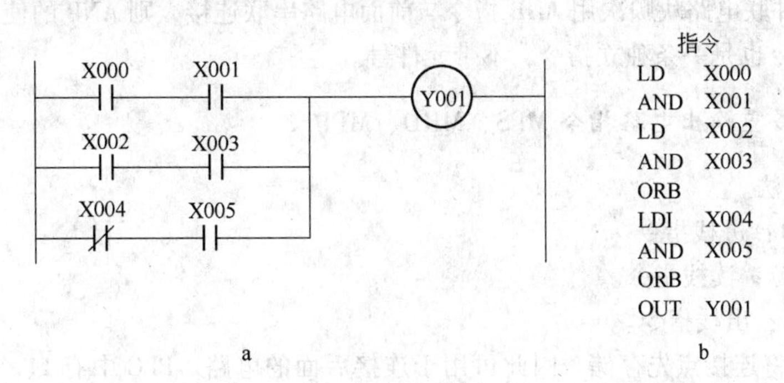

图2-21　ORB指令用法
a—梯形图；b—助记符语言

（2）指令用法说明。

1）两个以上的触点串联连接的电路称为串联电路块。串联电路块并联时，各电路块分支的开始用LD或LDI指令，分支结尾用ORB指令。

2）若须将多个串联电路块并联，则在每一电路块后面加上一条ORB指令。用这种办法编程对并联的支路数没有限制。

3）ORB指令为无操作元件号的独立指令。

2.2.2.5　并联电路块的串联指令ANB

（1）指令用法。当一个梯形图的控制线路由若干个先并联、后串联的触点组成时，可将每组并联看成一个块。与左母线相连的块按照触点并联的方式编写语句，其后依次相连的块称作子块。每个子块最上面的触点用LD或LDI指令，其余与其并联的触点用OR或ORI指令。每个子块的语句编写完后，加一条ANB指令，表示各并联电路块的串联。ANB将并联块相串联，为块与指令。ANB指令的使用如图2-22所示。

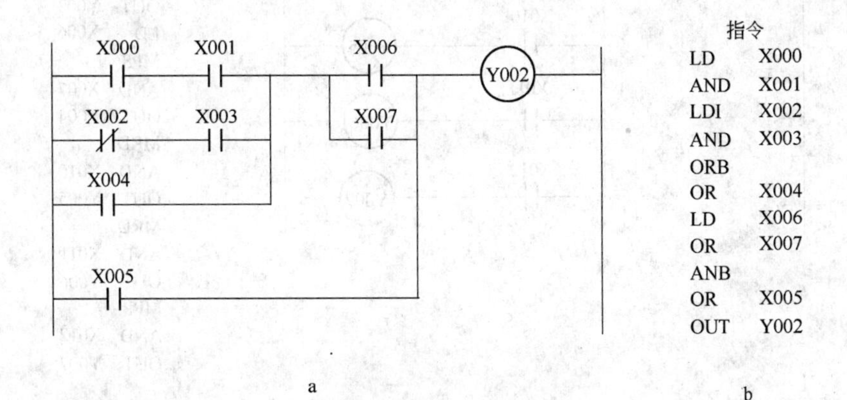

图2-22　ANB指令的应用
a—梯形图；b—助记符语言

（2）指令使用说明。

1）在使用 ANB 指令之前，应先完成并联电路块的内部连接。并联电路块中各支路的起点用 LD 或 LDI 指令，在并联好电路块后，使用 ANB 指令与前面电路串联。

2）若多个并联电路块顺次用 ANB 指令与前面电路串联连接，则 ANB 的使用次数不限。

3）ANB 指令也是一条独立指令，不带元件号。

2.2.2.6　多重输出电路指令 MPS、MRD、MPP

（1）指令用法。

MPS（Push）：进栈指令。

MRD（Read）：读栈指令。

MPP（POP）：出栈指令。

这组指令可将连接点先存储，因此可用于连接后面的电路。PLC 中有 11 个存储运算中间结果的存储器，使用一次 MPS 指令，该时刻的运算结果就推入栈的第一段。再次使用 MPS 指令时，当时的运算结果推入栈的第一段，先推入的数据依次向栈的下一段推移。使用 MPP 指令，各数据依次向上段压移。最上段的数据在读出后就从栈内消失。MRD 是最上段所存的最新数据的读出专业指令。栈内的数据不发生下压或上托。下面介绍利用 MPS、MRD 和 MPP 编程的例子。

1）占用堆栈一层栈梯形图的例子，如图 2-23 所示。

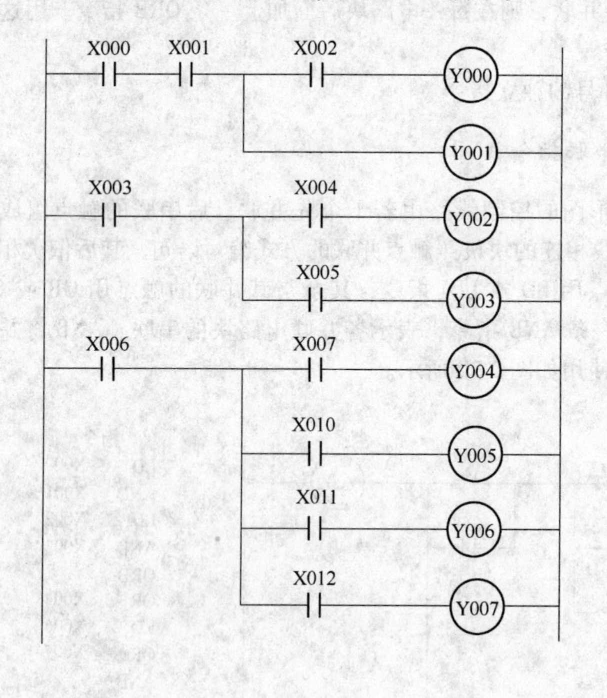

指令

LD　X000
AND　X001
MPS
AND　X002
OUT　Y000
MPP
OUT　Y001
LD　X003
MPS
AND　X004
OUT　Y002
MPP
AND　X005
OUT　Y003
LD　X006
MPS
AND　X007
OUT　Y004
MRD
AND　X010
OUT　Y005
MRD
AND　X011
OUT　Y006
MPP
AND　X012
OUT　Y007

a　　　　b

图 2-23　占用堆栈一层栈的例子

a—梯形图；b—助记符语言

2）占用堆栈二层栈梯形图的例子，如图 2-24 所示。

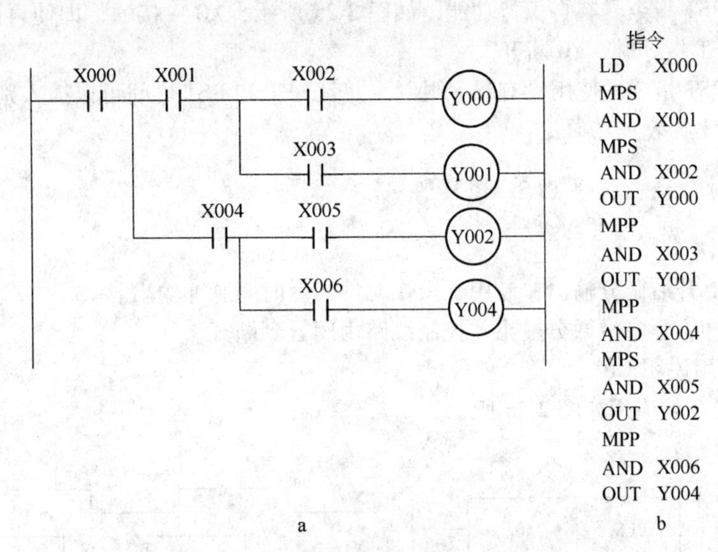

图 2-24　占用堆栈二层栈的例子

a—梯形图；b—助记符语言

（2）指令使用说明。无论何时 MPS 和 MPP 连续使用必须少于 11 次，并且 MPS 与 MPP 必须配对使用。

2.2.2.7　置位与复位指令 SET、RST

（1）指令用法。SET 指令用于对逻辑线圈 M、输出继电器 Y、状态 S 的置位；RST 用于对逻辑线圈 M、输出继电器 Y、状态 S 的复位，对数据寄存器 D 和变址寄存器 V、Z 的清零，还用于对计时器 T 和计数器 C 逻辑线圈的复位，使它们的当前计时值和计数值清零。

使用 SET 和 RST 指令，可以方便地在用户程序的任何地方对某个状态或事件设置标志和清除标志。SET 和 RST 指令的使用如图 2-25 所示。

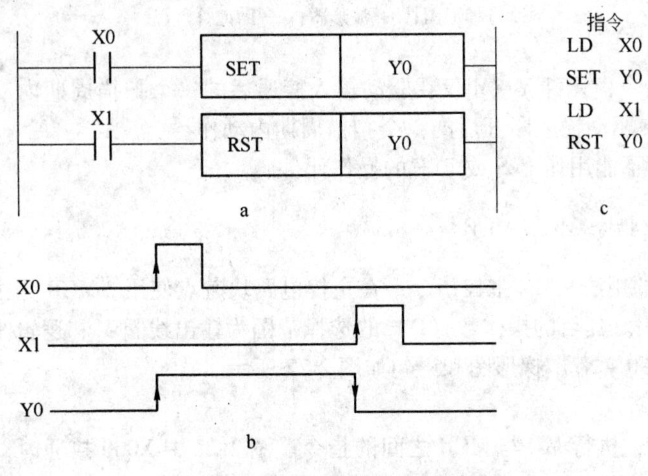

图 2-25　SET、RST 指令的用法

a—梯形图；b—波形图；c—助记符语言

（2）指令使用说明。

1）SET 和 RST 指令具有自保持功能，如图 2-25 所示，X0 一接通，即使再断开，Y0 也保持接通。当用 RST 指令时，Y0 断开。

2）SET 和 RST 指令的使用没有顺序限制，并且 SET 和 RST 之间可以插入别的程序，但在最后执行的一条才有效。

2.2.2.8　脉冲输出指令 PLS、PLF

（1）指令用法。

PLS 脉冲：上升沿微分输出，专用于操作元件的短时间脉冲输出。

PLF 下沿脉冲：下降沿微分输出，控制线路由闭合到断开。

（2）指令使用说明。

PLS、PLF 指令的应用如图 2-26 所示。

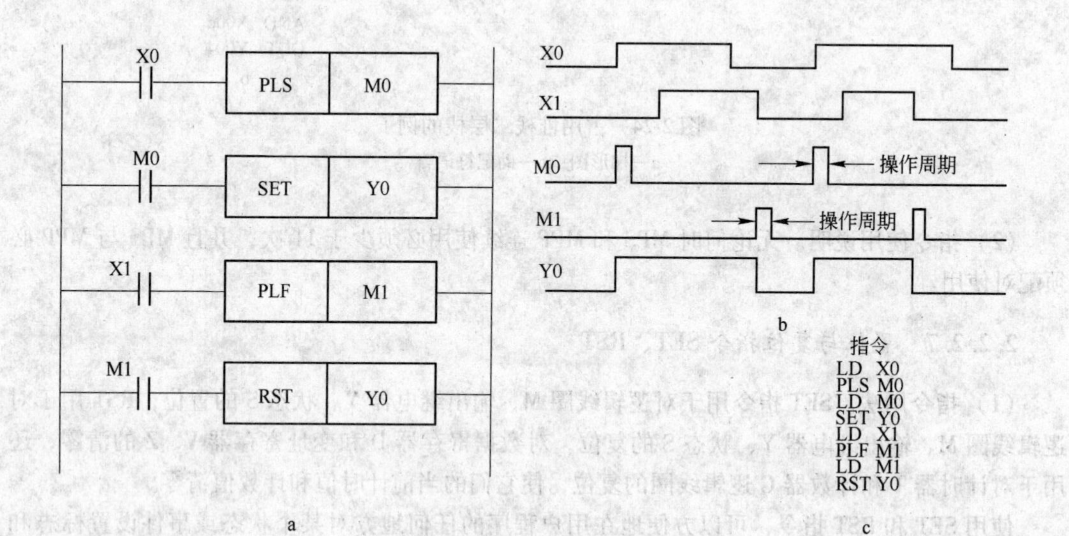

图 2-26　PLS、PLF 指令的应用

a—梯形图；b—波形图；c—助记符语言

1）使用 PLS 指令，元件 Y、M 仅在驱动输入接通后的一个扫描周期内动作。使用 PLF 指令，元件 Y、M 仅在驱动输入断开后的一个扫描周期内动作。

2）特殊继电器不能用作 PLS 或 PLF 的操作元件。

2.2.2.9　主控指令 MC、MCR

（1）主控指令的用法。MC 主控指令，在主控电路块起点使用。MCR 为主控复位指令，在主控电路块终点使用。其目的操作数（D）的选择范围为输出线圈 Y 和逻辑线 M，常数 N 为嵌套数，选择范围为 N0 ~ N7。梯形图和语句如图 2-27 所示。

（2）使用说明。

1）输入接通时，执行 MC 与 MCR 之间的指令。图 2-27 中 X000 接通时，执行该指令。当输入断开时，扫描 MC 与 MCR 指令之间各梯形图有如下情况：

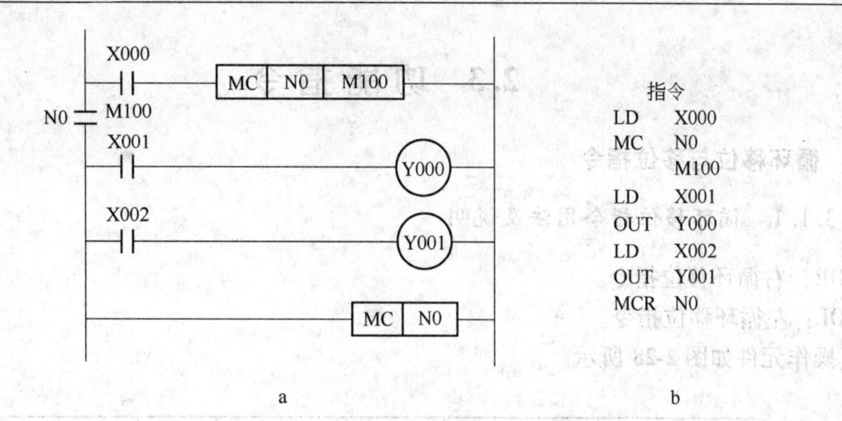

图2-27 MC、MCR指令用法

a—梯形图；b—助记符语言

保持当前状态的元件：计数器、失电保护计时器和用SET/RST指令驱动的元件；

变成断开的元件：普通计时器、各逻辑线圈和输出线圈。

2）MC指令后，母线（LD、LDI）移至MC触点之后，返回原来母线的返回指令是MCR。

MC、MCR指令必须成对使用。

3）使用不同的Y、M元件号，可多次使用MC指令。

4）在MC指令内再使用MC指令时，嵌套级的编号就顺次增大（按程序顺序由小到大），返回时用MCR指令，从大的嵌套级开始解除（按程序顺序由大到小）。

2.2.2.10 空操作指令NOP

（1）指令用法。NOP是一条空操作指令，用于程序的修改。NOP指令在程序中占一个步序，没有元件编号。在使用时，预先在程序中插入NOP指令，以备在修改或增加指令时用。还可以用NOP指令取代已写入的指令，从而修改程序。

（2）指令使用说明。

1）若在程序中加入NOP指令，改动或追加程序时，可以减少步序号的改变，另外，用NOP指令替换已写入的指令，也可改变电路。

2）LD、LDI、AND、ORB等指令若换成NOP指令，电路构成将有较大幅度变化。

3）执行程序全清操作后，全部指令都变成NOP。

2.2.2.11 程序结束指令END

END指令用于程序的结束，是无元件编号的独立指令。

可编程控制器按照输入处理、程序执行、输出处理循环工作，若在程序中不写入END指令，则可编程控制器从用户程序的第一步扫描到程序存储器的最后一步。若在程序中写入END指令，则END以后的程序步不再扫描，而是直接进行输出处理。也就是说，使用END指令可以缩短扫描周期。END指令的另一个用处是分段程序调试。在程序调试过程中，可分段插入END指令，逐段调试，在该段程序调试好后，删去END指令。然后进行下段程序的调试，直到全部程序调试完为止。

2.3 功能指令

2.3.1 循环移位与移位指令

2.3.1.1 循环移位指令用法及说明

ROR：右循环移位指令。

ROL：左循环移位指令。

其操作元件如图 2-28 所示。

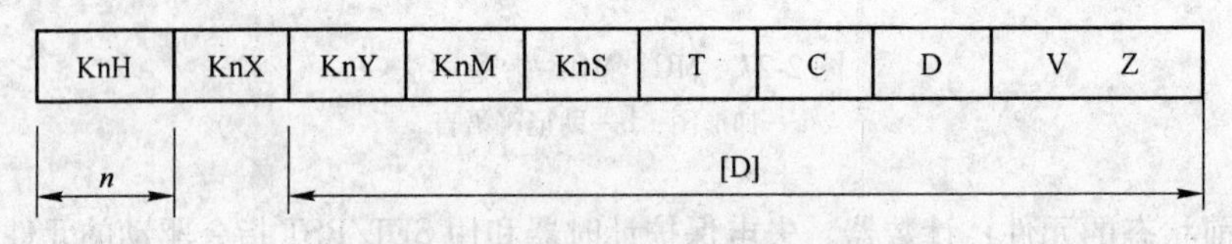

图 2-28　循环移位指令的操作元件

程序步数：ROR、ROR（P）、ROL、ROL（P）……为 5 步。操作码后加“P”表示当其控制线路由“断开”到“闭合”时才执行该指令。（D）ROR、（D）ROR（P）、（D）ROL、（D）ROL（P）……9 步。操作码之前加“D”表示其操作数为 32 位的二进制。

移位量：$n<16$，16bit 指令；$n<32$，32bit 指令。标志：M8022，进位。

ROL 的指令梯形图如图 2-29 所示。

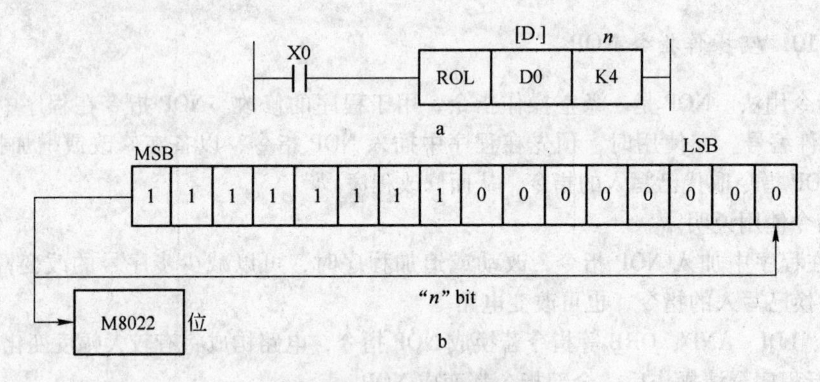

图 2-29　ROL 指令的使用

a—梯形图；b—数据的初始状态

当执行一次 ROL 指令以后，图 2-29b 所示的数据初始状态变为图 2-30 所示的状态。

右循环 ROR 指令的梯形图和分析与之相似，在此不再赘述。由 ROL 指令用梯形图及数据循环示意可知，在使用循环移位指令时应注意以下 4 点。

（1）ROL 指令每次 X0 由 OFF 变 ON 时，各 bit 数据向左循环移位“n”bit。ROR 指令则向右移。最后一次从最高 bit 移出的状态存于进位标志 M8022 中。

（2）上面所解释 16bit 指令的 ROL、ROR 的执行情况也适用于 32bit 指令。

（3）用连续执行指令时，循环移位操作每个周期执行一次。

（4）若在目标元件中指定“位”数，则只能用 K4（16bit 指令）和 K8（32bit）指令，如

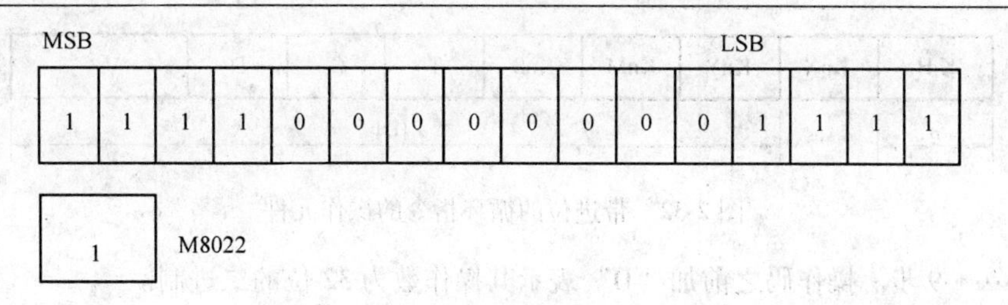

图 2-30 循环示意

K4Y10、K8M0，见下面例题。

【例题】分析图 2-31 所示梯形图，说明各输出线圈的循环情况。

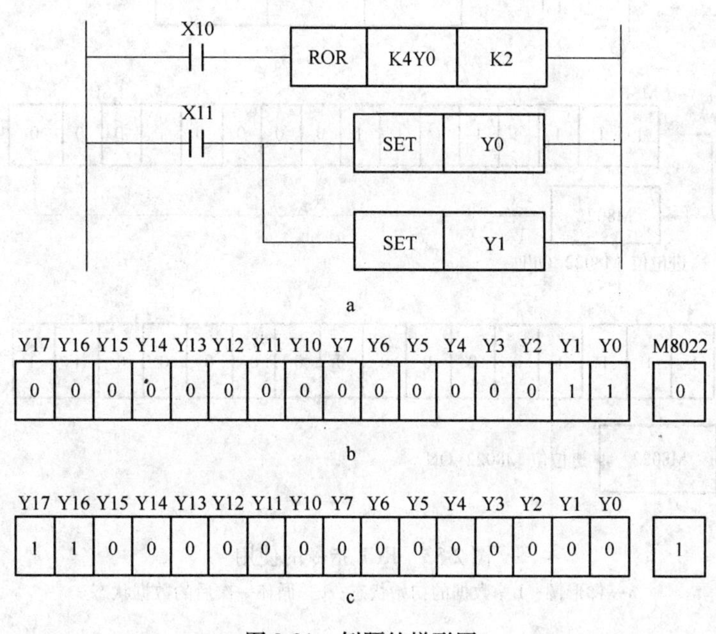

图 2-31 例题的梯形图

a—梯形图；b—各线圈的初始状态；c—循环右移一次各线圈的状态

由图 2-31a 可知，先将常开触点 X11 闭合，使输出线圈 Y0、Y1 置“1”，此时，各输出线圈的状态如图 2-31b 所示。然后，再断开常开触点 X11，此时常开触点 X10 的状态由“断开”到“闭合”一次，各输出线圈的状态向右移一次，其中最右端的 Y0 和 Y1 的状态循环移到最左位，如图 2-31c 所示。由于最右端移出的最后一位 Y1 的状态为“1”，因此，特殊逻辑线圈 M8022 被置“1”。

2.3.1.2 带进位的循环指令用法及说明

RCL：带进位的左移循环指令。

RCR：带进位的右移循环指令。

其操作元件如图 2-32 所示。

程序步数：RCR、RCR（P）、RCL、RCL（P）……为 5 步。操作码后加“P”表示当其控制线路由“断开”到“闭合”时才执行该指令。(D) RCR、(D) RCR（P）、(D) RCL、(D)

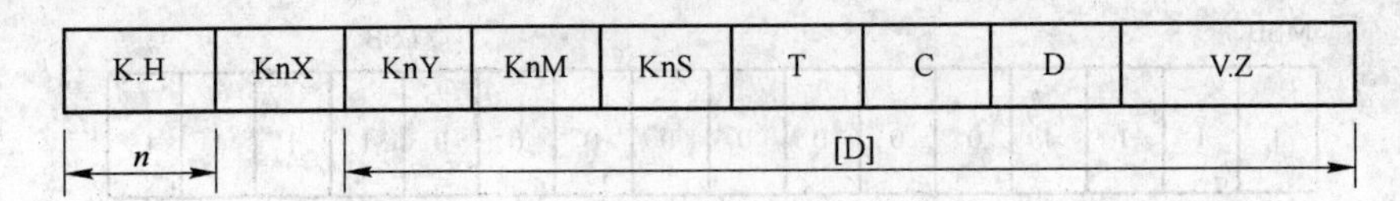

图 2-32 带进位的循环指令的操作元件

RDL（P）……9 步。操作码之前加“D”表示其操作数为 32 位的二进制。

移位量：$n<16$，16bit 指令；$n<32$，32bit 指令。标志：M8022，进位。

RCR、RCL 指令的梯形图如图 2-33 所示。

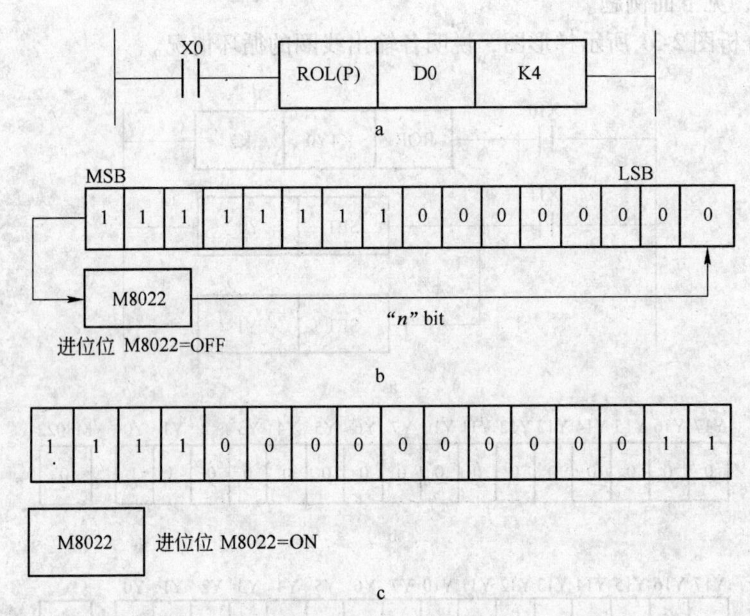

图 2-33 RCL 指令的使用

a—梯形图；b—数据的初始状态；c—循环一次后的数据状态

由 RCL 指令用法梯形图及数据循环示意可知，在使用带进位的循环移位指令时应注意以下 5 点。

（1）RCL 指令每次 X0 由 OFF 变 ON 时，各 bit 数据向左循环移位“n”bit。RCR 指令则向右移。

（2）如果 M8022 在执行循环指令前 ON，则循环中的进位标志被送到目标。

（3）上面所解释 16bit 指令的 ROL、ROR 的执行情况也适用于 32bit 指令。

（4）用连续执行指令时，循环移位操作每个周期执行一次。

（5）若在目标元件中指定“位”数，则只能用 K4（16bit 指令）和 K8（32bit）指令，如 K4Y10、K8M0。

2.3.1.3 移位指令的用法

SFTL：左移位指令。

SFTR：右移位指令。

本指令使 bit 元件中的状态向左或向右移位，由 n_1 指定 bit 元件长度，n_2 指定移位 bit 数，二者的关系为：$n_2 < n_1 < 1024$。操作元件如图 2-34 所示。

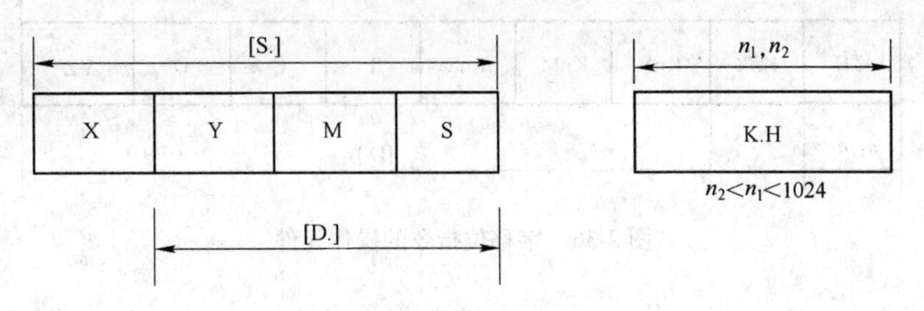

图 2-34 移位指令的操作元件

当用脉冲指令时，在执行条件的上升沿时执行。用连续指令时，执行条件 ON，则每个扫描周期执行一次。该指令梯形如图 2-35 所示。

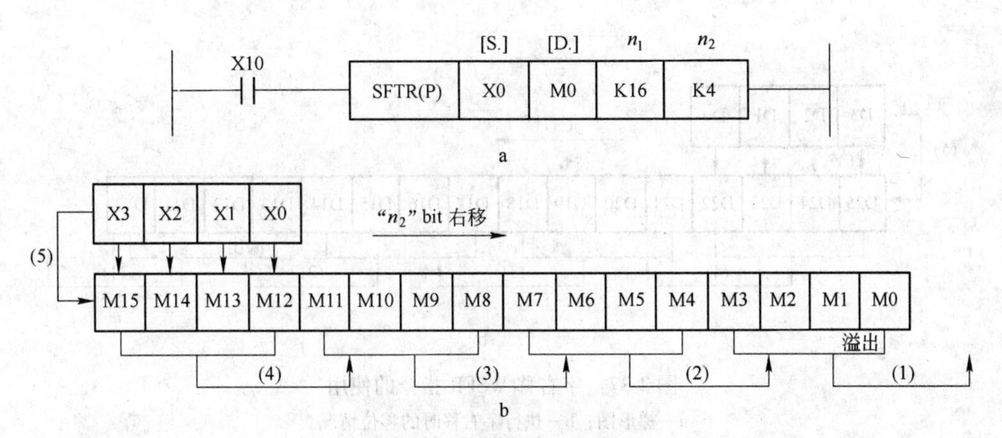

图 2-35 移位指令的用法

a—梯形图；b—右移位数据示意

如图 2-35 所示，当 X10 由 OFF 变 ON 时，数据发生如下变化：

（1）M3 ~ M0→溢出；

（2）M7 ~ M4→M3 ~ M0；

（3）M11 ~ M8→M7 ~ M4；

（4）M15 ~ M12→M11 ~ M8；

（5）X3 ~ X0→M15 ~ M12。

左移循环指令的使用方法与右移指令基本原理相同，请读者自行分析，在此不再赘述。

2.3.1.4 字右移位指令 WSFR 和字左移位指令 WSFL 的用法

WSFR：字右移位指令。

WSFL：字左移位指令。

本指令使字元件中的状态向右或向左移位，由 n_1 指定字元件长度，n_2 指定移位位数，二者的关系为：$n_2 < n_1 < 512$。操作元件如图 2-36 所示。

当用脉冲指令时，在执行条件的上升沿时执行。用连续指令时，执行条件 ON，则每个扫描周期执行一次。由［S.］、［D.］指定的元件需要指定“位”数时，其位数应相同。该指令梯形图如图 2-37 所示。

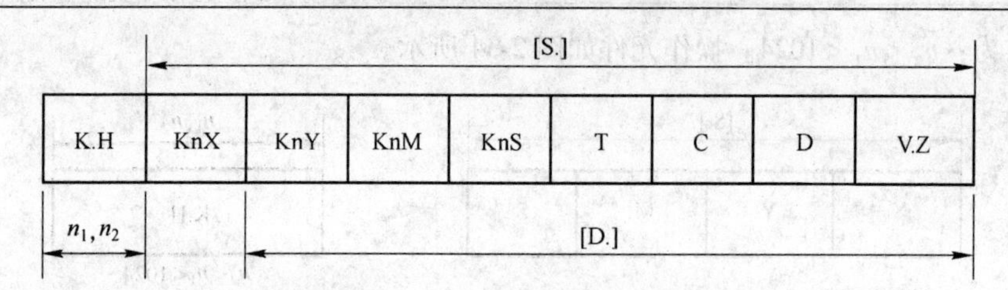

图 2-36　字移位指令的操作元件

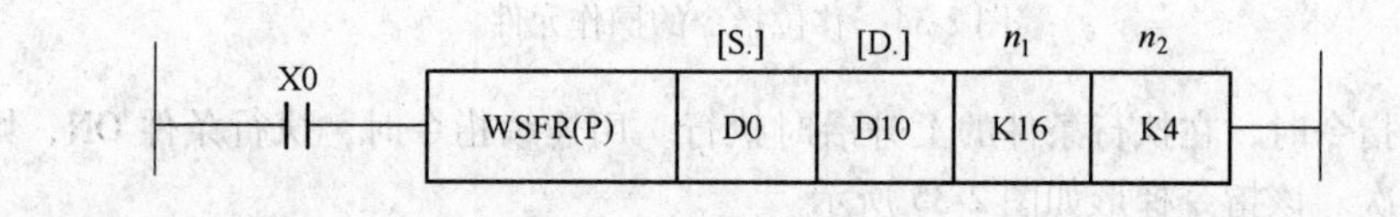

a

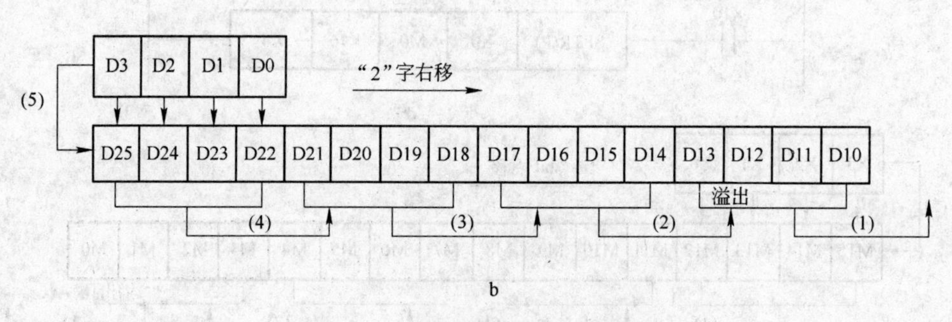

b

图 2-37　字右移 WSFR 指令的使用

a—梯形图；b—执行字右移时的移位情况

如图 2-37 所示，X0 由 OFF 变 ON 时，数据发生如下变化：

（1）D13 ~ D10→溢出；

（2）D17 ~ D14→D13 ~ D10；

（3）D21 ~ D18→D17 ~ D14；

（4）D25 ~ D22→D21 ~ D18；

（5）D3 ~ D0→D25 ~ D22。

字左移指令的使用方法与字右移指令基本原理相同，请读者自行分析，在此不再赘述。

2.3.2　程序流控制指令

2.3.2.1　条件跳转指令的用法及说明

CJ 和 CJ（P）：条件跳转指令。该指令用于跳过顺序程序中的某一部分，以减少扫描时间。操作码后加“P”，表示当其控制线路由“断开”到“闭合”时才执行该指令。操作元件为指针 P0 ~ P63，其中 P63 即 END，无需再标号。其梯形图如图 2-38 所示。

跳转指针标号一般在 CJ 指令之后，如图 2-38 所示。执行跳转指令时，其间的梯形图不再被扫描。这些梯形图的状态和数据被冻结。由于这些梯形图不再被扫描，因此扫描周期缩短了。值得说明的是，跳转指针标号也可出现在跳转指令之前，如图 2-39 所示。图中触点 X20 的 ON 间不能超过 100ms，否则会引起警戒时钟出错。但是，不能采用如图 2-40 所示的梯形图，否则会造成程序的“死循环”。这是由于PLC计时器的当前计时值必须在扫描END指令时才能被刷新，而扫描如图2-40所示的梯形图时，由于计数器T0的逻辑线圈一开始为“0”，其常闭触点闭合，因此会重复扫描这段梯形图。这样，由于不会扫描到END指令，因此计时器的当前计时值不会被刷新，其逻辑线圈也就一直不能被接通，常闭触点T0始终闭合，从而造成“死循环”。

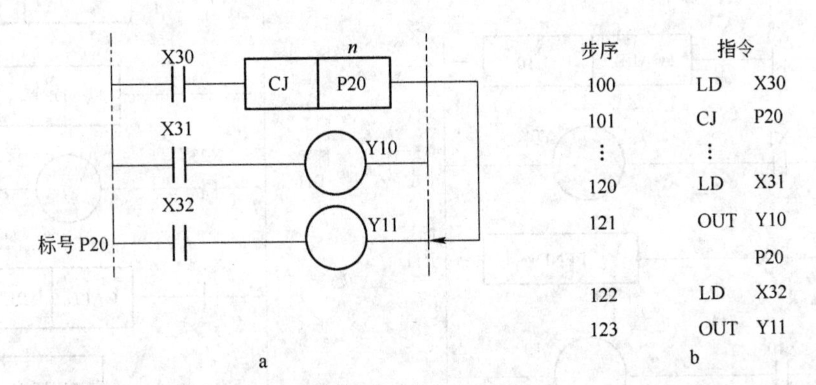

图2-38 CJ指令用法

a—梯形图及条件跳转示意；b—助记符语言

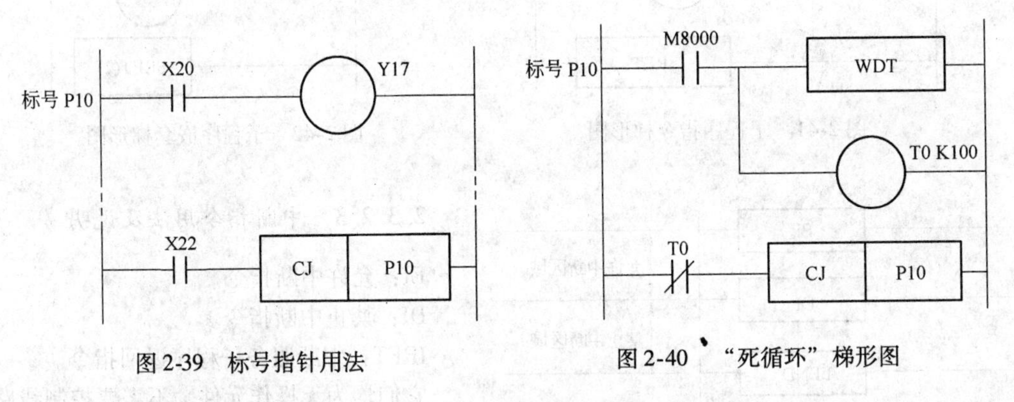

图2-39 标号指针用法　　　　图2-40 “死循环”梯形图

在一个程序中一个标号只能出现一次，否则程序会出错。但是在同一程序中两条跳转指令可以使用相同的指针号，编程时注意两条跳转指令分别实现跳转。

2.3.2.2 子程序指令CALL、SRET的用法及说明

CALL和CALL（P）：子程序调用指令。操作元件为指针P0~P62，操作码后加“P”表示当其控制线路由“断开”到“闭合”时才执行该指令。

SRET：子程序返回指令，指令不需要控制线路，直接与左母线相连。

子程序指令的梯形图如图2-41所示。当常开触点X0“断开”时，不执行子程序P10的调用；当常开触点X0“闭合”时，CPU扫描到指针为P10的子程序调用指令的梯形图，立即停止对主程序的扫描。待扫描到SRET指令后，再返回到主程序继续扫描。编制程序时，子程序必须编制在FEND指令之后。

图2-42所示是使用CALL（P）指令和子程序嵌套的梯形图。CALL（P）指令指针P11仅X1在OFF变ON时执行一次。在执行P11子程序时，如果CALLP12指令被执行，则程序跳到

子程序 P12。在 SRET（2）指令执行后，程序返回子程序 P11 中 CALLP12 指令的下一步。在 SRET（1）指令执行后再返回主程序。编程时，最多可有 5 级子程序嵌套。如果在子程序中使用定时器，规定范围为 T192 ~ T199 和 T246 ~ 249。

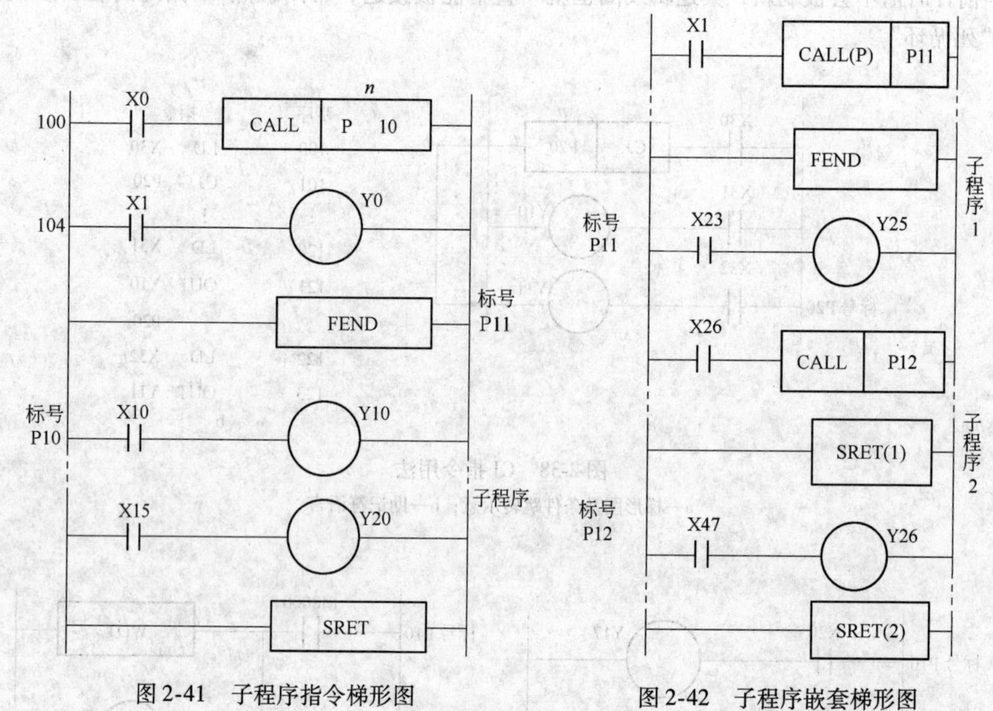

图 2-41　子程序指令梯形图　　图 2-42　子程序嵌套梯形图

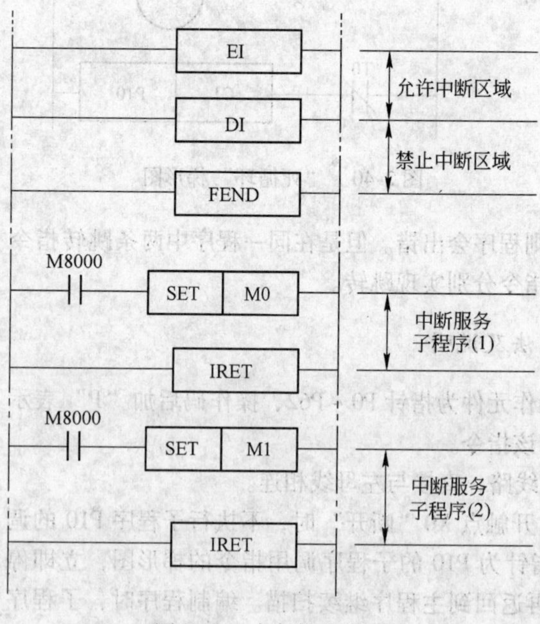

图 2-43　中断指令梯形图

2.3.2.3　中断指令用法及说明

EI：允许中断指令。

DI：禁止中断指令。

IRET：中断服务子程序返回指令。

它们均为无操作元件，不需要控制线路，指令块直接与左母线相连。中断指令的使用如图 2-43 所示。一般情况下，PLC 禁止中断状态。指令 EI 与 DI 之间的程序为允许中断区域，当程序处理到允许中断区域时，转入子程序（1）或（2），每个子程序处理到 IRET 指令时返回原断点。中断指令允许有两级中断嵌套。程序中使用定时器，规定范围为 T192 ~ T199 和 T246 ~ 249。多个中断信号顺序产生时，最先产生的中断信号有优先权。若两个或两个以上的中断信号同时产生时，中断指针号较低的有优先权。如果中断信号产生于禁止中断 DI 与 EI 区间，中断信号被存储，并在 EI 指令之后被执行。

2.3.2.4　警戒时钟指令的用法及说明

WDT、WDT（P）：刷新顺序程序的警戒时钟，实际上是一个专业计时器，没有操作元件。操作码后加“P”表示当其控制线路由“断开”到“闭合”时才执行该指令，如图2-44所示。

在FX系列PLC中，警戒时钟专用计时器的数据寄存在寄存器D8000中，定时100ms。如果程序的扫描周期时间（从0步到END或FEND指令）超过100ns，PLC将停止运行。在这种情况下，应将WDT指令插到合适的程序步中刷新警戒时钟以使顺序程序得以继续执行，直到END。

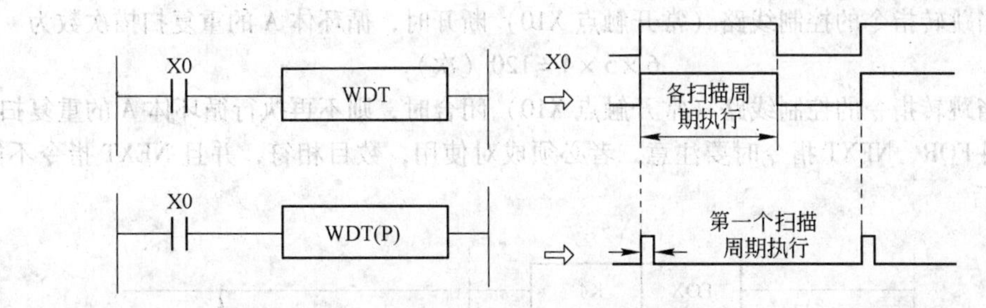

图2-44　WDT指令梯形图

该指令常在以下几方面使用。例如将一个扫描时间为120ms的程序分为两个60ms的程序。在这两个程序之间插入WDT指令。也可用MOV指令改写特殊数据寄存器D8000的值。除此之外，还可在CJ指令对应的标号步序低于CJ指令步序时，在标号后编入WDT指令，也可将WDT指令编入FOR-NEXT循环之中。

2.3.2.5　循环指令FOR、NEXT用法及说明

FOR指令和NEXT指令是一组循环指令，必须成对使用。其梯形图如图2-45a所示，两条指令都直接与左母线连接。指令操作数选用范围如图2-45b所示。当CPU扫描到FOR指令后，就将FOR指令到NEXT指令之间的梯形图重复扫描4次，然后再扫描NEXT指令下面的梯形图。

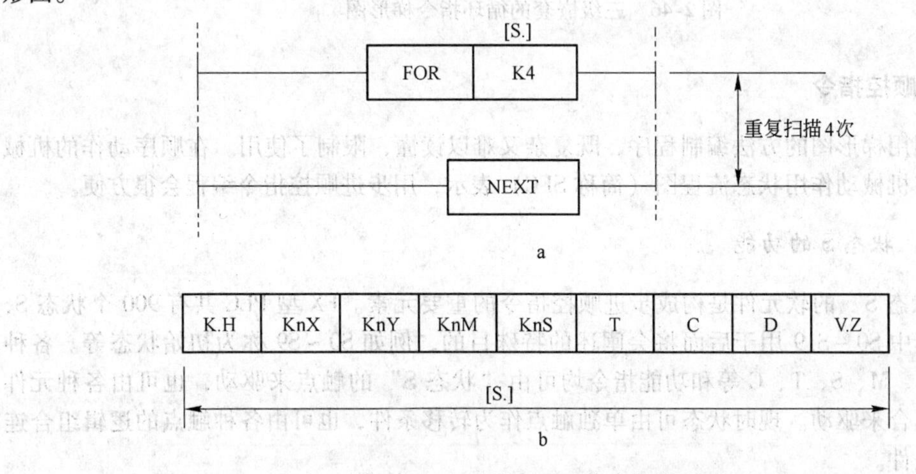

图2-45　FOR和FEXT指令的梯形图
a—梯形图；b—操作元件选用范围

该指令可以嵌套使用，最多允许5级嵌套。如果要求有条件执行重复扫描，则可以在FOR指令前面跳转指令。如图2-46所示，嵌套数为3，分别为循环体A、B和C，其中循环体A要求有条件执行重复扫描，因此在相应的FOR指令前面加了跳转指令。循环体C重复扫描4次后，再扫描相应的NEXT指令下面的梯形图。由于循环体B嵌套在循环体C的内部，设数据寄存器D10内的数据为5，则循环体B重复扫描的次数为：

$$5 \times 4 = 20\text{（次）}$$

而循环体A嵌套在循环体B的内部，并且在FOX指令前面有跳转指令，因此其重复扫描次数分两种情况：

（1）当跳转指令的控制线路（常开触点X10）断开时，循环体A的重复扫描次数为

$$6 \times 5 \times 4 = 120\text{（次）}$$

（2）当跳转指令的控制线路（常开触点X10）闭合时，则不再执行循环体A的重复扫描。

在使用FOR、NEXT指令时要注意二者必须成对使用，数目相符，并且NEXT指令不能编在END之后。

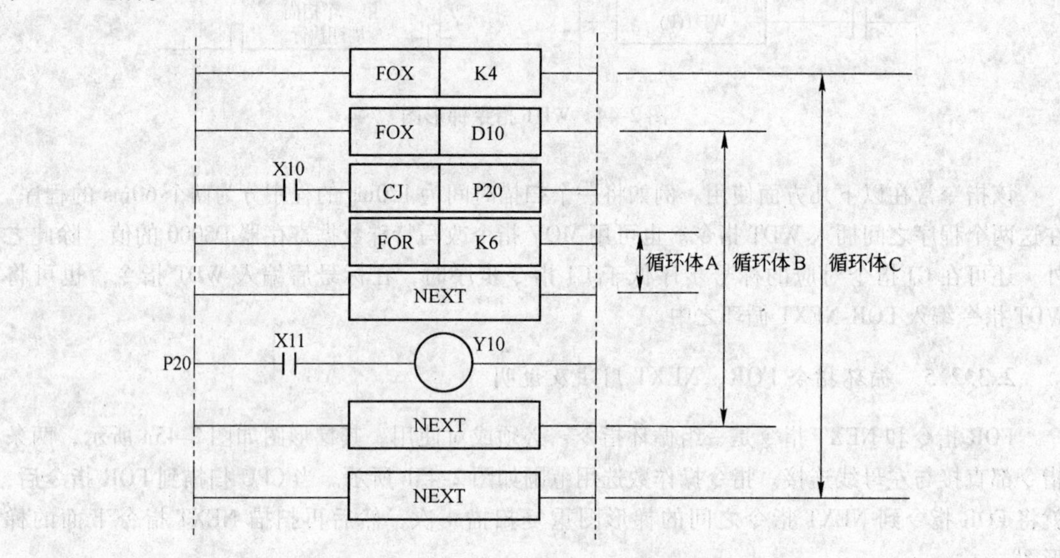

图2-46　三级嵌套的循环指令梯形图

2.3.3　步进顺控指令

顺序控制用梯形图的方法编制程序，既复杂又难以读懂，限制了使用。在顺序动作的机械控制中，若将机械动作用状态流程图（简称SFC）表示，用步进顺控指令编程会很方便。

2.3.3.1　状态S的功能

称为“状态S”的软元件是构成步进顺控指令的重要元素。FX型PLC共有900个状态S，S0～S899，其中S0～S19用于后面将会阐述的特殊目的，例如S0～S9称为初始状态等。各种负载，比如Y、M、S、T、C等和功能指令均可由“状态S”的触点来驱动，也可由各种元件触点的逻辑组合来驱动。现时状态可由单独触点作为转移条件，也可由各种触点的逻辑组合连接作为转移条件。

当PLC的CPU扫描以步进顺控程序编制的用户程序时，扫描与某个状态相连的那些梯形图，其结果和扫描与主控触点相连接的那些梯形图是一样的。若该状态为1，相当于主控触点

闭合；若该状态为0，相当于主控触点断开。下面以图2-47所示的部分用户程序为例作具体说明：如果状态S30为1，则输出线圈Y10和Y11被置1，这时，输出线圈Y12为0。当状态S30的转移条件满足，即开关量X21闭合，则状态S30停止工作，紧随其后的状态S31投入工作。这时，输出线圈Y10被置0，Y11仍为1，若常开触点M10断开，则输出线圈Y12仍为0；若常开触点M10闭合，则输出线圈Y12被置1。

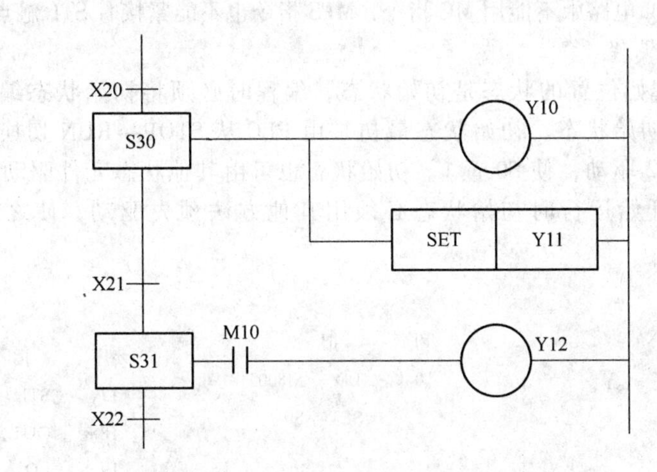

图2-47 用SFC语言编制的用户程序

2.3.3.2 状态流程图的编制方法

A 步进顺控的程序示例

从状态转移图中有代表性地抽出一个状态（每个状态均具有驱动负载、指定转移方向以及指定转移条件三个功能），状态转移图、步进顺控图和助记符指令如图2-48所示。程序用状态转移图或用步进顺控图表达都可运行。编程顺序为先进行负载的驱动处理，接着进行转移处理。

STL指令是与主母线连接的常开触点指令，可在子母线里直接连接线圈或通过触点驱动线

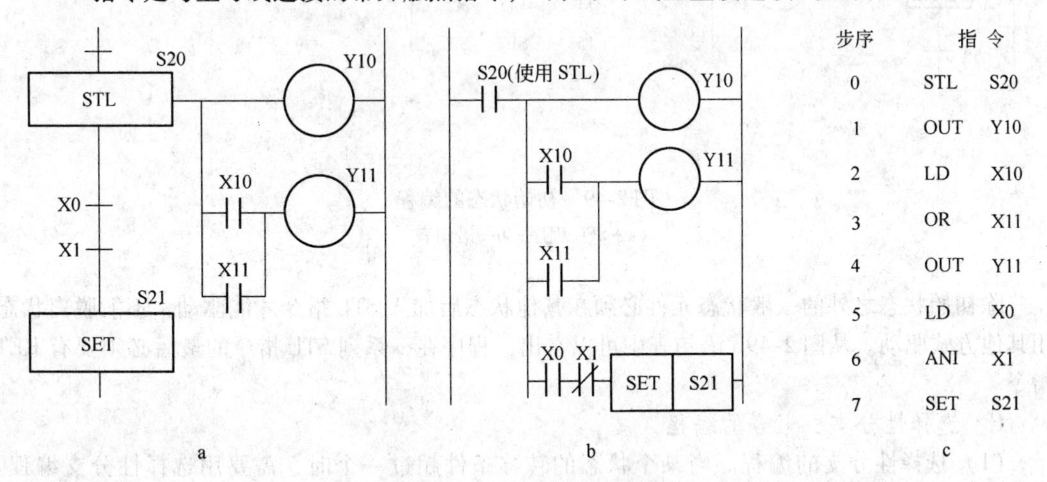

图2-48 步进顺控程序举例
a—状态转移图；b—梯形图；c—助记符语言

圈。连接在子母线上的触点使用 LD、LDI 指令。若要返回原来的主母线时，使用 RET 指令。但是，通过 STL 触点驱动状态 S，在该 S 前面的那个状态就自动复位。

状态转移图和步进顺控图表达的都是同一个程序，它的优点是可以使编程者每次只考虑一个状态，而不用考虑其他状态，使编程更容易，另外，状态的顺序可以自由选用，不一定要按 S 编号的顺序，但是在一系列的 STL 指令的最后，必须写入 RET 指令。

编制程序时，STL 电路中不能用 MC 指令，MPS 指令也不能紧接着 STL 触点使用。

B　初始状态的编程

在状态转移图起始位置的状态是初始状态，编程时必须将初始状态编在其他状态之前，S0～S9 可用作初始状态。初始状态最初是由 PLC 从 STOP→RUN 切换瞬时动作的特殊辅助继电器 M8002 驱动，使 S0 置 1。初始状态也可由其他状态元件驱动，如图 2-49 所示，用 S23 驱动，开始运行时初始状态必须用其他方法预先驱动，使之处于工作状态（即 S23 先置 1）。

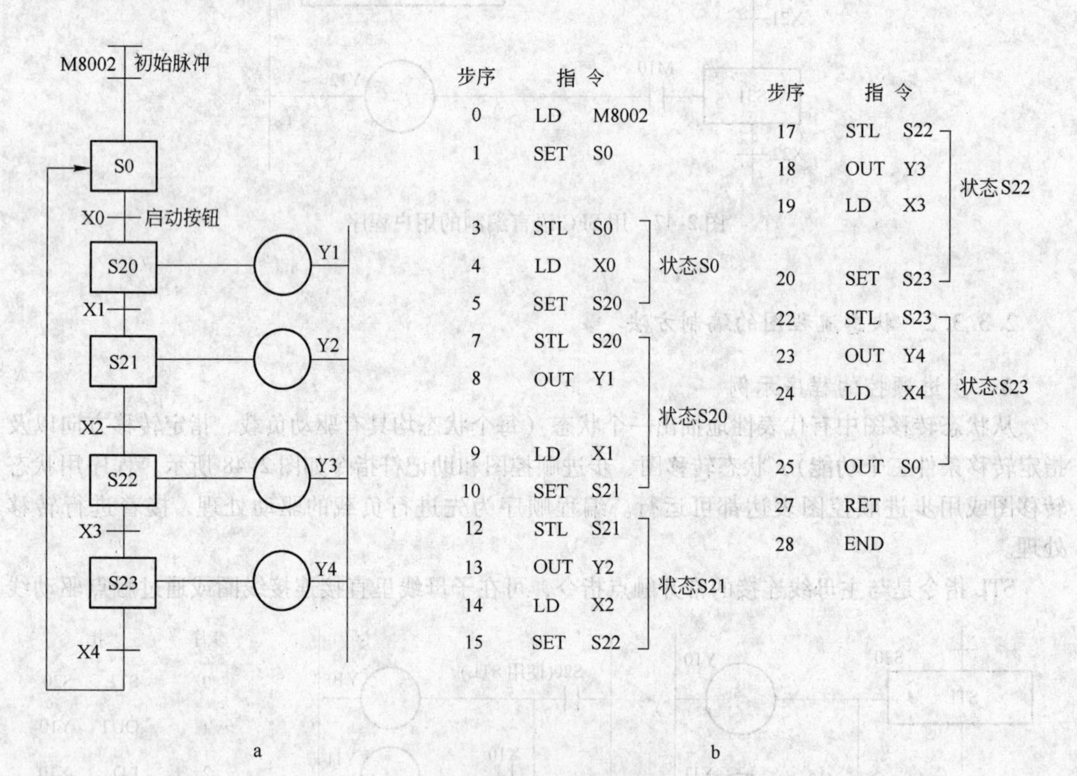

图 2-49　初始状态的编程

a—SFC 程序；b—语句表

除初始状态之外的一般状态元件必须在其他状态后加入 STL 指令才能驱动，不能脱离状态用其他方式驱动。从图 2-49b 语句表中可以看出，程序在一系列 STL 指令的最后必须要有 RET 指令。

C　选择性分支、汇合的编程

（1）选择性分支的编程。当某个状态的转移条件超过一个时，需要用选择性分支编程。与对一般状态编程一样，先进行驱动处理，然后设置转移条件，编程时要由左至右逐个编程，如图 2-50 所示。

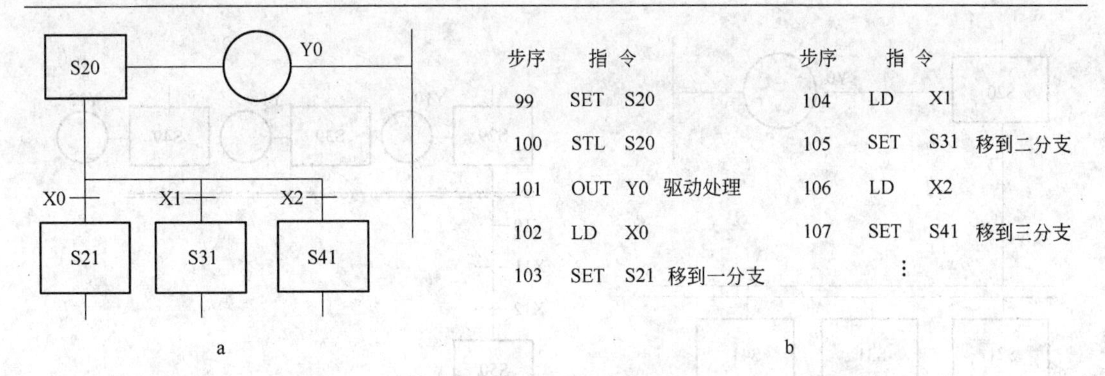

图 2-50 选择性分支的用户程序

a—SFC 程序；b—助记符语言

（2）选择汇合编程。如图 2-51 所示，设三个分支分别编制到状态 S29、S39、S49 时，汇合到状态 S50，其用户程序编制时，先进行汇合前状态的输出处理，然后向汇合状态转移，此后由左至右进行汇合转移，这是为了自动生成 SFC 画面而追加的规则。

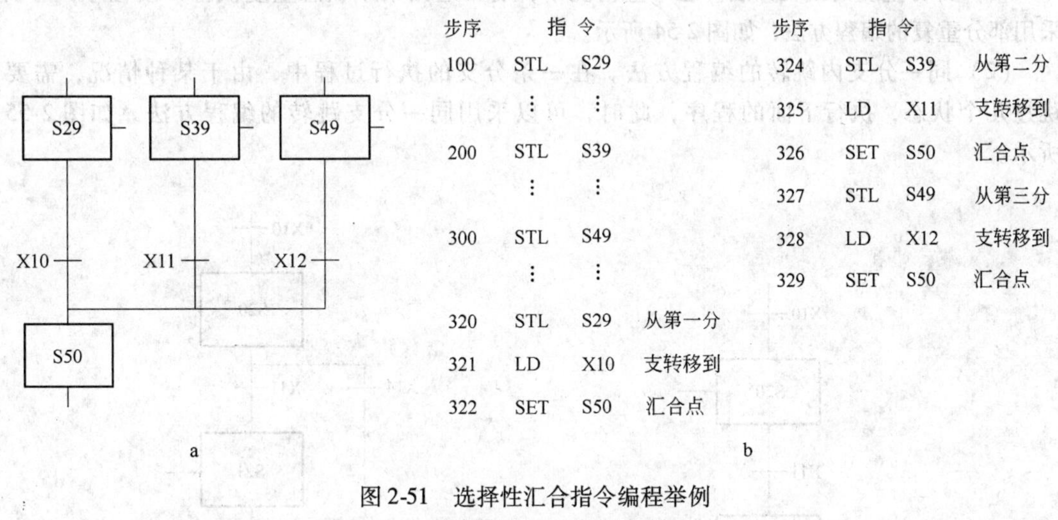

图 2-51 选择性汇合指令编程举例

a—SFC 程序；b—助记符语言

分支、汇合的转移处理程序中，不能用 MPS、MRD、MPP、ANB、ORB 指令。

D 并行分支、汇合的编程

（1）并行分支编程。如果某个状态的转移条件满足，在将该状态置 0 的同时，需要将若干状态置 1，即有几个状态同时工作。这时，可采用并行分支的编程方法，其用户程序如图 2-52 所示。与一般状态编程一样，先进行驱动处理，然后进行转移处理，转移处理从左到右依次进行。

对于所有的初始状态（S0 ~ S9），每一状态下的分支电路数总和不大于 16 个，并且在每一分支点分支数不大于 8 个。

（2）并行支路汇合的编程。汇合前先对各状态的输出处理分别编程，然后从左到右进行汇合处理。设三条并行支路分别编制到状态 S29、S39、S49，需要汇合到 S50，相当于 S29、S39、S49 相与的关系。其用户程序如图 2-53 所示。

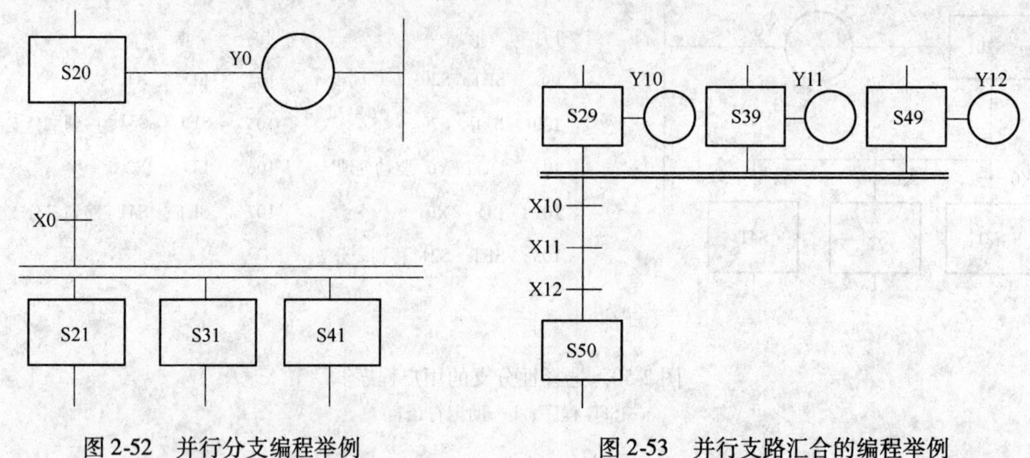

图 2-52 并行分支编程举例　　图 2-53 并行支路汇合的编程举例

E 跳转、重复的编程方法

用 SFC 语言编制用户程序时，有时程序需要跳转或重复，则用 OUT 指令代替 SET 指令。

(1) 部分重复的编程方法。在一些情况下，需要返回某个状态重复执行一段程序，可以采用部分重复的编程方法，如图 2-54 所示。

(2) 同一分支内跳转的编程方法。在一条分支的执行过程中，由于某种情况，需要跳过几个状态，执行下面的程序，此时，可以采用同一分支跳转的编程方法。如图 2-55 所示。

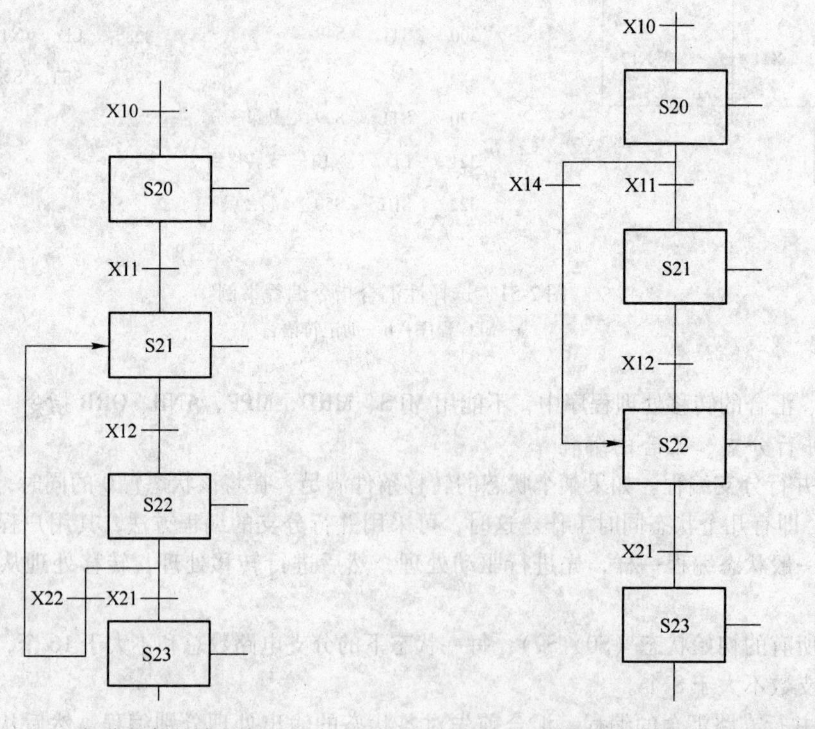

图 2-54 部分重复的编程方法　　图 2-55 同一分支内跳转的编程方法

(3) 跳转到另一条分支的编程方法。在某种情况下，要求程序从一条分支的某个状态跳转到另一条分支的某个状态继续执行时，可以采用跳转到另一条分支的编程方法，如图2-56所示。

(4) 复位处理的编程方法。在用SFC语言编制用户程序时，如果要使某个运行的状态(该状态为1) 停止运行 (使该状态置0)，其编程的方法如图2-57所示。图2-57中，当状态S22为1时，此时若输入X21为1，则将状态S22置0，状态S23置1；若输入X22为1，则将状态S22置0，即该支路停止运行。如果要使该支路重新进入运行，则必须使输入X10为1。

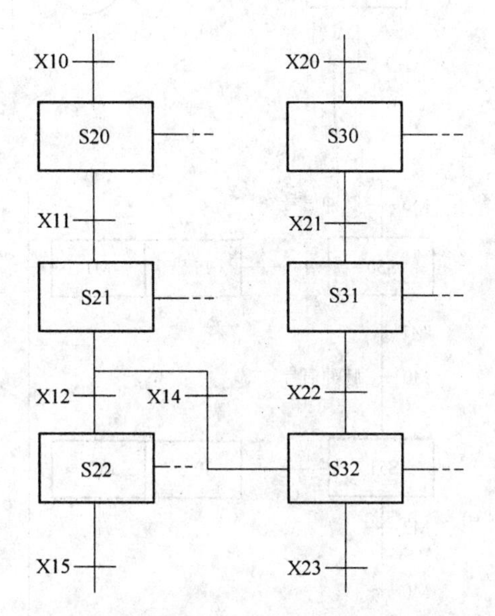

图2-56 跳转到另一条分支的编程方法

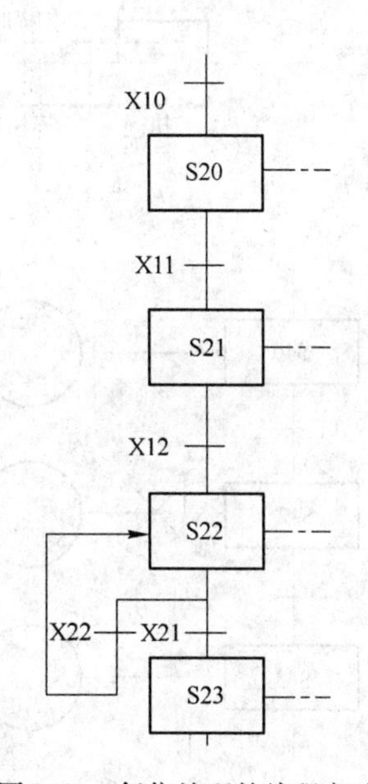

图2-57 复位处理的编程方法

2.3.3.3 状态的详细动作说明

A STL指令的动作

如图2-58a所示，编制SFC程序时，当STL触点接通 (ON) 时，与此连接的电路运行。当STL触点断开 (OFF)，与此连接的电路停止运行，在其负载复位后一个扫描周期，此部分的指令就被跳过，不再执行。状态元件不可重复使用。

由图2-58b可知，状态转移过程中，在一个扫描周期中两状态同时为ON的情况也可能出现，即S20和S21可能同时ON。如果要求Y1、Y2不能同时输出，则必须加上联防，防止Y1、Y2同时输出。

如图2-58c所示，相邻的状态不能重复使用同一个定时器。这是因为指令互相影响，使定时器无法复位。对于分隔的两个状态，如图中S40、S42，可以使用同一个定时器。

同一信号顺次作为转移条件的场合要用脉冲，如图2-58d所示。当M0为通时，S50刚动作，M1立即断开，避免状态马上直接转移到S51，到下一个M0脉冲到来时才能转到S51。

B 状态的各种指令的处理

STL指令仅对状态元件S有效。另外，对状态元件S还可以用LD、LDI、AND、ANI、OR、ORI、OUT、SET、RST等触点和线圈指令。

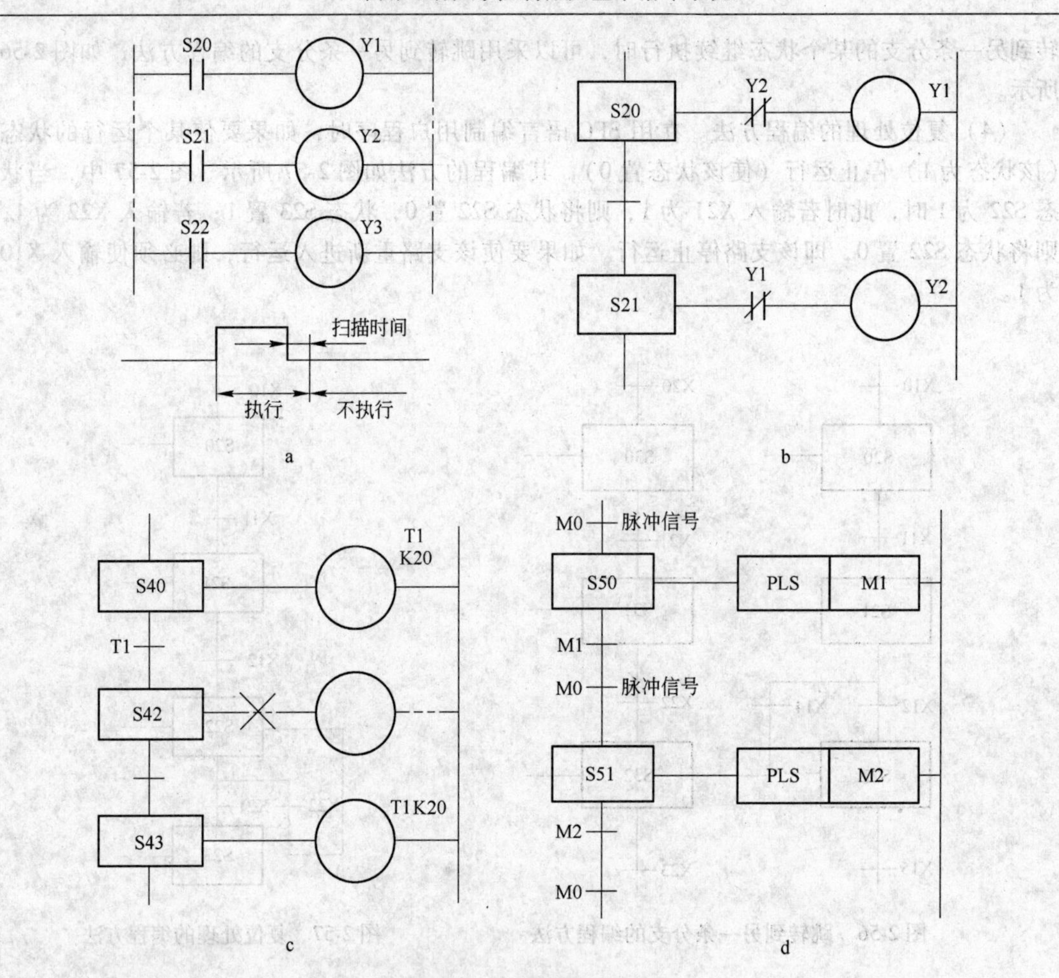

图 2-58 STL 指令的动作

如图 2-59 所示，即使 S20 驱动 S30 或 S21 后，S20 也不复位。如果 S20 断开（OFF），S30 即停止动作，这是因为 S21 和 S30 没有通过 STL 指令而直接由 S20 驱动。在程序中，没用过 STL 指令时，状态 S 可以作为通用辅助继电器使用。

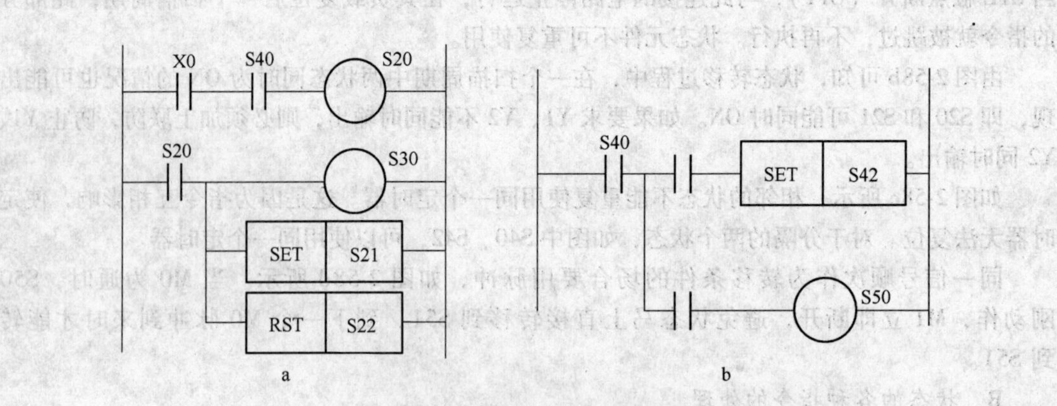

图 2-59 对状态各指令的处理

a—未用 STL 指令的状态处理；b—使用 STL 指令的状态处理

对于STL指令后的S，OUT指令与SET指令具有同样的功能，都可以使转移源自动复位，还具有停电自保持功能。但是，OUT指令在状态转移图中，只用于向分离的状态转移，而不是向相邻的状态转移。在编程时，STL指令触点后不能紧接着使用MPS指令。

2.3.3.4 操作方式

A 操作方式的分类

设备的操作方式大致分为手动和自动两种方式，在这两种方式下再分成其他运行方式，其中手动方式是用各自的按钮使各个负载单独接通或断开的方式，该方式下按动回原点按钮时，被控制的机械自动向原点回归。

自动方式又分为单步运行、单周期运行和连续运行等形式。单步运行为按动一次启动按钮，动作前进一个工步或工序。单周期运行是在原点位置按动启动按钮，自动运行一遍再在原点停止；若在中途按动停止按钮就停止运行，再按动启动按钮，从断点处开始继续运行，回到原点自动停止。连续运行方式是在原点位置按动启动按钮，设备开始连续反复运行；若中途按动停止按钮，动作将继续到原点为止。

一般情况下，配合初始状态指令的编程必须指定具有连续编号的输入点；如果无法指定连续编号，则要使用辅助继电器M，重新安排输入编号。

连续编号的输入点：

X20：手动工作方式；X24：连续运行；

X21：回归原点；　　X25：回归点启动；

X22：单步运行；　　X26：自动启动；

X23：单周期运行；　X27：停止。

B 初始状态指令

IST是初始状态指令。图2-60所示是该指令的梯形图和操作数选用的范围。梯形图中（1）表示输入的首元件号，由X20 ~ X27组成；（2）表示自动状态下的最小状态号；（3）表示自动状态下的最大状态号。其中（2）、（3）的状态号S选用范围为S20 ~ S899，并且最大状态号的地址必须大于最小状态号的地址。与该指令有关的特殊逻辑线圈有8个，即M8040 ~ M8047。其中当M8040为1时，禁止状态转移，当M8040为0时，允许状态转移；当M8041为1时，允许在自动工作方式下，从目的操作数［D1.］所使用的最低位状态开始，进行状态转移；反之，则禁止转移；当输入端X26由“断开”到“闭合”时，M8042产生一个脉宽为一个扫描周期的脉冲；当M8043为1时，表示返回原点工作方式结束，允许进入自动工作方式，反之，则不允许进入自动工作方式；当M8047为1时，只要状态S0 ~ S999中任何一个状态为1，M8046就为1，同时，特殊数据寄存器D8040内的数表示S0 ~ S999中状态为1的最低的

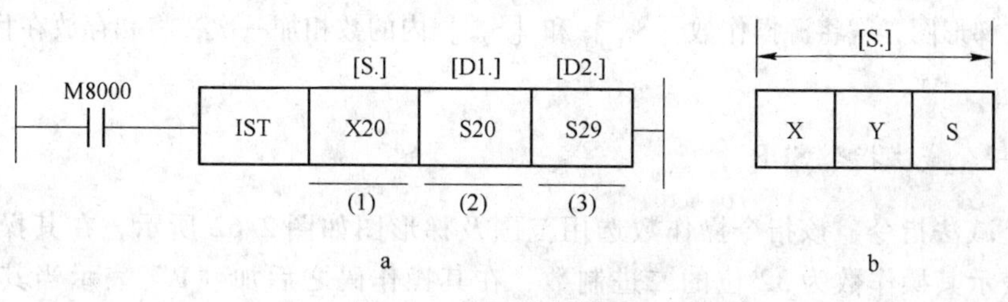

图2-60　IST指令梯形图

a—梯形图；b—操作元件选用范围

地址，D8041～D8047 内的数依次代表其他各状态为 1 的地址，当 M8047 为 0 时，不论状态 S0～S999 中有多少个 1，M8046 始终为 0，D8040～D8047 内的数不变。

2.3.4 算术运算指令

2.3.4.1 加法指令 ADD

ADD 是加法指令，该指令操作数选用范围及梯形图如图 2-61 所示，在其操作码之前加“D”表示其操作数为 32 位的二进制数，在其操作码之后加“P”表示当其控制线路由“断开”到“闭合”时才执行加法运算指令。源操作数［S_1.］作为被加数，［S_2.］作为加数，将和放入操作数［D.］中。指定源中的操作数必须是二进制，其最高 bit 为符号位，如果该位为“0”，则表示该数为正；如果该位为“1”，则表示该数为负。

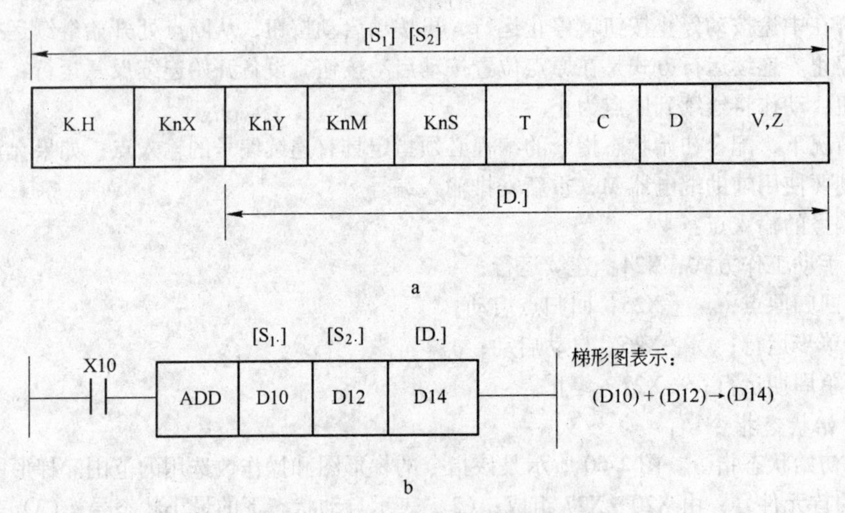

图 2-61 ADD 指令操作及梯形图

a—ADD 指令操作选用范围；b—梯形图

操作数是 16 位的二进制数，数据范围：－32768～＋32767。操作数是 32 位的二进制数，数据范围：－2147483648～＋2147483647。

如果运算结果为“0”，则零标志 M8020 置“1”；如果运算结果超过＋32767（16 位）或＋2147483647（32 位），则进位标志 M8022 置“1”；如果运算结果小于－32768（16 位）或－2147483648（32 位），则借位标志 M8021 置“1”。

图 2-61b 中，当常开触点 X10 断开时，不执行加法运算的操作；当常开触点 X10 闭合时，每扫描一次梯形图，就将源操作数［S_1.］和［S_2.］内的数相加一次，将和存放在目的操作数［D.］中。

2.3.4.2 减法指令 SUB

SUB 是减法指令，该指令操作数选用范围及梯形图如图 2-62 所示，在其操作码之前加“D”表示其操作数为 32 位的二进制数，在其操作码之后加“P”表示当其控制线路由“断开”到“闭合”时才执行减法运算指令。源操作［S_1.］作为被减数，［S_2.］作为减数，将差放入操作数［D.］中。同加法指令一样，指定源中的操作数必须是二进制数，其最高位为符号位，如果该位为“0”，则表示该数为正；如果该位为“1”，则表示该数为负。

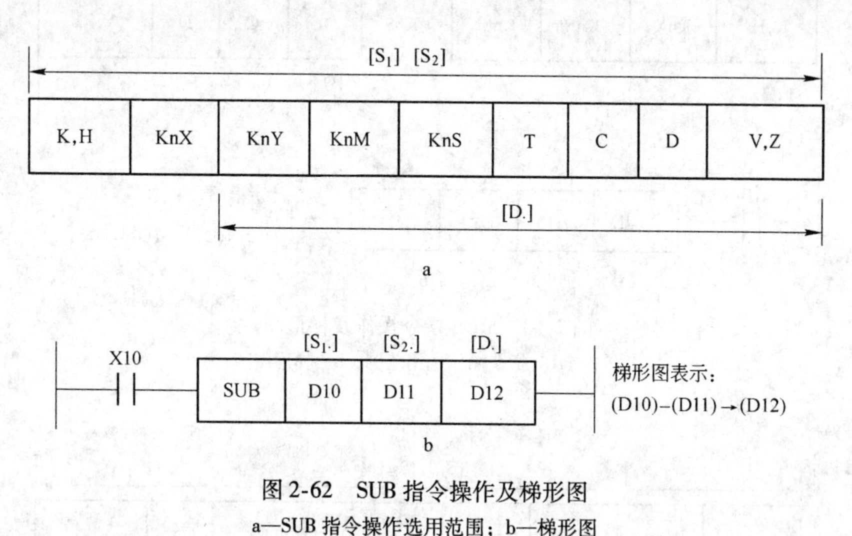

图 2-62 SUB 指令操作及梯形图
a—SUB 指令操作选用范围；b—梯形图

操作数是 16 位的二进制数，数据范围为：-32768 ~ +32767。操作数是 32 位的二进制，数据范围为：-2147483648 ~ +2147483647。

如果运算结果为“0”，则零标志 M8020 置“1”；如果运算结果超过 +32767（16 位）或 +2147483647（32 位），则进位标志 M8022 置“1”；如果运算结果小于 -32768（16 位）或 -2147483648（32 位），则借位标志 M8021 置“1”。

图 2-62b 中，当常开触点 X10 断开时，不执行减法运算的操作；当常开触点 X10 闭合时，每扫描一次梯形图，就将源操作数 [S_1.] 内的数减去 [S_2.] 内的数，将差存放在目的操作数 [D.] 中。

2.3.4.3 乘法指令 MUL

MUL 是乘法指令，该指令操作数选用范围及梯形图如图 2-63 所示，若其操作数 [S_1.] 和 [S_2.] 为 16 位的二进制数，则目标操作数 [D.] 还可以选用变址寄存器 Z。在其操作码之前加“D”表示其操作数为 32 位的二进制数，在其操作码之后加“P”表示当其控制线路由“断开”到“闭合”时才执行乘法运算指令。源操作数 [S_1.] 作为被乘数，[S_2.] 作为乘数，将积放入目的操作数 [D.] 指定的那个字软设备以及紧随其后的字软设备中。

若源操作数 [S_1.] 和 [S_2.] 为 16 位的二进制数，则存放积的是两个 16 位的字软设备，如图 2-63 梯形图所提示的，将 D10、D12 两个 16 位数的积存放在 D14、D15 两个字软设备中；若操作源 [S_1.] 和 [S_2.] 为 32 位的二进制数，则存放积的是 4 个 16 位的字软设备。各操作数的其他规定与加法指令相同，不再赘述。

2.3.4.4 除法指令 DIV

DIV 是除法指令，该指令操作数选用范围及梯形图如图 2-64 所示，若源操作数 [S_1.] 和 [S_2.] 为 16 位的二进制数，则目标操作数 [D.] 还可以选用变址寄存器 Z。在其操作码之前

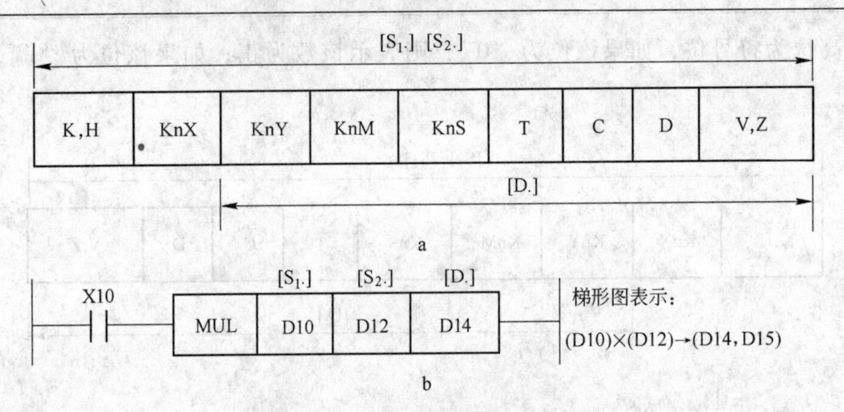

图 2-63　MUL 指令操作及梯形图

a—MUL 指令操作选用范围；b—梯形图

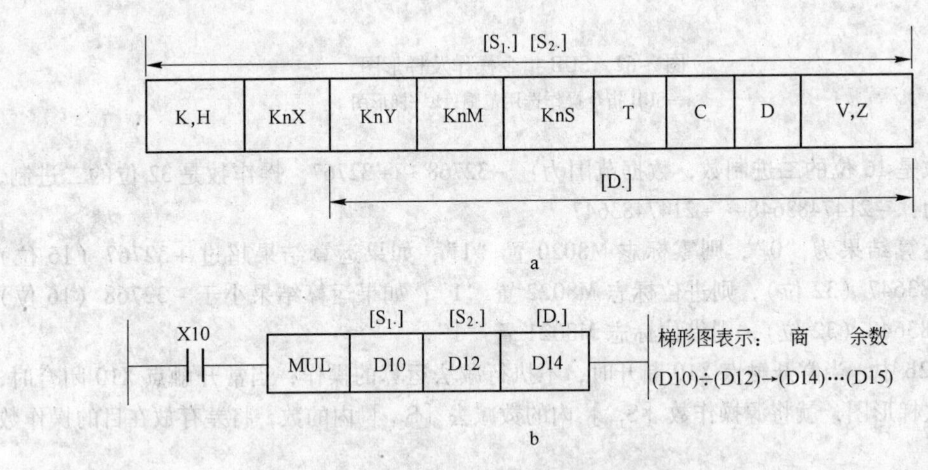

图 2-64　DIV 指令操作及梯形图

a—DIV 指令操作选用范围；b—梯形图

加“D”表示其操作数为 32 位的二进制数，在其操作码之后加“P”表示当其控制线路由“断开”到“闭合”时才执行除法运算指令。源操作数［S_1.］作为被除数，［S_2.］作为除数，将商放入目的操作数［D.］指定的那个字软设备中，余数存放在紧随其后的字软设备中。

各操作数的其他规定与加法指令相同，不再赘述。图 2-64b 中，当常开触点 X10 断开时，不执行除法运算操作；当常开触点 X10 闭合时，每扫描一次梯形图，就将 D10 内的数除以 D12 内的数，商放在 D14 中，余数放在 D15 中。

2.3.4.5　加“1”指令 INC

INC 是加“1”指令，该指令操作数选用范围及梯形图如图 2-65 所示。在其操作码之前加“D”表示其操作数为 32 位的二进制数，在其操作码之后加“P”表示当控制线路由“断开”到“闭合”时才进行加“1”运算指令。

各操作数的其他规定与加法指令相同，不再赘述。在图 2-65b 中，当常开触点 X10 断开时，不执行加“1”运算操作；当常开触点 X10 闭合时，每扫描一次梯形图，就将 D10 内的数

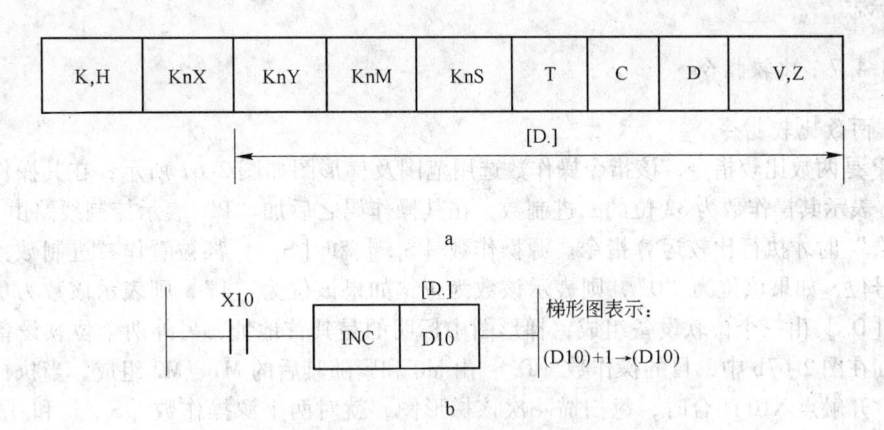

图 2-65 INC 指令操作及梯形图

a—INC 指令操作选用范围；b—梯形图

加“1”，其结果再存入 D10 中。假如 D10 内的数为 16 位的数 + 32767 时，再加“1”就变成 - 32768；假如 D10 内的数为 32 位的数 + 2147483647 时，再加“1”就变成 - 2147483648。这里需特别指出的是，在 INC 指令中，没有特殊逻辑线圈 M8020、M8021、M8022 作为零、借位和进位的标志。

2.3.4.6 减“1”指令 DEC

DEC 是减“1”指令，该指令操作数选用范围及梯形图如图 2-66 所示。在其操作码之前加“D”表示其操作数为 32 位的二进制数，在其操作码之后加“P”表示当其控制线路由“断开”到“闭合”时才进行减“1”运算指令。

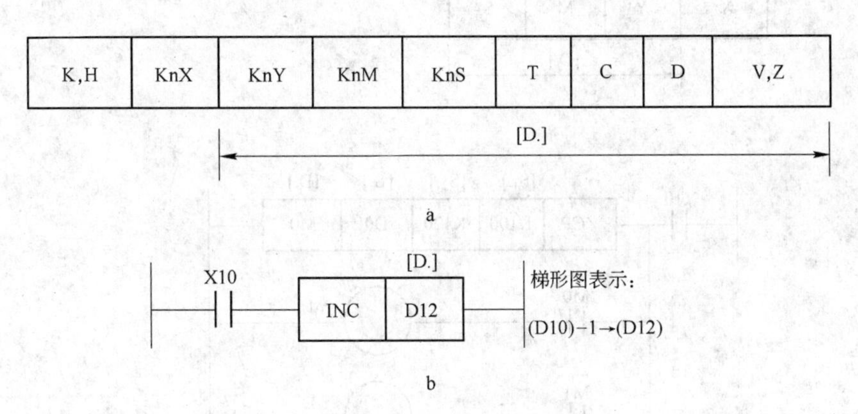

图 2-66 DEC 指令操作及梯形图

a—DEC 指令操作选用范围；b—梯形图

各操作数的其他规定与加法指令相同，不再赘述。图 2-66b 中，当常开触点 X10 断时，不执行减“1”运算操作；当常开触点 X10 闭合时，每扫描一次梯形图，就将 D12 内的数减“1”，其结果再存入 D12 中。假如 D12 中的数为 16 位的数 - 32768 时，再减“1”就变成 + 32767；假如 D12 内的数为 32 位的数 - 2147483648 时，再加“1”就变成 + 2147483647。这里要特别指出的是，在 DEC 指令中，没有特殊逻辑线圈 M8020、M8021、M8022 作为零、借位和进位的标志。

2.3.4.7　比较指令

A　两数比较指令

CMP是两数比较指令，该指令操作数选用范围及梯形图如图2-67所示，在其操作码之前加“D”表示其操作数为32位的二进制数，在其操作码之后加“P”表示控制线路由“断开”到“闭合”时才执行比较运算指令。源操作数［S_1.］和［S_2.］都被看作二进制数，其最高位为符号位，如果该位为“0”，则表示该数为正；如果该位为“1”，则表示该数为负。目的操作数［D.］由三个位软设备组成，梯形图中标明的是其首地址，另外两个位软设备紧随其后。例如在图2-67b中，目的操作数［D.］由M0和紧随其后的M1、M2组成，当执行比较操作，即常开触点X10闭合时，每扫描一次该梯形图，就对两个源操作数［S_1.］和［S_2.］进行比较，结果如下：

当［S_1.］>［S_2.］时，M0当前值为1；
当［S_1.］=［S_2.］时，M1当前值为1；
当［S_1.］<［S_2.］时，M2当前值为1。

执行比较操作后，即使其控制线路断开，其目的操作数的状态仍保持不变；除非用RST指令将其复位。

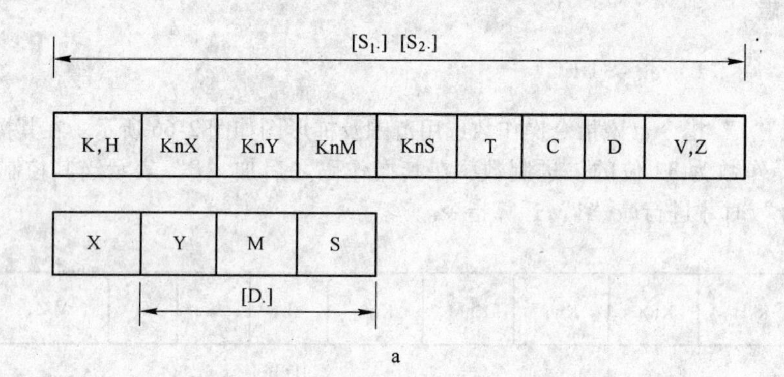

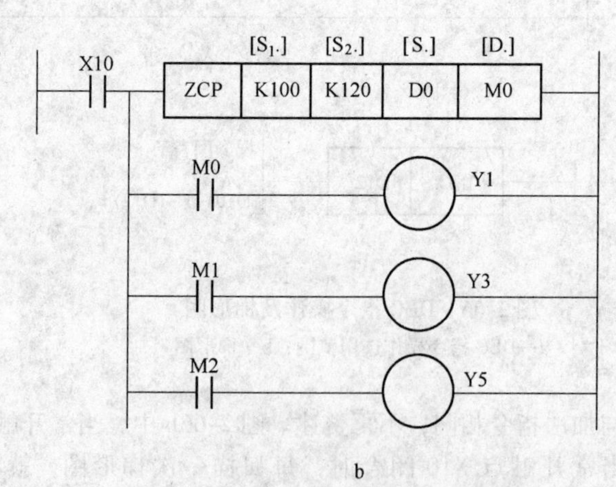

图2-67　CMP指令操作及梯形图

a—CMP指令操作选用范围；b—梯形图

B 区间比较指令

ZCP是区间比较指令，该指令操作数选用范围及梯形图如图2-68所示，在其操作码之前加“D”表示其操作数为32位的二进制数，在其操作码之后加“P”表示控制线路由“断开”到“闭合”时才执行区间比较运算指令。源操作数［S_1.］和［S_2.］确定区比较范围，不论［S_1.］>［S_2.］，还是［S_1.］<［S_2.］，执行ZCP指令时，总是将较大的那个数看作［S_2.］。例如，［S_1.］=K200，［S_2.］=K100，执行ZCP指令时，将K100视为［S_1.］，K200视为［S_2.］。所有源操作数都被看作二进制数，其最高位为符号位，如果该位为“0”，则表示该数为正；如果该位为“1”，则表示该数为负。目的操作数［D.］由三个位软设备组成，梯形图中表明的是首地址，另外两个位软设备紧随其后。例如在图2-68b中，目的操作数［D.］由M0和紧随其后的M1、M2组成，当执行比较操作，即常开触点X10闭合时，每扫描一次该梯形图，就将［S.］内的数与源操作数［S_1.］和［S_2.］进行比较，结果如下：

当［S_1.］>［S.］时，M0当前值为1；

当［S_1.］≤［S.］≤［S_2.］时，M1当前值为1；

当［S_1.］>［S_2.］时，M2当前值为1。

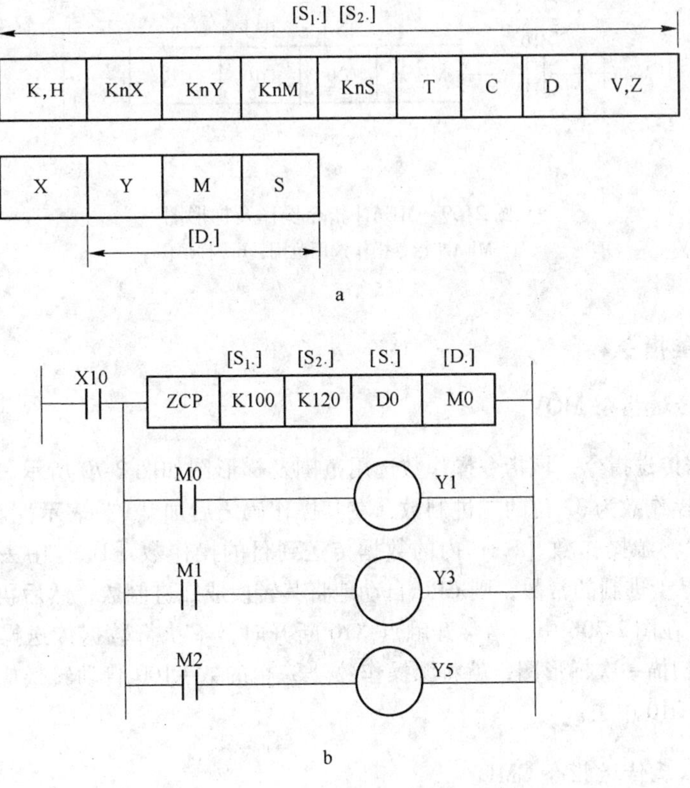

图2-68 ZCP指令操作及梯形图

a—ZCP指令操作选用范围；b—梯形图

执行比较操作后，即使其控制线路断开，其目的操作数的状态仍保持不变，除非用RST指令将其复位。

2.3.4.8 求平均值指令MEAN

MEAN是求平均值指令，该指令操作数选用范围及梯形图如图2-69所示，在其操作码之后加“P”表示控制线路由“断开”到“闭合”时才执行平均值运算指令。源操作数［S.］表示参与求平均值的若干个数的首地址，常数 n 表示参与求平均值的数的个数，其取值范围为 1～64，求得的 n 个数的平均值存放在目的操作数［D.］中。在图 2-69b 中，当常开触点 X10 断开时，不对数据寄存器 D0～D9 内的数求平均值；当常开触点闭合时，每扫描一次该梯形图，就将 D0～D9 内的数相加，所得的和除以 10，求得的商（即平均值）存入目的操作数 D10 内。

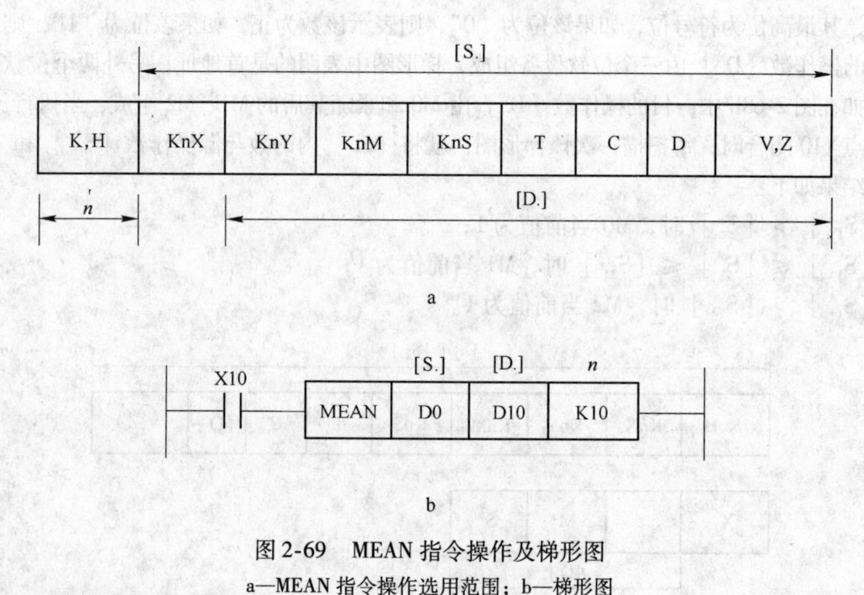

图 2-69　MEAN 指令操作及梯形图

a—MEAN 指令操作选用范围；b—梯形图

2.3.5　特殊功能指令

2.3.5.1　传送指令 MOV

MOV 是数据传送指令，该指令操作数选用范围及梯形图如图 2-70 所示，在其操作码之前加“D”表示其操作数为 32 位的二进制数，在其操作码之后加“P”表示控制线路由“断开”到“闭合”时才将源操作数［S.］内的数据传送到目的操作数［D.］中去。如果源操作数［S.］内的数据是十进制的常数，则 CPU 自动地将其转换成二进制数，然后再传送到目的操作数［D.］中去。在图 2-70b 中，当常开触点 X10 断开时，不执行数据传送操作；当常开触点 X10 闭合时，每扫描一次梯形图，就将源操作数［S.］的数 K100 自动转换成二进制数，再传送到数据寄存器 D10 中去。

2.3.5.2　取反传送指令 CML

CML 是取反传送指令，该指令操作数选用范围及梯形图如图 2-71 所示，在其操作码之前加“D”表示其操作数为 32 位的二进制数，在其操作码之后加“P”表示控制线路由“断开”到“闭合”时才执行取反操作。如果源操作数［S.］内的数据是十进制的常数，则 CPU 自动地将其转换成二进制数，然后再传送到目的操作数［D.］中去。在图 2-71b 中，当常开触点 X10 断开时，不执行取反传送操作；当常开触点 X10 闭合时，每扫描一次梯形图，就将源操作数［S.］的数 K100 自动转换成二进制数，取反后再存放到数据寄存器 D10 中去。

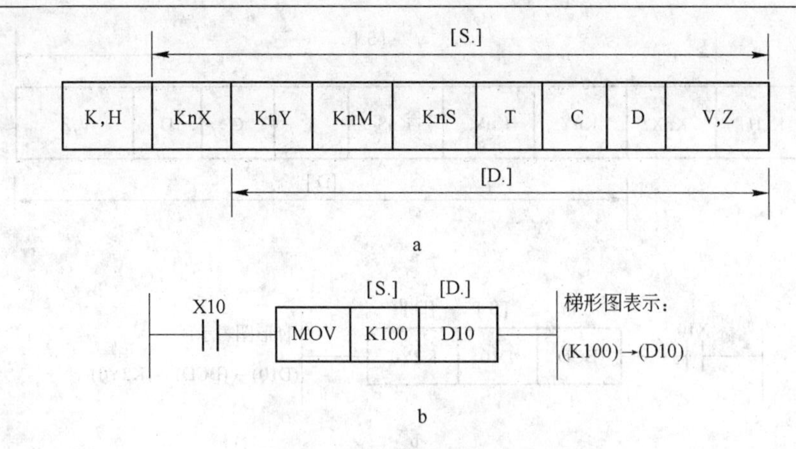

图 2-70 MOV 指令操作及梯形图
a—MOV 指令操作选用范围；b—梯形图

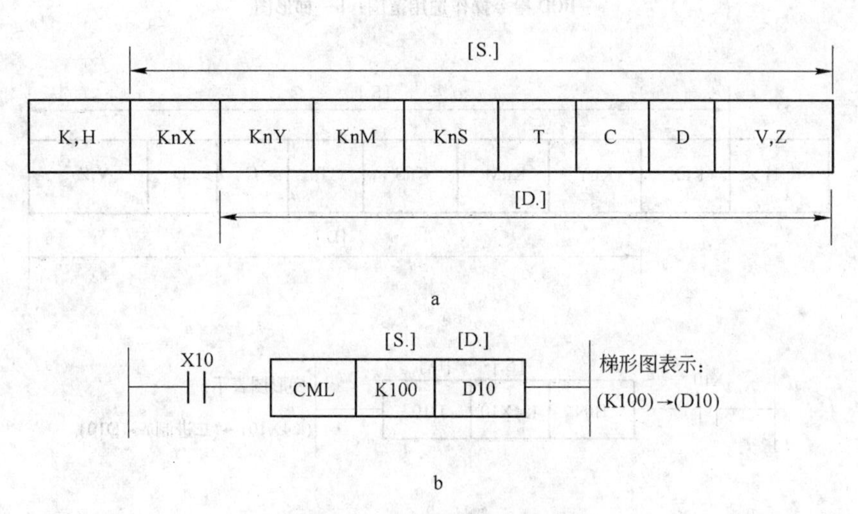

图 2-71 CML 指令操作及梯形图
a—MOV 指令操作选用范围；b—梯形图

2.3.5.3 数制转换指令

A BCD 变换

BCD 是二—十进制转换指令，该指令操作数选用范围及梯形图如图 2-72 所示，在其操作码前加“D”表示其操作数为 32 位的二进制数，在其操作码之后加“P”表示当其控制线路由“断开”到“闭合”时才执行二—十进制转换指令操作。

在图 2-72 中，当常开触点 X10 断开时，不执行二—十进制转换指令的操作；当常开触点 X10 闭合时，每扫描一次梯形图，就将源操作数 D10 内的二进制数转换成十进制数（BCD 码），再传送到目的操作数 K2Y0 中去。若 BCD/BCD（P）指令执行中，即源操作数为 16 位的二进制数，则转换成的十进制数不要超出 0～9999 范围，否则出错。若（D）BCD/（D）BCD（P）指令执行中，即源操作数为 32 位的二进制数，则转换成的十进制数不要超出 0～99999999 范围，否则出错。

B BIN 变换

BIN 是十—二进制转换指令，该指令操作数选用范围及梯形图如图 2-73 所示，在其操作前

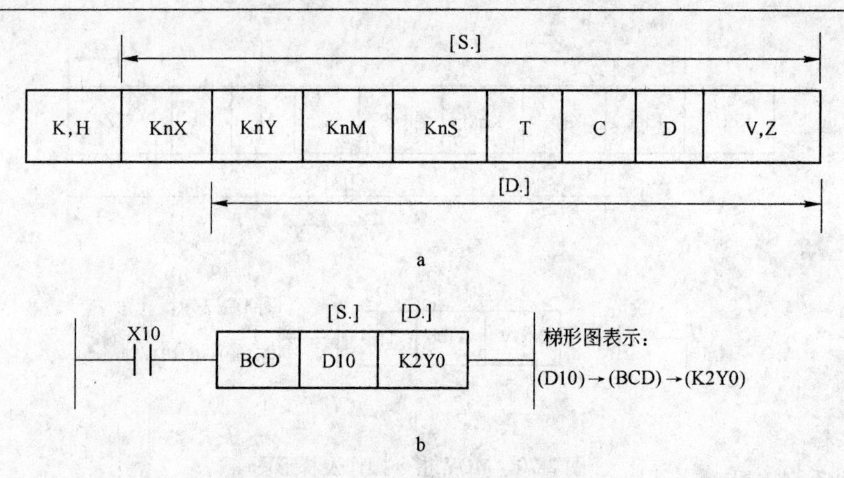

图 2-72　BCD 指令操作及梯形图
a—BCD 指令操作选用范围；b—梯形图

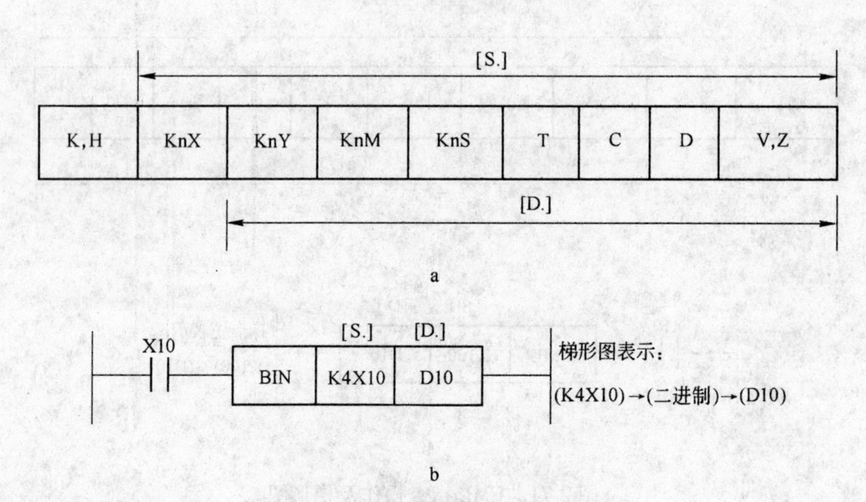

图 2-73　BIN 指令操作及梯形图
a—BIN 指令操作选用范围；b—梯形图

加“D”表示其操作数为 32 位的二进制数，在其操作码之后加“P”表示当其控制线路由“断开”到“闭合”时才执行十—二进制转换指令操作。

在图 2-73 中，当常开触点 X10 断开时，不执行二—十进制转换指令的操作；当常开触点 X10 闭合时，每扫描一次梯形图，就将源操作数（K4X10）中的 4 位 X10 ~ X17、X20 ~ X27 的 BCD 码转换成二进制数，再传送到目的操作数 D10 中去。如果源操作数不是 BCD 码，就会出错，M8067“ON”。常数 K 不能作为本指令的操作数据元件，因为在处理之前它会被转换成二进制数。

2.3.5.4　译码和编码指令

A　译码指令 DECO

DECO 是译码指令，该指令操作数选用范围及梯形图如图 2-74 所示，在其操作码之后加“P”表示当其控制线路由“断开”到“闭合”时才执行译码操作。如果目的操作数［D.］选用字软设备 T、C 或 D，应使常数 $n \leq 4$。常数 n 表明参与该指令的源操作数共有 n 位，目的操作数共有 2^n 个位。

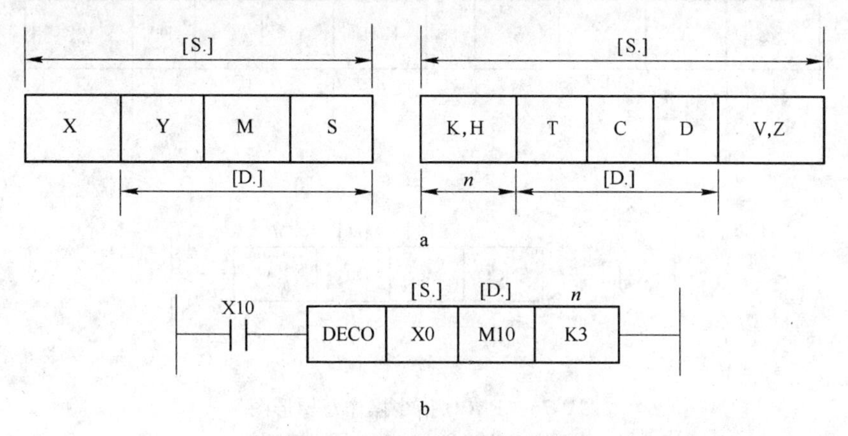

图 2-74 DECO 指令操作及梯形图

a—DECO 指令操作选用范围；b—梯形图

在图 2-74b 中，源操作数［S.］为 X0，目的操作数［D.］为 M10，常数 n 为 3，表明译码指令对三位开关量输入 X0、X1 和 X2 进行译码，其结果将使 M10 ~ M17 中的某位置 1。当常开触点 X10 断开时，不对 X0、X1 和 X2 进行译码；当常开触点 X10 闭合时，每扫描一次梯形图，就对 X0、X1 和 X2 进行译码。如果 X0 为 1、X1 为 1、X2 为 0，即源操作数是“1 + 2 = 3”，那么 M10 以下第三个元件 M13 被置 1，则译码结果将 M13 置 1，如图 2-75 所示。如果 X0、X1 和 X2 均为 1，则译码结果将 M17 置 1。如果 X0、X1 和 X2 均为 0，则译码结果将 M10 置 1。执行译码操作后，即使控制线路断开，其译码的结果仍保持不变，除非用 RST 指令将其复位。

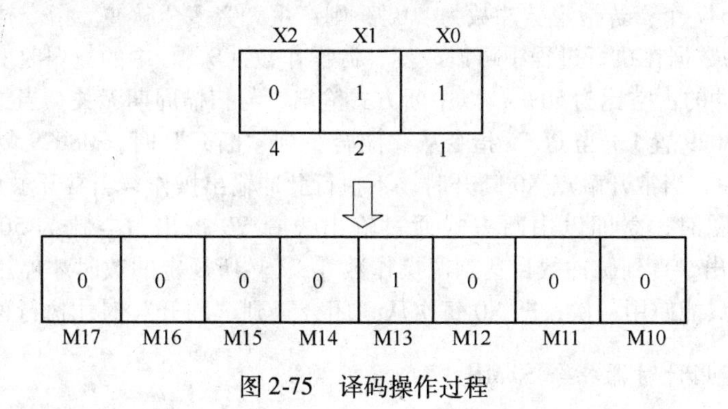

图 2-75 译码操作过程

B 编码指令 ENCO

ENCO 是编码指令，该指令操作数选用范围及梯形图如图 2-76 所示，在其操作码之后加“P”表示当其控制线路由“断开”到“闭合”时才执行编码操作。如果源操作数［S.］选用字软设备 T、C、D、V 或 Z，应使常数 $n \leq 4$。常数 n 表明参与该指令的源操作数共有 2^n 位，目的操作数共有 n 位。

在图 2-76b 中，源操作数［S.］为 M0，目的操作数［D.］为 D0，常数 n 为 3，表明编码指令对逻辑线圈 M10 ~ M17 进行编码，其结果存入 D0 中。当常开触点 X10 断开时，不对 M10 ~ M17 进行编码；当常开触点 X10 闭合时，每扫描一次梯形图，就对 M10 ~ M17 进行编码。如果 M10 为 1，其余 M11 ~ M17 为 0，则将 0 存入 D0 中；如果 M14 为 1，其余各逻辑线

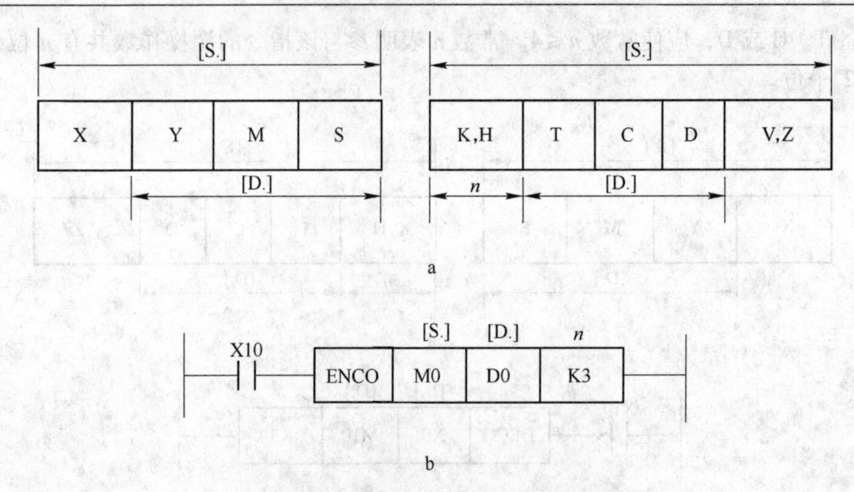

图 2-76 ENCO 指令操作及梯形图

a—ENCO 指令操作选用范围；b—梯形图

圈 M10 ~ M13、M15 ~ M17 均为 0，则将 4 存入 D0 中。如果 M10 ~ M17 中有两个或两个以上的逻辑线圈都为 1，则只有最高位的逻辑线圈的 1 有效，即自动将高位优先编码。

2.3.5.5 脉冲输出指令 PLSY

PLSY 是脉冲输出指令，该指令操作数选用范围及梯形图如图 2-77 所示，在其操作码之前加“D”表示其操作数为 32 位的二进制数。源操作数［S_1.］表示输出脉冲的频率，可选用范围为 1 ~ 1000Hz。源操作数［S_2.］指定产生脉冲的个数，脉冲的范围为：若操作数为 16 位的二进制数，则产生的脉冲范围为 1 ~ 32767 个；若操作数为 32 位的二进制数，则产生的脉冲范围为 1 ~ 2147483647 个；若指定脉冲数为“0”，则产生无穷多个脉冲。指令执行过程中，源操作数［S_1.］中的数据在执行过程中可以改变，源操作数［S_2.］中的数据改变则需本指令执行之后才生效。脉冲的占空比为 50%，以中断方式输出，与扫描周期无关。当指定脉冲数输出之后，完成标志 M8029 置 1；当 PLSY 指令从“闭合”到“断开”时，M8029 复位置“0”。

在图 2-77b 中，当常开触点 X0 断开时，不执行脉冲输出操作；当常开触点 X0 闭合时，程序执行到该梯形图时，立即以中断方式通过输出线圈 Y0 输出占空比为 50% 的脉冲，且以 1000Hz 的频率输出，直到脉冲数目达到源操作数［S_2.］所规定的数时才停止，同时将 M8029 置“1”。本指令只能使用一次，即 X0 每次从“闭合”到“断开”时才执行该指令。

2.3.5.6 专用计时器指令 STMR

STMR 是专用计时器指令，该指令产生延时断开定时、单脉冲式定时和闪动定时等控制信号。该指令操作数选用范围及梯形图如图 2-78 所示，源操作数［S.］限制选用 T0 ~ T199；目的操作数［D.］的选用范围在图中表示的是首地址，紧跟其后还有三个位软设备，如 M0 之后，还有 M1、M2、M3 与之组成 4 个目的操作数。常数 *m* 为 1 ~ 32767，作为计时器的设定值。

当扫描到图 2-78b 所示梯形图时，在常开触点 X0 的控制下，目的操作数如图 2-78c 所示。M0 为延时断开逻辑定时线圈；M1 和 M2 为单脉冲式逻辑定时线圈，当常开触点 X0 由“闭合”到“断开”时，M1 产生一个脉宽为设定值的脉冲；当常开触点 X0 由“断开”到“闭合”时，M2 产生一个脉宽为设定值的脉冲；M3 为延时接通和延时断开定时逻辑线圈。

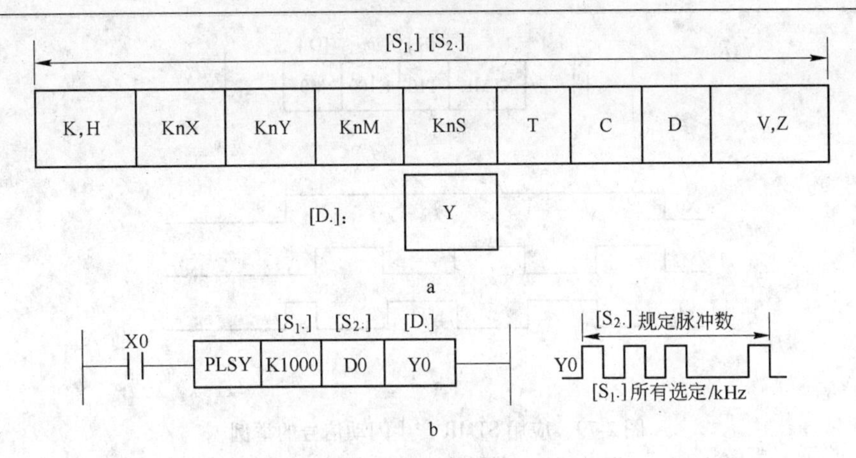

图 2-77 PLSY 指令操作及梯形图

a—PLSY 指令操作选用范围；b—梯形图

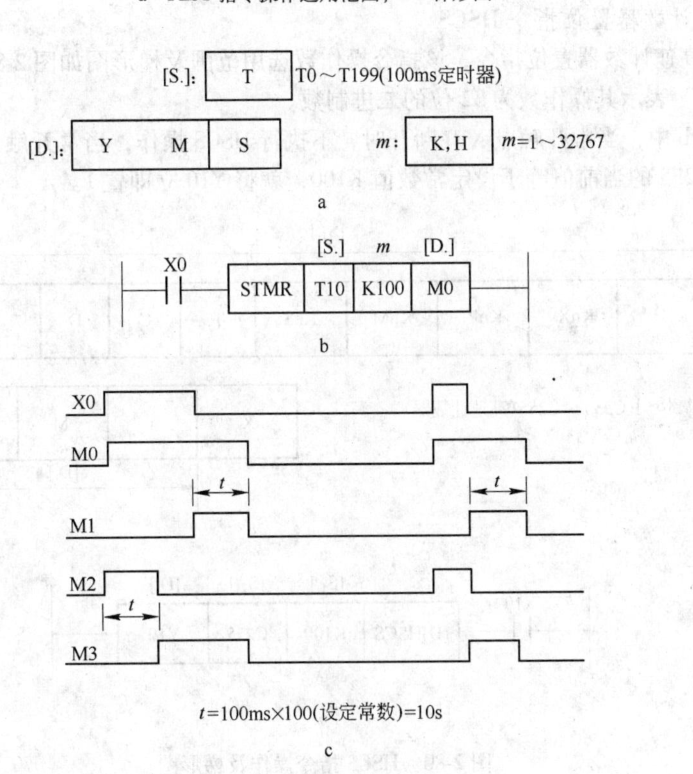

图 2-78 STMR 指令操作及梯形图

a—STMR 指令操作选用范围；b—梯形图；c—STMR 指令波形图

利用 STMR 指令产生闪动信号的梯形图如图 2-79 所示。M1 和 M2 产生闪动信号输出，当 X0 关断时，M0、M1、M2 在经过设定时间关断，T10 同时复位。

2.3.5.7 高速计数器指令

高速计数器指令共有 21 个 32 位的高速计数器 C235 ~ C255，计数脉冲通过 6 个高速输入端 X0 ~ X5 输入。高速计数器采用中断方式进行计数，与扫描周期无关。

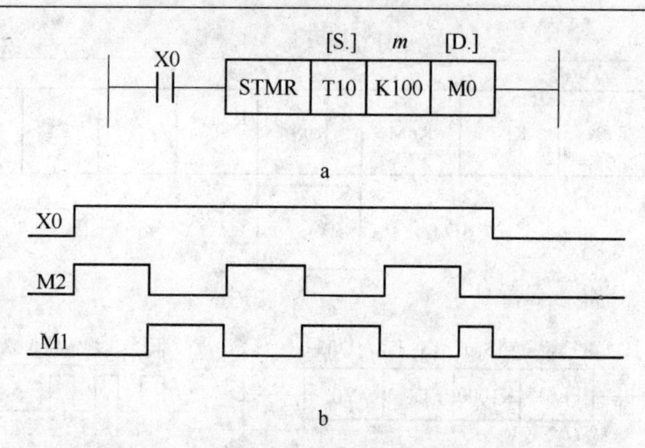

图 2-79　应用 STMR 产生闪动信号的举例

a—梯形图；b—波形图

A　高速计数器置位指令 HSCS

HSCS 是高速计数器置位指令，该指令操作数选用范围及梯形图如图 2-80 所示，在其操作码之前加“D”表示其操作数为 32 位的二进制数。

在图 2-80b 中，当常开触点 X10 断开时，不执行 HSCS 操作；当常开触点 X10 闭合时，当高速计数器 C255 的当前值等于设定常数值 K100，就将 Y10 立即置 1。

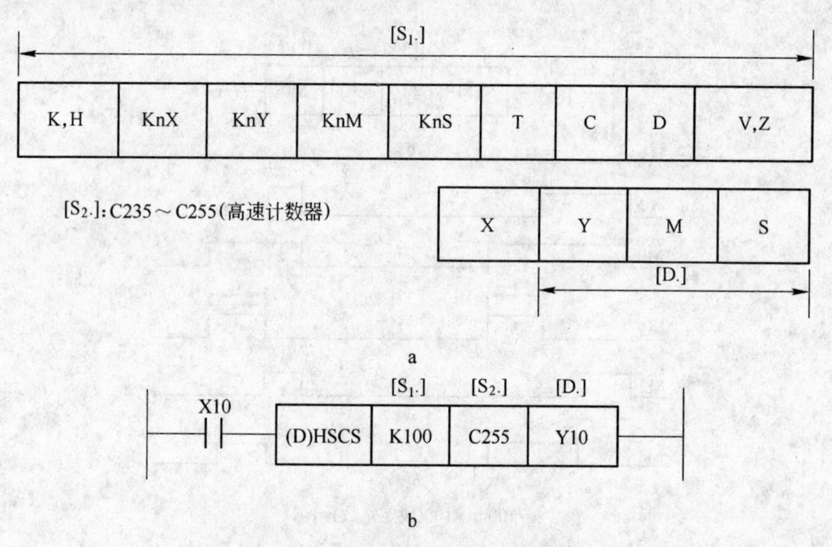

图 2-80　HSCS 指令操作及梯形图

a—HSCS 指令操作选用范围；b—梯形图

B　高速计数器复位指令 HSCR

HSCR 是高速计数器复位指令，该指令操作数选用范围及梯形图如图 2-81 所示，在其操作码之前加“D”表示其操作数为 32 位的二进制数，操作数除与 HSCS 指令相同外，目的操作数［D.］还可以选用与源操作数［S_2.］相同的高速计数器，例如［S_2.］为 C255，则［D.］上可以采用 C255。

在图 2-81b 中，当常开触点 X10 断开时，不执行 HSCR 操作；当常开触点 X10 闭合时，当高速计数器 C245 的当前值等于设定常数值 K400，就将以中断方式将输出线 Y10 立即置 0，并且采用 I/O 立即刷新方式将 Y10 的输出切断。

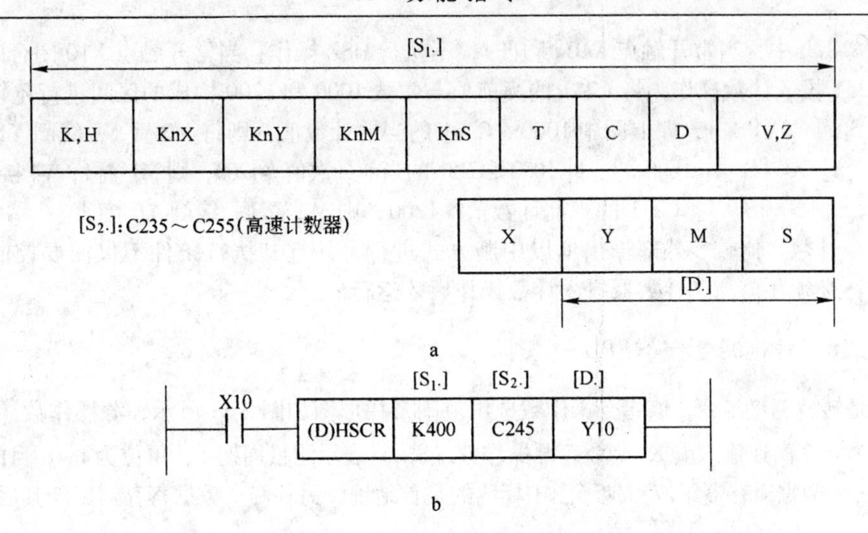

图 2-81 HSCR 指令操作及梯形图

a—HSCR 指令操作选用范围；b—梯形图

C 高速计数器区间比较指令 HSZ

HSZ 是高速计数器区间比较指令，该指令操作数选用范围及梯形图如图 2-82 所示，在其操作码之前加“D”表示其操作数为 32 位的二进制数。目的操作数由三个位软设备组成，梯形图中表明的是其首地址，另外两个位软设备紧随其后。图 2-82b 中，目的操作数由辅助线圈 M0、M1 和 M2 组成。

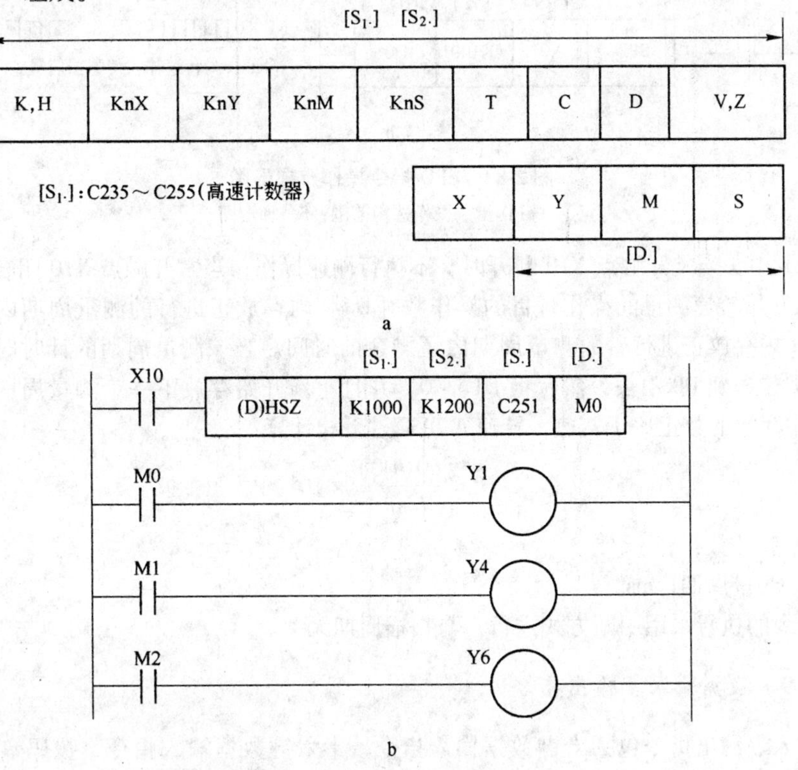

图 2-82 HSZ 指令操作及梯形图

a—HSZ 指令操作选用范围；b—梯形图

在图2-82b中，当常开触点X10断开时，不执行HSZ操作；当常开触点X10闭合时，高速计数器C251投入计数操作，将C251的当前值与常数1000和1200构成的区间进行比较：

若［S_1.］>［S.］，即上图中1000>C251的当前计数值，则将M0置1，线圈Y1接通；

若［S_1.］≤［S.］≤［S_2.］，即1000≤C251的当前计数值≤1200，则M1置1，Y4接通；

若［S.］>［S_2.］，C251的当前计数值>1200，则M2置1，线圈Y6接通。

此指令计数、比较、外部输出均以中断方式进行，并且其执行条件不仅需要控制线路闭合，而且还必须在该高速计数器投入计数操作后才运行。

2.3.5.8 转速测量指令SPD

SPD是转速测量指令，该指令操作数选用范围及梯形图如图2-83所示，源操作数［S_1.］的选用范围为6个高速输入端X0～X5。源操作数［S_2.］表示测量周期T，单位为ms。目的操作数［D.］由三个数据寄存器组成，梯形图中标明的是首地址，另外两个数据寄存器紧随其后。

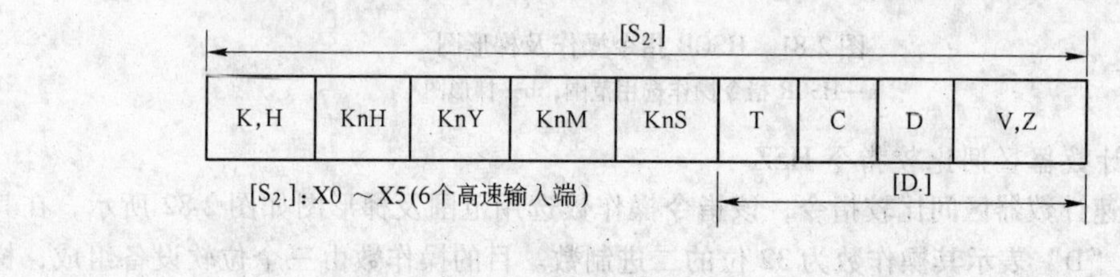

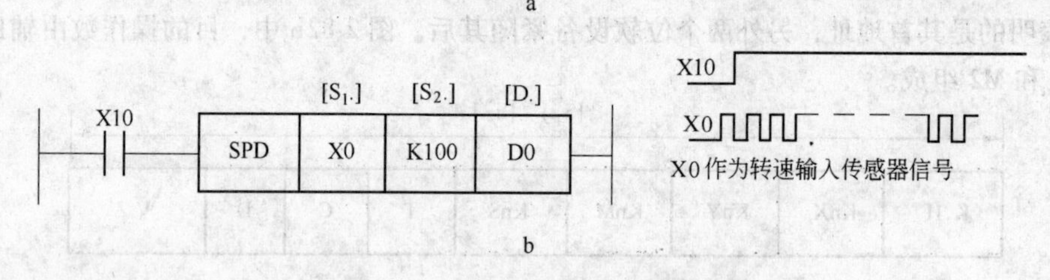

图2-83 SPD指令操作及梯形图

a—SPD指令操作选用范围；b—梯形图

图2-83b中，当常开触点X10断开时，不执行测速操作；当常开触点X10闭合时，扫描该梯形图，便开始转速测量的操作，目的操作数［D.］内存放正进行的测量周期内已经输入的脉冲数，D2内存放正进行着的测量周期内还剩余的时间。当该测量周期的计时时间到，则将D1内的数据传送到D0中去，然后将D1清0，并且重新开始存放下一个测量周期内输入的脉冲数。D0中存放的数正比于转速，转速N可通过下式计算：

$$N = \frac{60(\mathrm{D0})}{nt} \times 10^3$$

式中 n——脉冲数；

t——测量周期，ms。

SPD指令的执行采用中断方式进行，与扫描周期无关。

2.3.5.9 数据输入、输出指令

数据输入、输出指令包括十键数据输入指令、十六键数据输入指令、拨码盘数据输入指令、七段译码指令、BCD码显示指令和用带箭头的开关移位并修改该位数据指令等。本节介绍十六键数据输入指令和七段译码指令。

A 十六键输入数据指令 HKY

HKY是十六键输入指令，该指令操作数选用范围及梯形图如图2-84所示，在其操作码之前加“D”表示生成8位BCD码数0~99999999，大于的数溢出。梯形图中的操作数［S.］、目的操作数［D_1.］和［D_3.］均为各自的首地址，即源操作数［S.］由4个开关量组成，分别为X0、X1、X2和X3；目的操作数［D_1.］也由4个开关量组成，分别为Y0、Y1、Y2和Y3；目的操作数［D_3.］由8个位软设备组成，即逻辑线圈M0~M7。

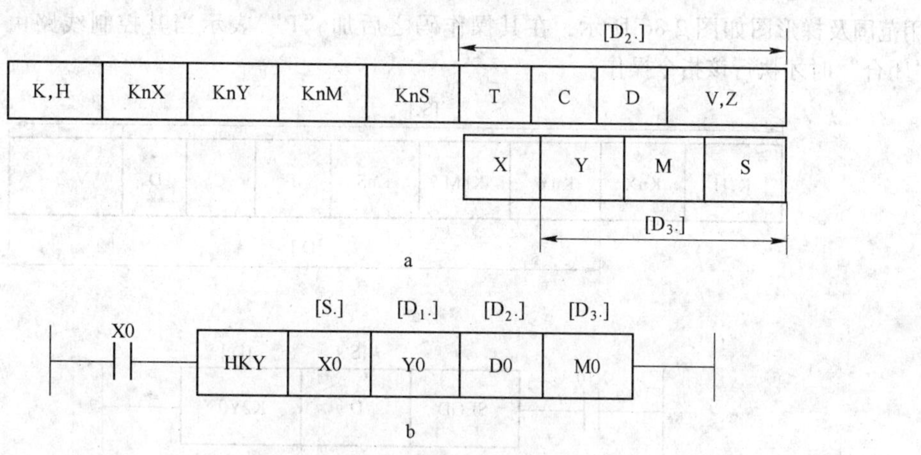

图2-84 HKY指令操作及梯形图

a—HKY指令操作选用范围；b—梯形图

16个按钮开关与开关量输入端X0、X1、X2和开关量输出端Y0、Y1、Y2之间的接线如图2-85所示。16个按钮中的前10个分别生成数字0~9，后6个按钮分别生成字母A~F。

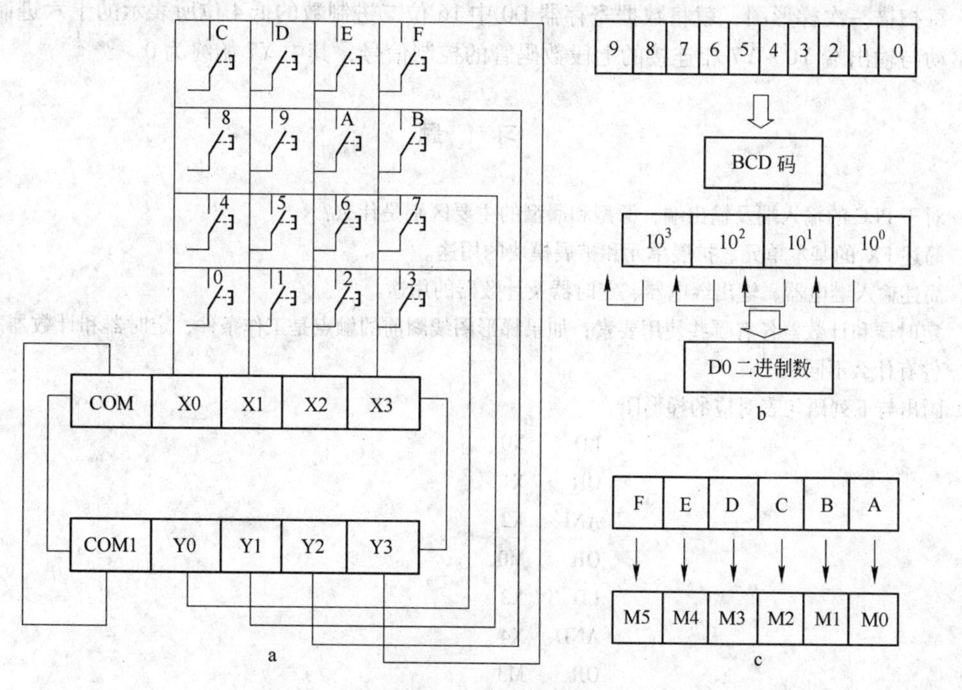

图2-85 HKY指令接线图和对应输入过程

a—接线图；b—数字输入过程；c—各字母对应的逻辑线圈

当多个按钮同时按下时，最先按下的键有效。当控制线路断开，即 X0“断开”时，不执行 HKY 指令操作；当控制线路闭合，即 X0“闭合”时，执行 HKY 指令操作。每执行一次 HKY 指令的操作，需要 8 个扫描周期，目的操作数［D_1.］中的 4 个开关量输出依次产生脉宽为两个扫描周期的选通脉冲。为了保证在每个选通脉冲期间将按钮的状态读入，每个扫描周期必须大于 10ms。

B 七段译码指令 SEGD

SEGD 是七段译码指令，SEGD 七段译码指令是显示十六进制数的指令，该指令操作数选用范围及梯形图如图 2-86 所示，在其操作码之后加“P”表示当其控制线路由“断开”到“闭合”时才执行该指令操作。

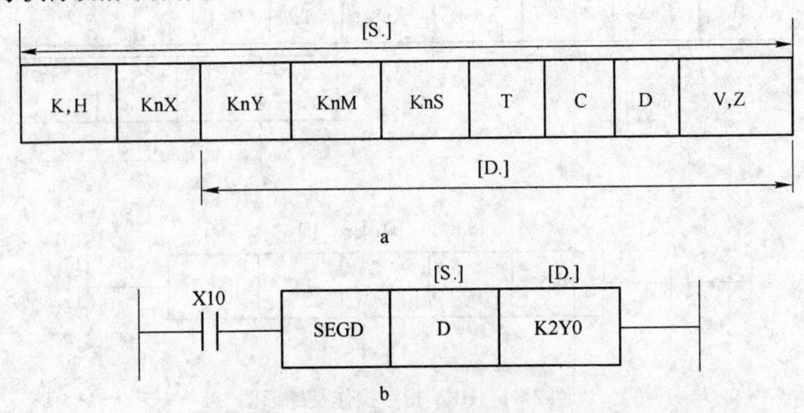

图 2-86 SEGD 指令操作及梯形图

a—SEGD 指令操作选用范围；b—梯形图

在图 2-86b 中，当常开触点 X10 断开时，不执行 SEGD 指令操作；当常开触点 X10 闭合时，每扫描一次梯形图，就将数据寄存器 D0 中 16 位二进制数的低 4 位所表示的十六进制数译成驱动与输出端 Y0 ~ Y7 相连接的七段数码管的控制信号，其中 Y7 始终为 0。

习　题

2-1 对于 PLC 的输入端及输出端，源型和漏型的主要区别是什么？

2-2 简述 FX_2 的基本单元、扩展单元和扩展模块的用途。

2-3 简述输入继电器、输出继电器、定时器及计数器的用途。

2-4 定时器和计数器各有哪些使用要素；如果梯形图线圈前的触点是工作条件，定时器和计数器工作条件有什么不同？

2-5 画出与下列语句表对应的梯形图。

```
LD   X0
OR   X1
ANI  X2
OR   M0
LD   X3
AND  X4
OR   M3
ANB
ORI  M1
```

OUT　Y2

2-6　画出与下列语句表对应的梯形图。

LD　X0
AND　X1
LD　X2
ANI　X3
ORB
LD　X4
AND　X5
LD　X6
AND　X7
ORB
ANB
LD　M0
AND　M1
ORB
AND　M2
OUT　Y2

2-7　写出图 2-87 所示梯形图对应的指令表。

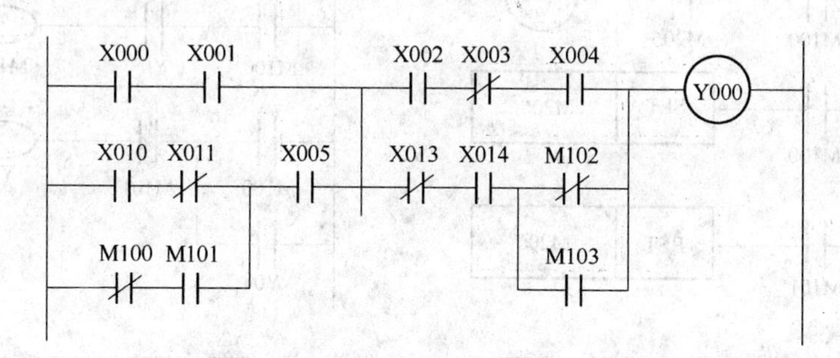

图 2-87　习题 2-7 的图

2-8　写出图 2-88 所示梯形图对应的指令表。

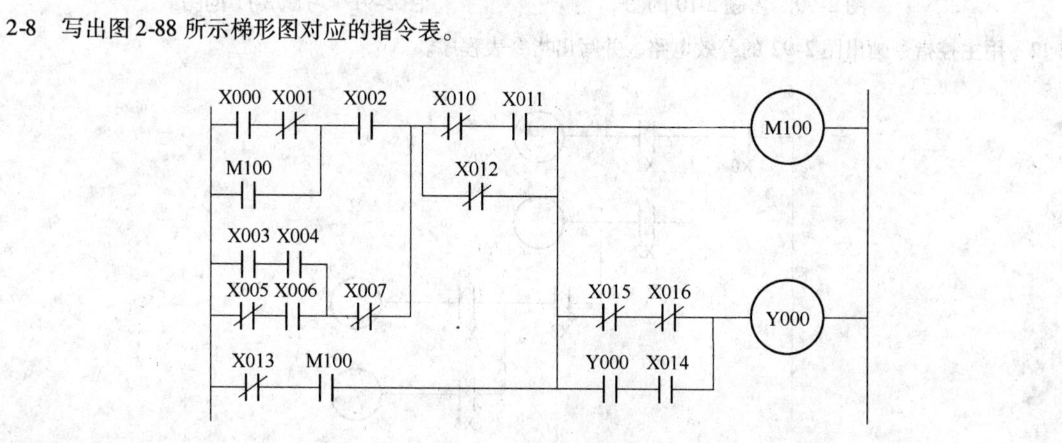

图 2-88　习题 2-8 的图

2-9　写出图 2-89 所示梯形图对应的指令表。

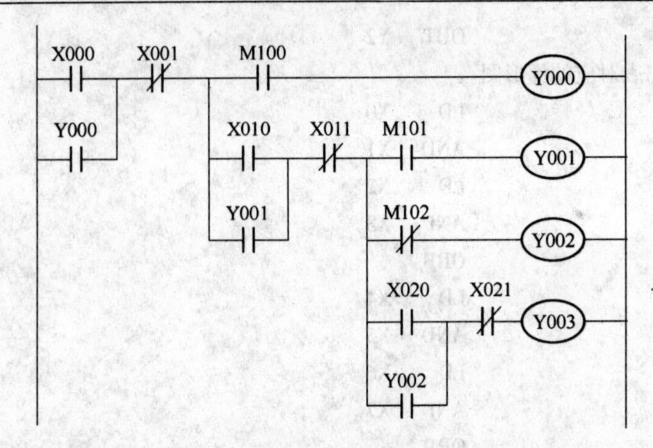

图 2-89　习题 2-9 的图

2-10　画出图 2-90 中 M206 的波形。

2-11　画出图 2-91 中 Y0 的波形。

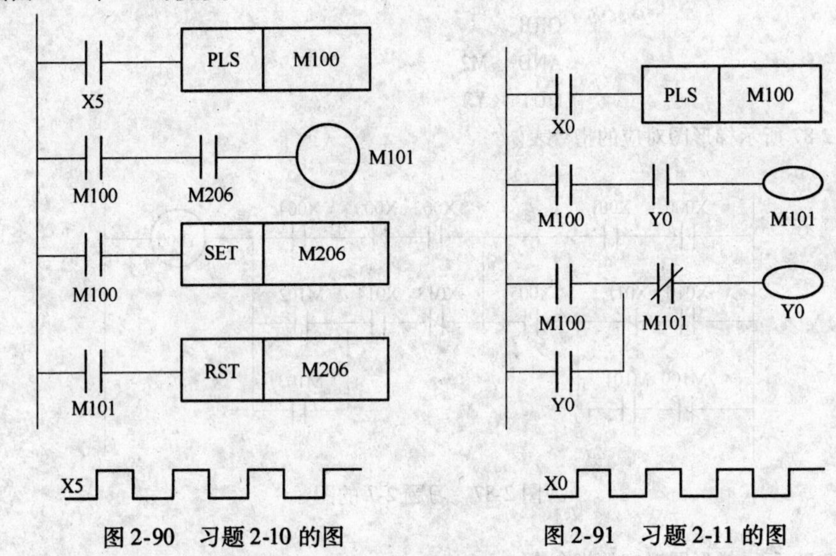

图 2-90　习题 2-10 的图　　图 2-91　习题 2-11 的图

2-12　用主控指令画出图 2-92 的等效电路，并写出指令表程序。

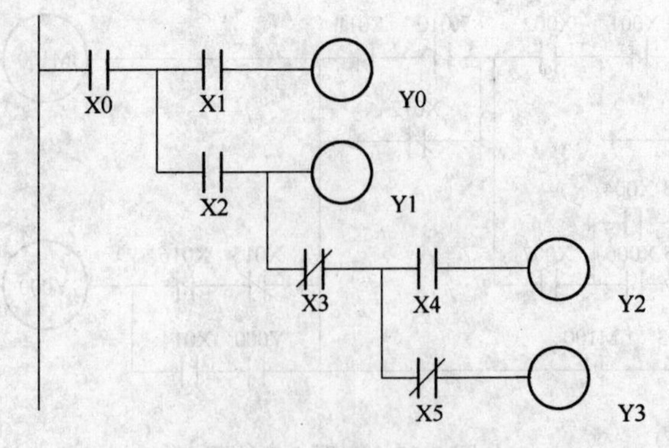

图 2-92　习题 2-12 的图

2-13　在编程时，使用 MC/MCR 指令应注意哪些？写出图 2-93 所示梯形图的指令表程序。

2-14 根据图 2-94 给出的梯形图，写出指令表程序，并分析其功能。

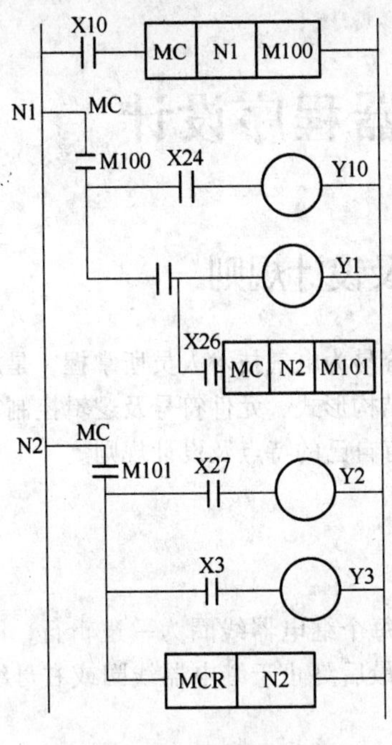

图 2-93 习题 2-13 的图

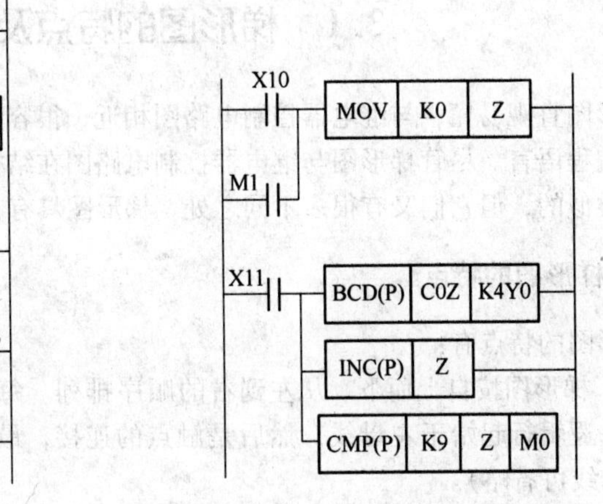

图 2-94 习题 2-14 的图

2-15 根据图 2-95 给出的 SFC 流程图，写出指令表程序。

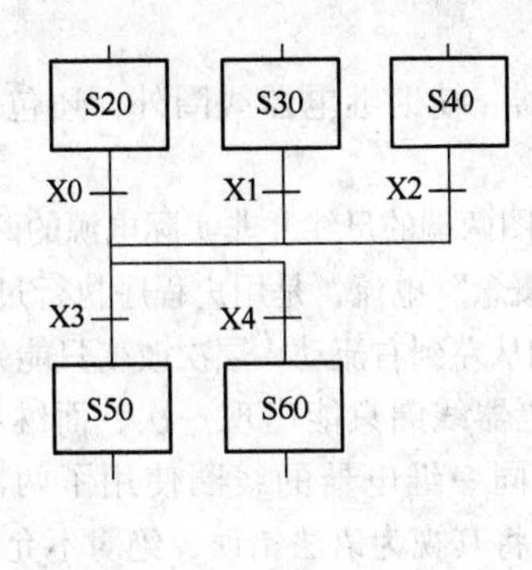

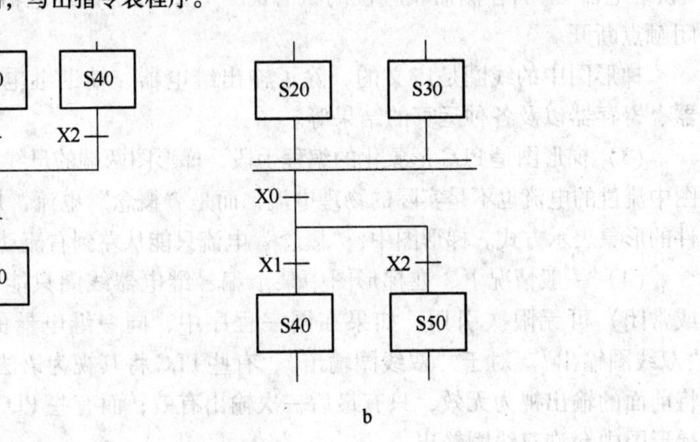

图 2-95 习题 2-15 的图

3 可编程序控制器程序设计

3.1 梯形图的特点及设计规则

梯形图直观易懂，与继电器控制电路图相近，很容易为电气技术人员所掌握，是应用最多的一种编程语言。尽管梯形图与继电器控制电路图在结构形式、元件符号及逻辑控制功能等方面是相类似的，但它们又有很多不同之处。梯形图具有自己的特点及设计规则。

3.1.1 梯形图的特点

梯形图的特点有：

（1）梯形图按自上而下、从左到右的顺序排列。每个继电器线圈为一逻辑行，即一层阶梯。每一逻辑行起始于左母线，然后是触点的连接，最后终止于继电器线圈或右母线（有些PLC右母线可省略）。

注意：左母线与线圈之间一定要有触点，而线圈与右母线之间则不能有任何触点。

（2）梯形图中的继电器不是物理继电器，每个继电器均为存储器中的一位，因此称为“软继电器”。当存储器相应位的状态为“1”，表示该继电器线圈得电，其常开触点闭合或常闭触点断开。

梯形图中的线圈是广义的，除了输出继电器、辅助继电器线圈外，还包括定时器、计数器、寄存器以及各种运算的结果等。

（3）梯形图是PLC形象化的编程手段，梯形图两端的母线并非实际电源的两端。因此，梯形图中流过的电流也不是实际的物理电流，而是“概念”电流，是用户程序执行过程中满足输出条件的形象表示方式。梯形图中，“概念”电流只能从左到右流动，层次改变只能先上后下。

（4）一般情况下，在梯形图中某个编号继电器线圈只能出现一次，而继电器触点（常开或常闭）可无限次引用。如果在同一程序中，同一继电器的线圈使用了两次或多次，称为“双线圈输出”。对于“双线圈输出”，有些PLC将其视为语法错误，绝对不允许；有些PLC则将前面的输出视为无效，只有最后一次输出有效；而有些PLC，在含有跳转指令或步进指令的梯形图中允许双线圈输出。

（5）梯形图中，前面所有逻辑行的逻辑执行结果，将立即被后面逻辑行的逻辑操作所利用。

（6）梯形图中，除了输入继电器没有线圈，只有触点外，其他继电器既有线圈，又有触点。

（7）PLC总是按照梯形图排列的先后顺序（从上到下、从左到右）逐一处理。也就是说，PLC是按扫描工作方式执行梯形图程序的。因此，梯形图中不存在不同逻辑行同时开始执行的情况，使得设计时可减少许多联锁环节，从而使梯形图大大简化。

3.1.2 梯形图的编程规则

由梯形图的编程特点和基本指令的使用方法，在编程时还应注意以下规则：

（1）梯形图中的阶梯都是从左母线开始，终于右母线。线圈只能接在右边的母线上，不能直接接在左母线上，并且所有的触点不能放在线圈的右边，如图 3-1 所示。

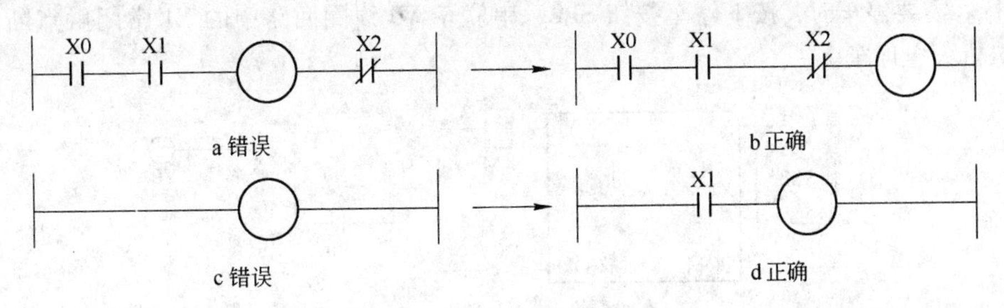

图 3-1　规则（1）的说明

（2）多个回路串联时，应将触点最多的回路放在梯形图的最上面。多个并联回路串联时，应将触点最多的并联回路安排在梯形图的最左面，如图 3-2 所示。

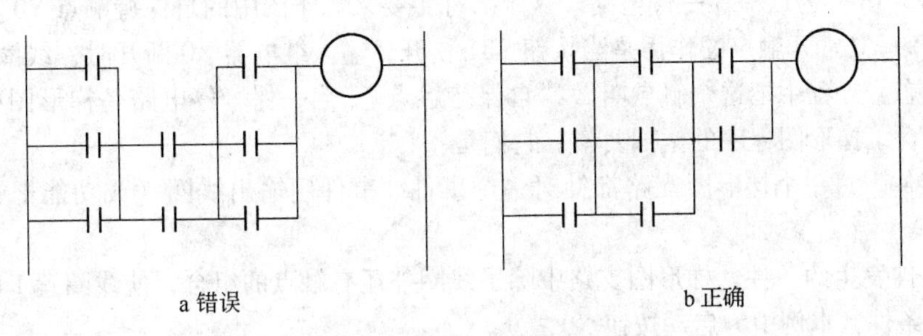

图 3-2　规则（2）的说明

（3）在梯形图中没有实际的电流流动，所谓“流动”只能从左到右、从上到下单向“流动”。因此，如图 3-3a 所示的桥式电路是不可编程的，必须按逻辑功能等效转换成图 3-3b 所示的电路。

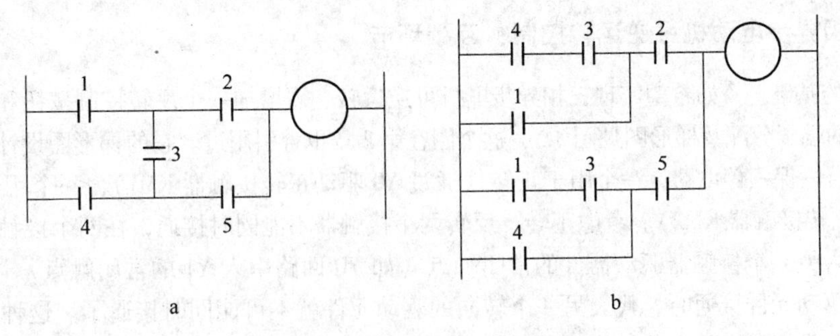

图 3-3　规则（3）的说明

a—不可编程的桥式电路；b—变换后的可编程电路

3.2　典型单元梯形图程序分析

3.2.1　三相异步电动机单向运转控制：启—保—停电路单元

三相异步电动机单向运转控制电路如图 3-4 所示。其中图 3-4a 为 PLC 的输入、输出接线图，从图 3-4a 可知，启动按钮接于 X0，停车按钮接于 X1，交流接触器接于 Y0，这就是端子分配，实质是为程序安排代表控制系统中事物的机内元件。图 3-4b 为梯形图，它是机内元件的逻辑关系，进而也是控制系统内各事物间逻辑关系的体现。

梯形图 3-4b 的工作过程分析如下。当按钮 SB1 被按下时，X0 接通，Y0 置 1，这时电动机连续运行。需要停车时，按下停车按钮 SB2，串联于 Y0 线圈回路中的 X1 常闭触点断开，Y0 置 0，电机失电停车。

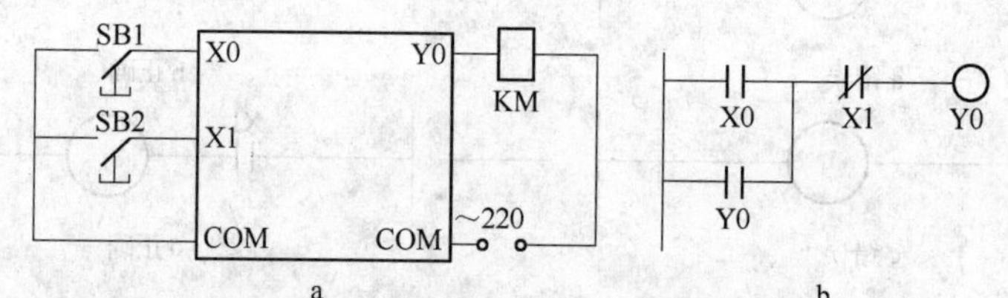

图 3-4 三相异步电动机单向运转控制

a—PLC 输入、输出接线图；b—梯形图

梯形图 3-4b 称为启—保—停电路。这个名称主要来源于图中的自保持触点 Y0。并联在 X0 常开触点上的 Y0 常开触点的作用是当按钮 SB1 松开，输入继电器 X0 断开时，线圈 Y0 仍然能保持接通状态。工程中把这个触点叫做“自保持触点”。启—保—停电路是梯形图中最典型的单元，它包含了梯形图程序的全部要素。它们是：

（1）事件。每一个梯形图支路都针对一个事件。事件用输出线圈（或功能框）表示，本例中为 Y0。

（2）事件发生的条件。梯形图支路中除了线圈外还有触点的组合，使线圈置 1 的条件即是事件发生的条件，本例中为启动按钮 X0 置 1。

（3）事件得以延续的条件。触点组合中使线圈置 1 得以持久的条件，本例中为与 X0 并联的 Y0 的自保持触点。

（4）使事件终止的条件。触点组合中使线圈置 1 中断的条件。本例中为 X1 的常闭触点断开。

3.2.2 三相异步电动机可逆运转控制：互锁环节

在上例的基础上，如希望实现三相异步电机可逆运转。需增加一个反转控制按钮和一只反转接触器。PLC 的端子分配及梯形图见图 3-5，这个图在第 2 章也曾引用过。它的梯形图设计可以这样考虑，选两套启—保—停电路，一个用于正转（通过 Y0 驱动正转接触器 KM1），一个用于反转（通过 Y1 驱动反转接触器 KM2）。考虑正转、反转两个接触器不能同时接通，在两个接触器的驱动回路中分别串入另一个接触器驱动器件的常闭触点（如 Y0 回路串入 Y1 的常闭触点）。这样当代表某个转向的驱动元件接通时，代表另一个转向的驱动元件就不可能同时接通了。这种两个线圈回路中互串对方常闭触点的电路结构形式叫做“互锁”。这个例子的提示是：在多输出的梯形图中，要考虑多输出间的相互制约（多输出时这种制约称为联锁）。

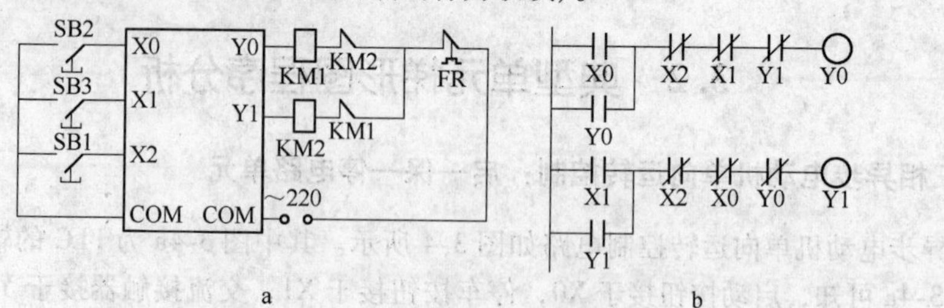

图 3-5 三相异步电机可逆运转控制

a—PLC 端子分配图；b—梯形图

3.2.3 两台电机分时启动的电路：基本延时环节

两台交流异步电动机，一台启动10s后第二台启动，共同运行后一同停止。欲实现这一功能，给两台电机供电的两只交流接触器要占用PLC的两个输出口。由于是两台电机联合启停，仅选一只启动按钮和一只停止按钮就够了，但延时功能需一只定时器。梯形图的设计可以依以下顺序，先绘两台电机独立的启—保—停电路，第一台电机使用启动按钮启动，第二台电机使用定时器的常开触点启动，两台电机均使用同一停止按钮，然后再解决定时器的工作问题。由于第一台电机启动10s后第二台电机启动，第一台电机运转是10s的计时起点，因而将定时器的线圈并接在第一台电机的输出线圈上。本例的PLC端子分配情况及梯形图见图3-6。

3.2.4 定时器的延时扩展环节

定时器的计时时间都有一个最大值，如100ms的定时器最大计时时间为3276.7s。如果工程中所需的延时时间大于这个数值怎么办，一个最简单的方法是采用定时器接力方式，即先启动一个定时器计时，计时时间到，用第一只定时器的常开触点启动第二只定时器，再使用第二只定时器启动第三只定时器……，记住使用最后一只定时器的触点去控制最终的控制对象就可以了。图3-7中梯形图即是一个这样的例子。

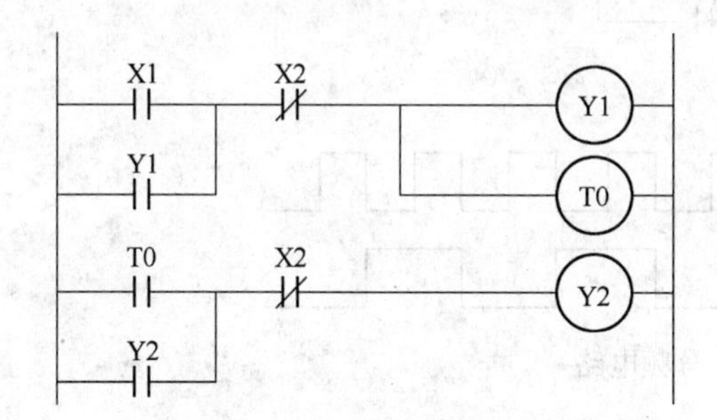

图3-6 两台电机分时启动控制

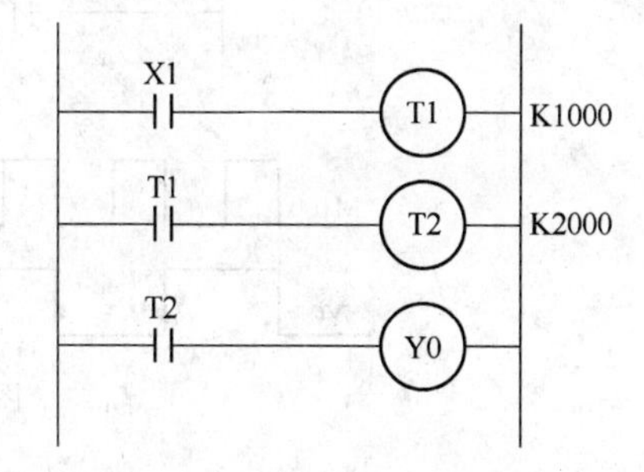

图3-7 定时器接力获得长延时

上例利用多定时器的计时时间相加获得长延时。此外还可以利用计数器配合定时器获得长延时，如图3-8所示。图中常开触点X1是这个电路的工作条件，当X1保持接通时电路工作。在定时器T1的线圈回路中接有定时器T1的常闭触点，它使得定时器T1每隔10s接通一次，接通时间为一个扫描周期。定时器T1的每一次接通都使计数器C1计一个数，而当计到计数器的设定值，就会使其工作对象Y0接通，从X1接通开始的延时时间为定时器的设定值乘以计数器设定值。X2为计数器C1的复位条件。

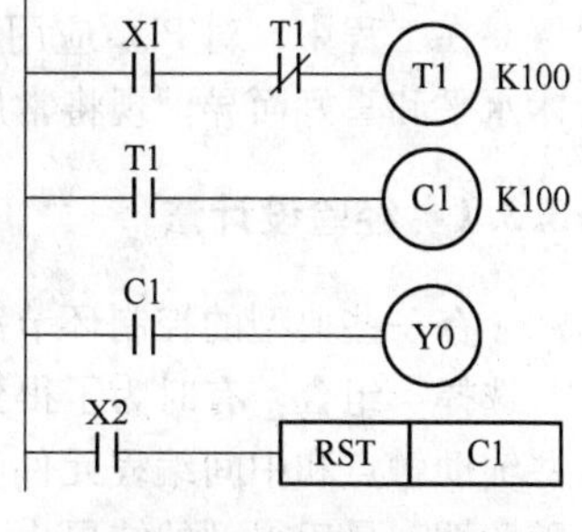

图3-8 定时器配合计数器获得长延时

3.2.5 定时器构成的振荡电路

图3-8所示例子中定时器T1的工作实质是构成一种振荡电路，产生时间间隔为定时器设定的脉冲宽度，即一个扫描周期的方波脉冲。上例中这个脉冲序列用作了计数器C1的计数脉冲。在可编程控制器工程问题中，这种脉冲还可以用于移位寄存器的移位脉冲及其他场合。

3.2.6 分频电路

用 PLC 可以实现对输入信号的任意分频，图 3-9 所示是一个 2 分频电路。待分频的脉冲信号加在 X0 端，在第一个脉冲信号到来时，M100 产生一个扫描周期的单脉冲，使 M100 的常开触点闭合一个扫描周期。这时确定 Y0 状态的前提是 Y0 置 0，M100 置 1。图 3-9 中 Y0 工作条件的两个支路中 1 号支路接通，2 号支路断开，Y0 置 1。第一个脉冲到来一个扫描周期后，M100 置 0，Y0 置 1，在这样的条件下分析 Y0 的状态，第 2 个支路使 Y0 保持置 1。当第二个脉冲到来时，M100 再产生一个扫描周期的单脉冲，这时 Y0 置 1，M100 也置 1，这使得 Y0 的状态由置 1 变为置 0。第二个脉冲到来一个扫描周期后，Y0 置 0，M100 也置 0，Y0 的 0 状态持续到第三个脉冲到来。因第三个脉冲到来时 Y0 及 M100 的状态和第一个脉冲到来时完全相同，Y0 的状态变化将重复前边讨论的过程。通过以上的分析可知，X0 每送入两个脉冲，Y0 产生一个脉冲，完成了输入信号的分频。

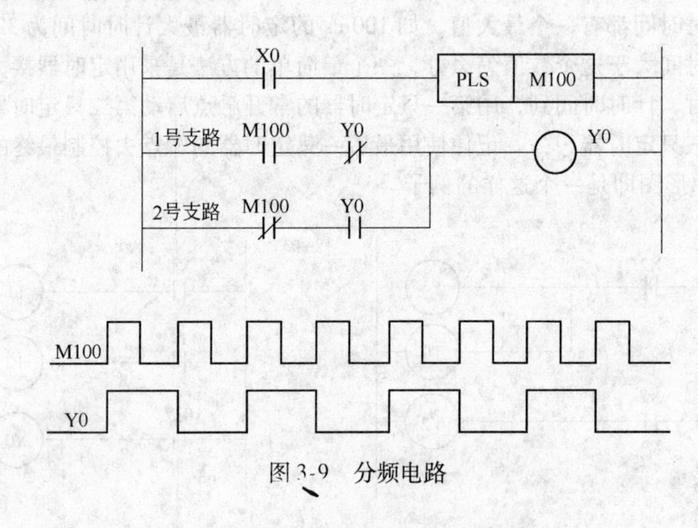

图 3-9 分频电路

3.3 PLC 程序设计方法

在工程中，对 PLC 应用程序的设计有多种方法，这些方法的使用，也因各个设计人员的技术水平和喜好而异。现将常用的几种应用程序的设计方法简要介绍如下。

3.3.1 经验设计法

在一些典型的控制环节和电路的基础上，根据被控对象对控制系统的具体要求，凭经验进行选择、组合。有时为了得到一个满意的设计结果，需要进行多次反复的调试和修改，增加一些辅助触点和中间编程元件。这种设计方法没有一个普遍的规律可遵循，具有一定的试探性和随意性，最后得到的结果也不是唯一的。设计所用的时间、设计的质量与设计者的经验有关。

经验设计法对于一些比较简单的控制系统的设计是比较奏效的，可以收到快速、简单的效果。但是，由于这种方法主要是依靠设计人员的经验进行的，所以对设计人员的要求比较高，特别是要求设计者有一定的实践经验，对工业控制系统和工业上常用的各种典型环节比较熟悉。对于较复杂的系统，经验法一般设计周期长，不易掌握，系统交付使用后，维修困难。所以，经验法一般只适合于比较简单的或与某些典型系统相类似的控制系统的设计。

3.3.2　逻辑设计法

工业电气控制线路中，有不少继电器等电器元件，而继电器、交流接触器的触点都只有两种状态即吸合和断开，因此，用“0”和“1”两种取值的逻辑代数设计电器控制线路是完全可以的，PLC 的早期应用就是替代继电器控制系统，因此逻辑设计方法同样适用于 PLC 应用程序的设计。

当一个逻辑函数用逻辑变量的基本运算式表达出来后，实现这个逻辑函数的线路也就确定了。当熟练使用这种方法后，甚至梯形图程序也可省略，直接写出与逻辑函数和表达式对应的指令语句程序。

用逻辑设计法设计 PLC 应用程序的一般步骤如下：

（1）编程前的准备工作。

（2）列出执行元件动作节拍表。

（3）绘制电气控制系统的状态转移图。

（4）进行系统的逻辑设计。

（5）编写 PLC 程序。

（6）对程序进行检测、修改和完善。

3.3.3　状态分析法

状态分析法程序编写过程是先将要编程的控制功能分成若干个程序单位，再从各程序单位中所要求的控制信号的状态关系分析出发，将输出信号置位/复位的条件分类，然后结合其他控制条件确定输出信号控制逻辑。

在进行状态分析之前，首先要绘制出状态关系图。状态关系图就是用高低电平信号线表示的、控制信号之间的状态关系曲线图。图中每一对相互联系的状态称为一组状态关系，各组状态关系之间应该是互相独立的。如图 3-10 所示，为一电动机启动、停止控制的信号状态关系图。这里将整个控制过程分成了 A、B、C 三组控制状态关系，分别表示如下。

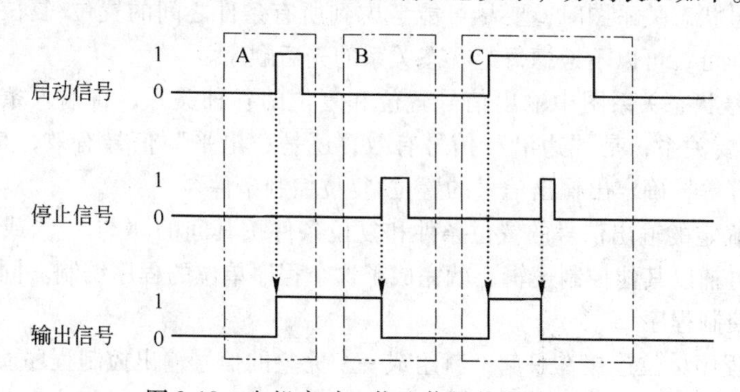

图 3-10　电机启动、停止信号状态关系图

A：当电机启动信号出现上升沿时，电机就启动，输出信号置位；

B：当电机停止信号出现上升沿时，电机停止，即控制输出信号复位；

C：在电机运转时，并且启动信号还保持为有效状态，停止信号如果出现，电机也就不再运转，也不再启动，直到下个启动信号的上升沿出现。

状态关系图只表示各控制信号之间的状态关系，而不表示信号实际存在的时间的长短，而每组状态关系没有先后顺序之分，只表示在当前状态下的一种必然的相互联系。状态关系图必须包含各信号之间所有可能的状态关系情况。

在控制过程中，任何一个控制信号（包括中间信号）的产生都可以归纳为一个“置位/复位”的逻辑关系，各种控制条件都可以按其充分性和必要性确定于这个逻辑之中，我们称这个具有普遍意义的置位/复位逻辑为基本控制逻辑，其结构如图 3-11 所示。

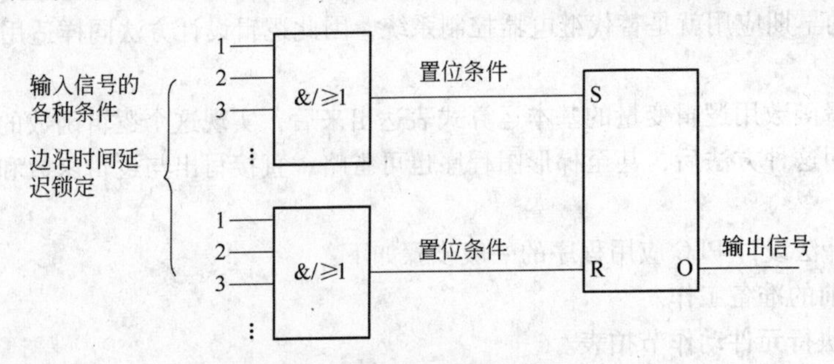

图 3-11　基本控制逻辑的一般结构

在程序中，任何一个能用单个基本控制逻辑为主体来完成的功能单元，都称为一个程序单位。一段具有较完整的功能的程序段可能由若干个程序单位组成，各程序单位之间由其输入/输出信号相互联系在一起。这里所谓的输入/输出信号都是相对于基本控制逻辑本身而言的。在程序设计时，可以先设计出各程序单位的程序，再将它们连接在一起，就构成了一个完整的控制程序。

用状态分析法编写程序一般可按以下步骤进行：

（1）将要编程的控制功能分成若干个较为独立的程序单位，确定每个程序单位的相对输入/输出信号，一个程序单位的输出信号可以而且经常称为另一个程序单位的输入信号。有时，一个实际控制信号的输出过程可能由许多个程序单位组成，各程序单位之间就是通过这些输入/输出相联系的。

（2）根据每个程序单位所要求的输出控制信号对各种控制条件的要求，绘出信号状态关系图，这种图对时间比例没有严格要求，只要能清楚、完整地表示各信号之间的状态顺序关系即可。在绘制信号状态关系图时，要尽可能考虑到所有条件之间的置位/复位关系，每组状态关系只绘出一遍即可，可以不考虑每组状态关系的先后顺序。

（3）根据信号状态关系图中输出信号置位和复位的各种关系，将输入条件综合起来，分清其间的充分/必要关系，是“边沿”信号有效，还是“电平”信号有效，是否有记忆功能，是否有延时要求等等，确定出输出信号的置位/复位控制条件。

（4）将前面确定的输出信号的置位条件和复位条件按其间的“与”、“或”关系，填在基本控制逻辑中，再辅以其他控制逻辑，就完成了这个程序单位的程序编制。同理，也可以完成每个程序单位的控制程序。

（5）将这些程序单位连接在一起，就组成一个完整的信号输出控制程序。

3.3.4　利用状态转移图设计法

新一代的 PLC 除了采用梯形图编程外，还可以采用适用于顺序控制的标准化语言 SFC（sequential function chart）编制。这就使得顺序控制程序的设计大大简化，程序更加简洁、规范、可靠。三菱的小型 PLC 在基本逻辑指令之外还增加了两条简单的步进顺序控制指令，就可以类似 SFC 语言的状态转移图的方式进行编程设计。

状态转移图又称状态流程图。它是描述控制系统的控制过程、功能和特性的一种图形，是分析和设计 PLC 顺序控制的得力工具。所谓“状态”是指特定的功能，因此状态的转移实际上也就是控制系统的功能的转移。机电系统中机械的自动工作循环过程就是电气控制系统的状态自动、有序逐步转移的过程，所以也有人把状态流程图称之为功能流程图。

3.3.4.1 基本概念

状态转移图由状态、转移、转移条件和动作或命令四个内容构成，如图 3-12 所示。

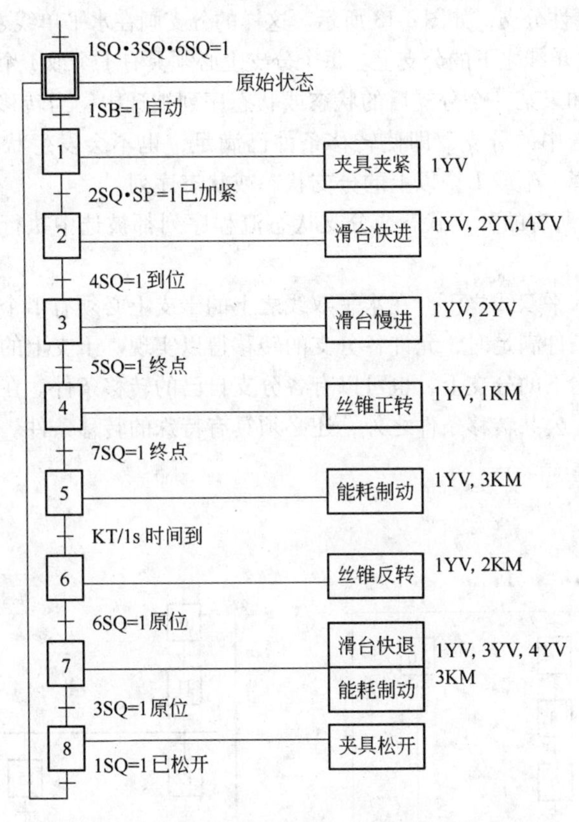

图 3-12 液压滑台式攻螺纹机自动工作状态转移图

(1) 状态：用状态转移图设计顺序控制系统的 PLC 梯形图时，根据系统输出量的变化，将系统的一个工作循环过程分解成若干个顺序相连的阶段，这些阶段就称之为“步”（step）或状态。例如，在机械工程中，每一步就表示一个特定的机械动作，称之为“工步”。因此，状态的编号可以用该状态对应的工步序号，也可以用与该状态相对应的编程元件（如 PLC 内部继电器、移位寄存器、状态寄存器等）作为状态的编号。而状态则用矩形框表示，框中的数字是该状态的编号。原始状态（“0”状态）用双线框表示。

(2) 转移：转移用有向线段表示。在两个状态框之间必须用转移线段相连接，也就是说，在两相邻状态之间必须用一个转移线段隔开，不能直接相连。

(3) 转移条件：转移条件用与转移线段垂直的短划线表示。每个转移线段上必须有 1 个或 1 个以上的转移条件短划线。在短划线旁，可以用文字或图形符号或逻辑表达式注明转移条件的具体内容。当相邻两状态之间的转移条件满足时，两状态之间的转移得以实现。

(4) 动作或命令：在状态框的旁边，用文字来说明与状态相对应的工步的内容，也就是动作或命令，用矩形框围起来，以短线与状态框相连。动作与命令旁边往往也标出实现该动作或命令的电气执行元件的名称。

3.3.4.2　状态转移图的几种结构形式

（1）分支：某前级状态之后的转移，引发不止一个后级状态或状态流程序列，这样的转移将以分支形式表示。各分支画在水平直线之下。

1）选择性分支。如果从多个分支状态或分支状态序列中只选择执行某一个分支状态或分支状态序列，则称为选择性分支，如图3-13所示。这样的分支画在水平单线之下。选择性分支的转移条件短划线画在水平单线之下的分支上。每个分支上必须具有1个或1个以上的转移条件。

在这些分支中，如果某一个分支后的状态或状态序列被选中，当转移条件满足时会发生状态的转移。而没有被选中的分支，即使转移条件已满足，也不会发生状态的转移。选择性分支，可以允许同时选择1个或1个以上的分支状态或状态序列。

2）并行性分支。所有的分支状态或分支状态流程序列都被选中执行的，则称为并行性分支，如图3-14所示。

并行性分支画在水平双线之下。在水平双线之上的干支上必须有1个或1个以上的转移条件。当干支上的转移条件满足时，允许各分支的转移得以实现。干支上的转移条件称为公共转移条件。在水平双线之下的分支上，也可以有各分支自己的转移条件。在这种情况下，表示某分支转移得以实现除了公共转移条件之外，还必须具有特殊的转移条件。

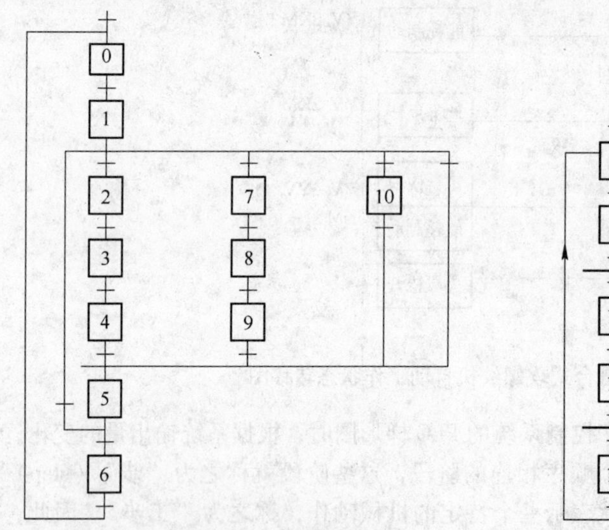

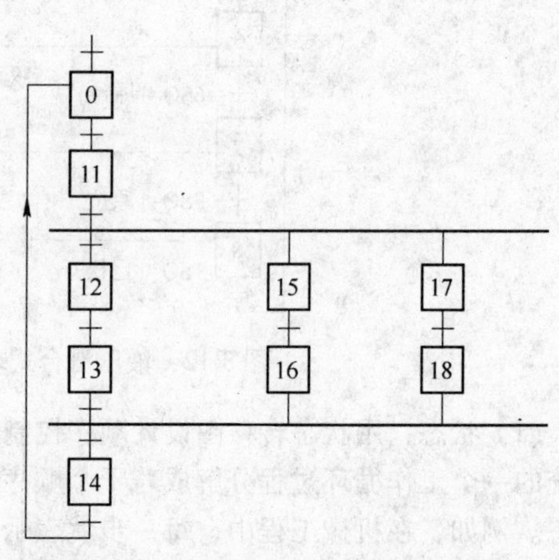

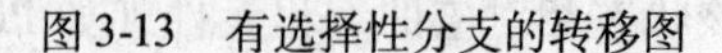

图3-13　有选择性分支的转移图　　图3-14　有并行性分支的状态转移图

（2）分支的汇合：分支的结束，称为汇合。

1）选择性分支汇合于水平单线。在水平单线以上的分支上，必须有1个或1个以上的转移条件。而在水平单线以下的干支上则不再有转移条件，如图3-13所示。

2）并行性分支汇合于水平双线。转移条件短划线画在水平双线以下的干支上，而在水平双线以上的分支上则不再有转移条件，如图3-14所示。

（3）跳步：在选择性分支中，有时会跳过某些中间状态不执行而执行后边的某状态，这种转移称为跳步。跳步是选择性分支的一种特殊情况，如图3-13所示。

（4）局部循环：在完整的状态流程中，会有依一定条件在几个连续状态之间的局部重复循环运行。局部循环也是选择性分支的一种特殊情况，如图 3-13 所示。

(5) 封闭图形：状态的执行按有向连线规定的路线进行，它是与控制过程的逐步发展相对应的，一般习惯的方向是从上到下，或从左到右。为了更明显地表示进展的方向，也可以在转移线段上加箭头指示进展方向。特别是当某转移不是由上到下，或由左到右时，就必须加箭头指示转移进展的方向。

机械运动或工艺过程为循环式工作方式时，当一个工作循环中的最后一个状态之后的转移条件满足时，自动转入下一个工作循环的初始状态。因此，由状态、转移、转移条件构成封闭图形，图 3-12、图 3-13、图 3-14 都是这种封闭图形。

3.3.4.3 利用状态转移图进行 PLC 程序设计

状态流程图完整地表现了控制系统的控制过程、各状态的功能、状态转移的顺序和条件。它是进行 PLC 应用程序设计的很方便的工具。利用状态流程图进行程序设计时，大致按以下几个步骤进行：

(1) 按照机械运动或工艺过程的工作内容、步骤、顺序和控制要求画出状态流程图。

(2) 在状态流程图上以 PLC 输入点或其他元件定义状态转移条件。当某转移条件的实际内容不止一个时，每个具体内容定义一个 PLC 元件编号，并以逻辑组合形式表现为有效转移条件。

(3) 按照机械或工艺提供的电气执行元件功能表，在状态流程图上对每个状态和动作命令配画上实现该状态或动作命令的控制功能的电气执行元件，并以对应的 PLC 输出点编号定义这些电气执行元件。

3.3.4.4 步进顺序控制系统程序设计

步进顺序控制程序的一般设计方法如下：

(1) 状态转移控制器的设计：在这种方法中，每个状态用 1 个 PLC 内部继电器表示，此继电器称为该状态的特征继电器，或简称为状态继电器。每个状态又与一个转移条件相对应。

为了保证状态的转移严格按照预定的顺序逐步展开，不发生错误转移，因此，某状态的启动（转入工作）必须以它前一级的状态启动和本状态的转入条件满足两项相“与”作为有效转移条件。在程序编制时，以前一级状态的特征继电器常开触点与本状态的转入条件的逻辑“与”为本状态特征继电器的启动信号。这时，称前级状态继电器的常开触点为本状态启动的约束条件。

当系统处于某状态工作的情况下，一旦该状态之后的转移条件满足，即启动下一个状态，同时关断本状态。在编程时应使下一个状态的启动在前，而本状态的关断在后，否则将发生状态转移不能进行的错误现象。

(2) PLC 输出点的驱动控制程序设计：与状态对应的动作与命令由 PLC 输出点驱动电气执行元件来实现。由于状态转移控制器设计成单步步进式，所以各输出点（执行元件）的驱动程序可直接而简单地由该输出点（执行元件）的启动状态所对应的状态继电器的触点实现。当某输出点的启动状态与不止一个状态对应时，则用所对应的各状态继电器的触点并联，组成逻辑“或”程序来实现。图 3-15 所示为一个液压驱动的滑台双向进给的控制设计举例。

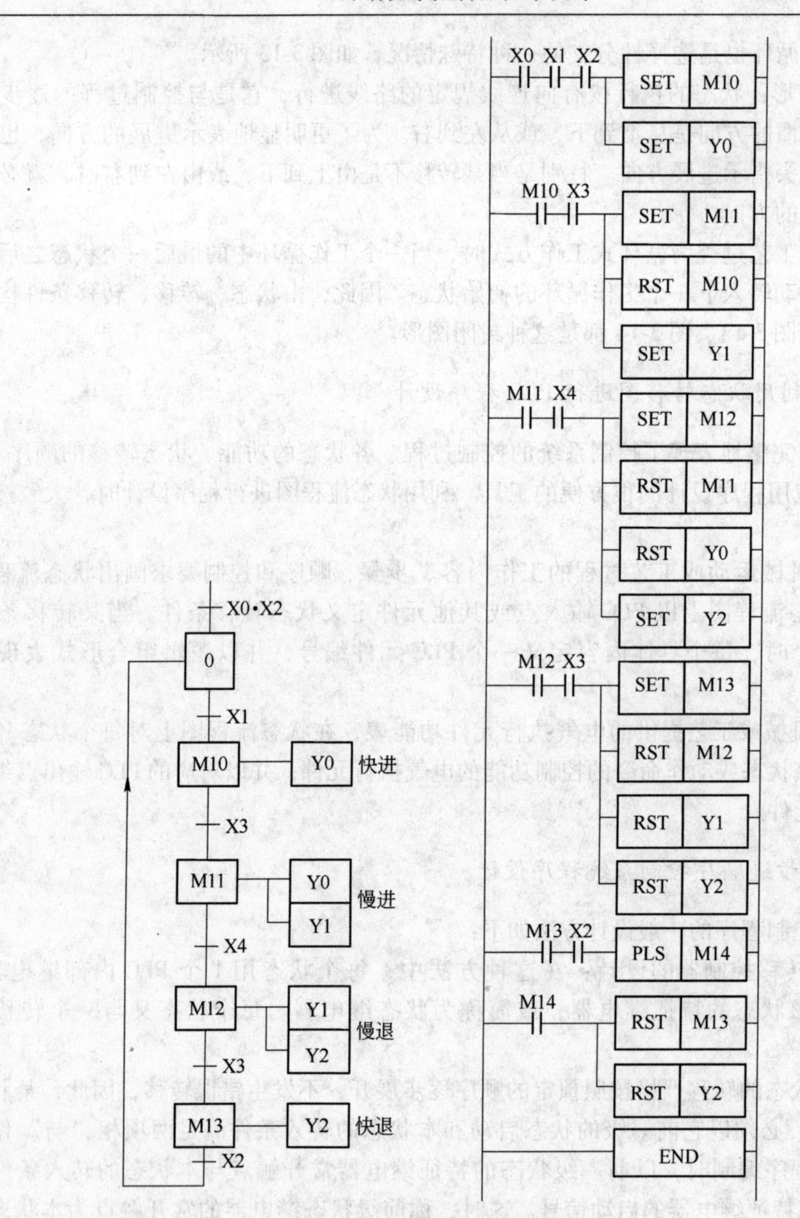

图 3-15　液压滑台双向进给控制

习　题

3-1　某抢答比赛，儿童二人参赛且其中任一人按钮可抢得，学生一人组队。教授二人参加比赛且二人同时按钮才能抢得。主持人宣布开始后方可按抢答按钮。主持人台设复位按钮，抢得及违例由各分台灯指示。有人抢得时有幸运彩球转动，违例时有警报声。设计抢答器电路。

3-2　设计一个节日礼花弹引爆程序。礼花弹用电阻点火引爆器引爆。为了实现自动引爆，以减轻工作人员频繁操作的负担，保证安全，提高动作的准确性，今采用 PLC 控制，要求编制以下两种控制程序。

（1）1～12 个礼花弹，每个引爆间隔为 0. 1s；13～14 个礼花弹，每个引爆间隔为 0. 2s。

（2）1～6 个礼花弹引爆间隔 0. 1s，引爆完后停 10s，接着 7～12 个礼花弹引爆，间隔 0. 1s；又停 10s，接着 13～18 个礼花弹引爆，间隔 0. 1s，引爆完后再停 10s；接着 19～24 个礼花弹引爆，间隔 0. 1s。引爆用一个引爆启动开关控制。

3-3　设计 3 分频、6 分频功能的梯形图。

4 可编程序控制器控制系统设计

4.1 PLC 控制系统设计的内容和步骤

4.1.1 PLC 控制系统设计的基本原则

PLC 是一种计算机化的高科技产品，相对继电器而言价格较高。因此，在应用 PLC 之前，首先应考虑是否有必要使用 PLC。如果被控系统很简单，I/O 点数很少，或者 I/O 点数虽多，但是控制要求并不复杂，各部分的相互联系也很少，就可以考虑采用继电器控制的方法，而没有必要使用 PLC。

在下列情况下，可以考虑使用 PLC。

(1) 系统的开关量 I/O 点数很多，控制要求复杂。如果用继电器控制，需要大量的中间继电器、时间继电器、计数器等器件；

(2) 系统对可靠性的要求高，继电器控制不能满足要求；

(3) 由于生产工艺流程或产品的变化，需要经常改变系统的控制关系，或需要经常修改多项控制参数；

(4) 可以用一台 PLC 控制多台设备的系统。

任何一种电气控制系统都是为了实现被控对象（生产设备或生产过程）的工艺要求，以提高生产效率和产品质量。因此，确定选用 PLC 控制系统后，在设计 PLC 控制系统时应遵循以下基本原则：

(1) 最大限度地满足被控对象的控制要求；

(2) 在满足控制要求的前提下，力求使控制系统简单、经济，使用及维修方便；

(3) 保证控制系统的安全、可靠；

(4) 考虑到生产的发展和工艺的改进，在选择 PLC 容量时，应适当留有裕量。

4.1.2 PLC 控制系统设计的内容

4.1.2.1 系统分析

在进行 PLC 控制系统设计之前，首先必须对生产的工艺过程进行深入调查，明确 PLC 控制的任务。要弄清 PLC 是开关量还是模拟量、数字量控制，其规模多大，如 I/O 点数有多少、模拟量的路数和要求的位数各是多少，进行数字量控制时，PLC 接收或输出高速脉冲的频率是多少，是否有数据采集、显示监控的要求，是否有 PID 运算、闭环控制和通信联网等更高的要求，必要时进行内存容量的估算。大多数情况下，PLC 的内存容量均能满足用户的需要。当控制规模大，控制要求复杂时，需要的程序容量大，这时才需要进行内存估算。

要弄清 PLC 的使用环境。PLC 使用时，对环境温度、防潮、防尘、防腐、防振、防电磁干扰等都有相应的要求。所谓 PLC 可靠性高是有一定环境要求的，使用时注意维护保养和及时检修，才能保证 PLC 长期稳定地工作。

4.1.2.2 硬件电路设计

（1）选择合适的PLC。PLC是控制系统的核心部件，合理选择PLC对于保证整个控制系统的技术指标和质量是至关重要的。选择PLC应包括机型、容量、I/O模块和电源等的选择。

（2）选择输入元件、输出执行元件。输入元件有按钮、行程开关、波段开关、接近开关、光电开关、旋转编码器、液位开关等；输出执行元件有按触器、电磁阀、指示灯、数码管等。对上述外围器件应按控制要求，从实际出发，选择合适的类别、型号和规格。

（3）分配I/O点，设计PLC控制线路，设计主电路。绘制I/O端子的连接图是合理分配I/O点的必要保证。

4.1.2.3 软件程序设计

控制程序是控制整个系统工作的指挥棒，是保证系统工作正常、安全、可靠的关键。因此，控制程序的设计必须经过反复调试、修改，直到满足要求为止。

4.1.2.4 制作控制柜及现场施工

制作控制柜时，应先画出PLC的电源进线接线图和输出执行元件的供电接线图，画出电气柜内元器件布置图，相互间接线图，画出控制面板元器件布置图。如果PLC的供电电源带有严重干扰，可设置滤波器、隔离变压器。信号线、电源线、动力线应分开，用槽或管配线。

现场施工时应特别注意安装要安全、正确、可靠、合理、美观，要处理好PLC的接地，注意提高系统的抗干扰能力。

4.1.2.5 系统调试

系统安装完毕后进行调试，一般先对各单元环节和各电柜分别进行调试，然后再按动作顺序，模拟输入控制信号，逐步进行调试，观察程序执行和系统运行是否满足控制要求，如果有问题，先修改软件，必要时再调整硬件，直到符合要求为止。没有问题后，投入运行考验。

4.1.2.6 编制技术文件

系统调试和运行考验成功后，整理技术资料，编制技术文件，包括电气原理图、元件明细表、软件清单、使用说明书等。

4.1.3 PLC控制系统设计的步骤

根据PLC控制系统设计的基本内容，控制系统的设计一般应按图4-1所示的几个步骤进行。

4.2 PLC的选择

PLC是一种通用的工业控制装置，功能的设置总是面向大多数用户的。众多的PLC产品既给用户提供了广阔的选择余地，也给用户带来了一定困难。PLC的选用与继电器接触器控制系统的元件的选用不同，选用继电器接触器系统元件时，必须要在设计结束之后才能定出各种元件的型号、规格和数量以及控制台、控制柜的大小等。而PLC的选用则在应用设计的开始即可根据工艺提供的资料及控制要求等预先进行。PLC品种繁多，其结构形式、性能、I/O点数、

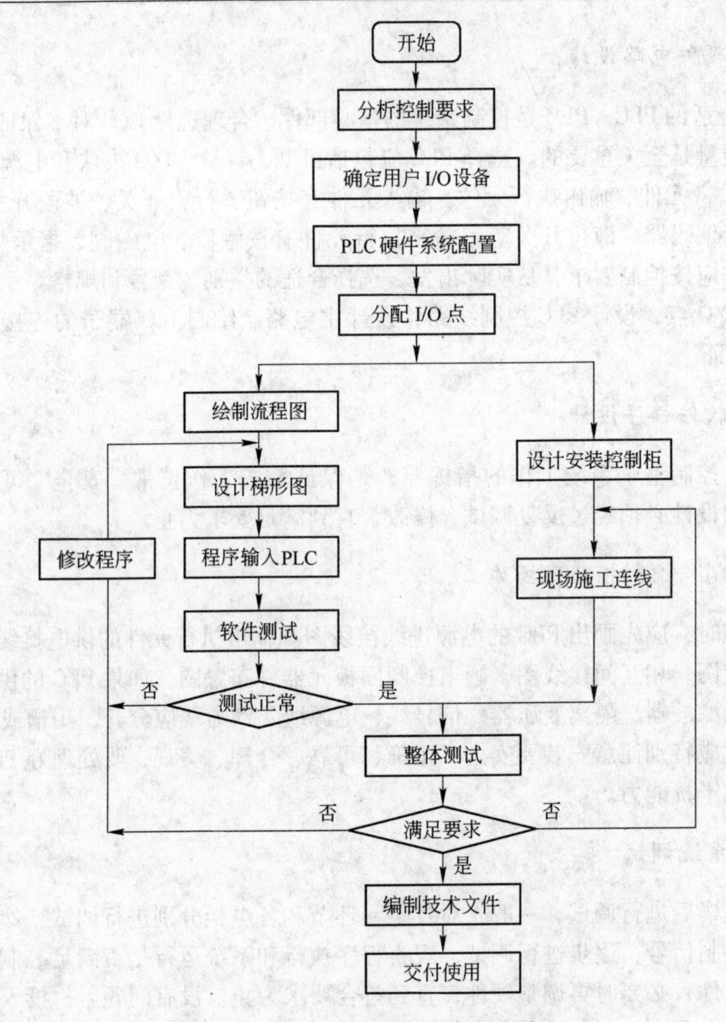

图 4-1　PLC 控制系统设计流程图

用户程序存储器容量、运算速度、指令系统、编程方法和价格等各有不同，适用场合也各有侧重。因此，合理选择 PLC 对提高控制系统的技术、经济指标起着重要作用。

4.2.1　PLC 型号选择

机型选择的基本原则是在满足控制功能要求的前提下，保证系统工作可靠、维护使用方便及性能价格比最佳。具体应考虑的因素如下：

(1) 结构合理。对于工艺过程比较固定、环境条件较好、维修量较小的场合，选用单元式结构的 PLC；否则，选用模块式结构的 PLC。

(2) 功能强弱适当。对于开关量控制的工程项目，若控制速度要求不高，一般选用低档的 PLC。如三菱公司的 FX_2 系列机。

对于以开关量控制为主、带少量模拟量控制的工程项目，可选用含有 A/D 转换的模拟量输入模块和含有 D/A 转换的模拟量输出模块，以及具有加减乘除运算和数据传输功能的低档 PLC。

对于控制比较复杂、控制功能要求较高的工程项目，如要求实现 PID 运算、闭环控制、通信联网等，可根据控制规模及复杂的程度，选用中档机或高档机。其中高档机主要用于大规模过程控制、全 PLC 的分布式控制系统和整个工厂的自动化等。

当系统的各个控制对象分布在不同地域时，应根据各部分的具体要求来选择 PLC，以组成一个分布式的控制系统。

（3）机型统一。选用 PLC 时，尽量要做到机型统一。由于同一机型的 PLC，其模块可互为备用，便于备件的采购和管理；另外，功能及编程方法统一，有利于技术人员的培训；其外部设备通用也有利于资源共享。若配备了上位计算机，可把各独立系统的多台 PLC 连成一个多级分布式控制系统，相互通信，集中协调管理。

4.2.2 PLC 容量选择

PLC 容量包括两个方面：一是 I/O 点数；二是用户存储器的容量（字数）。

（1）I/O 点数是基础，可以衡量 PLC 规模的大小，准确统计被控对象的输入信号和输出信号的总数，并可考虑今后的调整和扩充，在实际统计 I/O 点数的基础上，一般应加上 10% ~ 20% 的备用量。

多数小型 PLC 为单元式，具有体积小、价格便宜等优点，适用于工艺过程比较稳定、控制要求比较简单的系统。模块式结构的 PLC 采用主机模块与输入模块、功能模块组合使用的方法，比单元式方便灵活，维修更换模块、判断与处理故障快速方便，适用于工艺变化较多、控制要求复杂的系统。

（2）用户存储器的容量的估算。根据经验，在选择存储容量时，一般按实际需要的 10% ~ 25% 考虑裕量。用户应用程序占用多少内存与许多因素有关，如 I/O 点数、控制要求、运算处理量、程序结构等。因此，在程序设计之前只能粗略地估算。根据经验，每个 I/O 点及有关功能器件占用的内存大致如下：

开关量输入所需存储器字数 = 输入点数 ×10；

开关量输出所需存储器字数 = 输出点数 ×8；

定时器/计数器所需存储器字数 = 定时器/计数器 ×2；

模拟量所需存储器字数 = 模拟量通道数 ×100 ；

通信接口所需存储器字数 = 接口个数 ×300。

计算时根据存储器的总字数再加上一个裕量。

4.2.3 I/O 模块的选择

PLC 是一种工业控制系统，它的控制对象是工业生产设备或工业生产过程，它的工作环境是工业生产现场。它与工业生产过程的联系是通过 I/O 接口模块来实现的。通过 I/O 接口模块可以检测被控生产过程的各种参数，并以这些现场数据作为控制器对被控对象进行控制的依据。同时控制器又通过 I/O 接口模块将控制器的处理结果送给工业生产过程中的被控设备，驱动各种执行机构来实现控制。

外部设备或生产过程中的信号电平多种多样，各种机构所需的信息电平也是多样的，而 PLC 的 CPU 所处理的信息只能是标准电平，所以 I/O 接口模块还需实现这种转换。PLC 从现场收集的信息及输出给外部设备的控制信号都需经过一定距离。为了确保这些信息正确无误，PLC 的 I/O 接口模块都具有较好的抗干扰能力。根据实际需要，PLC 相应有许多种 I/O 接口模块，包括开关量输入模块、开关量输出模块、模拟量输入模块及模拟量输出模块，可以根据实际需要进行选择使用。

4.2.3.1　确定 I/O 点数

I/O 点数的确定要充分地考虑到裕量，能方便地对功能进行扩展。对一个控制对象，由于采用不同的控制方法或编程水平不一样，I/O 点数就可能有所不同。

4.2.3.2　开关量 I/O

标准的 I/O 接口用于同传感器和开关及控制设备进行数据传输。典型的交流 I/O 信号为 24 ~ 240V，直流 I/O 信号为 5 ~ 24V。

（1）选择开关量输入模块主要从下面两方面考虑：一是根据现场输入信号与 PLC 输入模块距离的远近来选择电平的高低。一般 24V 以下属于低电平，其传输距离不宜太远。如 12V 电压模块一般不超过 10m，距离较远的设备选用较高电压模块比较可靠。二是高密度的输入模块，如 32 点输入模块，能允许同时接通的点数取决于输入电压和环境温度。一般同时接通的点数不得超过总输入点数的 60%。

（2）选择开关量输出模块时应从以下三个方面来考虑：一是输出方式选择。输出模块有三种输出方式，即继电器输出、晶闸管输出、晶体管输出。其中，继电器输出价格便宜，使用电压范围广，导通压降小，承受瞬时过电压和过电流的能力强，且有隔离作用。但继电器有触点，寿命较短，且响应速度较慢，适用于动作不频繁的交/直流负载。当驱动电感性负载时，最大开闭频率不得超过 1Hz。晶闸管输出（交流）和晶体管输出（直流）都属于无触点开关输出，适用于通断频繁的感性负载。感性负载在断开瞬间会产生较高反电压，必须采取抑制措施。二是输出电流的选择。模块的输出电流必须大于负载电流的额定值，如果负载电流较大，输出模块不能直接驱动时，应增加中间放大环节。对于电容性负载、热敏电阻负载，考虑到接通时有冲击电流，要留有足够的余量。三是允许同时接通的输出点数。在选用输出点数时，不但要核算一个输出点的驱动能力，还要核算整个输出模块的满负荷负载能力，即输出模块同时接通点数的总电流值不得超过模块规定的最大允许电流值。

若 I/O 设备由不同电源供电，应当使用带隔离公共线（返回线）的接口电路。

4.2.3.3　模拟量 I/O

模拟量 I/O 接口是用来传输传感器产生的信号的。这些接口能测量流量、温度和压力等模拟量的数值，并用于控制电压或电流输出设备。PLC 的典型接口量程对于双极性电压为 -10 ~ +10V、单极性电压为 0 ~ +10V、电流为 4 ~ 20mA 或 10 ~ 50mA。

一些制造厂家提供了特殊模拟接口用来接收低电平信号（如 RTD、热电偶等）。一般来说，这类接口模块能接收同一模块上的不同类型热电偶或 RTD 的混合信号。用户应就具体条件向供货厂商提出要求。

4.2.3.4　特殊功能 I/O

在选择一台 PLC 时，用户可能会面临需要一些特殊类型的且不能用标准 I/O 实现（如定位、快速输入、频率等）的情况。用户应当考虑供货厂商是否能提供一些特殊的、有助于最大限度减小控制作用的模块。灵活模块和特殊接口模块，都应考虑使用。有的模块自身能够处理一部分现场数据，从而可使 CPU 从处理耗时任务中解脱出来。

4.2.3.5　智能式I/O

当前，PLC的生产厂家相继推出了一些智能型的I/O模块。所谓智能型I/O模块，就是模块本身带有处理器，对输入/输出信号可做预先规定的处理，再将处理结果送入CPU或直接输出，这样可提高PLC的处理速度，节省存储器的容量。

智能式I/O模块有温度控制模块、高速计数器、凸轮模拟器（用于绝对编码输入）、带速度补偿的凸轮模拟器、单回路或多回路的PID调节器、ASCII/BASIC处理器、RS-232C/422接口模块等。

4.2.4　电源模块的选择

电源模块的选择一般只需考虑输出电流。电源模块的额定输出电流必须大于处理器模块、I/O模块、专用模块等消耗电流的总和。以下步骤为选择电源的一般规则。

（1）确定电源的输入电压。

（2）将框架中每块I/O模块所需的总电流相加，计算出I/O模块所需的总电流值。

（3）I/O模块所需的总电流值再加上以下各电流：

1）框架中带有处理器时，则加上处理器的最大电流值；

2）当框架中带有远程适配器模块或扩展本地I/O适配器模块时，应加上其最大电流值。

（4）如果框架中留有空槽用于将来扩展时，可做以下处理：

1）列出将来要扩展的I/O模块所需的电流；

2）将所有扩展的I/O模块的总电流值与步骤（3）中计算出的总电流值相加。

（5）在框架中是否有用于电源的空槽，否则将电源装到框架的外面。

（6）根据确定好的输入电压要求和所需的总电流值，从用户手册中选择合适的电源模块。

4.3　减少I/O点数的措施

4.3.1　减少输入点数的措施

在设计PLC的控制系统时，经常会遇到所选PLC的I/O口数目与实际需要只相差几个点的情况。有时甚至只差1~2个点，这时若选用I/O扩展模块或改选I/O口更多的型号，将会大幅度提高控制系统的硬件费用。因此，在这种情况下，用简单的方法扩充输入输出点数或是用一定的线路技巧降低输入或输出的需求，是降低成本的有效方法。

（1）分组输入。把在工艺上不可能同时进行的动作分组，用控制其公共母线的办法使两个或三个开关信号共用一个输入点，最典型的例子即为手动和自动的切换控制，如图4-2所示。在一般情况下，手动操作尽量选用常开按钮，这样每个按钮可以省掉一个防止干扰的隔离二极管。不过要注意的是，此时应该有一个输入口来接受切换开关K1的信号，如图中X13。

（2）矩阵输入。一般用4个输入点和3个输出点可扩展成12个或3位BCD码的拨码输入系统，其原理图如图4-3所示。

实际上，图4-3的接线方法只对拨码开关是适用的。因为拨码开关的数据不会经常变化，在需要的时候读入一次即可，这不会使三个输出继电器处于不停的工作状态从而缩短这几个继电器的寿命。如果所接的是12个独立的按钮开关信号，则用输出继电器去循环扫描是不合理的。此时的扫描信号应通过一个简单的接口电路从扩展口输出。同时还应注意在编制扫描程序

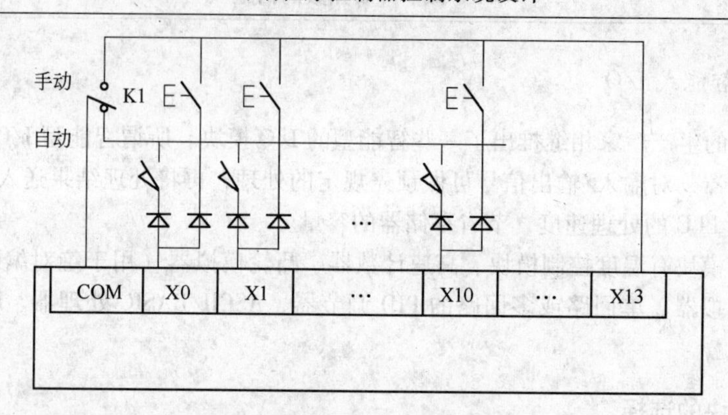

图 4-2　共用一个口的分组输入

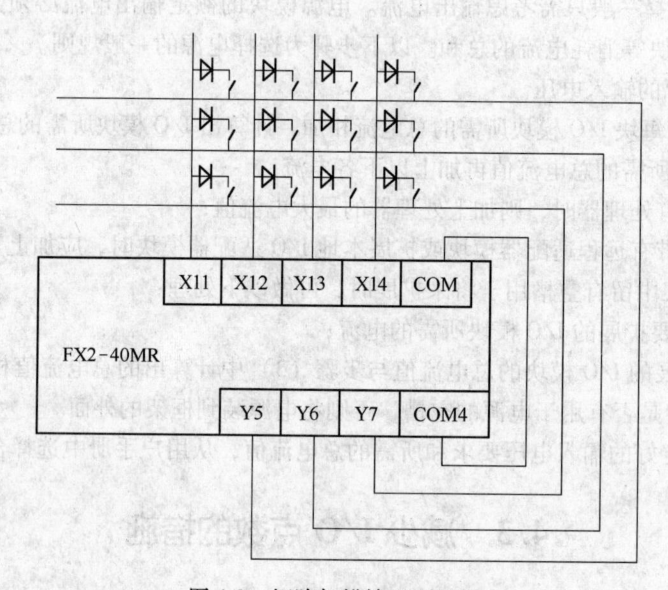

图 4-3　矩阵扫描输入原理图

时应尽量提高其扫描的速度，即尽可能缩短扫描的周期，因为这种输入方式只能准确接收到大于扫描周期的信号，在输入信号的处理上，可用 RS 触发器来恢复被人为割断了的连续信号。图中的二极管是防止寄生效应的隔离二极管。扫描输入的工作原理与单片机中键盘输入的扫描原理相同，不再赘述。

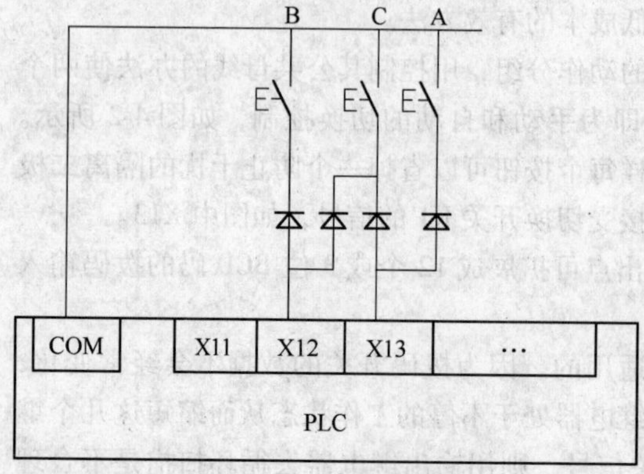

图 4-4　不同时出现的信号

（3）对在工艺上绝对不可能同时出现的开关信号，可用译码输入的方法来减少输入点，其原理如图 4-4 所示。这种方法对只差几点的系统是很实用的。

（4）将多个开关进行逻辑组合后，再接入 PLC 的输入口。这种情况最典型的例子是一些安全保护电路、限位开关等，如图 4-5 所示。

（5）将开关信号直接接在输出外电路上，如图 4-6 所示。

一般手动操作按钮也可直接接在输出外电

路上，这种方法的缺点是往往会使操作面板上有220V的交流电压。另外，对一些功能专一的器件，如热继电器的保护触点等仍按习惯的方式接在外电路上较方便。要注意的是，对一些有互锁要求的手动操作，此时在外电路上要串接互锁触点，图4-6中KM1和KM2为互锁触点。

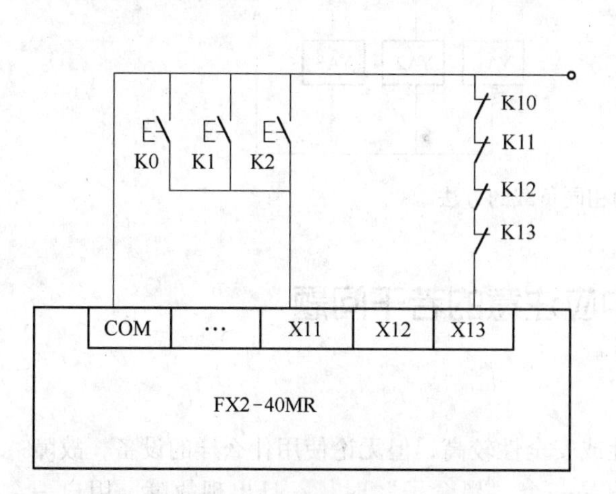

图4-5 将开关进行逻辑组合后再接入PLC

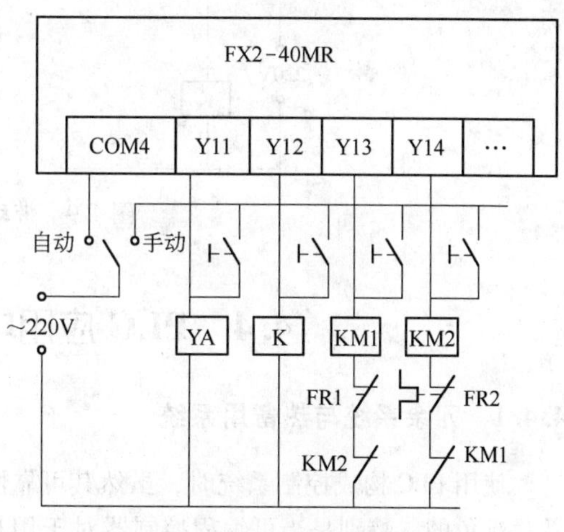

图4-6 在外电路上接操作开关

4.3.2 减少输出点数的措施

（1）对在工艺上绝不能同时出现的动作，可用公共母线分组控制的方法减少所需的输出点，见图4-7。

（2）对不同时动作的点，可用中间继电器译码输出的方法扩展输出点数。一般用两个中间继电器可扩展成三点，用三个则可扩展成七点，再多点数的扩展实际意义已不大了，具体方法如图4-8所示。

（3）对动作完全相同的负载，可用一个中间继电器同时带动多个负载的方法节省输出点数，如图4-9所示。此时要注意合理选择中间继电器触点的容量。

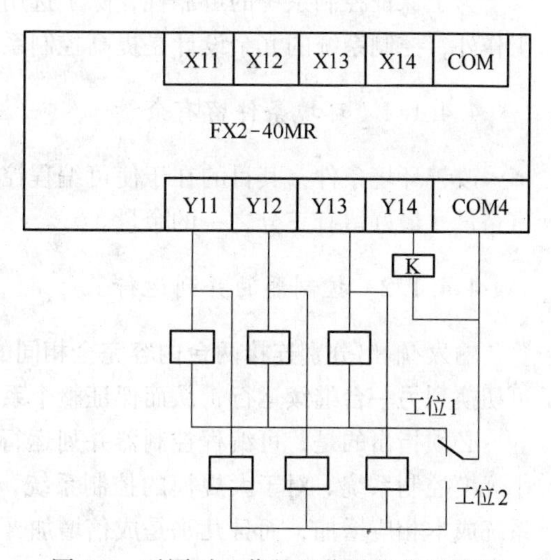

图4-7 对同时工作的工位进行分组控制

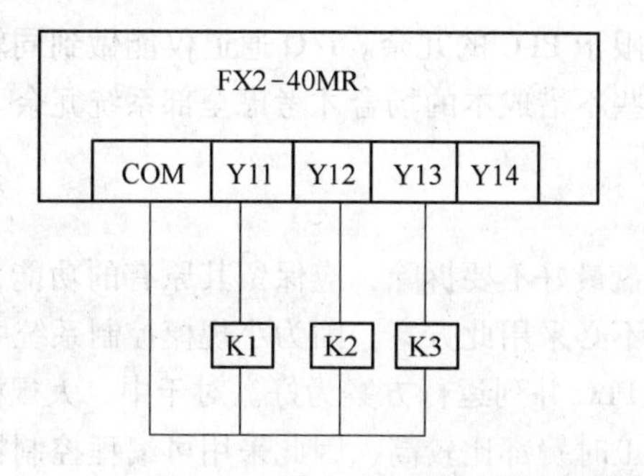

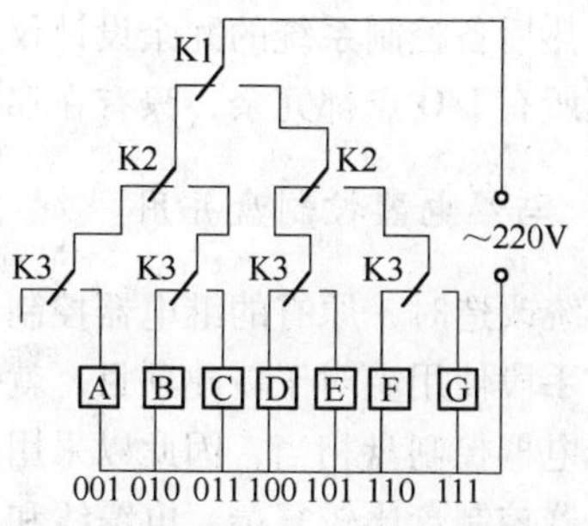

图4-8 用继电器译码的方法扩展输出口

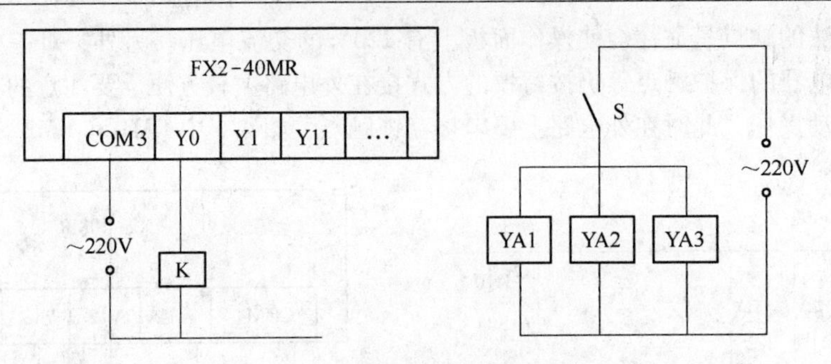

图 4-9　带动相同负载的方法

4.4　PLC 应用中应注意的若干问题

4.4.1　冗余系统与热备用系统

使用 PLC 构成控制系统时，虽然其可靠性或安全性较高，但无论使用什么样的设备，故障总是难免的。特别是当可编程控制器对于用户是一个“黑盒子”时，一旦出现故障，用户一点办法也没有。因此，在控制系统设计中必须充分考虑系统的可靠性和安全性。

为了保证控制系统的可靠性，除了选用可靠性高的可编程控制器，并使其在允许的条件下工作外，控制系统的冗余设计是提高控制系统可靠性的有效措施。

4.4.1.1　环境条件留有余量

改善环境条件，其目的在于使可编程控制器工作在合适的环境中，且使环境条件有一定的富裕量。最好留有三分之一的余量。

4.4.1.2　控制器的并列运行

输入/输出分别连接两台内容完全相同的可编程控制器，实现复用。当某一台出现故障时，可切换到另一台继续运行，从而保证整个系统运行的可靠性。

必须指出的是，可编程控制器并列运行方案仅适用于输入/输出点数比较少、布线容易的小规模控制系统。对于大规模的控制系统，由于输入/输出点数多、电缆配线复杂，同时控制系统成本相应增加，而且几乎是成倍增加，因而限制了它的应用。

4.4.1.3　双机双工热后备控制系统

双机双工热后备控制系统的冗余设计仅限于 PLC 的冗余。I/O 通道仅能做到同轴电缆的冗余，不可能把所有 I/O 点都冗余，只有在那些不惜成本的场合才考虑全部系统冗余。

4.4.1.4　与继电器控制盘并用

在进行系统改造时，原有的继电器控制盘最好不要拆除，应保留其原有的功能，以作为控制系统的后备手段使用。对于新建项目，就不必采用此方案。因为小规模控制系统中的 PLC 造价可做到同继电器控制盘相当，因此以采用 PLC 并列运行方案为好。对于中、大规模的控制系统，由于继电器控制盘比较复杂，电缆线和工时费都比较高，因此采用可编程控制器是较好的方案，这时最好采用双机双工热后备控制系统。

4.4.2 对 PLC 的某些输入信号的处理

当输入信号源为感性元件，输出驱动的负载也为感性元件时，对于直流电路应在它们两端并联续流二极管，对于交流电路，应在它们两端并联阻容吸收电路，如图 4-10 所示。采取以上措施是为了防止在感性输入或输出电路断开时产生很高的感应电动势或浪涌电流对 PLC 输入输出点及内部电源的冲击。

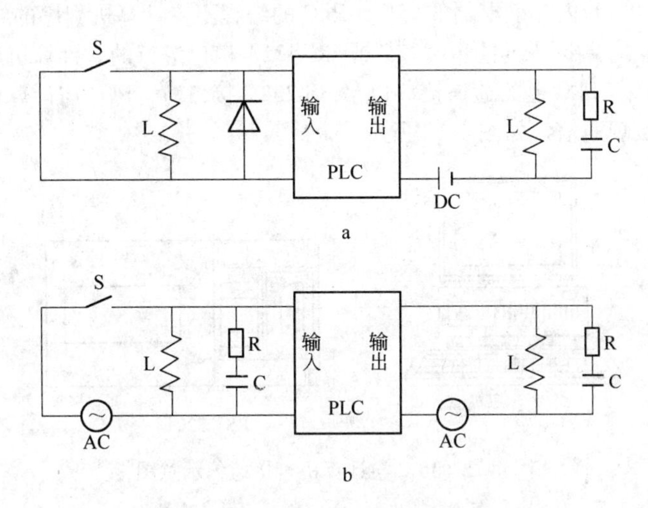

图 4-10 PLC 输入输出点的保护

a—直流输入、输出点的保护；b—交流输入、输出点的保护

当输入信号源为晶体管或是光电开关输出型，输出是双向晶闸管及晶体管输出，而外部负载又很小时，会因为这类输出元件在关断时有较大的漏电流，使输入电路和外部负载电路不能关断，导致输入与输出信号出错，为此在这类输入、输出端并联旁路电阻，以减小 PLC 输入电流和外部负载上的电流，如图 4-11 所示。

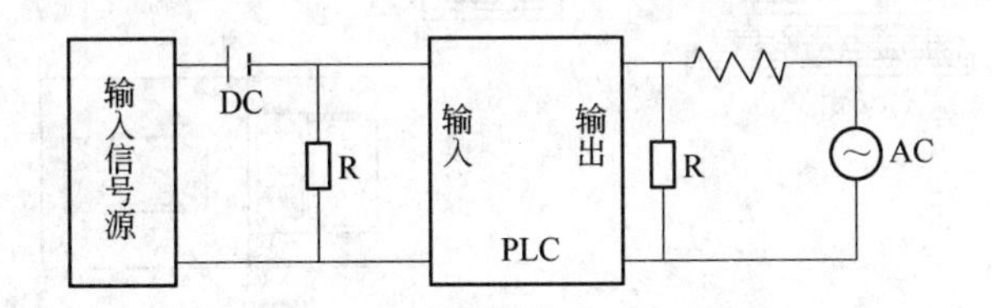

图 4-11 输入输出点的旁路电阻

4.4.3 PLC 的通信网络简介

可编程控制器通信网络又称为高速数据公路，该类网络既可以传送开关量，又可以传送数字量，一次通信的数据量较大。这类网络的工作类似于普通局域网。

三菱公司的 FX 系列 PLC 都具有联网功能。按照层次可把连接的对象分成三类：计算机与 PLC 之间的连接；PLC 与 PLC 之间的连接；PLC 主机与它的远程 I/O 单元的连接。它们分别简称为上位链接、同位链接和下位链接。

4.4.3.1　计算机与 PLC 通信

计算机与 PLC 之间的连接也称为上位链接系统。上位链接系统是一种自动综合管理系统。上位计算机通过串行通信接口与 PLC 的串行通信接口相连，对 PLC 进行集中监视和管理，从而构成集中管理、分散控制的分布式多级控制系统。

按照三菱标准通信规约，通过上位计算机，工作人员可以启动/停止 PLC 的运行、监视 PLC 运行时 I/O 继电器和内部继电器的变化，PLC 的编程不受计算机程序的约束。

PLC 与计算机通信主要是通过 RS-232C 或 RS-422A 接口进行的。计算机上的通信接口是标准的 RS-232C 接口；若 PLC 上的通信接口也是 RS-232C 接口时，PLC 与计算机可以直接使用适配电缆进行连接，实现通信，如图 4-12 所示。

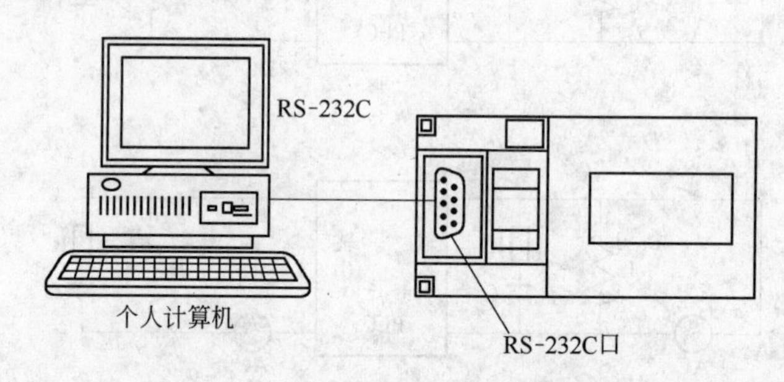

图 4-12　PLC 与计算机直接通信示意图

当 PLC 上的通信接口是 RS-422A 时，必须在 PLC 与计算机之间加一个 RS-232C/RS-422A 的转换电路，再用适配电缆进行连接，以实现通信，如图 4-13 所示。可见，PLC 与计算机通信，一般不需要专门的通信模块，只需要一个 RS-232C 与 RS-422A 的通信接口模块即可。FX_2 系列 PLC 采用的接口转换模块是 SC-09 或 FX-232A。

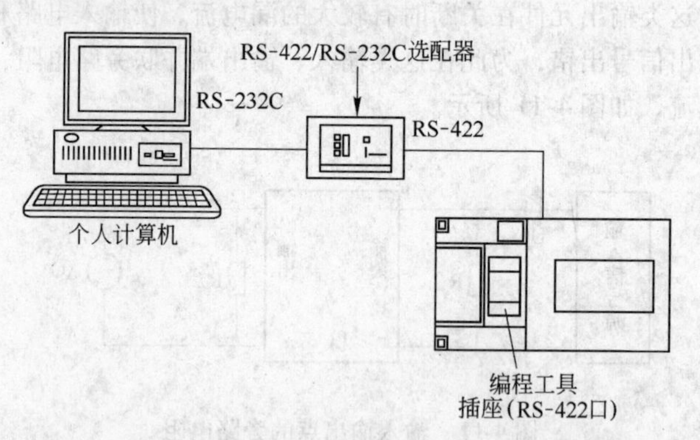

图 4-13　PLC 与计算机通过接口通信示意图

上位链接系统的结构如图 4-14 所示。计算机通过标准的 RS-232 接口或 RS-422 接口与通信适配器相连，然后接到各台 PLC 上，每台 PLC 上装一个上位链接单元。上位链接单元可使上位计算机监视 PLC 间的数据通信。对于 FX_2 系列的 PLC，一台上位计算机最多可连接 16 台 PLC。

4.4.3.2　PLC 与 PLC 通信

PLC 与 PLC 之间的通信，也称为同位通信。同位链接系统是 PLC 通过串行通信接口相互连接起来的系统。系统中的 PLC 是并行的，并能通过数据交换相互联系，以适应大规模控制的

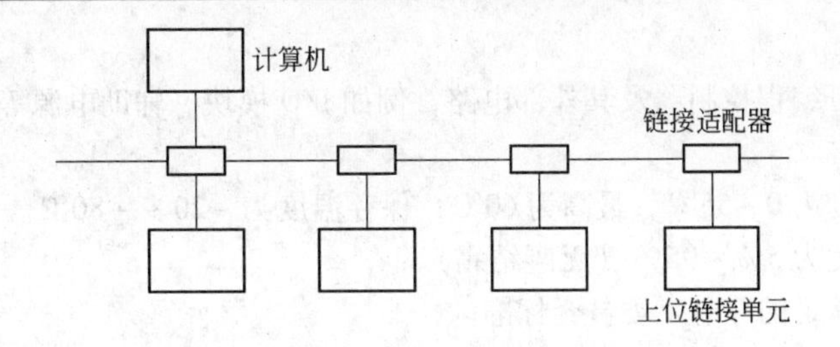

图 4-14 上位链接系统的结构示意图

要求。同位通信可分为单级系统和多级系统。

所谓单级系统，是指一台 PLC 只连接一个通信模块，再通过连接适配器将两台或两台以上 PLC 相连以实现信号的系统。最简单的单级系统只需两台 PLC。当两个 PLC 相距较近时，用一根 RS-485 标准电缆直接将两个与 PLC 单元相连的通信模块相连即可；当两个 PLC 相距较远时，通信模块之间要用一根光缆和两个光电转换适配器来连接。当然，如果 PLC 的数量超过两个，同样可以连接通信，不过需要增加链接适配器的个数，连接形式如图 4-15 所示。

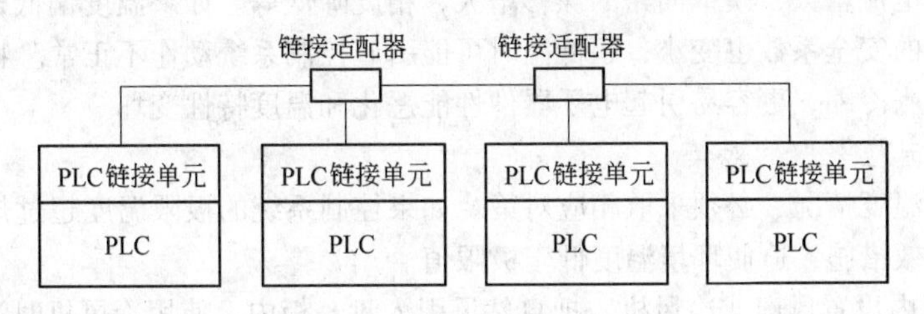

图 4-15 单级 PLC 链接系统

所谓多级系统，是指一台 PLC 连接两个或两个以上的通信模块，通过通信模块将多台 PLC 连在一起所组成的通信系统。多级通信系统最多可以形成四级，各自可独立工作，互不受限制，各级之间不存在上、下级关系。

PLC 的同位链接系统在通信过程中不占用系统的 I/O 点数，适用于大规模控制的场合。其通信原理是：在辅助继电器、数据寄存器中专门开辟一个地址区域，将它们按特定的编号分配给其他各台 PLC 机，并使得某些 PLC 机可以写其中的某些元件，而另一些 PLC 机可以读其中的这些元件，然后用这些元件的状态去驱动其本身的软元件，以达到通信的目的。而各元件之间状态信息的交换，则由 PLC 的通信软件（或硬件）自己去完成，不需要用户编程。

当把许多台 PLC 联机后，从操作的角度看，对任一台 PLC 的操作都跟普通单独操作一台 PLC 一样方便；从通信的角度看，从任一台 PLC 上都可以对其他 PLC 的元件、数据乃至程序进行操作，这大大提高了 PLC 机的控制功能。

4.5 PLC 控制系统对安装的要求

4.5.1 PLC 对工作环境的要求

由于 PLC 直接用于工业控制，因此其生产厂家都把它设计成能在恶劣条件下可靠工作的器件。尽管如此，每种 PLC 都有对应的环境条件，在选用时，特别是设计控制系统时必须对环境条件给予充分考虑。

一般情况下，可编程控制器及其外部电路，例如I/O模块、辅助电源等都能在下列环境条件下可靠地工作。

温度：工作温度为0～55℃，最高为60℃；保存温度为－20～＋80℃。

湿度：相对湿度为5%～95%（无凝结霜）。

振动和冲击：满足国际电工委员会标准。

电源：220V交流电源，允许在－15%～＋15%之间变化，频率47～52Hz，瞬间停电保持10ms。

环境：周围环境不能混有可燃性、爆炸性和腐蚀性气体。

4.5.1.1　温度条件

可编程控制器及其外部电路都是由半导体集成电路（IC）、晶体管和电阻电容等器件构成的，温度的变化将直接影响这些元器件的可靠性和寿命。

温度高时容易产生下列问题：IC、晶体管等半导体器件性能恶化，故障率增加，寿命降低；电容器件漏电流增大，模拟回路的漂移增大，精度降低等。如果温度偏低，模拟回路除精度降低外，回路的安全系数也变小，超低温时可能引起控制系统动作不正常。特别是温度的急剧变化，由于热胀冷缩，更容易引起电子器件性能恶化和温度特性变坏。

A　超高温时应采取的对策

根据上述的温度情况，必须采取相应对策。如果控制系统的极限温度超过规定温度，则必须采取下面的有效措施，迫使环境温度低于极限值。

（1）盘、柜内设置风扇或冷风机，把自然风引入盘、柜内。使用冷风机时注意不能结露。

（2）把控制系统置于有空调的控制室内，不能直接放在阳光下。

（3）PLC的安装要考虑通风，控制器的上、下、左、右、前、后都要留有相应的空间，I/O模块配线时要使用导线槽，以免妨碍通风。

（4）安装时要使PLC远离电阻器或交流接触器等发热体，或者把PLC安装在发热体的下面。

B　超低温时应采取的对策

当环境温度过低时，可采用如下对策：

（1）盘、柜内设置加热器，冬季时这种加热特别有效，可使盘、柜内温度保持在0℃以上，或者在10℃左右。设置加热器时要选择适当的温度传感器，以保证能在高温时自动切断加热器电源，低温时，启动接通电源。

（2）停运时，不切断PLC和I/O模块的电源，靠其本身的发热量维持其温度，特别对于夜间低温，这种措施是有效的。

（3）温度有急剧变化的场合，不要打开盘、柜的门，以防冷空气进入。

4.5.1.2　湿度条件

在湿度大的环境中，水分容易通过模块上IC的金属表面缺陷浸入内部，引起内部元件性能的恶化，印制电路板可能由于高压或高浪涌电压而引起短路。

在极干燥的环境下，绝缘物体上可能带静电，特别是MOS集成电路，其输入阻抗高，可能由于静电感应而损坏。

在PLC不运行时，由于湿度有急剧变化而可能引起结露。结露后会使绝缘电阻大大降低，且由于高压泄漏，可使金属表面生锈。特别是交流220V、110V的输入、输出模块，由于绝缘性能的恶化可能产生预料不到的事故。

对于上述湿度环境应采用如下对策：

（1）盘、柜设计成封闭型，并放置吸湿剂。

（2）把外部干燥的空气引入盘、柜内。

（3）印制电路板上再覆盖一层保护层，如喷松香水等。

（4）在温度低且极干燥的场合进行检修时，人体应尽量不接触集成电路块和电子元件，以防感应电压损坏器件。

4.5.1.3 振动和冲击环境

一般的可编程控制器能承受的振动和冲击的频率为 10～50 Hz，振幅为 0.5 mm，加速度为 $2g$，冲击为 $10g$（$g=10\mathrm{m/s^2}$）。超过这个极限时，可能会引起电磁阀或断路器误动作，导致机械结构松动、电气部件疲劳损坏以及连接器的接触不良等后果。

防振和防冲击的措施如下：

（1）如果振动源来自盘、柜之外，可对相应的盘、柜采用防振橡皮，以达到减振的目的，亦可把盘、柜设置在远离振源的地方。

（2）如果振动来自盘、柜内，则要把产生振动和冲击的设备从盘、柜内移走，或者单独设置盘、柜。

（3）紧固 PLC 或 I/O 模块的印制板、连接器等可产生松动的部件或器件，连接线亦要固定紧。

4.5.1.4 周围环境的污染

周围空气中不能混有尘埃、导电性粉末、腐蚀性气体、水分、油分、油雾、有机溶剂等。否则会引起下列不良现象：尘埃可引起接触不良或阻塞过滤器的网眼，使盘内温度上升；导电性粉末可引起系统误动作，使绝缘性能变差或短路等；油和油雾可能引起 PLC 节点接触不良，并能腐蚀塑料；腐蚀性气体和盐分会引起印制电路板或引线的腐蚀，造成开关或继电器类的可动部件接触不良。

如果周围空气不洁，可采取下面相应措施：

（1）盘、柜采用密封型结构。

（2）盘、柜内打入高压清洁空气，使外界不清洁空气不能进入盘、柜内部。

（3）印刷电路板表面涂一层保护层，如松香水等。

上述各种措施都不能保证在任何情况下绝对有效，有时需要根据具体情况具体分析，采取综合防护措施。

4.5.2 PLC 控制系统的供电电源要求

4.5.2.1 设计供电系统时应考虑的因素

供电系统的设计直接影响控制系统的可靠性，因此在设计供电系统时应考虑下列因素：

（1）输入电源电压在一定的允许范围内变化。

（2）当输入交流电断电时，应不破坏控制器程序和数据。

（3）在控制系统不允许断电的场合，要考虑供电电源的冗余。

（4）当外部设备电源断电时，应不影响控制器的供电。

（5）要考虑电源系统的抗干扰措施。

4.5.2.2　常用供电系统方案

根据上述考虑，常用下列几种供电方案来提高可编程控制器控制系统的可靠性。

（1）使用隔离变压器供电。图 4-16 所示为使用隔离变压器的供电系统示意图，控制器和 I/O 系统分别由各自的隔离变压器供电，并与主回路电源分开。这样当输入、输出供电中断时，不会影响可编程控制器的供电。

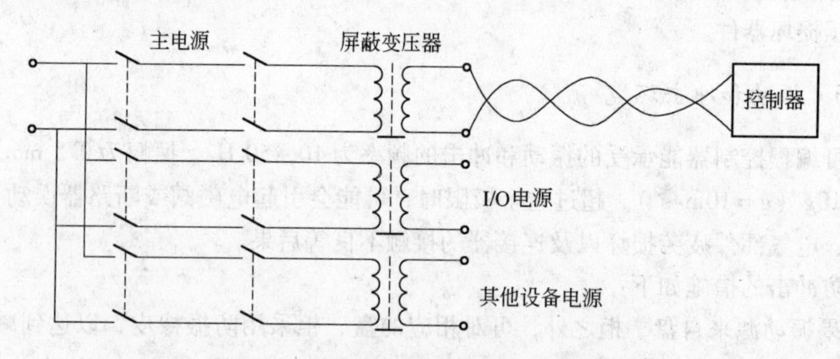

图 4-16　使用隔离变压器的供电系统图

（2）使用 UPS 供电。不间断电源 UPS 是电子计算机的有效保护装置。平时它处于充电状态，当输入交流电源（220V）失电时，UPS 能自动切换到输出状态，继续向系统供电。图 4-17 是使用 UPS 的供电示意图。根据 UPS 的容量，在交流失电后可继续向 PLC 供电 10 ~ 30min；对于非长时间停电的系统，其效果是显著的。

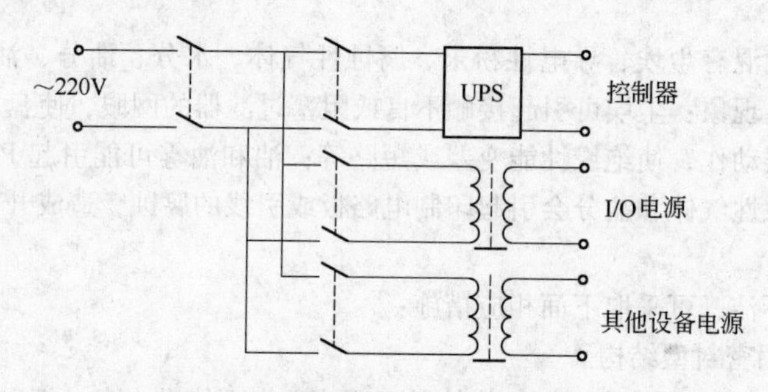

图 4-17　使用 UPS 的供电示意图

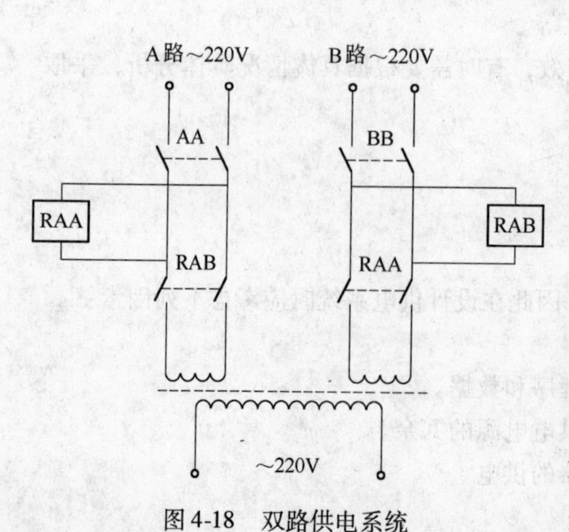

图 4-18　双路供电系统

（3）使用双路供电。为了提高供电系统的可靠性，交流供电最好采用双路电源分别引自不同的变电所的方式。当一路供电出现故障时，能自动切换到另一路供电。图 4-18 为双路供电系统的示意图。RAA 为欠电压继电器控制电路。假设先合上 AA 开关，令 A 路供电，由于 B 路中的 RAA 处于断开状态，继电器 RAB 处于失电状态，因此其常开触点 RAB 闭合，完成 A 路供电控制。然后合上 BB 开关，这样 B 路处于备用状态。当 A 路电压降低到规定值时，欠电压继电器动作，其常开触点 RAA 闭合，使 B 路开始供电，同时 RAB 触点断开。由 B 路切换到 A 路供电的原理与此相同。

4.5.3 PLC 控制系统的布线要求

安放和连接元件时仔细考虑系统布局，不仅是为了满足应用系统的需要，也是为了确保控制器能在所安放的环境下无故障操作，使得元件易取且易于维修。

除了 PLC 设备外，系统布局时还应将整个系统的其他元件考虑在内。这些设备有隔离变压器、辅助电源、安全控制继电器和输入线噪声抑制器。

为了合理安装系统元件，应遵循一些注意事项。如果温度、湿度和电噪声不会引起问题的话，PLC 最好能靠近它将控制的机器或过程。靠近设备安置控制器和尽可能使用远程 I/O，可减少走线，简化启动和维护。

设计安装布线时，应注意以下几点：

(1) 模拟信号、开关量信号在传输过程中不会对外界产生干扰，可以把它们捆在一起，在同一槽内走线。

(2) 交流电源线和交流信号线会产生交流干扰，不能和直流信号线、模拟信号线捆在一起，也不可在同一槽内走线。

(3) 所有屏蔽电缆的屏蔽层应在靠近 PLC 一端接地，而不能两端接地。

(4) 输入、输出信号线应与高压电线分开走，不要靠在一起。

4.6 PLC 的维护和故障诊断

4.6.1 PLC 的检查与维护

PLC 在设计时采取了很多保护措施，所以它的稳定性、可靠性、适应性都比较强，一般情况下，只要对 PLC 进行简单的维护和检查，就可保证 PLC 控制系统长期不间断地工作。PLC 的日常维护工作主要包含以下内容。

4.6.1.1 日常清洁与巡查

经常用干抹布和皮老虎为 PLC 的表面及导线间除尘、除污，使 PLC 工作环境整洁和卫生；经常巡视、检查 PLC 的工作环境、工作状况、自诊断指示信号、编程器的监控信号及控制系统的运行情况，并做好记录，发现问题及时处理。

4.6.1.2 定期检查与维修

在日常检查、记录在案的基础上，每隔半年（可根据实际情况适当提前或推迟）应对 PLC 做一次全面停机检查，项目应包括工作环境、安装条件、电源电压、使用寿命和控制性能等。具体检查内容及要求包括以下 4 点：

(1) 工作环境：重点检查温度、湿度、振动、粉尘、干扰是否符合标准工作环境要求。

(2) 安装条件：重点检查接线是否安全、可靠；螺丝、连线、接插头是否有松动；电气、机械部件是否有锈蚀和损坏等。

(3) 电源电压：重点检查导线及元件是否老化、锂电池寿命是否到期、继电器输出型触点开合次数是否已经超过规定次数（如 35VA 以下为 300 万次）、金属部件是否锈蚀等。

(4) 控制性能：重点检查 PLC 控制系统是否正常工作，能否完成预期的控制要求。

在检查过程中，发现不符合要求的情况；应及时调整、更换、修复。

4.6.1.3 编程器的使用

在 PLC 工作过程中，经常用到 PLC 的编程器。一方面用它来清除、输入、读出、修改、插入、删除、检查 RAM 中的程序；另一方面也要用它来监控 PLC 的器件与程序，改变定时器或计数器的设定值，强迫定时器、计数器或辅助寄存器的通断与复位。因此，一定要熟练掌握编程器的使用方法，这也是 PLC 日常维护的重要内容。

4.6.1.4 锂电池的更换

由于存放用户数据的随机存储器、计数器和具有保持功能的辅助继电器等用锂电池做后备电源，而锂电池的有效寿命约为 5 年，当锂电池电压逐渐降低到规定值时，在基本单元上的电池电压期内，必须更换锂电池，否则，用户程序就会丢失。更换锂电池的步骤如下：

（1）准备好一个新的锂电池；

（2）先将 PLC 通电一段时间（约 10s），让存储器备用电源的电容充电，以保证断电后该电容对 RAM 暂时供电；

（3）断开 PLC 的交流电源；

（4）打开基本单元的电池盖板；

（5）从支架上取下旧电池，快速换上新电池，最好不要超过 3min；

（6）盖上电池盖板。

4.6.2 PLC 的故障查找与处理

尽管 PLC 是一种高可靠性的计算机控制系统，但在使用过程中由于各种意想不到的原因，有时会发生故障。在 PLC 控制系统工作过程中一旦发生故障，首先要充分了解故障，包括故障发生点、故障现象、是否有再生性、是否与其他设备相关等，然后再去分析故障产生的原因，并设法予以排除。

一般情况下，PLC 故障的诊断先从总体检查开始，根据总体检查的情况找出故障点的大方向，然后再逐步细化，以找出具体故障点。细化检查的方向包括以下几点：

（1）电源检查。如果在总体检查中发现 PLC 的电源指示灯不亮，就需要对供电系统进行检查，检查的内容包括：

1）指示灯与保险丝是否正常；

2）电源是否有供电电压；

3）电源供电电压是否在额定范围；

4）电压切换端子的设定是否正确；

5）端子是否松动；

6）电源线是否完好。

发现问题，及时处理。如果仍找不到故障点，可以考虑更换新的电源板，再进行测试，进一步确定是否原电源板的内部电路有故障。

（2）异常检查。当 PLC 的 CPU 上“运行”指示灯不亮时，说明 PLC 已经因为某种异常而中止正常运行。此时，在电源指示灯亮的条件下，检查以下内容：

1）异常指示灯是否亮；

2）装上编程器后，编程器是否有指示，有指示时利用编程进行下面的检查；

3）存储器是否异常；

4）程序中有无END指令；

5）进行I/O操作，有无异常；

6）系统是否异常（WDT错误）。

检查出错误应进行更正，再进行检查。对系统异常，可考虑加大WDT的设定值。如无法进行进一步的检查，可考虑更换模板。

（3）报警故障检查。报警故障一般不会引起PLC停止运行，但是仍然需要尽快查清原因，尽快处理，甚至在必要时进行停机来处理故障。报警故障首先反映在报警灯的闪烁上，可以查阅相关手册来查找引起故障的原因，并根据提示进行相应的处理。

（4）输入、输出检查。输入、输出是PLC与外部设备进行信息交换的渠道，它能否正常工作除了和输入单元有关外，还与连接线、接线端子、保险丝等元件的状态有关。检查的内容主要包括：

1）模板上输入、输出的指示灯是否亮；

2）模板上输入、输出的峰值电压或电流是否正常；

3）接线是否正确、是否有断线；

4）接线端子是否松动；

5）保险丝是否正常。

检查出错误应进行更正，再进行检查。如无法进行进一步的检查，可考虑更换输入、输出模板。

（5）外部环境检查。如果外部环境过于恶劣，也可能影响PLC的正常工作。主要检查内容有：

1）温度是否在要求的范围内；

2）湿度是否在要求的范围内；

3）空气中的粉尘及有无腐蚀性气体；

4）环境噪声是否过大；

5）是否存在强的电磁干扰。

一般情况下，可以认为环境因素对PLC的影响是相互独立的，因此检查可以分别进行。根据检查结果，应采取相应的制冷、加热、防潮、除尘或隔离等措施，以提高PLC运行的可靠性。

4.7 PLC的抗干扰措施

PLC与普通计算机不同，它直接连接被控设备，因此周围存在很大的干扰。混入输入电路的干扰或感应电压，容易引起输入信号错误，从而运算出错误的结果，得出错误的输出信号。因此，为了使控制器可靠地工作，在控制系统设计时需要采取一些有效的抗干扰措施。

4.7.1 抑制电源系统引入的干扰

可以使用如图4-19所示的隔离变压器来抑制电网中的干扰信号，没有隔离变压器时，也可以使用普通变压器，为了改善隔离变压器的抗干扰效果，应注意两点：

（1）屏蔽层要良好接地；

（2）次级连接线应使用双绞线，以减少电源线间干扰。

使用滤波器在一定频率范围内有较好的抗电网干扰的作用。但是要选择好滤波器的频率范围常常是困难的。为此，常用的方法是既使用滤波器，同时也使用隔离变压器，连接方法如图4-19所示。

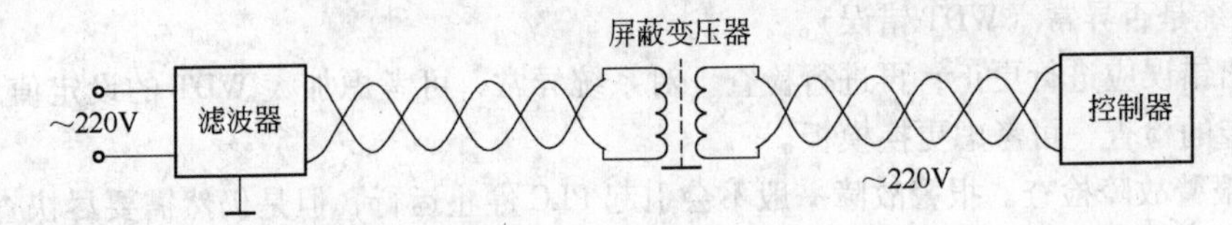

图4-19　滤波器和隔离变压器同时使用

注意：滤波器与隔离变压器同时使用时，应把滤波器接入电源，然后再接隔离变压器，同时，隔离变压器的初级和次级连接线要用双绞线且初、次级要分离开。

此外，将控制器、I/O通道和其他设备的供电分离开，也有助于抗电网干扰。

4.7.2　抑制接地系统引入的干扰

在控制系统中，良好的接地可以起到如下的作用：

(1) 一般情况下，控制器和控制柜与大地之间存在电位差，良好的接地可以减少由于电位差引起的干扰电流；

(2) 混入电源和输入、输出信号线的干扰可通过接地线引入大地，从而减少干扰的影响；

(3) 良好的接地可以防止漏电流产生的感应电压。

可见，良好的接地可以有效地防止干扰引起的误动作，控制系统的接地一般有图4-20所示的3种方法。

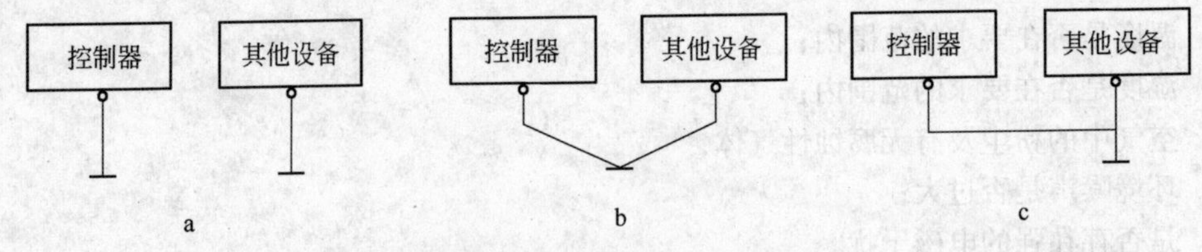

图4-20　控制系统接地方法

a—专用接地；b—共用接地；c—共通接地

其中图4-20a为控制器和其他设备分别接地方式，这种接地方式最好。如果做不到每个设备专用接地，也可使用图4-20b的接地方法，一般不能使用图4-20c所示的接地方法，特别是应避免与电动机、变压器等动力设备共通接地。

在设计接地时，还应注意以下几点：

1) 采用共通接地方式，接地电阻应小于100Ω；

2) 接地线应尽量粗，一般用大于2mm²的接地线；

3) 接地点应尽量靠近控制器，接地点与控制器之间的距离不大于50m；

4) 接地线应尽量避开强电回路和主回路的电线，不能避开时，应垂直相交，尽量缩短平等直线的长度。

4.7.3　抑制输入、输出电路引入的干扰

4.7.3.1　从抗干扰的角度选择I/O模块

从抗干扰的角度来看，I/O模块的选择要考虑下列因素：

(1) 输入、输出信号与内容回路隔离的模块比非隔离的模块抗干扰性能好；

（2）晶体管型等无触点输出的模块比有触点输出的模块在控制器侧产生的干扰小；

（3）输入模块允许的输入信号 ON—OFF 电压差大，抗干扰性能好；OFF 电压高，对抗感应电压是有利的；

（4）输入信号响应时间慢的输入模块抗干扰性能好。

4.7.3.2 防输入信号干扰的措施

输入设备的输入信号中的线间干扰，用输入模块的滤波可以使其衰减。然而，输入信号线与大地间的共模干扰在控制器内回路产生大的电位差，是引起控制器误动作的主要原因，为了抗共模干扰，控制器要良好接地。

如图4-21所示，在输入端有感性负荷时，为了防止反冲感应电势损坏模块，在负荷两端并接电容C和电阻R（交流输入信号）或并接续流二极管D（直流输入信号）。如果与输入信号并接的电感性负荷大时，使用继电器中转效果最好。交流输入方式时，C、R的选择要适当才能起到较好的效果。一般情况下各参考数值为：负荷容量在10VA以下，选0.1μF+120Ω；负荷容量在10VA以上时，选0.47μF+47Ω。

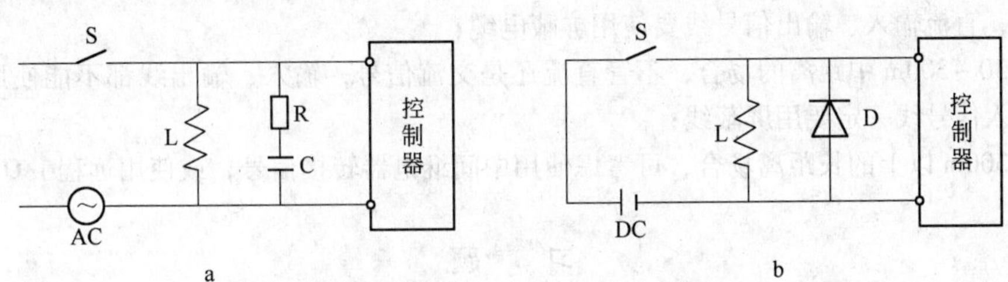

图4-21 与输入信号并接感性负荷时的电路

a—交流输入；b—直流输入

4.7.3.3 防输出信号干扰的措施

输出信号干扰的产生：感性负载场合输出信号由“OFF”变为“ON”时，产生突变电流，从“ON”变成“OFF”时产生反向感应电势，另外，电磁接触器等触点会产生电弧，所有这些都有可能产生干扰。

根据负载的不同，防止输出信号干扰的措施主要有以下几条：

（1）交流感性负载的场合：在负载的两端并接RC流涌吸收器，如图4-22a所示，RC、越靠近负载，其抗干扰效果越好。

（2）直流感性负载的场合：在负载两端并接续流二极管D。如图4-22b所示，二极管也要靠近负载，其反向耐压应是负载电压的4倍。

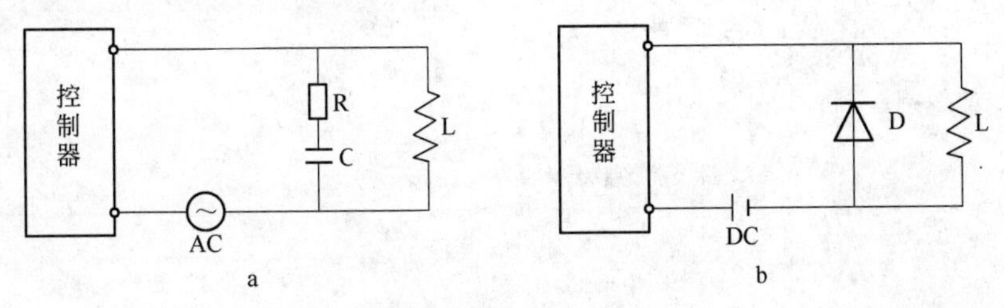

图4-22 防止感性负载干扰的措施

a—交流感性负载；b—直流感性负载

（3）在开关时，干扰较大的场合对于交流负载可使用双向晶闸管输出模块。

（4）从防止输出干扰的角度来考虑控制器输出模块的选择：在有干扰的场合要选用装有浪涌吸收器的模块。没有浪涌吸收器的模块仅限于电子式或电动机的定时及小型继电器、指示灯的驱动等场合。

4.7.3.4　防止外部接线干扰的措施

控制器外部输入、输出的接线不当，很容易造成信号间的干扰。为了防止外部接线产生的干扰，可以采取以下措施：

（1）交流输入、输出信号与直流输入、输出信号分别使用各自的电缆；

（2）集成电路或晶体管设备的输入信号线，需要使用屏蔽电缆。屏蔽电缆中屏蔽线处理，在输入、输出设备侧悬空，而在控制器侧接地；

（3）控制器的接地线与电源线或动力线分开；

（4）输入、输出信号线与高电压、大电流的动力线分开；

（5）30m 以下的短距离时，直流和交流输入、输出信号线不要使用同一电缆，必须使用同一电缆时，直流输入、输出信号线要使用屏蔽电缆；

（6）30 ~ 300m 中距离的场合，不管直流还是交流信号，输入、输出线都不能使用同一根电缆，输入信号线一定要用屏蔽线；

（7）300m 以上的长距离场合，可考虑使用中间继电器转接信号，或使用远程 I/O 通道。

习　题

4-1　编程控制器系统设计一般分为几步？

4-2　编程控制器的选型主要考虑哪些因素？

4-3　如何估算可编程控制系统的 I/O 点数？

4-4　PLC 对工作环境有何特殊要求，为什么 PLC 一般都安装在控制柜中？

4-5　影响 PLC 正常工作的外界因素有哪些，如何防范？

4-6　冗余控制系统与热备用各级系统有何区别，都适用于什么场合？

4-7　PLC 的安装方法有哪些？

4-8　PLC 输入接线应注意哪些事项，PLC 如何接地？

4-9　对 PLC 进行定期检查和维修时，应涉及哪些内容？

4-10　如何利用 PLC 的自诊断功能进行故障查找？

5 PLC 在逻辑控制系统中的应用实例

5.1 PLC 在四工位组合机床控制中的应用

5.1.1 概述

四工位组合机床由四个工作滑台各载一个加工动力头组成四个加工工位。图 5-1 是该机床十字轴铣端面打中心孔的俯视示意图。除了四个加工工位外，还有夹具、上下料机械手和进料器四个辅助装置以及冷却和液压系统等组成部分。机床的四个加工动力头同时对一个零件的四个端面及中心孔进行加工。一次加工完成一个零件，由上料机械手自动上料，下料机械手自动取走加工完成的零件，每小时可加工 80 件。

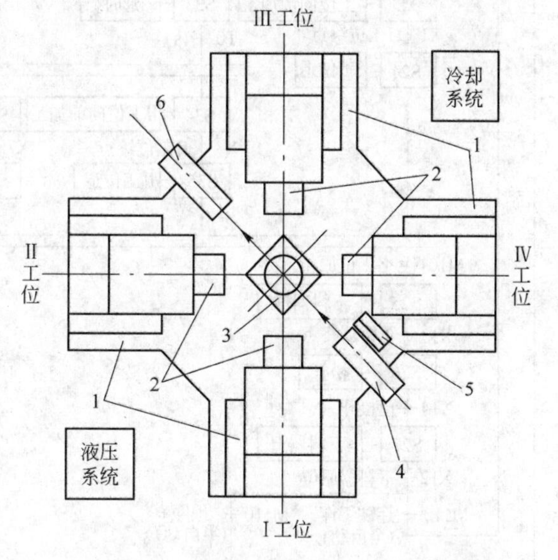

图 5-1 四工位十字轴加工组合机床示意图

1—工作滑台；2—主轴；3—夹具；4—上料机械手；5—进料装置；6—下料机械手

5.1.2 机床控制流程

组合机床要求全自动、半自动、手动三种工作方式。图 5-2 是组合机床控制系统全自动工作循环和半自动工作循环时的状态流程图。在图 5-2 中 S2 是初始状态，实现初始状态的条件是各滑台、各辅助装置都处在原位，夹具为松开状态，料道放料且润滑系统情况正常。

现在把组合机床全自动和半自动工作循环介绍一下。当按下启动按钮后，上料机械手向前，将零件送到夹具上，夹具夹紧零件，同时进料装置进料。之后上料机械手退回原位，进料装置放料。接下来是四个工作滑台向前，四个加工动力头同时加工，铣端面、打中心孔。加工完成后，各工作滑台退回原位。下料机械手向前抓住零件，夹具松开，下料机械手退回原位并取走加工完成的零件，一个工作循环结束。如果没有选择预停，则机床自动开始下一个工作循环，实现全自动加工工作方式。如果选择了预停，则每个工作循环完成后，机床自动停止在初始状态，当再次发出工作启动命令后，才开始下一个工作循环，这就是半自动工作方式。

5.1.3 PLC 控制系统设计

5.1.3.1 PLC 的选型

由 PLC 组成的四工位组合机床控制系统有输入信号 42 个，都是开关量。其中检测元件 17

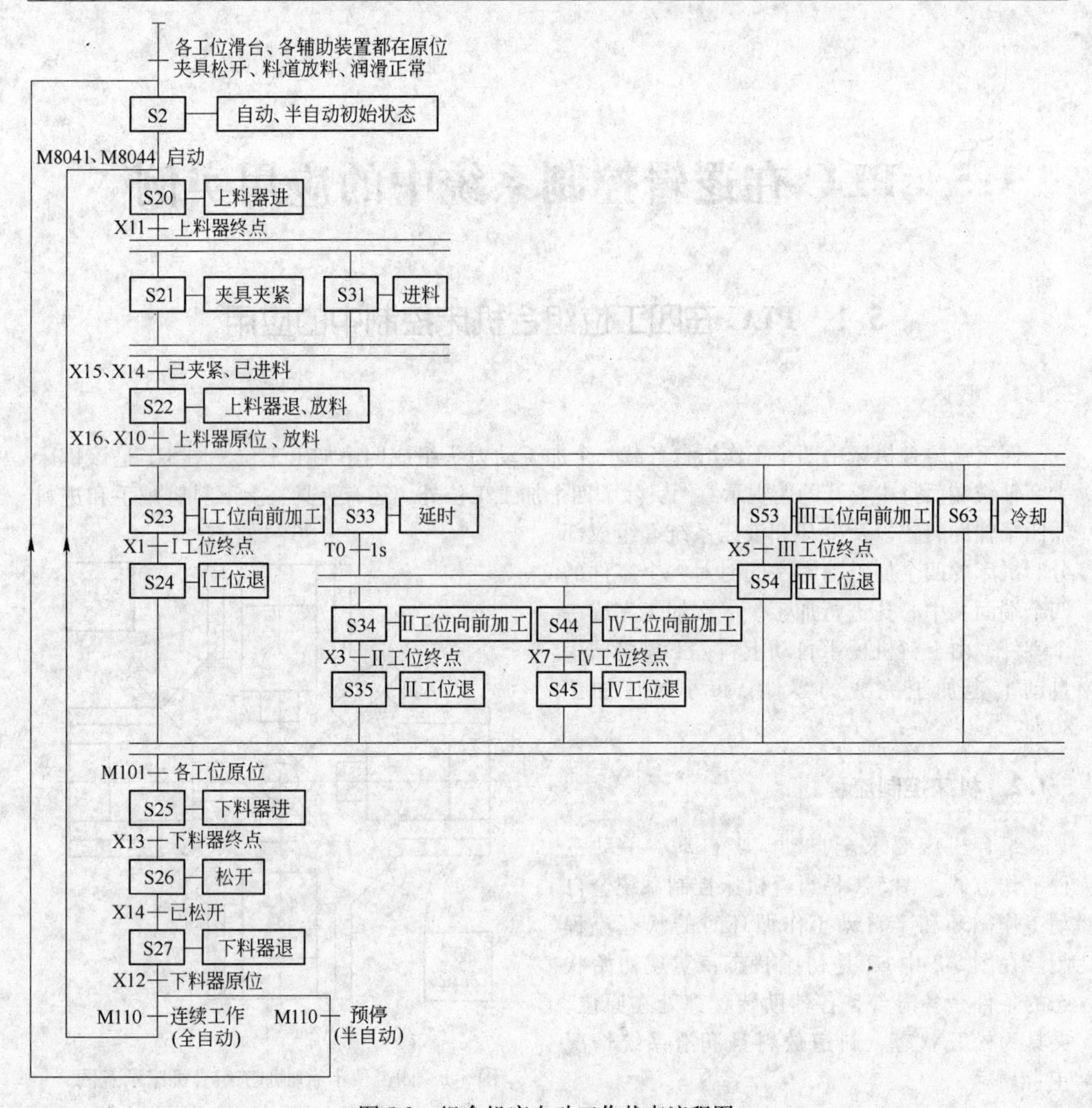

图 5-2　组合机床自动工作状态流程图

个、按钮开关 24 个、选择开关 1 个。电控系统有输出信号 27 个，其中有 16 个电磁阀、6 台电动机的接触器和 5 个指示灯。

电控系统最后选用 FX2-64MR 主机和一个 16 点的输入扩展模块（FX-16EX），这样共有 48 个输入点（32 + 16），输出点就是主机的 32 点。可以满足 42 个输入、27 个输出的要求，而且还有一定余量。

5.1.3.2　输入、输出信号地址分配

把输入信号 42 个按类（位置检测传感器开关 17 个 1SQ ~ 12SQ、lYJ ~ 5YJ；选择开关 1SA1 个；按钮开关 1SB ~ 24SB 共 24 个）编排。输出信号 27 个按类分好，即电磁阀 1YV ~ 16YV 共 16 个，接触器 1KM ~ 6KM 共 6 个，指示灯 1HL ~ 5HL 共 5 个。

42 个输入信号和 27 个输出信号对应于 PLC 输入端 X0 ~ X51 及输出端 Y0 ~ Y32。输入、输出信号及其地址编号如表 5-1 所示。

表5-1 输入、输出分配表

序 号	输入设备		输入点	输出设备		输出点
1	1SQ	滑台Ⅰ原位	X0	1YV	夹 紧	Y0
2	2SQ	滑台Ⅰ终点	X1	2YV	松 开	Y1
3	3SQ	滑台Ⅱ原位	X2	3YV	滑台Ⅰ进	Y2
4	4SQ	滑台Ⅱ终点	X3	4YV	滑台Ⅰ退	Y3
5	5SQ	滑台Ⅲ原位	X4	5YV	滑台Ⅲ进	Y4
6	6SQ	滑台Ⅲ终点	X5	6YV	滑台Ⅲ退	Y5
7	7SQ	滑台Ⅳ原位	X6	7YV	上料进	Y6
8	8SQ	滑台Ⅳ终点	X7	8YV	上料退	Y7
9	9SQ	上料器原位	X10	9YV	下料进	Y10
10	10SQ	上料器终点	X11	10YV	下料退	Y11
11	11SQ	下料器原位	X12	11YV	滑台Ⅱ进	Y12
12	12SQ	下料器终点	X13	12YV	滑台Ⅱ退	Y13
13	1JY	夹 紧	X14	13YV	滑台Ⅳ进	Y14
14	2JY	进 料	X15	14YV	滑台Ⅳ退	Y15
15	3JY	放 料	X16	15YV	放 料	Y16
16	4JY	润滑压力	X17	16YV	进 料	Y17
17	5JY	润滑液面开关	X20	1KM	Ⅰ主轴	Y20
18	1SB	总 停	X21	2KM	Ⅱ主轴	Y21
19	2SB	启 动	X22	3KM	Ⅲ主轴	Y22
20	3SB	预 停	X23	4KM	Ⅳ主轴	Y23
21	4SB	润滑故障撤除	X24	5KM	冷却电动机	Y24
22	1SA	选择开关	X25	6KM	润滑电动机	Y25
23	5SB	滑台Ⅰ进	X26	1HL	润滑显示	Y26
24	6SB	滑台Ⅰ退	X27	2HL	Ⅰ、Ⅲ工位滑台原位	Y27
25	7SB	主轴Ⅰ点动	X30	3HL	Ⅱ、Ⅳ工位滑台原位	Y30
26	8SB	滑台Ⅱ进	X31	4HL	上料器原位	Y31
27	9SB	滑台Ⅱ退	X32	5HL	下料器原位	Y32
28	10SB	主轴Ⅱ点动	X33			
29	11SB	滑台Ⅲ进	X34			
30	12SB	滑台Ⅲ退	X35			
31	13SB	主轴Ⅲ点动	X36			
32	14SB	滑台Ⅳ进	X37			
33	15SB	滑台Ⅳ退	X40			
34	16SB	主轴Ⅳ点动	X41			
35	17SB	夹 紧	X42			
36	18SB	松 开	X43			
37	19SB	上料器进	X44			
38	20SB	上料器退	X45			
39	21SB	进 料	X46			
40	22SB	放 料	X47			
41	23SB	冷却开	X50			
42	24SB	冷却停	X51			

5.1.3.3　控制系统程序设计

组合机床完整的梯形图程序分为初始化程序、手动调整控制程序和自动工作程序三部分。图5-3是组合机床的初始化梯形图程序。

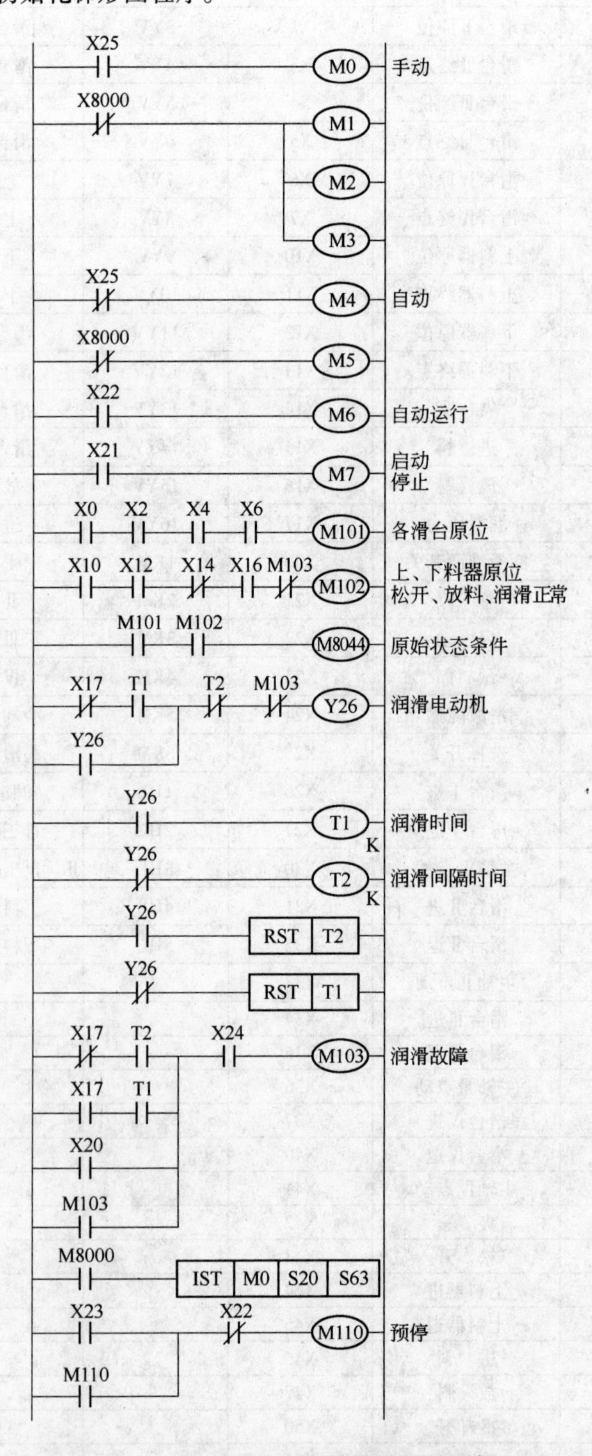

图5-3　组合机床的初始化梯形图程序

自动控制程序采用步进指令编写，程序简洁、清楚。图 5-4 是组合机床在全自动与半自动工作方式时的梯形图程序。

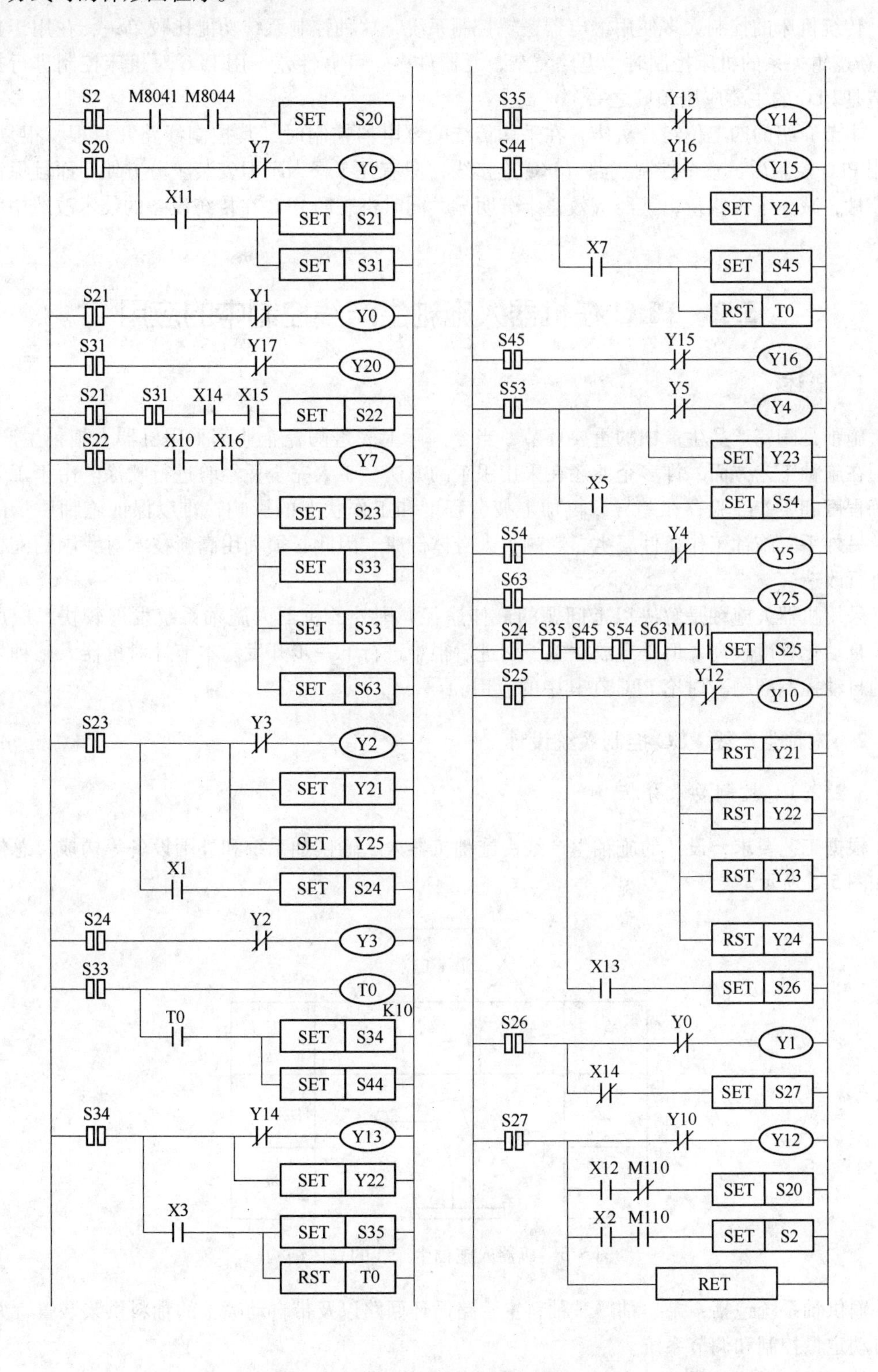

图 5-4 组合机床自动工作梯形图程序

5.1.4 小结

传统机床的控制大多使用继电器逻辑控制系统，这种控制系统功能比较单一，在用于具有复杂逻辑关系的机床控制时，电路复杂，元器件多，可靠性差。用 PLC 对机床控制进行技术改造是 PLC 的主要应用领域之一。

本节介绍的四工位组合机床，在采用传统的继电器控制时，其控制线路几百根，很复杂；改用 PLC 控制后，整个控制线路（I/O 连接线）只有几十根，不但安装十分方便，而且保证了可靠性，减少了维修量，其经济效益十分明显，同时也表明 PLC 在传统设备的技术改造中大有作为。

5.2 PLC 在机器人施釉生产线控制中的应用

5.2.1 概述

施釉是陶瓷产品生产中的重要环节，当今国际上先进陶瓷企业都采用机器人施釉生产线。我国在施釉工艺方面，许多企业还在采用手工的方法，工人完全凭经验进行喷涂。由于工人的熟练程度和生产经验存在差异，再加上疲劳程度和工作状态的影响，难以保证施釉质量的稳定。另外手工施釉工作条件恶劣，影响工人身体健康，因此必须利用高新技术对我国的陶瓷企业进行改造。

采用机器人施釉是解决以上问题的最佳途径。国外的机器人施釉系统发展较快，应用普遍，自动化程度较高，但是开放性差，引进后很难进行下一步开发。本节针对机器人施釉生产线的自动控制问题，讨论 PLC 在其中的应用。

5.2.2 施釉生产线 PLC 控制系统设计

5.2.2.1 控制要求分析

根据工艺要求，设计的施釉生产线由施釉机器人、输供釉系统和外围设备等构成，总体结构如图 5-5 所示。

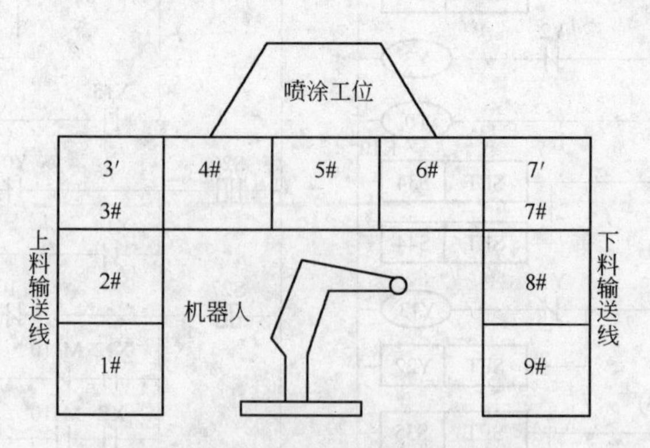

图 5-5 机器人施釉生产线的总体结构

输供釉系统包括：泵、釉罐、釉料主管路循环回路以及带自动喷枪的釉料供浆装置，并配有自动定量控制和调节系统。

外围设备主要由旋转工作台和线性物料输送系统构成。旋转工作台是机器人施釉的重要设备之一，可分为两部分：一是转动部分；二是用于陶坯传输和夹紧定位的部分。根据施釉工艺的需要，工作台应该能在一定范围内实现旋转角度与速度的精确控制。这部分由交流伺服系统及高精度数控转台组成。在旋转工作台中采用三菱公司生产的通用交流伺服系统，并设置为位置/速度控制模式，由计算机进行控制模式的切换及位置指令脉冲串的输出；该伺服电机采用分辨率为131072脉冲/转的绝对位置编码器，可实现高精度位置控制，在位置控制模式下，可通过最大500kpps的高速脉冲串控制电机的速度和方向。

用于陶坯传输和夹紧定位的装置用电磁铁固定于旋转工作台之上，以便将待喷涂陶坯送到旋转工作台上，夹紧后进行喷涂，喷涂完毕后再将陶坯由旋转工作台输出。

线性物料输送系统包括上料输送线和下料输送线两部分。如图5-5所示：5#工位为旋转工作台（即喷涂工位），其左右两侧分别为上料输送线和下料输送线，各有四个工位，其中2#、3#、7#、8#、9#可作临时储料位，均装有光电开关以检测陶坯是否到达。

各工位的输送辊道均由各自的电机单独带动，动作顺序如下：未经施釉的陶坯首先被置于1#工位，然后经输送辊道到达3#工位，横向移载机3′（包括气缸和横向移载电机）将陶坯输送到4#工位，然后继续前进直至5#工位停止，并通知机器人陶坯到达，准备进行施釉。喷涂完毕后，陶坯被输送至9#工位。同样，在经过7#工位时，也需通过横向移载机7′来进行输送。

输送系统有手动和自动两种运行方式，可随时通过手动/自动转换开关来切换。在手动方式下，可以用按钮分别控制1#~9#各个工位的电机、横向移载机气缸等的启动和停止。这种方式适用于对生产线各部分进行分别调试及故障检修等情况。在正常生产情况下，只使用自动方式，这时，整个输送系统均由PLC来控制。

5.2.2.2 PLC控制系统设计

在生产过程中，陶坯的传输由PLC控制，机器人和转台由计算机控制，它们之间必须传递某些信息才能使传输与施釉过程衔接起来。PLC、计算机与被控对象之间的关系如图5-6所示。

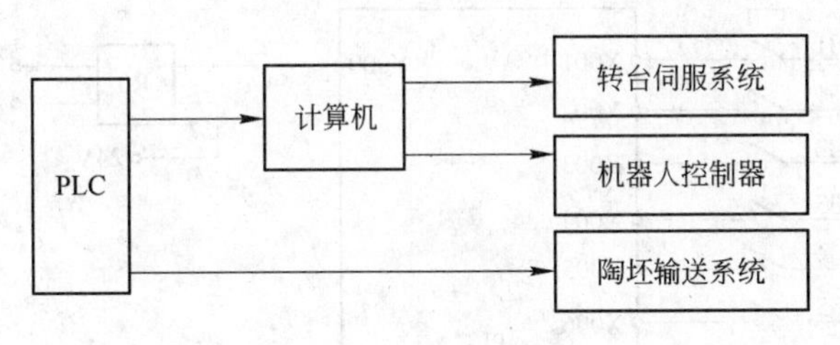

图5-6 系统控制关系图

PLC的I/O分配（见表5-2）：

其输入信号有13路，包括：1#电机的启动按钮，2#、3#、5#、7#、8#、9#电机工位光电开关的常开触点，3′和7′气缸的上位和下位行程开关，以及喷涂完毕信号SF和应答陶坯到位信号ARP。

PLC的输出有18路，包括：1#~9#工位的9个电机控制信号，移载机3′和7′的上升和下降电磁阀控制信号，移载机3′和7′的电机控制信号，夹紧电磁铁控制信号，以及陶坯到位信号RP和应答喷涂完毕信号ASF。

输出控制信号Y0~Y17没有直接驱动交流接触器或电磁阀，而是通过固态继电器来驱动，这样就将PLC输出接口电路与交流接触器或电磁阀等感性负载隔离开来，可避免线圈通断瞬间产生的大电流对PLC造成影响。

表5-2 PLC的输入、输出分配表

序号	输入		输出	
1	X1	1#电机启动按钮	Y0	1#工位的电机控制信号
2	X2	2#工位光电开关	Y1	2#工位的电机控制信号
3	X3	3#工位光电开关	Y2	3#工位的电机控制信号
4	X4	5#工位光电开关	Y3	4#工位的电机控制信号
5	X5	7#工位光电开关	Y4	5#工位的电机控制信号
6	X6	8#工位光电开关	Y5	6#工位的电机控制信号
7	X7	9#工位光电开关	Y6	7#工位的电机控制信号
8	X10	移载机3′气缸的上位行程开关	Y7	8#工位的电机控制信号
9	X11	移载机3′气缸的下位行程开关	Y10	9#工位的电机控制信号
10	X12	移载机7′气缸的上位行程开关	Y11	移载机3′的上升电磁阀控制信号
11	X13	移载机7′气缸的下位行程开关	Y12	移载机3′的下降电磁阀控制信号
12	X14	喷涂完毕信号SF	Y13	移载机7′的上升电磁阀控制信号
13	X15	应答陶坯到位信号ARP	Y14	移载机7′的下降电磁阀控制信号
14			Y15	移载机3′的电机控制信号
15			Y16	移载机3′的电机控制信号
16			Y17	夹紧电磁铁控制信号
17			Y20	陶坯到位信号RP
18			Y21	应答喷涂完毕信号ASF

根据机器人施釉外围设备控制系统输入、输出点数及控制要求的需要，本系统选用三菱FX2N-48MR-001型PLC。其外部接线如图5-7所示。

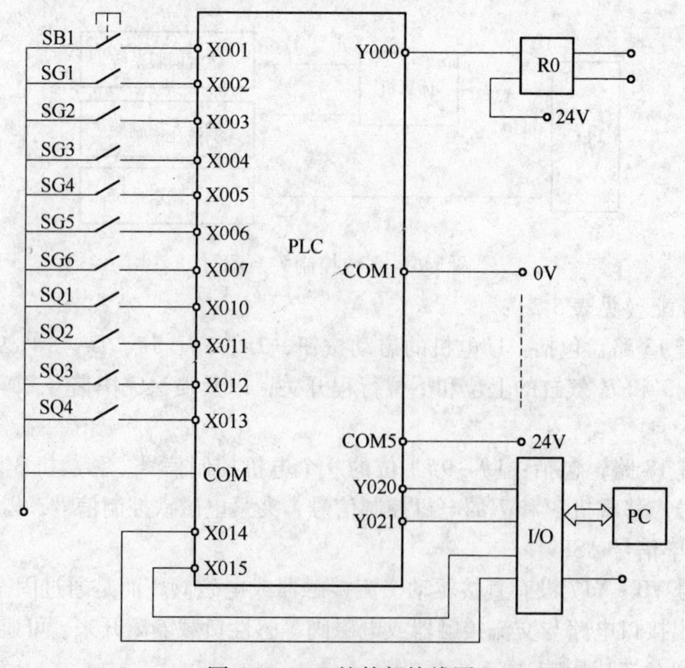

图5-7 PLC的外部接线图

图5-7中，SB1为1#电机的启动按钮，SG1 ~ SG6分别为2#、3#、5#、7#、8#、9#电机工位上的行程开关，SQ1和SQ2为移载机3′气缸的上位和下位行程开关，SQ3和SQ4为移载机7′气缸上的上位和下位行程开关。

在PLC的输入、输出信号中，有4个信号起到了与计算机的联系作用，包括PLC的输入信号X14、X15和输出信号Y20、Y21。这4个信号通过带光耦的数字量输入、输出板与计算机相连。

5.2.3 施釉生产线PLC控制梯形图设计

5.2.3.1 输送线控制

输送线控制中遵循的原则是“一一跟进，并行控制”，即陶坯的输送是一一跟进的，当前工位上的陶坯是否向下一工位输送，需要判断后面相关工位的状态等条件，如不允许前进，则静止等待至满足条件为止。所谓的“并行控制”是指程序并不是用顺序控制设计法按照陶坯在生产线上从头到尾的运动顺序来设计的，各工位的电机是否启动都是由特定的条件决定的。这样，既能保证生产效率，又能保证设备的安全运行。

以2#工位电机为例，它的停止条件是2#、3#工位都有工件或移载机3′气缸在上位，在其他情况下2#电机均保持运行状态，相应的梯形图如图5-8所示。其他电机的控制均可参照该方法完成。

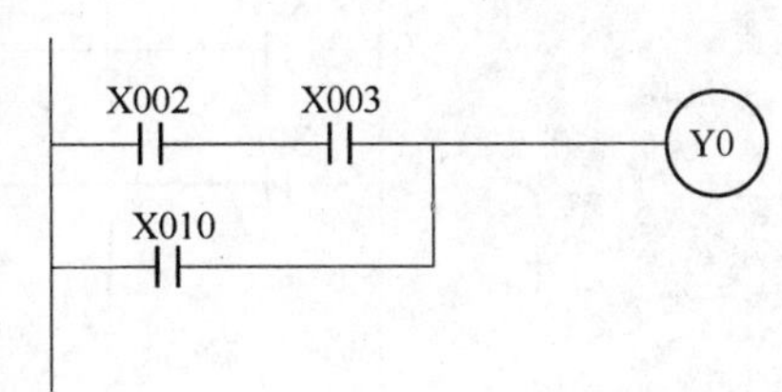

图5-8 2#电机的控制梯形图

5.2.3.2 PLC与计算机之间的信息传递

陶坯到达喷涂工位后，与计算机的联系是PLC程序设计中至关重要的一部分。如上所述，在PLC与计算机之间共有4种不同的信号。其动作顺序如下。

(1) 当5#工位光电开关检测到陶坯到达的信号时，一方面5#电机停转，另一方面向计算机发出陶坯到位信号RP。

(2) 计算机收到这个信号后，立即向PLC发出应答陶坯到位信号ARP，同时向机器人控制器和转台伺服系统发出相应信号，PLC收到ARP信号后，电磁铁夹紧托盘，并将陶坯到位信号RP复位。接着机器人和转台按照编定的程序进行动作。

(3) 喷涂完毕后，计算机向PLC发出喷涂完毕信号SF。PLC收到此信号后，向计算机发出应答喷涂完毕信号ASF，同时夹紧电磁铁松开，延时0.5s以后5#电机启动，将陶坯送出。

完成PLC与计算机之间信息传递的PLC梯形图程序如图5-9所示。

5.2.4 小结

该机器人施釉生产线PLC自动控制系统经过现场的安装调试，运行情况良好，基本达到了预期目标，充分发挥了PLC控制系统运行可靠、控制灵活、维护方便的优点。它的成功应用说明PLC在传统行业技术改造中大有作为。

本节中PLC是整个机器人施釉生产线自动控制系统中的一个重要组成部分。在这类系统的设计中，不仅要完成PLC自身控制程序的设计，同时还要完成PLC与其他控制器之间的信息传递。本节在信息传递方面，给出了一种较为简单的实现方法。

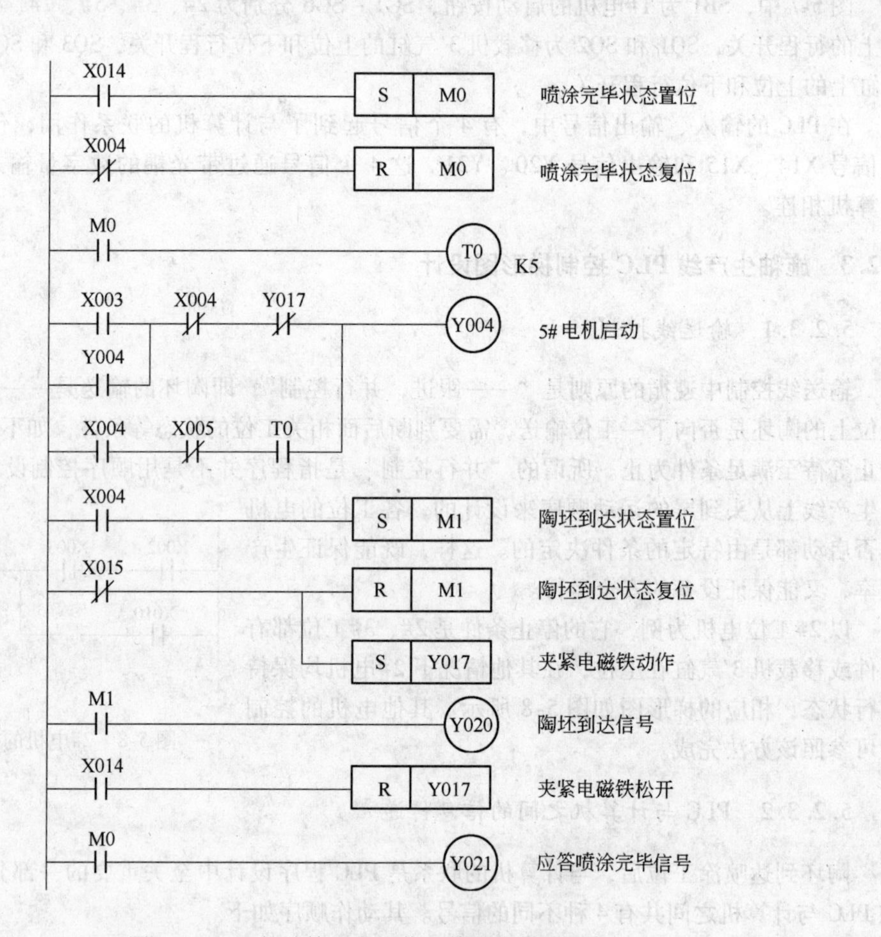

图 5-9　PLC 与计算机之间信息传递梯形图程序

5.3　PLC 在机械手控制中的应用

5.3.1　概述

机械手是工业自动控制领域中经常遇到的一种控制对象。机械手可以完成许多工作，如搬物、装配、切割、喷染等，应用非常广泛。应用 PLC 控制机械手实现各种规定的工序动作，可以简化控制线路，节省成本，提高劳动生产率。本节介绍使用 PLC 控制机械手的方法。

5.3.2　PLC 控制机械手的控制系统设计

5.3.2.1　工艺要求

某生产车间中自动化搬运机械手，用于将左工作台上的工件搬运到右工作台上，其运动示意图如图 5-10 所示。其工作顺序是：下降—夹紧工件—上升—右移—下降—松开工件—上升—左移回原位。

系统由液压驱动，上下、左右工作由双向电磁阀控制，夹紧用单向阀控制。

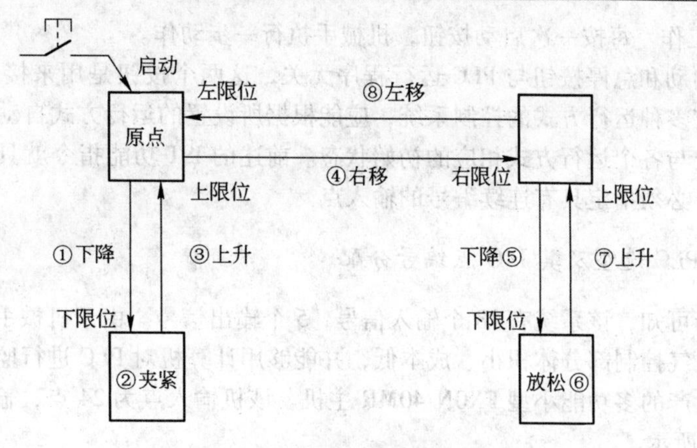

图 5-10 机械手运动示意图

5.3.2.2 工作方式

机械手的工作方式分为手动、单步、单周期和连续四种。工作方式选择开关及有关启停按钮如图 5-11 所示。

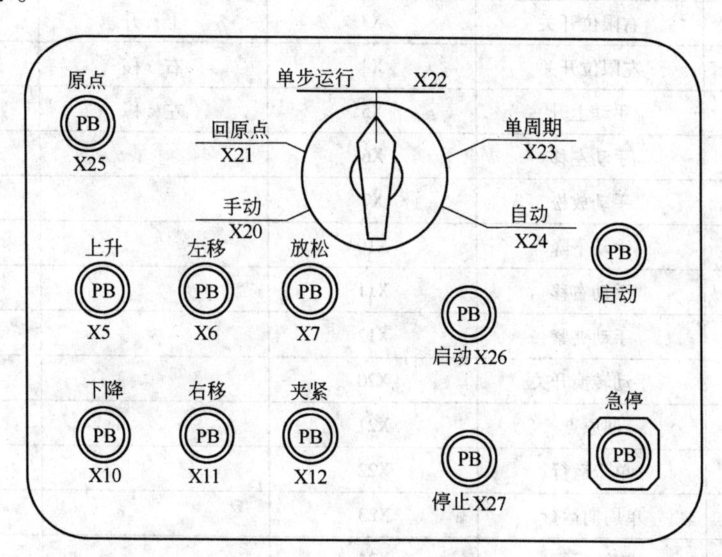

图 5-11 机械手的操作面板

机械手各种工作方式的动作过程及控制要求如下所述。

手动方式：

（1）手动操作。可用相应按钮来接通或断开各负载。

（2）返回原位。按下回原位按钮 X21，机械手自动返回原位。

自动方式：

（1）连续工作。机械手处于原位，按下启动按钮，机械手可连续循环工作。按下停车按钮，机械手返原位后，停止工作。

（2）单周期工作。机械手在原位，按下启动按钮，机械手启动，工作一个周期，最后又停在原位。在工作过程中，若按下停车按钮，则暂停工作。若再按启动按钮，可接着工作完一个周期。

（3）步进工作。每按一次启动按钮，机械手执行一步动作。

面板上的启动和急停按钮与PLC运行程序无关，这两个按钮是用来接通或断开PLC外部负载电源的。有多种运行方式的控制系统，应能根据所设置的运行方式自动进入，这就要求系统应能自动设定与各个运行方式相应的初始状态。前述的IST功能指令就具有这种功能。为了使用这个指令，必须指定具有连续编号的输入点。

5.3.2.3 PLC选型及其I/O点编号分配

从以上分析可知，该系统有18个输入信号，5个输出信号。由于机械手系统的输入、输出接点少，要求电气控制部分体积小、成本低，并能够用计算机对PLC进行监控和管理，故选用日本三菱公司生产的多功能小型FX0N-40MR主机。该机输入点为24点，输出点为16点。I/O分配表如表5-3所示。

表5-3 控制系统I/O分配表

序号	输入设备	输入点	输出设备	输出点
1	下限位开关	X1	下降	Y0
2	上限位开关	X2	夹紧/放松	Y1
3	右限位开关	X3	上升	Y2
4	左限位开关	X4	右移	Y3
5	手动上升	X5	左移	Y4
6	手动左移	X6		
7	手动放松	X7		
8	手动下降	X10		
9	手动右移	X11		
10	手动夹紧	X12		
11	手动转换开关	X20		
12	回原点	X21		
13	单步运行	X22		
14	单周期运行	X23		
15	连续运行	X24		
16	回原点启动	X25		
17	自动启动	X26		
18	停止	X27		

5.3.2.4 机械手顺控程序编写

（1）初始状态设定。利用前述的功能指令FNC60（IST）自动设定与各个运行方式相应的初始状态。功能指令FNC60（IST）的形式如图5-12所示。

X20是输入的首元件编号；S20是自动方式的最小状态器编号；S29是自动方式的最大状态器编号。当应用指令IST满足条件时，下面的初始状态器及相应特殊辅助继电器自动被指定如下功能：

S0——手动操作初始状态；
S1——回原点初始状态；
S2——自动操作初始状态；
M8049——禁止转移；
M8041——开始转移；
M8042——启动脉冲；
M8047——STL监控有效。

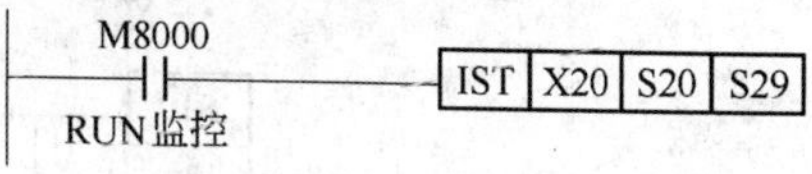

M8000
RUN监控
IST X20 S20 S29

图5-12 功能指令FNC60（IST）的形式

（2）初始化程序。任何一个完整的控制程序都要初始化。所谓程序初始化就是设置控制程序的初始化参数。机械手控制系统的初始化程序是设置初始状态和原点位置条件，图5-13是初始化程序的梯形图。

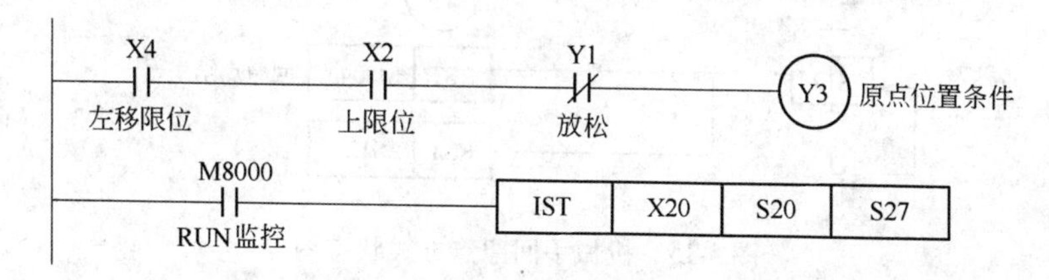

图5-13 机械手控制系统初始化梯形图程序

特殊辅助继电器M8044作为原点位置条件用。当在原点位置条件满足时，M8044接通。其他初始状态由IST指令自动设定。需要指出的是，初始化程序只在开始时执行一次，其结果存在元件映象寄存器中，这些元件的状态在程序执行过程中大部分都不再变化。有些则不然，像S2状态器就是随程序运行改变其状态的。

（3）手动方式程序。手动方式梯形图程序如图5-14所示。S0为手动方式的初始状态。手动方式的夹紧、放松及上升、下降、左移、右移是由相应按钮来控制的。

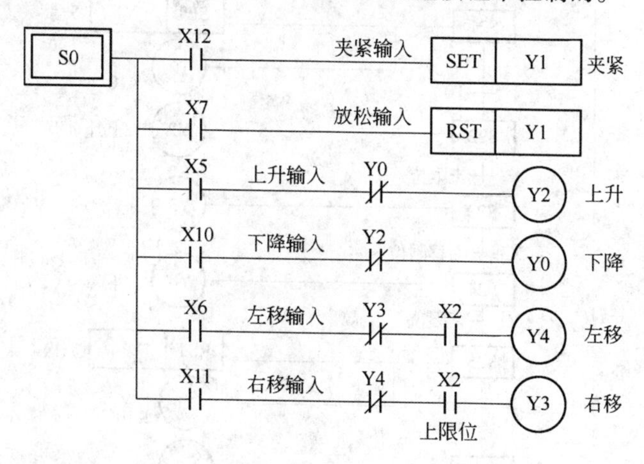

图5-14 机械手手动方式梯形图程序

（4）回原点方式程序。回原点方式状态图程序如图5-15所示。S1是回原点的初始状态。回原点结束后，M8043置1。

（5）自动方式。自动方式的状态图见图5-16，其中S2是自动方式的初始状态。状态转移开始辅助继电器M8041、原点位置条件辅助继电器M8044的状态都是在初始化程序中设定的，在程序运行中不再改变。

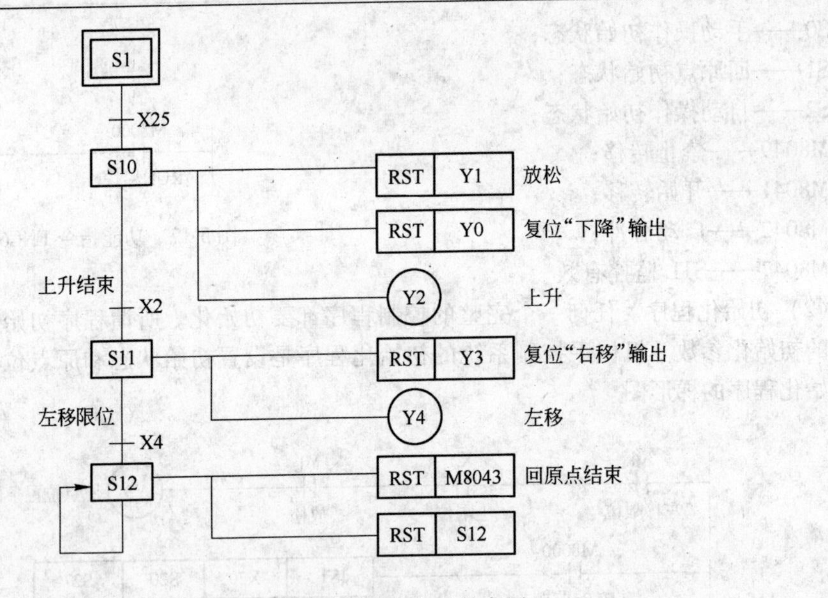

图5-15　机械手回原点方式状态图

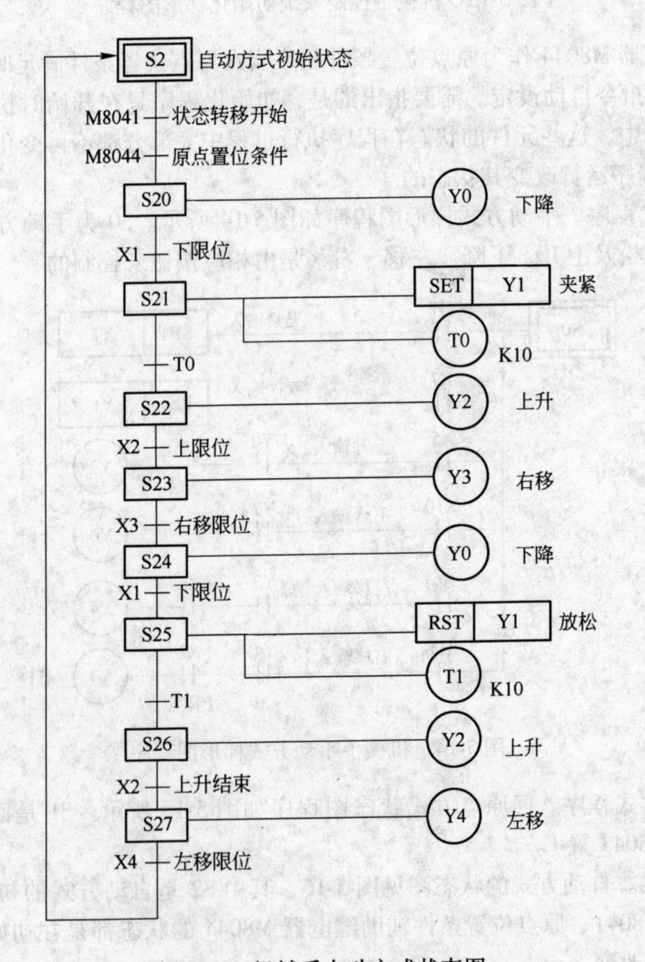

图5-16　机械手自动方式状态图

5.3.3 小结

本节使用了功能指令中的初始状态指令和步进指令。一方面初始状态指令可方便地进行多种工作方式的切换，使程序的结构更加简单明了。另一方面使用步进指令，使程序关系清晰，而且如果工作步骤改了，更改也很方便。

5.4 PLC在电梯控制中的应用

5.4.1 概述

电梯质量的好坏，在很大程度上取决于控制系统质量。传统的电梯自动控制系统由继电器接触器控制逻辑组成，存在着功能弱、故障多、可靠性差和工作寿命短等缺陷。近年来，国内有些电梯厂开始采用PLC来控制电梯，取得了良好的效果。根据电梯功能不同，可分为客运和货运两种，但就控制要求而言，大同小异。本节对一个三层电梯的PLC控制系统进行分析。

5.4.2 电梯控制系统的设计

5.4.2.1 电梯控制系统的主要指标

电梯控制系统的主要指标有：

（1）电梯运行到位后具有手动和自动开门和关门的功能。

（2）利用指示灯显示轿厢外召唤信号、轿厢内指令信号和电梯到达信号。

（3）能自动判别电梯运行方向，并发出响应的指示信号。

5.4.2.2 PLC选型及I/O信号分配

三层电梯有23个输入信号，19个输出信号，选择FX2N-48MR即可。但考虑到余量，选择FX2N-64MR（32点输入、32点输出）的PLC。输入信号及地址编号如表5-4所示。

表5-4 输入、输出信号分配表

序号	输入设备		输入点	输出设备		输出点
1	SB1	开门按钮	X0	KM1	开门继电器	Y0
2	SB2	关门按钮	X1	KM2	关门继电器	Y1
3	SQ1	开门行程开关	X2	KM3	上行继电器	Y2
4	SQ2	关门行程开关	X3	KM4	下行继电器	Y3
5	SQ3	向上运行转换开关	X4	KM5	快速继电器	Y4
6	SQ4	向下运行转换开关	X5	KM6	加速继电器	Y5
7	SL1	红外传感器（左）	X6	KM7	慢速继电器	Y6
8	SL2	红外传感器（右）	X7	E1	上行方向灯	Y7
9	K	锁输入信号	X10	E2	下行方向灯	Y10
10	SQ5	一层接近开关	X11	E3	一层指示灯	Y11
11	SQ6	二层接近开关	X12	E4	二层指示灯	Y12
12	SQ7	三层接近开关	X13	E5	三层指示灯	Y13

续表 5-4

序　号	输入设备		输入点	输出设备		输出点
13	SB3	一层内指令按钮	X14	E6	一层内指令指示灯	Y14
14	SB4	二层内指令按钮	X15	E7	二层内指令指示灯	Y15
15	SB5	三层内指令按钮	X16	E8	三层内指令指示灯	Y16
16	SB6	一层向上召唤按钮	X17	E9	一层向上召唤灯	Y17
17	SB7	二层向上召唤按钮	X20	E10	二层向上召唤灯	Y20
18	SB8	二层向下召唤按钮	X21	E11	二层向下召唤灯	Y21
19	SB9	三层向下召唤按钮	X22	E12	三层向下召唤灯	Y22
20	SQ8	一层下接近开关	X23			
21	SQ9	二层上接近开关	X24			
22	SQ10	三层上接近开关	X25			
23	SQ11	二层下接近开关	X26			

5.4.2.3　系统轿厢内、外控制按钮的动作要求

本系统采用轿厢外召唤、轿厢内按钮控制方式的自动控制形式。电梯由安装在轿厢内的指令按钮进行操作，其操纵内容为响应，轿厢内指令依层次指令运行电梯，使电梯到达目标层。轿厢外指令作呼叫用。

电梯上行、下行由一台电动机驱动。电动机正转，电梯上升；电动机反转，电梯下降。电梯轿厢门由另一台小电动机驱动。该电动机正转，轿厢门开；电动机反转，轿厢门关。每层楼设有呼叫按钮 SB6 ~ SB9；轿厢内开门按钮 SB1；关门按钮 SB2，轿厢内层指令按钮 SB3 ~ SB5。

5.4.2.4　梯形图程序设计

为方便起见，把程序分成几段讨论。

（1）开关门的控制程序，如图 5-17 所示。

X0 是手动开门按钮。当电梯运行到位后，X0 闭合，Y0 有效，电梯门被打开。开门到位，开门行程开关动作，X2 常闭触点断开，开门过程才结束。如果是自动开门，当电梯运行到位后，相应的楼层接近开关闭合（即 X11、X12 或 X13），T0 开始计时，计到 3s，T0 触点闭合，Y0 输出有效，打开电梯门。

关门控制分手动和自动两种方式。当按下关门按钮 X1 时，Y1 有效并自锁，驱动关门继电器，关闭电梯门。而自动关门是借助于定时器 T1，当电梯运行到位，T1 定时 5s 时，T1 触点闭合，Y1 输出有效，实现自动关门。当自动关门时，可能夹住乘客，一般都有门两侧的红外检测装置，即 X6 和 X7。有人进出时，X6 和 X7 闭合，T2 开始定时，2s 后才关门。

（2）电梯到层指示。电梯到层的梯形图程序如图 5-18 所示。

X11、X12、X13 是一、二、三层的接近开关。电梯到达某层，对应的层指示灯亮。M2 和 M3 对应于单数层和双数层。

（3）楼层呼叫指示。当有乘客在轿厢外某层按下呼叫按钮（X17、X20、X21、X22）中的任何一个，相应的指示灯亮，说明有人呼叫。呼叫信号一直保持到电梯到达该层、相应的接近开关动作时才被撤销。图 5-19 是层呼叫指示梯形图。

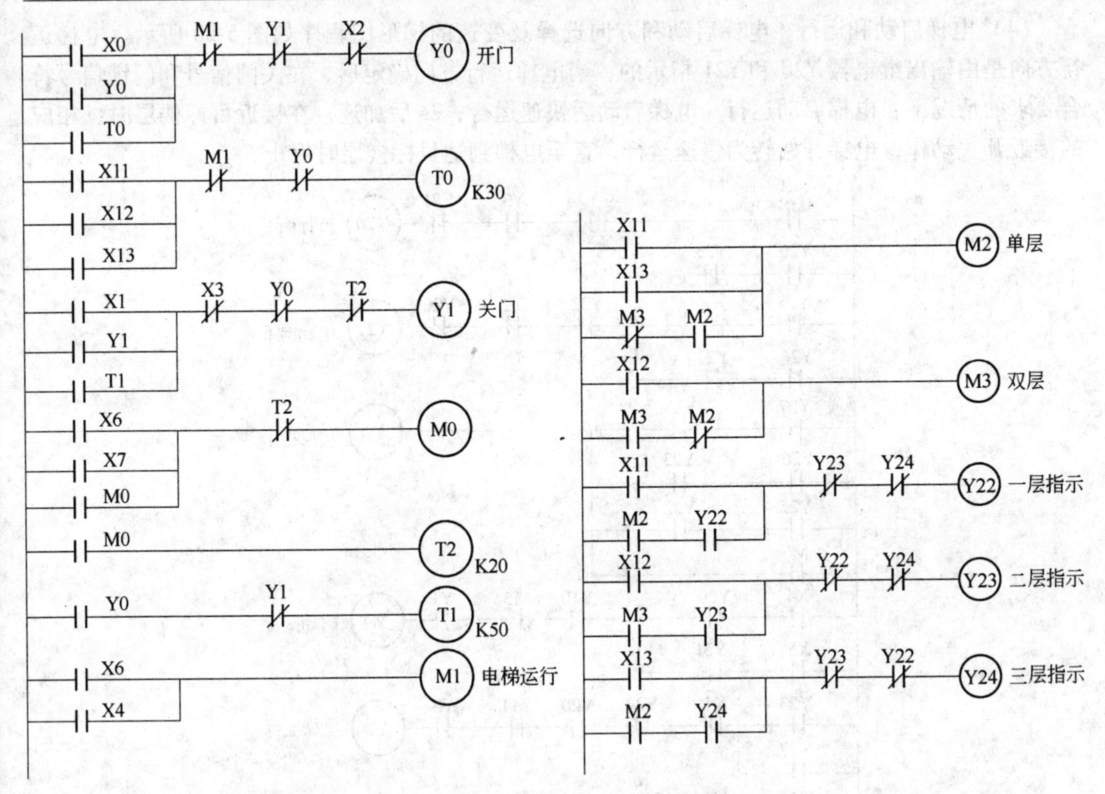

图5-17 电梯开门、关门梯形图程序

图5-18 到层指示梯形图程序

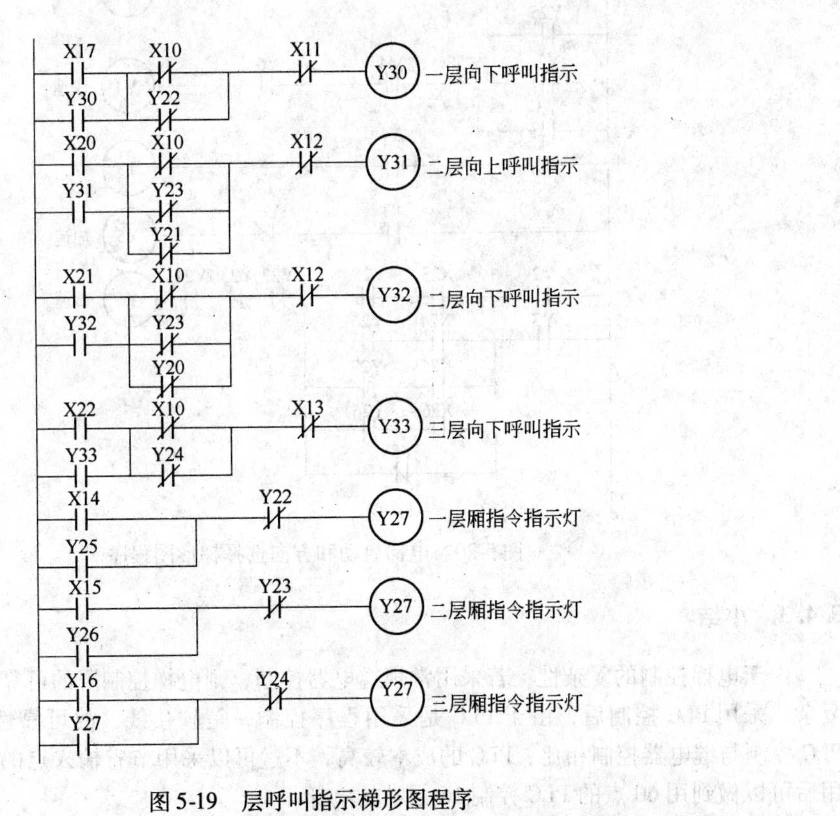

图5-19 层呼叫指示梯形图程序

（4）电梯启动和运行。电梯启动和方向选择及变速的梯形图程序如图 5-20 所示。电梯运行方向是由输出继电器 Y20 和 Y21 指示的，当电梯运行方向确定后，在关门信号和门锁信号符合要求的情况下，电梯启动运行。电梯启动后快速运行，2s 后加速，在接近目标楼层时，相应的接近开关动作，电梯开始转为慢速运行，直至电梯到达目标楼层时停止。

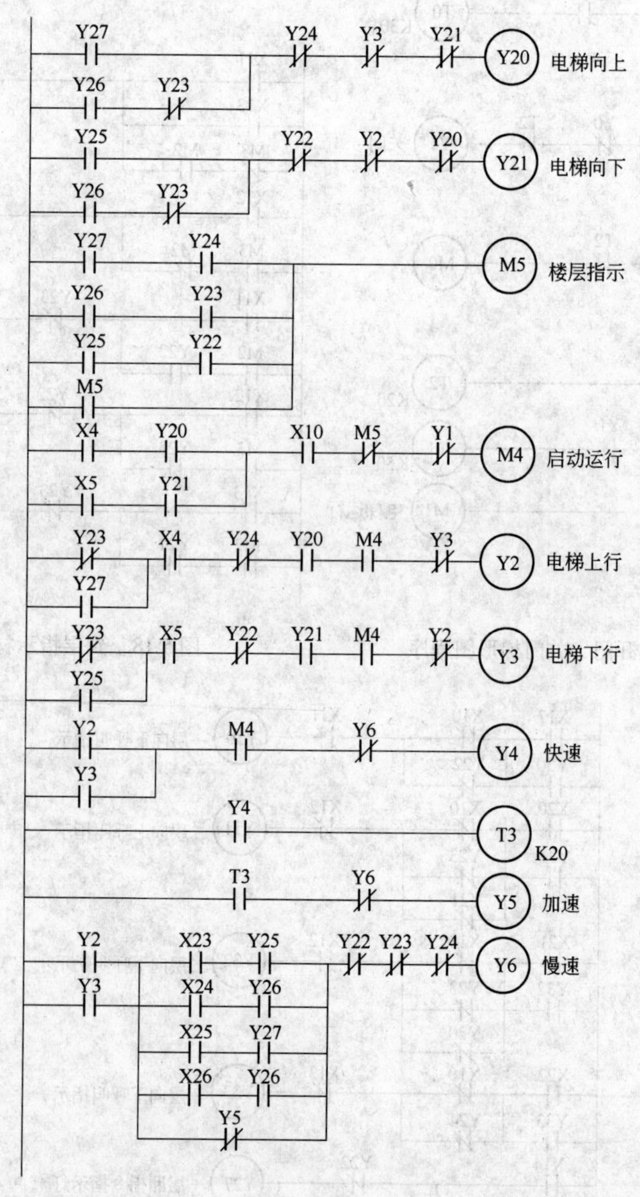

图 5-20　电梯启动和方向选择梯形图程序

5.4.3　小结

由于电梯控制的复杂性，若采用常规继电器控制，则电梯控制屏的可靠性较差，并且接线复杂。采用 PLC 控制后，由于 PLC 是采用程序控制，是软接线，故可靠性大大提高。但是，PLC 控制与继电器控制相比，PLC 的成本较高，不过可以采用节省输入点的办法降低成本，采用后可以做到用 60 点的 PLC 控制 16 层站的电梯。

习　　题

5-1　生产线控制。生产线工作示意如图 5-21 所示，该生产线有自动输送工件至工作站的功能，生产线分 3 个工作站，工件在每个工作站加工时间为 2min。生产线由电动机驱动输送带，工件由入口进入，即自动输送到输送带上，若工件输送到工作站 1，限位开关 SQ1 检测出工件已到位，电动机停转，输送带停止运动，工件在工作站 1 加工 2 min，电动机再运行，输送带将工件输送到工作站 2 加工，然后再输送到工作站 3 加工，最后送至搬运车。用 PLC 控制该生产线，编写出满足上述要求的程序。

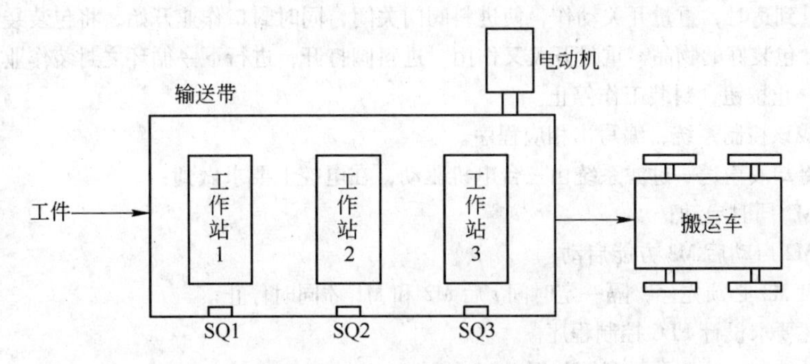

图 5-21　生产线工作示意图

5-2　输送带自动控制。输送带控制示意图如图 5-22 所示。

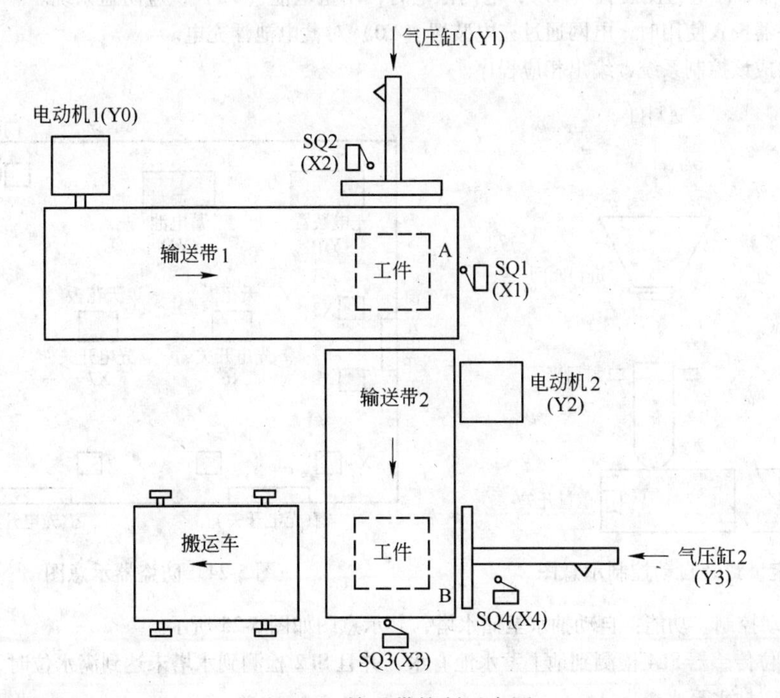

图 5-22　输送带控制示意图

功能：自动输送工件至搬运车。

（1）按下启动按钮（X0），电动机 1、2（Y0、Y2）运转，驱动输送带 1、2 移动。按下停止按钮（X5），输送带停止。

（2）当工件到达转运点 A，SQ1（X1）使输送带 1 停止，气压缸 1 动作（Y1 有输出）将工件送上输送带 2。气压缸采用自动归位型，当 SQ2（X2）检测气压缸 1 到达定点位置，气压缸 1 复位（Y1 无输出）。

（3）当工件到达转运点 B，SQ3（X3）使输送带 2 停止，气压缸 2 动作（Y3 有输出），将工件送上搬运车。当 SQ4（X4）检测气压缸 2 到达定点位置，气压缸 2 复位（Y3 无输出）。

写出满足上述要求的梯形图。

5-3　定量封装自动控制。定量封装自动控制示意图如图 5-23 所示。

功能：自动封装定量产品，例如大米、饲料等。

（1）按下启动按钮，定量封装工作开始，进料阀门打开，物料落入包装袋中。

（2）当重量到达时，重量开关动作，使进料阀门关闭，同时封口作业开始，将包装袋热凝封口 5s。

（3）移去已包装好的物品，重量开关又作用，进料阀打开，进行下一循环之封装作业。

（4）按下停止按钮，封装工作停止。

用 PLC 构成该控制系统，编写出相应程序。

5-4　某磨床的冷却液输送—过滤系统由三台电机驱动，在电控上要求做到：

（1）M1、M2 同时启动；

（2）M1、M2 启动后 M3 方能启动；

（3）停止时 M3 必须先停，隔一定时间 t 后 M2 和 M1 才同时停止。

试根据上述要求设计 PLC 控制程序。

5-5　防盗器自动控制。防盗器示意图如图 5-24 所示。

（1）门、窗、天花板装有光电开关（X2 ~ X7），自动检知入侵者，并且 5s 后发出警报（Y1）。

（2）防盗器有停电检测装置（X1），电网停电时，用蓄电池（Y2）供应防盗系统。

（3）防盗器投入使用时，电网通过充电装置（Y0）对蓄电池浮充电。

用 PLC 构成该控制系统，编出相应程序。

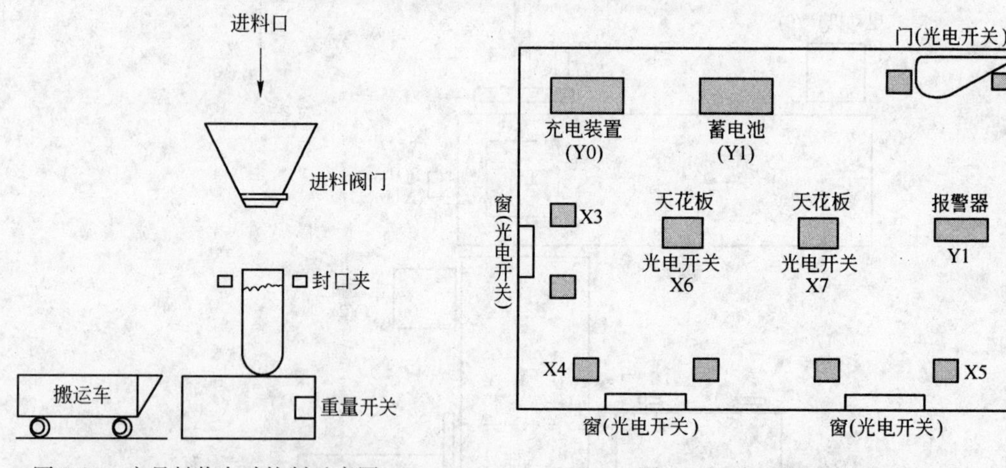

图 5-23　定量封装自动控制示意图　　　图 5-24　防盗器示意图

5-6　抽水泵自动控制。功能：自动抽水至储水塔，其示意图如图 5-25 所示。

（1）若液位传感器 SL4 检测到地上蓄水池有水，并且 SL2 检测到水塔未达到满水位时，抽泵电动机运行，抽水至水塔。

（2）若 SL4 检测蓄水池无水，电动机停止运行，同时指示灯亮。

（3）若 SL3 检测到水塔水位低于下限，水塔无水指示灯亮。

（4）若 SL2 检测到水塔满水位（高于上限），电动机停止运转。

（5）发生停电，恢复供电时，抽水泵自动控制系统继续工作。

用 PLC 构成此控制系统，并编写满足上述要求的程序。

5-7　有一个含4台皮带运输机的传输系统，分别用4台电动机（M1～M4）带动，如图5-26所示。控制要求如下：

(1) 启动时先启动最末一台皮带机，经过5s延时，再依次启动其他皮带机。

(2) 停止时应先停止最前一台皮带机（M1），待料运送完毕后再依次停止其他皮带机。

(3) 当某台皮带机发生故障时，该皮带机及其前面的皮带机立即停止，而该皮带机以后的皮带机待料运完后才停止。例如M2故障，M1、M2立即停，经过5s延时后，M3停，再过5s，M4停。

用PLC构成此控制系统，并编写满足上述要求的程序。

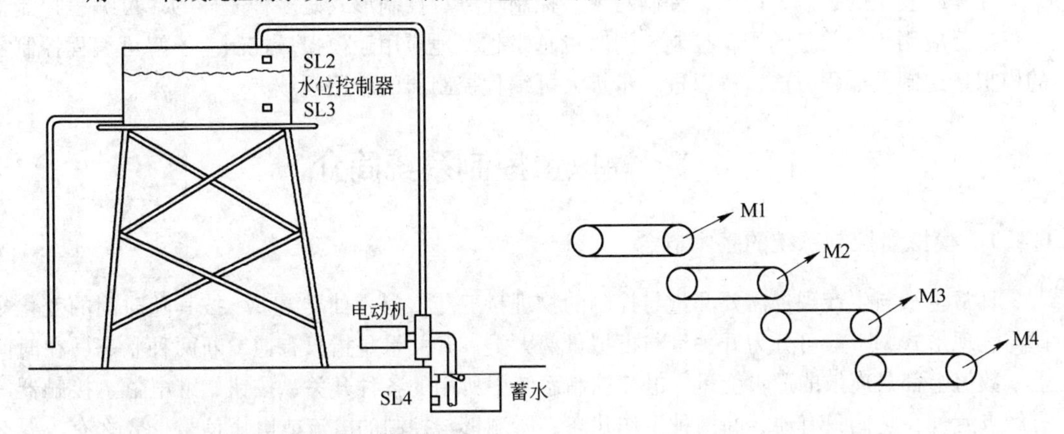

图5-25　抽水至储水塔示意图　　图5-26　皮带机传输系统示意图

5-8　在图5-27中，要求按下启动按钮后能顺序完成下列动作：

(1) 运动部件A从位置1到2；

(2) B从位置3到4；

(3) A从位置2回到1；

(4) B从位置4回到3。

用PLC构成此控制系统，并编写满足上述要求的程序。

5-9　送料车控制示意图如图5-28所示，该车由电动机拖动，电动机正转，车子前进，电动机反转，车子后退。对送料车的控制要求为：

(1) 单周工作方式：每按动送料按钮，预先装满料的车子便自动前进，到达卸料处（SQ2）自动停下来卸料，经延时t_1时间后，卸料完毕，车子自动返回到装料处（SQl），装满料待命。再按动送料按钮，重复上述过程。

(2) 自动循环方式：要求车子在装料处装满料后就自动前进送料，即延时t_2装满料后，不需要按动送料按钮，车子再次前进，重复上述过程，实现自动送料。

试用PLC对车子进行控制，编出满足要求的程序。

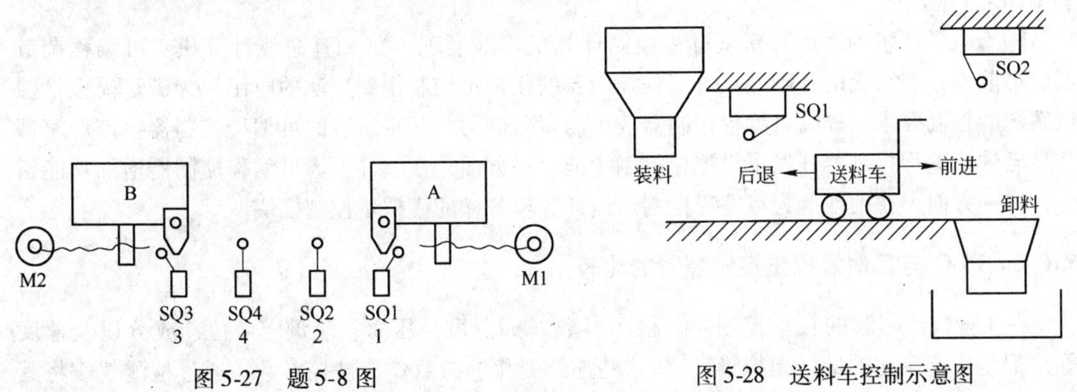

图5-27　题5-8图　　图5-28　送料车控制示意图

6 PLC 在模拟量控制系统中的应用

在一个复杂的控制系统中，控制对象、控制任务、控制形式是多种多样的。可编程控制器不仅广泛应用于开关量的逻辑控制，同时也越来越多地应用于模拟量控制。了解可编程控制器的模拟量控制及编程方法，可以进一步扩大可编程控制器的应用领域。

6.1 模拟量控制系统简介

6.1.1 模拟量控制系统的基本概念

日常生活与生产现场需要测量与控制的物理量五花八门、种类繁多。按其随时间的变化规律与表现形式，一般可分为开关量与模拟量两大类。开关量是指只有通、断两种状态，在时间上、数值上都是离散的逻辑变量。电气控制系统中所用的各种开关、按钮、继电器、接触器等有触点元件，它们只有通、断两种工作状态，所测量与控制的电流或电压信号，要么有、要么无，属于开关量；二极管、三极管、晶闸管等组成的无触点开关电路，也只有通、断两种工作状态，所测量与控制的电流或电压信号同样也是开关量。由于可编程控制器本身就是专为开关量逻辑控制而设计的，因此，各种开关量信号可以直接作为可编程控制器的输入控制信号；对于可编程控制器而言，开关量控制实现起来是非常方便的。模拟量不同于开关量，它是指在时间上、数值上都连续变化的物理量。也就是说，时间上，模拟量的变化是连续而平滑的；数值上，模拟量在一定的范围内可以取得任意值。声音信号、图像信号是模拟量，温度、湿度、压力、位移、速度、加速度、流量等也都是模拟量。

由于模拟量随时间连续变化，客观地反映物理量的变化过程，因此模拟量通常与过程有关，具有一定的过程性。输入信号与输出信号都是模拟量的控制系统叫做模拟量控制系统；被控量是压力、液位、温度、流量等模拟量的控制系统，叫做过程控制系统。可见，模拟量控制系统实际上都属于过程控制系统。如发电厂蒸汽锅炉的温度控制系统、数控机床上的位置控制系统、石油化工厂中贮油罐的液位控制系统等，既是模拟量控制系统，又是过程控制系统。传统的模拟量控制系统主要采用常规电动仪表，如 DDZ-Ⅱ型和 DDZ-Ⅲ型仪表。

随着电子技术的发展，新型过程控制计算机不断涌现，在 STD 总线计算机、可编程调节器、集散型控制系统的基础上，可编程控制器的模拟量控制得到广泛的应用。为满足模拟量控制系统的控制要求，提高可编程控制器的市场竞争能力，几乎所有的可编程控制器生产厂家都为自己的可编程控制器开发了模拟量控制功能。一方面，在软件上为可编程控制器增加功能指令；另一方面，在硬件上为可编程控制器设计各种各样的模拟量控制模块。

6.1.2 PLC 与其他模拟量控制装置的比较

在工业生产过程的自动控制中，很多参数（如温度、压力、流量、液位、成分以及速度等）都是连续变化的量（模拟量）。将这些连续变化的参数作为被控参数，通过检测仪表将其变成电信号送入 PLC 的 A/D 转换器，变成 PLC 所能接受的数字信号，经过 PLC 内的控制运算再由 D/A 转换器向外发送控制命令，构成具有模拟量输入、输出的 PLC 控制系统，称为模拟量检测与控制系统。

传统的模拟量控制主要采用电动仪表进行，其特点是简单易懂，价格便宜，但也有许多缺点，如体积大、功耗大、安装复杂、通用性和灵活性较差、控制精度和稳定性较差、控制运算功能简单，不能实现复杂的过程控制等。随着电子技术的发展，新型的过程控制计算机不断涌现，较为流行的有 STD 总线计算机、可编程调节器（PSC）、集散型控制系统（DCS）。其中，可编程调节器（PSC）是在电动型仪表的基础上采用微处理器发展起来的第四代仪表，它的功能较强，在灵活性、可靠性、控制精度、数字通信能力等方面都是模拟仪表无法比拟的。因此，PSC 与 PLC 一样都是智能化的工业控制装置。PLC 以开关量控制为主，模拟量控制为辅；而 PSC 则以闭环控制为主，开关量控制为辅。

PLC 具有可靠性高、灵活性好、开关量控制能力及通信联网能力强等特点，使其在开关量控制上发挥了巨大的威力。同时，PLC 在模拟量控制上也富有特色，具有配置灵活、通用性好、价格便宜等特点，特别在开关量、模拟量混合控制的系统中更显示出独特的优越性，已成功地用于冶金、化工机械等行业。

6.2 FX_2系列 PLC 的特殊功能指令

6.2.1 FX_2系列 PLC 功能指令简介

（1）读特殊功能模块指令。该指令的名称、助记符、指令代码、操作数和程序步如表 6-1 所示。

表 6-1 读特殊功能模块指令

指令名称	助记符	指令代码	操作数				程序步
			K（或 H）m1	K（或 H）m2	D	K（或 H）*n*	
读特殊功能模块指令	FROM	FNC78	m1 = 0 ~ 7	m2 = 0 ~ 31	KnY、KnM、KnS、T、C、D、V、Z	n = 1 ~ 32	FROM、FROM（P）…9 步 （D）FROM、（D）FROM（P）…17 步

读特殊功能模块指令 FROM 的梯形图格式如图 6-1 所示。

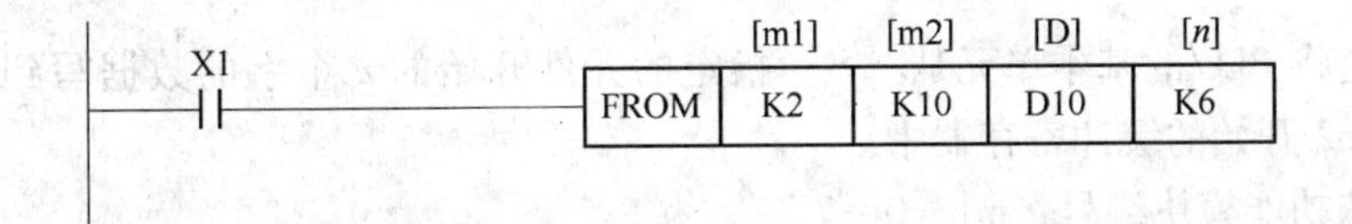

图 6-1 读特殊功能模块指令 FROM 的梯形图格式

X1 由 OFF→ON，读特殊功能模块指令 FROM 开始执行，将编号为 m1 的特殊功能模块内从缓冲寄存器（BFM）编号为 m2 开始的 *n* 个数据读入基本单元，并存入（D）指定元件的 *n* 个数据寄存器中。

m1 是特殊功能模块号，m1 = 0 ~ 7。接在 FX_2 基本单元右边扩展总线上的功能模块（例如模拟量输入单元、模拟量输出单元、高速计数器单元等），从最靠近基本单元那个开始顺次编为 0 ~ 7 号，如图 6-2 所示。

基本单元 FX-80MR	特殊功能模块 FX-4AD	特殊功能模块 FX-8EYT	特殊功能模块 FX-1HC	特殊功能模块 FX-2DA
	#0		#1	#2

图 6-2　功能模块编号

在图 6-2 中，特殊功能模块 FX-4AD 是 4 通道模拟量输入模块，编号为#0；特殊功能模块 FX-1HC 是两相 50kHz 高速计数模块，编号为#1；特殊功能模块 FX-2DA 是二通道模拟量输出模块，编号为#2。

m2 是缓冲寄存器首元件号，m2 = 0 ~ 31。

n 是待传送数据的字数，n = 1 ~ 32。

读特殊功能模块指令和写特殊功能模块指令时，FX 用户可立即中断（在操作中），也可以等到输入、输出指令完成后才中断，这是通过控制特殊辅助继电器 M8028 来完成的。M8028 = OFF，禁止中断；M8028 = ON，允许中断。

（2）写特殊功能模块指令。该指令的名称、助记符、指令代码、操作数和程序步如表 6-2 所示。

表 6-2　写特殊功能模块指令

指令名称	助记符	指令代码	操作数				程序步
			K（或 H）m1	K（或 H）m2	D	K（或 H）n	
写特殊功能模块指令	TO	FNC78	m1 = 0 ~ 7	m2 = 0 ~ 31	KnY、KnM、KnS、T、C、D、V、Z	n = 1 ~ 32	TO、TO（P）…9 步（D）TO、（D）TO（P）…17 步

TO 写特殊功能模块指令是向特殊功能模块写入数据，它的梯形图格式如图 6-3 所示。

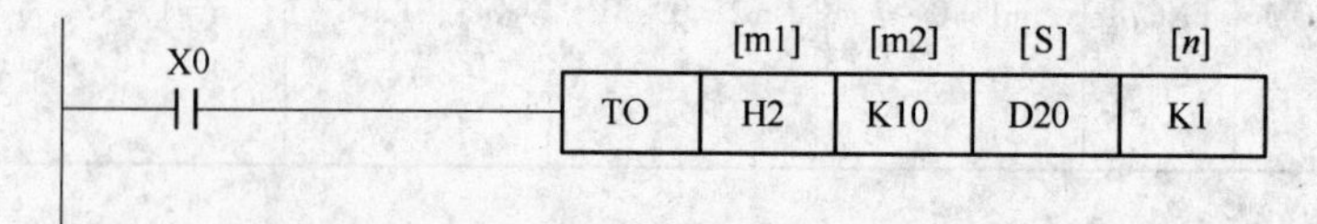

图 6-3　写特殊功能模块指令 TO 的梯形图格式

TO 指令是将 PLC 的基本单元从［S］指定的元件开始的 n 个字的数据写到特殊功能模块 m1 中编号为 m2 开始的缓冲寄存器中。

m1 是特殊功能模块编号，m1 = 0 ~ 7。

m2 是缓冲寄存器首元件号，m2 = 0 ~ 31。

n 是待传送数据的字数，n = 1 ~ 32。16 位运算 n = 1 ~ 16；32 位运算 n = 1 ~ 32。

6.2.2　外接 FX_2 系列设备的功能指令

（1）模拟量读指令。该指令的名称、助记符、指令代码、操作数和程序步如表 6-3 所示。

表 6-3 模拟量读指令

指令名称	助记符	指令代码	操作数				程序步
			S	D1	D2	K（或 H）n	
模拟量读 F_2-6A	ANRD	FNC91	X8 个连号元件	Y8 个连号元件	KnY、KnM、KnS、T、C、D、V、Z	$n = 10 \sim 13$	ANRD、ANRD（P）…9 步

模拟量读指令 ANRD 用于从 F_2-6A（输入 4 通道、输出 2 通道的模拟量单元）读取模拟量输入送入 FX_2系列 PLC。该指令的梯形图格式如图 6-4 所示。

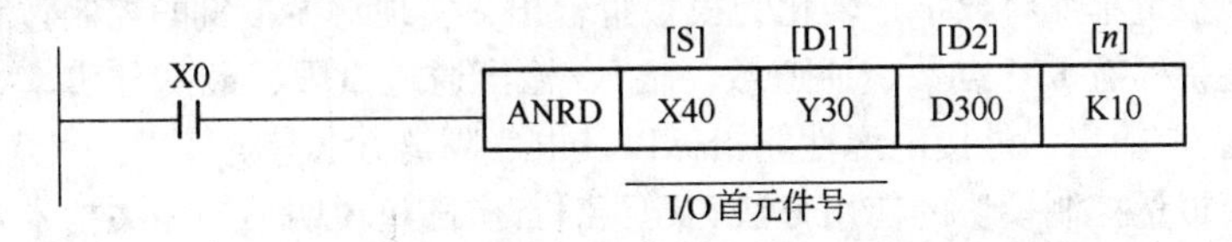

图 6-4 模拟量读指令 ANRD 的梯形图格式

n 为模拟量输入通道号（n=10、11、12、13）。

［S］和［D］指定 I/O 首元件号，根据 FX2-24EI 模块的连接位置确定。

［D2］存放输入数据。

上梯形图中当 X0 由 OFF → ON，就读取了 10 号通道的模拟量输入并存在 D300 中。

（2）模拟量写指令。该指令的名称、助记符、指令代码、操作数和程序步如表 6-4 所示。

表 6-4 模拟量写指令

指令名称	助记符	指令代码	操作数				程序步
			S	D1	D2	K（或 H）n	
模拟量写指令	ANWR	FNC92	X8 个连号元件	Y8 个连号元件	KnY、KnM、KnS、T、C、D、V、Z	K、H $n = 10 \sim 13$	ANWR、ANWR（P）…9 步

模拟量写指令 ANWR 用于将 FX_2系列 PLC 中的数据写入 F_2-6A（输入 4 通道、输出 2 通道的模拟量单元），然后以模拟量形式在输出通道输出。ANWR 指令的使用梯形图格式如图 6-5 所示。

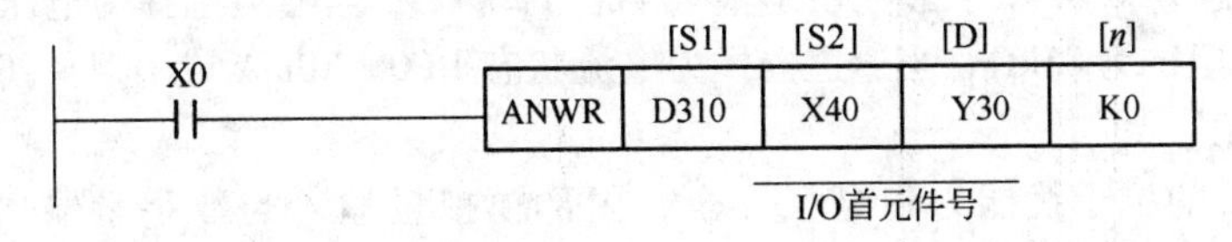

图 6-5 模拟量写指令 ANWR 的梯形图格式

n 为模拟量输入通道号（n=0、1）。

［S2］和［D］指定 I/O 首元件号，根据 FX2-24EI 模块的连接位置确定。

［S1］存放要输出模拟量的 8 位（BIN）数据。

上梯形图中当 X0 由 OFF → ON 时，ANWR 指令执行，将存放在数据寄存器 D310 中的数据输出送到模拟量输出 0 号通道。

6.3　模拟量单元 F_2-6A-E 及其应用

不同厂家的可编程控制器有不同的模拟量专用模块。三菱 FX_2系列小型 PLC 的模拟量控制模块主要有：4 路输入、2 路输出模拟量控制模块 F_2-6A-E；4 路输入模拟量控制模块 FX-4AD；2 路输出模拟量控制模块 FX-2DA；2 路热电偶直接输入模拟量控制模块 FX-2AD-PT；8 路输入模拟量变量设置单元 FX-8AV；定位控制模块 FX-1GM 等。

模拟量控制模块应用时的工作原理是：由 PLC 自动采样，随时将模拟量转换为数字量，放在数据寄存器中，由数据处理指令调用，并将计算结果随时存放在指定的寄存器中，由 PLC 自己送出，再由模拟量单元将数字量转化为模拟量输出，实现对模拟量的控制过程。模拟量控制模块的主要性能指标有 I/O 点数、通道数、输入/输出通道量限、最高分辨率、综合精度、转换速度、最大输入/输出、外接电源性能指标以及电气隔离方法等。

对于每种模拟量控制模块的使用方法，购买时都有随机说明书和相关技术资料，使用时可随时查阅。限于篇幅，本节主要介绍 FX_2系列小型 PLC 的几种常用模拟量控制模块及其编程方法，借以了解 PLC 模拟量控制的基本特点。

6.3.1　模拟量输入、输出单元 F_2-6A-E 介绍

模拟量输入、输出单元 F_2-6A-E 并不是 FX_2系列 PLC 的专用模块，而是三菱 F_1、F_2系列 PLC 的模拟量扩展单元。由于该模块结构简单、使用方便，只需借助 FX_2-24EI 接口电路就可以很方便地与 FX_2系列 PLC 机的基本单元连接，实现模拟量的输入、输出控制，所以 F_2-6A-E 单元仍广泛用于 FX_2系列 PLC 的模拟量控制之中。F_2-6A-E 模拟量单元具有 4 路模拟量输入（4 路 A/D 转换器）和 2 路模拟量输出（2 路 D/A 转换器）的功能，而且不占用基本单元的 I/O 点数。F_2-6A-E 模拟量单元的外形与 F_2系列 PLC 基本单元的外形相似。机体上有输入/输出接线端子、电压/电流状态设定开关、通道量程设定开关以及与基本单元数据传输的接口。

6.3.1.1　输入通道

F_2-6A-E 模拟量单元有 4 路模拟量输入通道，分别记为“0”、“1”、“2”、“3”，可以同时接收 4 个模拟量信号输入。每个通道都可以用开关设置成电压或电流输入状态，量程也可设定成 DC 0 ~ 5V、DC 0 ~ 10V、DC 0 ~ 20mA 和 DC 4 ~ 20mA 四挡。除了在进行通道设定时当某通道设定为 DC4 ~ 20mA，其他通道也必须同时设定为 DC4 ~ 20mA 外，每个通道均可任意设定。当通道选择为电压状态 DC0 ~ 5V 时，单元的输入阻抗为 200kΩ；当通道选择为电压状态 DC0 ~ 10V 时，单元的输入阻抗为 85kΩ；当通道选择为电流状态 DC0 ~ 20mA 或 DC4 ~ 20mA 时，单元的输入阻抗为 250Ω。

为增强 PLC 的抗干扰能力和电气安全，内部模拟量输入与数字量输出之间均采用光电隔离技术。输入的模拟量信号经 F_2-6A-E 单元转换后变成 8 位二进制数字量，以 3 位 BCD 码的形式将 0 ~ 255 的数字量信号传递给 PLC。传递的综合精度为 ±5 个数码，相对误差为 ±5/255。信号的传递速度很快，每个通道从模拟量输入至信号传送到 PLC 只需 500μs。

6.3.1.2　输出通道

F_2-6A-E 模拟量单元有 2 路模拟量输出通道，分别记为“0”、“1”。每个通道都可用手动

开关设置成 DC0 ~ 5V、DC0 ~ 10V、DC0 ~ 20mA 和 DC4 ~ 20mA 四个不同的电压/电流输出状态。当通道选择为电压输出状态时，可接 500Ω ~ 1MΩ 的负载电阻；当通道选择为电流输出状态时，可接 0 ~ 500Ω 的负载电阻。

与输入通道一样，为增强 PLC 的抗干扰能力和电气安全，内部模拟量输出与数字量输入之间均采用光电隔离技术。由 PLC 输出的 8 位二进制数（3 位 BCD 码）传送至模拟 F_2-6A-E 单元后，经 D/A 转换变成 0 ~ 5V 或 0 ~ 10V 的模拟电压信号、0 ~ 20mA 或 4 ~ 20mA 的模拟电流信号。数据传递的时间为 300μs；传递的综合精度电压输出时为 ±120mV，电流输出时为 ±0.24mA。

6.3.1.3　I/O 通道编号

F_2-6A-E 模拟量单元必须接入 PLC 基本单元后才能工作。要使 PLC 与 F_2-6A-E 模拟量单元的每一个通道进行数据传输，必须对所有通道进行统一的编号，以明确数据传输的 I/O 地址。通道编号有时又称为 I/O 寻址，寻址方式与单元之间的连接形式有关。

当 F_2-6A-E 模拟量单元与 FX_2系列 PLC 连接时，在它们之间必须加一个 FX_2-24EI 接口单元。FX_2-24EI 接口单元是专门用于 FX_2系列 PLC 与 F_2系列 PLC 的特殊单元模块（如通信接口单元 F-16NP/NT、可编程凸轮控制器 F_2-32RM、定位控制单元 F_2-30GM 等）相连接的专用接口模块。每一个 FX_2 基本单元最多可接 3 个 FX_2-24EI；每个 FX_2-24EI 可以提供 16 个输入点数和 8 个输出点（共 24 点）；FX_2经扩展后总 I/O 点数不得超过 128 点。若一个 FX_2基本单元同时连接了 3 个 FX_2-24EI，则按与基本单元的由近到远依次编号为 No.1、No.2 和 No.3。No.1 的 I/O 地址用输入/输出的首元件号表示为 X40、Y30（实际地址应是 X44 ~ X57、Y30 ~ Y37，共 24 个点数）；No.2 的 I/O 地址用输入/输出的首元件号表示为 X60、Y40（实际地址应是 X64 ~ X77、Y40-Y47，共 24 个点数）；No.3 的 I/O 地址用输入/输出的首元件号表示为 X100、Y50（实际地址应是 X104 ~ X117、Y50 ~ Y57，共 24 个点数），如图 6-6 所示。而 F_2-6A-E 的通道编号仍用 3 位数字表示：输入为 K010 ~ K013，共 4 个；输出为 K000 ~ K001，共 2 个。如图 6-7 所示。

6.3.1.4　数据传输

在执行模拟量输入/输出时，可编程控制器与 F_2-6A-E 模拟量单元之间必然进行数据传输。

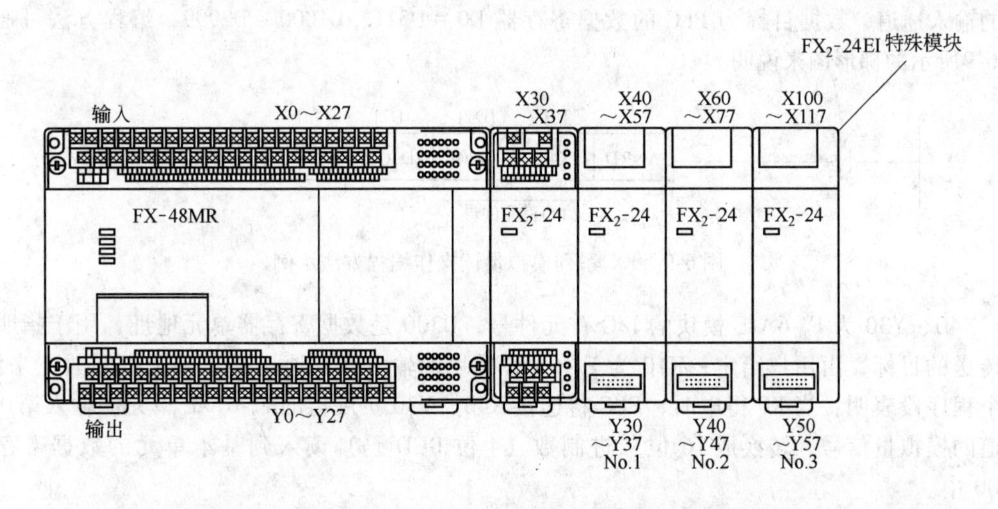

图 6-6　FX_2-24EI 单元与 FX_2系列 PLC 连接时的通道编号

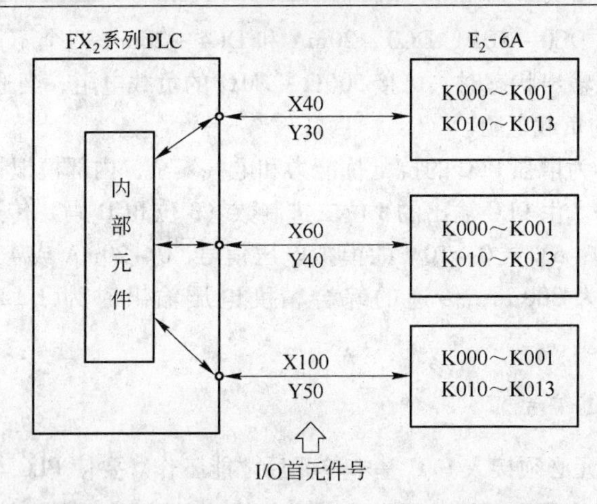

图 6-7　F_2-6A-E 与 FX_2系列 PLC 连接时的通道编号

这种数据传输是在基本单元的数据寄存器 D0 ~ D511、D1000-D2999（对 FX_2 系列，4 位 BCD 码）与模拟输出单元的锁存器（8 位二进制码）之间进行的。图 6-8 为其数据传输及处理关系示意图。

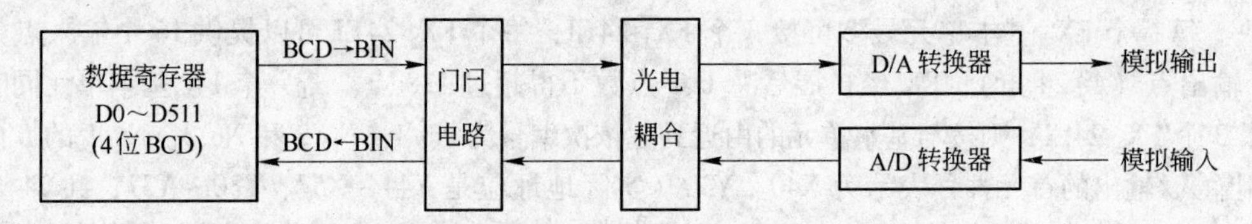

图 6-8　数据传输及处理关系示意图

6.3.1.5　编程方法

模拟量输入/输出模块的编程方法非常简单。对 FX_2系列 PLC 也只需用 ANRD FNC91 和 ANWR FNC92 两条功能指令。

对 FX_2系列 PLC 来说，从模拟量单元读数据功能指令 ANRD FNC91，此时数据源为模拟单元的输入通道，数据目标为 PLC 的数据寄存器 D0 ~ D511、D1000 ~ D2999，编程方法可通过图 6-9所示的梯形图来说明。

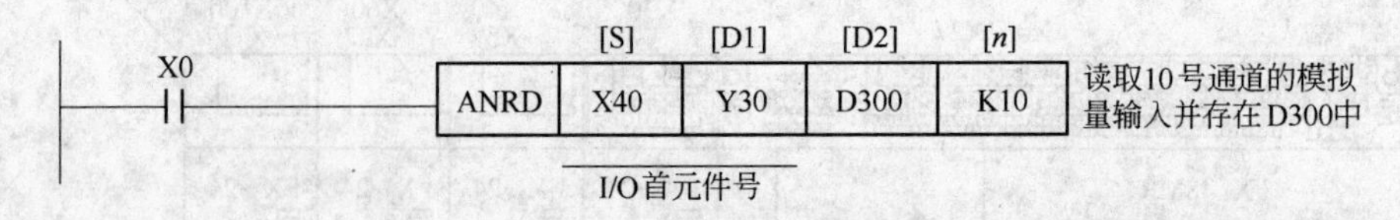

图 6-9　FX_2系列模拟量读操作编程方法示例

X40、Y30 为 F_2-6A-E 模块的 I/O 首元件号，D300 是数据寄存器单元地址，用于指明数据传送的目标，由用户给定；K10 为 F_2-6A-E 模块的输入第 0 通道号，用于指明数据来源。整个程序段表明：当 X0 得电时，PLC 将连接 X40、Y30 扩展口的 F_2-6A-E 单元的输入第 0 号通道的模拟量信号，转换成 16 位二进制数（4 位 BCD 码）读入到基本单元的数据寄存器 D300 中。

向模拟量单元写数据用功能指令 ANWR FNC92，此时数据源为 PLC 的数据寄存器 D0 ~

D511、D1000 ~ D2999；数据目标为模拟单元的输入通道，编程方法可以通过图 6-10 的梯形图来说明。

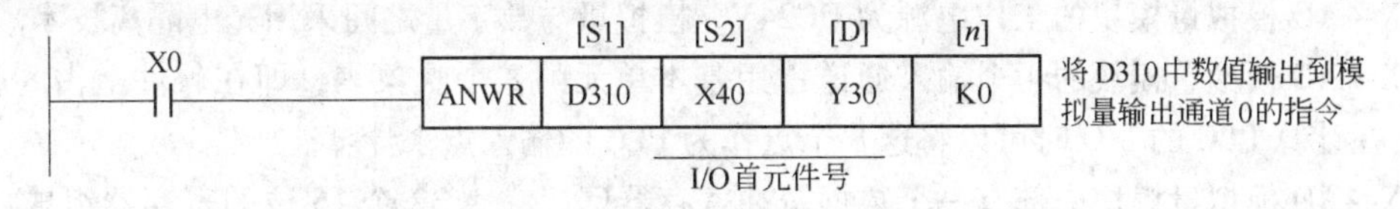

图 6-10 FX_2系列模拟量写操作编程方法示例

图 6-10 中 X0 为执行条件，ANWR 是写功能号 FNC92 的助记符，指明模拟量的写操作；D310 是数据寄存器单元地址，用于指明数据源，由用户给定；X40、Y30 为 F_2-6A-E 模块的 I/O 首元件号；K0 为 F_2-6A-E 模块的输出第 0 通道号，用于指明数据目标。整个程序段表明：当 X0 得电时，PLC 将基本单元的数据寄存器 D310 中的 16 位二进制数（4 位 BCD 码）转换为模拟量输出，连接 X40、Y30 扩展口的 F_2-6A-E 单元的输出第 0 号通道。

6.3.2 模拟量单元 F_2-6A-E 的设置及调整

6.3.2.1 输入输出类型的设置

（1）工作方式的设置。工作方式的设置由 F_2-6A-E 模拟量单元上一个方式设置开关 SW5 来进行设置。当开关拨到右边时，保留模拟输出状态；当开关拨到左边时，取消模拟输出状态。

（2）输入类型选择。输入类型选为 0 ~ 5V、0 ~ 10V 和 0 ~ 20mA 时，各个通道可混合选择。若某一通道选择 4 ~ 20mA，则所有的通道都需设置为 4 ~ 20mA。

（3）输出类型的设置。输出类型可设置为：0 ~ 5V、0 ~ 10V、0 ~ 20mA 和 4 ~ 20mA。由输出类型选择开关来进行设置，当开关拨到左边时，设为 0 ~ 5V、0 ~ 10V、0 ~ 20mA；当开关拨到右边时，设定为 4 ~ 20mA。

6.3.2.2 输入、输出的调整

（1）增益值调整：0 ~ 250 的数字量值转换成 0 ~ 5V、0 ~ 10V、0 ~ 20mA 和 4 ~ 20mA 等。当有必要将 8 位转换最大值时，可将数字量调整至 255 满量程，在这里，满量程值对应 250。

（2）零点调整：各通道独立进行。

6.4 FX-4AD 与 FX-2DA 模拟量模块及编程

FX-4AD 与 FX-2DA 模拟量模块是 FX_2系列 PLC 的专用模拟量输入输出模块，它们不需要其他附加接口便可直接接在 FX_2基本单元的扩展总线上。与 F_2-6A-E 相比，FX-4AD 与 FX-2DA 模拟量模块的转换精度提高了，使用起来也更方便。

6.4.1 FX-4AD 模拟量输入模块性能简介

FX-4AD 模拟量输入模块是 FX_2系列专用的模拟量输入模块。它有 4 个输入通道，通过输入端子变换，可以任意选择电压或电流输入状态。电压输入时，输入信号范围为 DC −10 ~ +10V，输入阻抗为 200kΩ，分辨率为 5mV；电流输入时，输入信号范围为 DC −20 ~ +20mA，输入阻抗为 250Ω，分辨率为 20μA。FX-4AD 模拟量模块在数据传输时以 12 位二进制数进行转换，以

补码的形式存于16位数据寄存器中，数值范围是 -2048 ~ +2047，因此它的传输速率最高到15ms/K，综合精度提高到量程的1%。

FX-4AD 模拟量模块的工作电源为 DC24V，模拟量与数字量之间采用光电隔离技术。

FX-4AD 模拟量模块的4个输入通道占用基本单元的8个映象表，即在软件上占8个 I/O 点数，在计算 PLC 的 I/O 时可以将这8个点作为 PLC 的输入点来计算。

FX-4AD 模拟量模块内部有一个数据缓冲寄存器区，它由32个16位的寄存器组成，编号为 BFM#0 ~ #31，其内容与作用如表6-5所示。其中带有 * 的数据缓冲寄存器区内容可以通过 PLC 的 FROM 和 TO 指令来读、写。

表 6-5　FX-4AD BFM 分配表

<table>
<tr><th>BFM 单元</th><th colspan="9">内　容</th><th>说　明</th></tr>
<tr><td>* #0</td><td colspan="9">用于通道初始化，用4位数字表示成 H××××，4个数字从右到左分别控制1、2、3、4四个通道的工作情况</td><td>H 后面的数字每位均可取0、1、2、3四个数之一，其含义为：
0：表示输入范围为 -10V ~ +10V；
1：表示输入范围为 -4mA ~ +4mA；
2：表示输入范围为 -20mA ~ +20mA；
3：表示关闭该通道。
如 H3310 表示：1通道输入范围是 -10V ~ +10V，2通道输入范围是 -4mA ~ +4mA，3、4通道关闭未用</td></tr>
<tr><td>* #1</td><td>通道 1</td><td colspan="8" rowspan="4">设置平均值取样次数</td><td rowspan="4">取样次数范围为1 ~ 4096，缺省为8；超范围时自动变为缺省值8</td></tr>
<tr><td>* #2</td><td>通道 2</td></tr>
<tr><td>* #3</td><td>通道 3</td></tr>
<tr><td>* #4</td><td>通道 4</td></tr>
<tr><td>#5</td><td>通道 1</td><td colspan="8" rowspan="4">平均值取样次数</td><td rowspan="4">输入的平均值分别存入对应单元</td></tr>
<tr><td>#6</td><td>通道 2</td></tr>
<tr><td>#7</td><td>通道 3</td></tr>
<tr><td>#8</td><td>通道 4</td></tr>
<tr><td>#9</td><td>通道 1</td><td colspan="8" rowspan="4">当前值存放单元</td><td rowspan="4">输入的当前值分别存入对应单元</td></tr>
<tr><td>#10</td><td>通道 2</td></tr>
<tr><td>#11</td><td>通道 3</td></tr>
<tr><td>#12</td><td>通道 4</td></tr>
<tr><td>#13 ~ 19</td><td colspan="10">不能使用</td></tr>
<tr><td>* #20</td><td colspan="9">重置为缺省值</td><td>缺省值为 H0000</td></tr>
<tr><td>* #21</td><td colspan="10">禁止零点与增益调整，缺省可改动为0、1</td></tr>
<tr><td rowspan="2">* #22</td><td rowspan="2">零点、增益调整</td><td>B7</td><td>B6</td><td>B5</td><td>B4</td><td>B3</td><td>B2</td><td>B1</td><td>B0</td><td rowspan="2">B 表示8位二进制数
G 表示增益调整；0 表示零点调整</td></tr>
<tr><td>G4</td><td>04</td><td>G3</td><td>03</td><td>G2</td><td>02</td><td>G1</td><td>01</td></tr>
<tr><td>* #23</td><td colspan="9">设定零点值，缺省值为 0000</td><td>单位为 mV 或 μA</td></tr>
<tr><td>* #24</td><td colspan="9">设定增益值，缺省值为 5000</td><td>单位为 mV 或 μA</td></tr>
<tr><td>#25 ~ 28</td><td colspan="10">空置不用</td></tr>
<tr><td>#29</td><td colspan="9">出错信息监视</td><td>用于确定模块运行正常与否</td></tr>
<tr><td>#30</td><td colspan="9">识别码 K2010</td><td>定值，用于确认本模拟量特殊模块</td></tr>
<tr><td>#31</td><td colspan="10">不能使用</td></tr>
</table>

6.4.2　FX-2DA 模拟量输出模块性能简介

FX-2DA 模块也是 FX_2 系列专用的模拟量输出模块。它有两个输出通道，通过输出端子变换，也可任意选择电压或电流输入状态。电压输出时，输出信号范围为 DC-10～+10V，可接负载阻抗为 1kΩ～1MΩ，分辨率为 5mV，综合精度 0.1V；电流输出时，输出信号范围为 DC+4mA～+20mA，可接负载阻抗不大于 250Ω，分辨率为 20μA，综合精度 0.2mA。

FX-2AD 模拟量模块的工作电源为 DC24V，模拟量与数字量之间采用光电隔离技术。

FX-2AD 模拟量模块的两个输出通道，仍要占用基本单元的 8 个映像表，即在软件上占 8 个 I/O 点数，在计算 PLC 的 I/O 时可以将这 8 个点作为 PLC 的输出点来计算。

FX-2AD 模拟量模块内部也有一个数据缓冲寄存器区，它由 32 个 16 位的寄存器组成，编号为 BFM#0～#31，其内容与作用如表 6-6 所示。其中带有 * 的数据缓冲寄存器区内容可以通过 PLC 的 FROM 和 TO 指令来读、写。

表 6-6　FX-2DA BFM 分配表

BFM 单元	内容	说明
* #0	模拟量输出模式，用两位数字表示成 H××，两个数字从右到左分别控制 1、2 两个通道的电压、电流工作状态	H 后面的两个数字每位均可取 0、1 两个数之一，其含义为： 0：表示电压输出方式，范围为 -10V～+10V； 1：表示电流输出方式，范围为 +4mA～+10mA。 如 H10 表示：1 通道电压输出，范围是 -10V～+10V，2 通道电流输出，范围是 +4mA～+10mA
* #1	存放通道 1 输出数据	
* #2	存放通道 2 输出数据	
#3～#4	空置不用	
* #5	输出保持或回零，缺省为 H00	几种组合的含义： H00 表示通道 2 保持，通道 1 保持； H01 表示通道 2 保持，通道 1 回零； H10 表示通道 2 回零，通道 1 保持； H11 表示通道 2 回零，通道 1 回零
#6～#19	空置不用	
* #20	重置为缺省值	缺省值为 H0000
* #21	禁止零点与增益调整，缺省可改为 0、1	
* #22	零点、增益调整： B3 | B2 | B1 | B0 G2 | 02 | G1 | 01	B 表示 8 位二进制数； G 表示增益调整；0 表示零点调整
* #23	设定零点值，缺省值为 0000	单位为 mV 或 μA
* #24	设定增益值，缺省值为 5000	单位为 mV 或 μA
#25～#28	空置不用	
#29	出错信息监视	用于确定模块运行正常与否
#30	识别码 K3010	定值，用于确认本模拟量特殊模块
#31	空置不用	

6.4.3　模拟量输入、输出模块的使用

6.4.3.1　模块的连接与编号

如图 6-11 所示，接在 FX_2基本单元右边扩展总线上的特殊功能模块（如模拟量输入模块 FX-4AD、模拟量输出模块 FX-2DA、温度传感器模拟量输入模块 FX-2DA-PT 等），从最靠近基本单元的那一个开始顺次编号为 0 ~ 7 号。

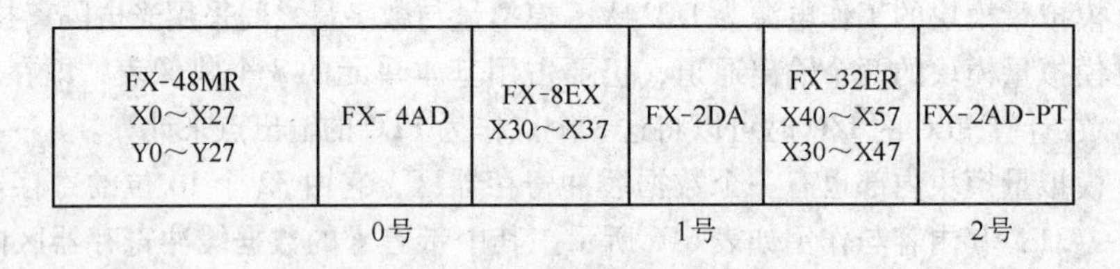

图 6-11　功能模块连接示意图

6.4.3.2　编程举例

【**例 1**】图 6-11 中，FX-4AD 模拟量输入模块连接在最靠近基本单元 FX-48MR 的地方，仅开通 CH1 和 CH2 两个通道作为电压量输入通道。计算 4 次取样的平均值，结果存入 PLC 的数据寄存器 D0 和 D1 中。

解：由图 6-11 可知，FX-4AD 模拟量输入模块编号为 0 号。梯形图及有关注释如图 6-12 所示。

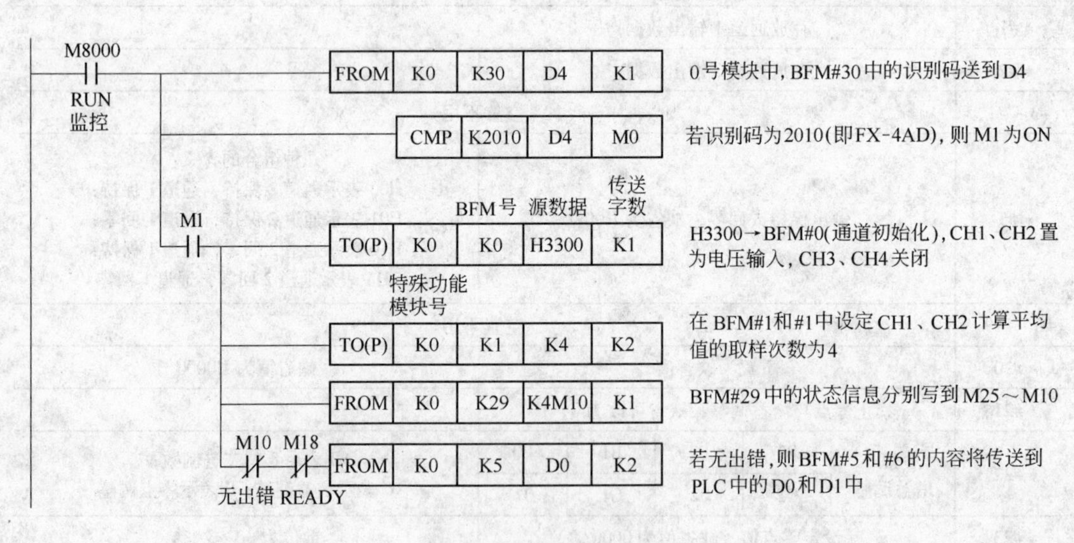

图 6-12　例 1 梯形图

【**例 2**】在图 6-11 中，若模拟量输出模块接在 2 号模块位置，CH1 设定为电压输出，CH2 设定为电流输出，并要求当 PLC 从 RUN 转为 STOP 状态后，最后的输出值保持不变，试编写程序。

解：梯形图及有关注释如图 6-13 所示。

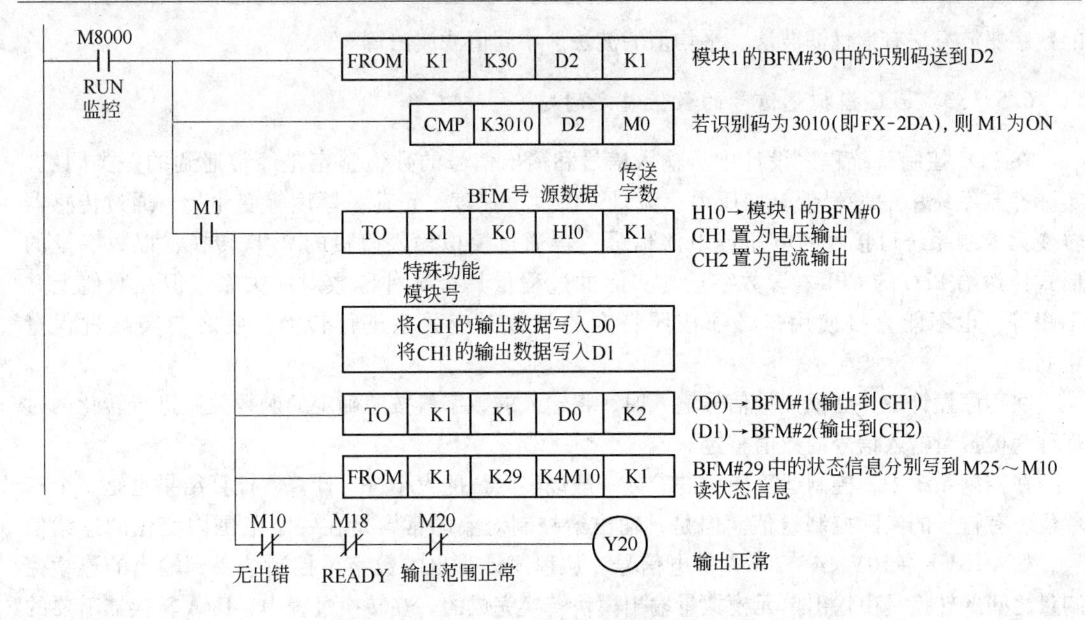

图6-13 例2的梯形图

6.5 PLC 在模拟量控制系统中的应用

6.5.1 模拟量控制系统设计的若干问题

6.5.1.1 模拟量检测与控制的问题

在工业控制中，除了数字信号外还需要对大量的温度、湿度、压力等过程变量进行监测和控制。在自动控制系统中，要把这些信号转换为标准规格的电信号，再将这些电信号转换为计算机可以接受的数字信号；还要把计算机产生的控制信号输出到控制现场，去控制被控量的变化。

通常，把从现场信号到 PLC 的 CPU 之间的各个环节称为过程通道，它是计算机控制系统的重要组成部分，用于实现信号的变换、传递与转换等功能。现代 PLC 大量拥有实现过程通道作用的特殊功能单元，即模拟量信号的输入、输出单元，用于模拟量信号检测与控制功能的实现。

6.5.1.2 消除采样过程中的随机误差的问题

在实际的 PLC 控制系统中，来自现场的模拟量信号，如传感器输出的信号电压值、电流值等，常常会因为现场的瞬时干扰而产生较大的波动，使得 PLC 所采集到的信号出现不真实性。如果仅仅用瞬时采样值来进行控制计算，就会产生较大的误差，因此要对输入信号进行数字滤波，来获得一个较为准确的输入值。

对输入信号进行滤波，主要是在用户程序设计中利用软件的方法来消除干扰所带来的随机误差。随机误差混杂在有用信号之中，或累加于有用信号之上，使 PLC 输入信号的信噪比减小，甚至将有用信号淹没。

对于 PLC 的模拟量输入信号，可以采用数字滤波方法来消除采样过程中的随机误差。常用的数字滤波方法有惯性滤波法、平均值滤波法、中间值滤波法等。

6.5.1.3 PLC模拟量信号的数值整定问题

在PLC控制系统程序设计中，输入信号和输出信号的数值整定是经常遇到的一类问题。实际控制系统中的过程量，如压力、流量、温度、速度、负荷、厚度等变化量，通过传感器转变为控制系统可接收的电压或电流信号，再通过模拟输入模板的A/D转换，以数字量的形式传送给PLC的CPU。该数字量与实际的过程量具有某种函数对应关系，但在数值上并不相等，也不能直接使用，必须按照特定的函数对应关系进行转换，使之与实际过程量相同。

在程序设计中，当模拟量信号输入时，将输入的数字量按照确定的函数关系进行转化的过程称为模拟量输入信号的数值整定。

在控制系统中，控制运算使用的参数一般以实际量的大小进行计算，计算结果也是一个有单位、有符号的实际控制量值。但是，输出给控制对象的常常是在一定范围内变化的连续信号，如 -10V ~ +10V、4 ~20mA等电信号。从程序计算出的数字量控制结果到输出的连续控制量之间的转换是由输出单元模拟量输出模块转换完成的。在转换过程中，D/A转换器需要的是控制量在标定范围内的位值，而不是实际控制量本身。再加上系统偏移量的存在，要输出的控制量就不能直接送给D/A转换器，必须先经过一定的数值转化。

在程序设计中，将以模拟量形式输出的控制量值在送给D/A转换器之前，按照确定的函数关系把实际控制量转化成相应位值的过程称为模拟量输出信号的数值整定。

6.5.2 PLC在温度控制系统中的应用举例

6.5.2.1 应用背景与需求

在工业生产自动控制中，为了生产安全或为了保证产品质量，对于温度、压力、流量、成分、速度等一些重要的被控参数，通常需要进行自动监测，并根据监测结果进行相应的控制。在自动监测系统中，常常设有上下限检查、报警及自动处理系统，用以提醒操作人员注意，必要时采取紧急措施。

温度是工业生产对象中主要的被控参数之一。本节以一个温度监测与控制系统为例，来说明PLC在模拟量信号监测与控制中的应用问题。

6.5.2.2 PLC温度监测与控制系统的设计

A 温度控制系统的要求

系统要求：将被控系统的温度控制在50 ~60℃之间，当温度低于50℃或高于60℃时，应能自动进行调整，当调整3min后仍不能脱离不正常状态，则应采用声光报警，以提醒操作人员注意排除故障。

系统设置一个启动按钮来启动控制程序，设置绿、红、黄3个指示灯来指示温度状态。被控温度在要求范围内，绿灯亮，表示系统运行正常。当被控温度超过上限或低于下限时，经调整3min后尚不能回到正常范围，则红灯或黄灯亮，并有声音报警，表示温度超过上限或低于下限。

B PLC控制系统的构成

采用PLC作为控制器，并应具备模拟量输入、输出及运算能力。根据被控系统的要求，选

用 FX_2-30MR 型 PLC 基本单元，并通过配置 FX_2-24EI 接口电路，配置 F_1-6A-E 型模拟量输入、输出单元，扩展单元与基本单元的 0 号扩展口相连。

在被控系统中设置 4 个温度测量点，温度信号经变送器变成 0 ~ 5V 的电信号（对应温度为 0 ~ 100℃），送入 F_2-6A-E 的 4 个模拟量输入通道（CH10 ~ CH13）。PLC 读入 4 路温度值后，再取其平均值作为被控系统的实际温度值。若被测温度超过允许范围，按控制算法运算后，通过 F_2-6A-E 的模拟量输出通道（CH0）向被控系统送出 0 ~ 10V 的模拟量温度控制信号。

PLC 通过输入端口 X500 连接启动按钮，通过输出端口 Y1 控制绿灯的亮灭，通过输出端口 Y2 控制红灯的亮灭，通过输出端口 Y0 控制黄灯的亮灭。

C PLC 温度监测与控制梯形图的设计

系统要求温度控制在 50 ~ 60℃ 的范围之内，为了控制方便，设定一个温度较佳值（本例设为 55°C），并以此作为被控温度的基准值。另外，还需要设定输出控制信号时的调节基准量，正常情况下，输出基准量时被控温度接近较佳值。本例设定的基准调节量相当于 PLC 输出 6V。

加热炉一类的温度控制对象，其系统本身的动态特性基本上属于一阶滞后环节，在控制算法上可以采用 PID 控制或大林算法。由于本系统温度控制要求不高，为了简化起见，本例按 P（比例）控制算法进行运算，采样调节周期设为 1s。

实现温度监测与控制的过程包括：

（1）PLC 投入运行时，通过特殊辅助继电器 M8002 产生的初始化脉冲进行初始化，包括将温度较佳值和基准调节量存入有关数据寄存器，使计时用的两个计数器复位。

（2）按启动按钮（X0），控制系统投入运行。

（3）采样时间到，则将待测的 4 点温度值读入 PLC，然后按算术平均的办法求出 4 点温度的平均值 Q。

（4）将 Q 与 Q_{max}（温度允许上限）比较，若未超过上限，将 Q 与 Q_{min}（温度允许下限）比较，若也未低于下限，则说明温度正常，绿灯亮，等待下一次采样。

（5）若 $Q > Q_{max}$，进行上限处理，计算 Q 与上限温度的偏差，根据偏差计算调节量（比例系数假设为 2），发出调节命令，并判断调节时间，若调节时间太长，进行声光报警（红灯亮）；若调节时间未到 3min，则准备下次继续采样及调节。

（6）当采样温度低于下限，即 $Q < Q_{min}$时，进行下限处理，计算 Q 与下限温度的偏差，计算调节量，发出调节命令，并判断调节时间，若调节时间太长，进行声光报警（黄灯亮）；若调节时间未到 3min，则准备下次继续采样及调节。

根据上述控制流程设计的梯形图如图 6-14 所示，有关地址分配情况列于表 6-7。

6.5.3 总结与评价

温度是工业生产和科学实验中一个非常重要的参数，物体的许多物理现象和化学性质都与温度有关，许多生产过程都是在一定的温度范围内进行的，故需要测量温度和控制温度。因此，应用 PLC 的模拟量检测与控制能力实现对被控过程的温度监测和控制具有广泛的应用价值。

本例以工业生产中常见的温度监测、报警与控制功能的实现为例，介绍了 PLC 模拟量控制系统的构成、温度控制流程及程序的设计方法，给出了梯形图设计实例，可以作为同类型 PLC 控制系统设计的参考。

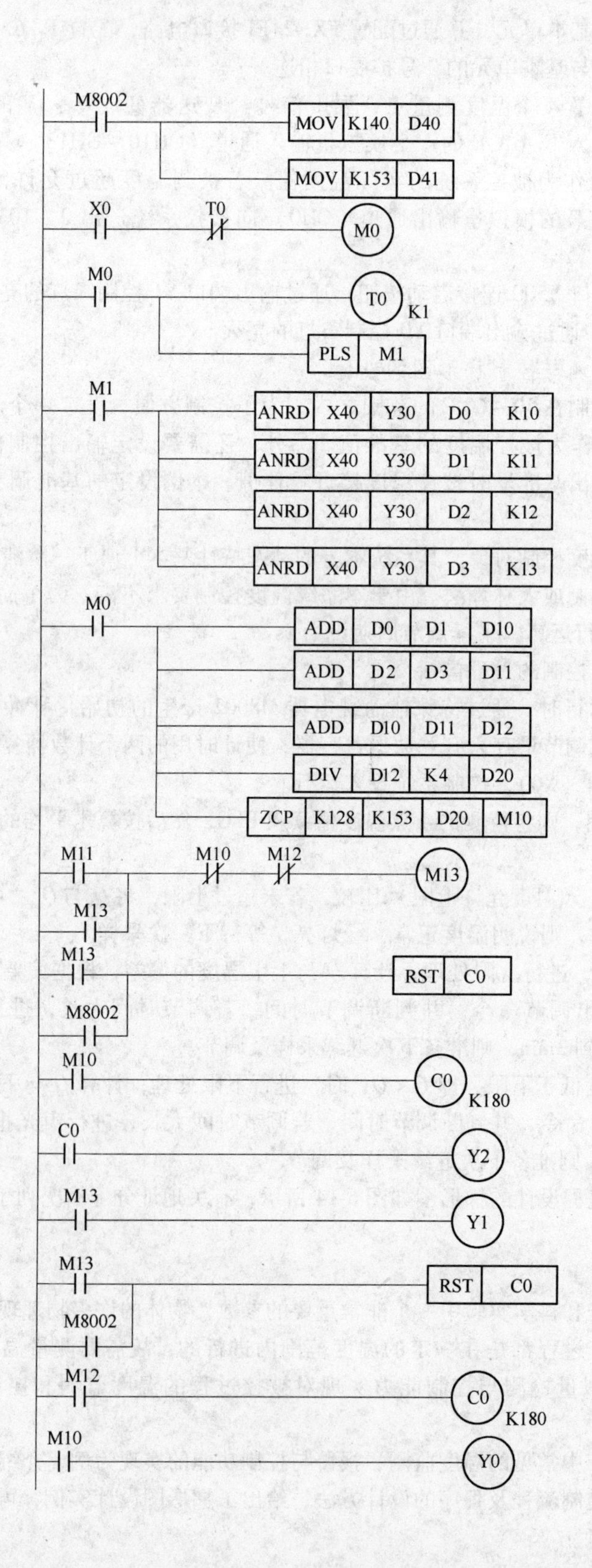
M8002
MOV K140 D40
MOV K153 D41
X0
T0
M0
M0
T0
K1
PLS M1
M1
ANRD X40 Y30 D0 K10
ANRD X40 Y30 D1 K11
ANRD X40 Y30 D2 K12
ANRD X40 Y30 D3 K13
M0
ADD D0 D1 D10
ADD D2 D3 D11
ADD D10 D11 D12
DIV D12 K4 D20
ZCP K128 K153 D20 M10
M11
M10
M12
M13
M13
M13
RST C0
M8002
M10
C0
K180
C0
Y2
M13
Y1
M13
RST C0
M8002
M12
C0
K180
M10
Y0

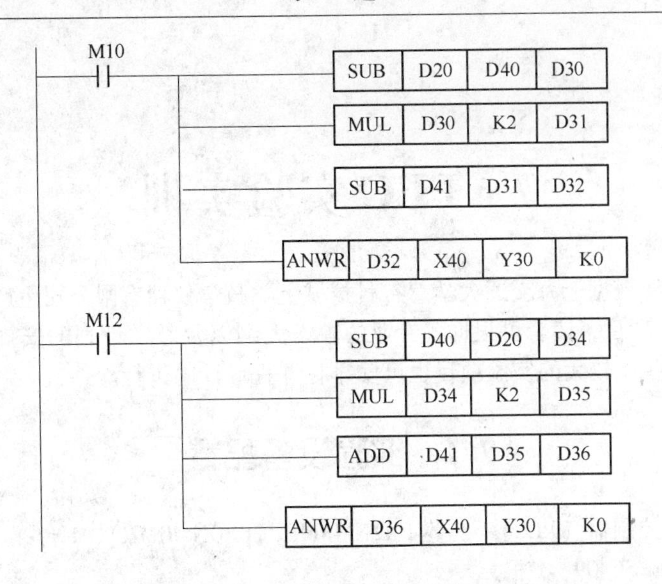

图 6-14　PLC 温度监测与控制梯形图

表 6-7　地址分配情况

地　址	说　明
D0 ~ D3	分别存储 4 点温度采样值
D20	存储 4 点温度的平均值
D30	存储温度平均值与温度上限的偏差
D34	存储温度平均值与温度下限的偏差
D32、D36	分别存储降温、升温调节量
D40	存温度较佳值（55℃，对应 PLC 内的 BCD 数 140）
D41	存调节基准量（6V，对应 PLC 内的 BCD 数 153）
C0、C1	计时用计数器（降温、升温调节时间）

在温度控制中，根据实际系统的特点和需要，可以采用多种控制算法来提高控制效果。本例是以简单的比例控制来编制梯形图的，PLC 还可以实现更复杂的控制算法、实现更精确的控制。

习　题

6-1　什么是开关量与模拟量，什么是开关量与模拟量控制系统？举一个模拟量控制系统的例子。

6-2　模拟量有哪些基本性质？

6-3　工业控制中标准的模拟信号指的是什么？

6-4　怎样把初始的位移信号、压力信号、温度信号等模拟量转化为标准的模拟量信号？

6-5　F_2-6A-E 模块具有哪些基本输入、输出特性？

6-6　FX-4AD/FX-2DA 有什么用途，怎样编程？

6-7　F_2-6A-E 与 FX-4AD 有什么主要区别？

6-8　用 FX_2-40MR 和 F_2-6A-E 控制一个流量自动测量仪表，要求模拟量显示。请设计简单的控制系统。

7 PLC 实验实训

本实验实训指导根据上海交通大学慧谷科技城上益教学仪器有限公司生产的PLC实验装置进行设计，有21个项目，读者可根据各专业的教学大纲以及教学计划的安排，选做部分或全部的实验项目。有些比较大的实验项目也可安排在课程设计中进行。

7.1 实验设备配置

（1）可编程序控制器（PLC）：三菱FX2N-48MR（FX0N-40MR），1台；
（2）通讯电缆：SC-09，1根；
（3）PLC教学实验系统：EL-PLC-Ⅱ，1台；
（4）微机：586以上、WIN2000/XP、ROM-16M，1台；
（5）编程软件包：FXGP/WIN-C，1套。

7.2 设备介绍

7.2.1 PLC：三菱（MITSUBISHI）FX2N-48MR

该可编程序控制器是由电源、CPU、输入/输出、程序存储器（RAM）组成的单元型可编程序控制器。其主机称为基本单元，为主机备有可扩展其输入、输出点的“扩展单元（电源+I/O）”和“扩展模块（I/O）”，此外，还可连接扩展设备，用于特殊控制。图7-1所示是可编程控制系统各组成部分的名称。

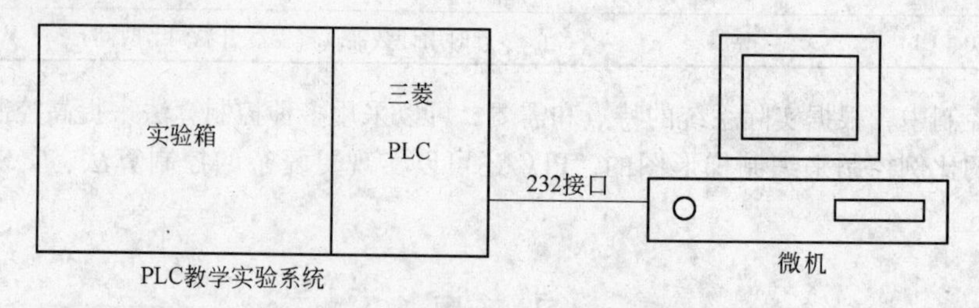

图7-1 可编程控制系统示意图

7.2.2 PLC教学实验系统（SY-PLC-Ⅱ）

SY型PLC教学实验系统由实验箱、PLC、微机三部分构成。

其中实验箱为PLC提供：开关量输入信号DJS1、单脉冲（P01~P06）、开关量灯显示（INPUT、OUTPUT各20点）、输入/输出端子（接PLC输入、输出）。

微机用于编程、提供动画片界面，使编程、调试更加方便。

EL型PLC教学实验系统流程：

分析被控对象→编程，输入程序→连接实验线路→运行PLC程序（运行实验辅助程序）

→观察现象。

EL 型 PLC 教学实验系统内实验箱的布局见图 7-2。

<table>
<tr><td>仿真实验区</td><td>传输实验区</td><td>开关组输入模块</td><td rowspan="2">OUTPUT
端子排
INPUT</td></tr>
<tr><td rowspan="2">直线实验区</td><td>混料实验区</td><td>检瓶实验区</td></tr>
<tr><td>交通灯实验区</td><td>冲压实验区</td><td>电源</td></tr>
</table>

图 7-2 EL 型 PLC 教学实验系统内实验箱的布局

PLC 教学实验箱的用途：主要为 PLC 提供电源、各类实验区的硬件，为实验项目提供输入信号和输出显示（输入、输出均为 24V DC 值），以及少量传感仿真信号。

7.2.3 设备连接

首先将通讯电缆（SC-09）的 9 芯型插头插入微机的串行口插座（以下假定为端口 2，此工作由实验室完成），再将通讯电缆的圆形插头插入编程插座，最后将 220V 交流电源线接上，打开开关即可工作。

7.2.4 安装 FXGP-WIN-C 编程软件

将存有 MELSEC-F/FX 系统编程软件的软盘插入软驱，在 WINDOWS 条件下启动安装进入 MELSEC-F/FX 系统，选择 FXGP-WIN-C 文件双击鼠标左键，出现如图 7-3 所示界面方可进入编程。

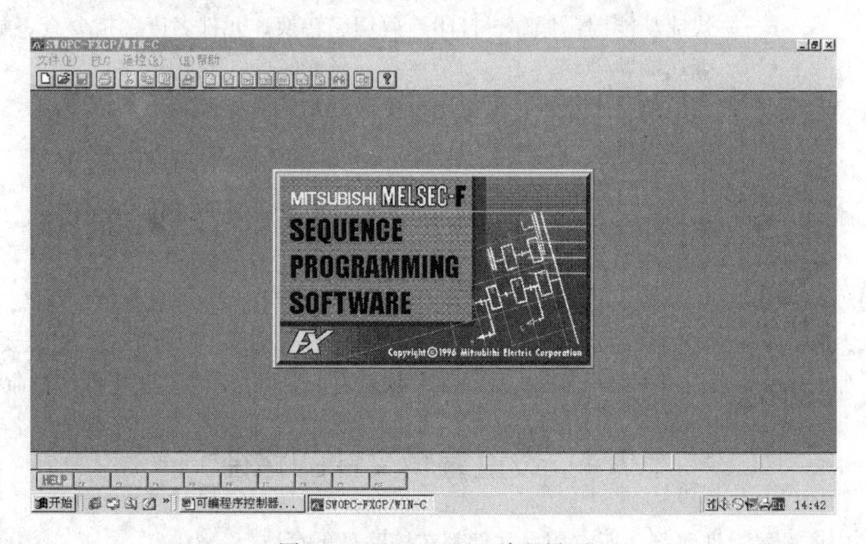

图 7-3 FXGP-WIN-C 编程界面

7.3　FXGP-WIN-C 编程软件的应用

FXGP-WIN-C 编程软件的界面介绍见图 7-4。

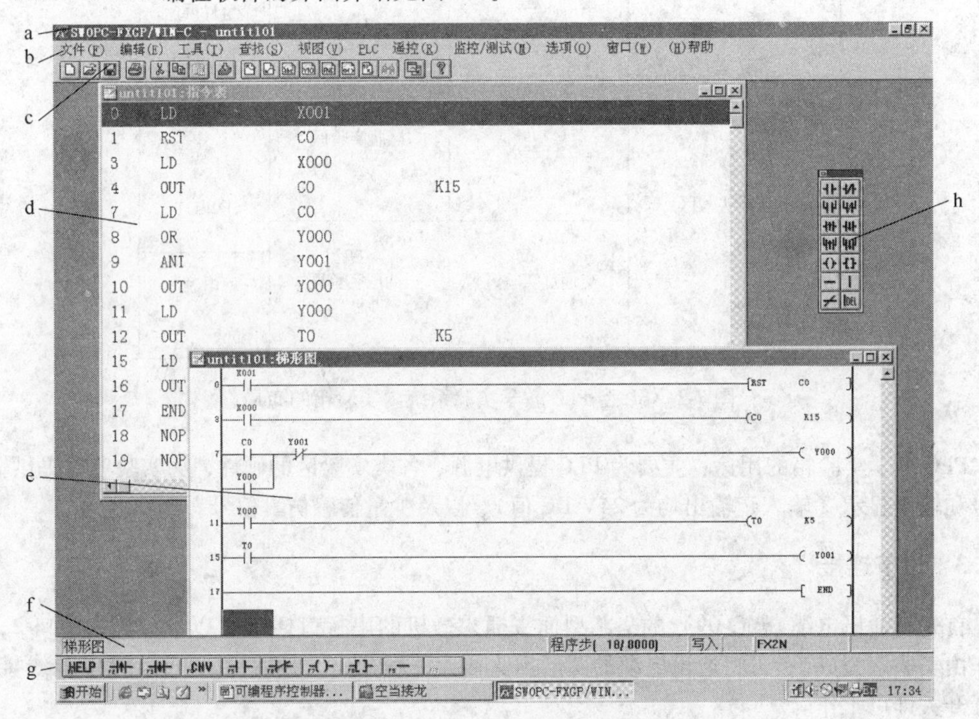

图 7-4　FXGP-WIN-C 编程软件的界面介绍

界面包含：a——当前编程文件名，例如标题栏中的文件名 untit101；

b——菜单：文件（F）、编辑（E）、工具（T）、PLC、遥控（R）、监控/测试（M）等；

c——快捷功能键：保存、打印、剪切、转换、元件名查、指令查、触点/线圈查、刷新等；

d——当前编程工作区：编辑用指令（梯形图）形式表示的程序；

e——当前编程方式：梯形图；

f——状态栏：梯形图；

g——快捷指令：F5 常开、F6 常闭、F7 输入元件、F8 输入指令等；

h——功能图：常开、常闭、输入元件、输入指令等。

菜单操作：FXGP-WIN-C（以下统一用简称 FXGP）的各种操作主要靠菜单来选择，当文件处于编辑状态时，单击想要选择的菜单项，如果该菜单项还有子菜单，鼠标下移，根据要求选择子菜单项，如果该菜单项没有下级子菜单，则该菜单项就是一个操作命令，单击即执行命令。

7.4　设置编辑文件的路径

首先应该设置文件路径，所有用户文件都在该路径下存取。

假设设置 D：\ PLC * 为文件存取路径。操作步骤：首先打开 Windows 界面进入“我的电脑”，选中D盘，新建一个文件夹，取名为［PLC1］，确认，然后进入FXGP编程软件。

7.5 编辑文件的正确进入及存取

正确路径确定后，可以开始进入编程、存取状态。

（1）假设为首次程序设计：首先打开FXGP编程软件，点击〈文件〉子菜单〈新文件〉或点击常用工具栏🗋弹出［PLC类型设置］对话框，供选择机型。本实验指导书提供的为FXON、FX2N两种机型，实验使用时，根据实际确定机型，若FX2N即选中FX2N，然后［确认］，就可马上进入编程状态。注意这时编程软件会自动生成一个〈SWOPC-FXGP/WIN-C-UNTIT＊＊＊〉文件名，在这个文件名下可编辑程序。

（2）完成文件编辑后进行保存：点击〈文件〉子菜单〈另存为〉，弹出［File Save As］对话框，在“文件名”中能见到自动生成的〈SWOPC-FXGP/WIN-C-UNTIT＊＊＊〉文件名，这是编辑文件用的通用名，在保存文件时可以使用，但我们建议一般不使用此类文件名，而在“文件名”框中输入一个带有特征（保存文件类型）的文件名，以避免出错。

保存文件类型特征有三个：

1）Win Files（＊.pmw）；

2）Dos Files（＊.pmc）；

3）All Files（＊.＊）。

一般选第一种类型，例如先擦去自动生成的“文件名”，然后在“文件名”框中输入ABC.pmw、555.pmw或新潮.pmw等。有了文件名，单击“确定”键，弹出“另存为”对话框，在“文件题头名”框中输入一个自己认可的名字，单击“确定”键，完成文件保存。注意：如果单击工具栏中“保存”按键只是在同名下保存文件。

（3）打开已经存在的文件：首先点击编程软件FXGP-WIN-C，在主菜单〈文件〉下选中〈打开〉弹出［File Open］对话框，选择正确的驱动器、文件类型和文件名，单击“确定”键即可进入以前编辑的程序。

7.6 文件程序编辑

当正确进入FXGP编程系统后，文件程序的编辑可用两种编辑状态形式，即指令表编辑和梯形图编辑。

7.6.1 指令表编辑程序

“指令表”编辑状态下，可以让你用指令表形式编辑一般程序。

现在以输入下面一段程序为例（图7-5）说明指令表编辑程序的过程。

Step	Instruction	I/O
0	LD	X000
1	OUT	Y000
2	END	

图7-5 指令表编辑程序示例

操作步骤	解　释
(1) 点击菜单〈文件〉中的〈新文件〉或〈打开〉选择 PLC 类型，设置 FXON 或 FX2N 后确认，弹出“指令表”（注：如果不是指令表，可从菜单“视图”内选择“指令表”）。	建立新文件，进入“指令编辑”状态，进入输入状态，光标处于指令区，步序号由系统自动填入。
(2) 键入“LD”[空格]（也可以键入“F5”），键入“X000”，[回车]。	输入第一条指令（快捷方式输入指令）：输入第一条指令元件号，光标自动进入第二条指令。
(3) 键入“OUT”[空格]（也可以键入“F9”），键入“Y000”，[回车]。	输入第二条指令（快捷方式输入指令）：输入第二条指令元件号，光标自动进入第三条指令。
(4) 键入“END”，[回车]。输入结束指令，无元件号，光标下移。	

注意：程序结束前必须输入结束指令（END）。

“指令表”程序编辑结束后，应该进行程序检查，FXGP 能提供自检，单击[选项]下拉子菜单，选中[程序检查]弹出[程序检查]对话框，根据提示，可以检查是否有语法错误、电路错误，以及双线圈检验。检查无误可以进行下一步的操作：〈传送〉、〈运行〉。

7.6.2　梯形图编辑程序

梯形图编辑状态下，可以让你用梯形图形式编辑程序。

现在以输入图 7-6 所示梯形图为例，说明梯形图编辑程序的过程。

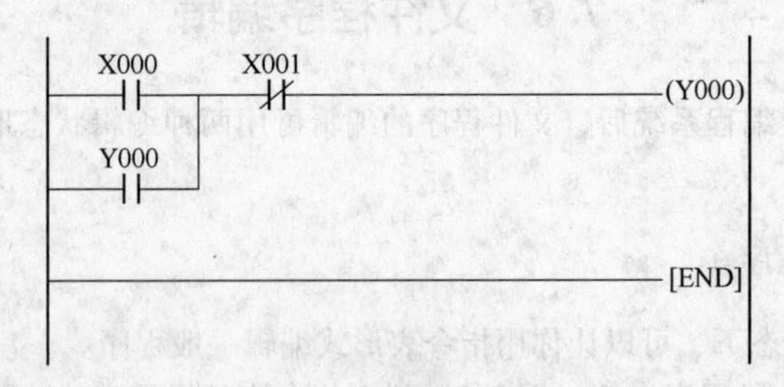

图 7-6　梯形图程序示例

操作步骤	解　释
(1) 点击菜单〈文件〉中的〈新文件〉或〈打开〉选择 PLC 类型，设置 FXON 或 FX2N 后确认，弹出“梯形图”（注：如果不是梯形图，可从菜单“视图”内选择“梯形图”）。	建立新文件，进入“梯形图编辑”状态，进入输入状态，光标处于元件输入位置。

操作步骤	解　释
（2）首先将小光标移到左边母线最上端处。	确定状态元件输入位置。
（3）按“F5”或点击右边的功能图中的常开，弹出“输入元件”对话框。	输入一个元件“常开”触点。
（4）键入“X000”［回车］。	输入元件的符号“X000”。
（5）按“F6”或点击功能图中的常闭，弹出“输入元件”对话框。	输入一个元件“常闭”触点。
（6）键入“X001”［回车］。	输入元件的符号“X001”。
（7）按“F7”或点击功能图中的输出线圈。	输入一个输出线圈。
（8）键入“Y000”［回车］。	输入线圈符号“Y000”。
（9）点击功能图中带有连接线的常开，弹出“输入元件”对话框。	输入一个并联的常开触点。
（10）键入“Y000”［回车］。	输入一个线圈的辅助常开的符号“Y000”。
（11）按“F8”或点击功能图中的“功能”元件“—［］—”，弹出“输入元件”对话框。	输入一个“功能元件”。
（12）键入“END”［回车］。	输入结束符号。

注意：程序结束前必须输入结束指令（END）。

“梯形图”程序编辑结束后，应该进行程序检查，FXGP 能提供自检，单击［选项］下拉子菜单，选中［程序检查］弹出［程序检查］对话框，根据提示可以检查是否有语法错误、电路错误，以及双线圈检验。检查无误进行下一步<转换>、<传送>、<运行>。

注意：“梯形图”编辑程序必须“转换”成指令表格式才能被 PLC 认可运行。但有时输入的梯形图无法将其转换为指令格式。

“梯形图”转换成“指令表”格式的操作：用鼠标点击快捷功能键<转换>，或者点击工具栏的下拉菜单<转换>。

“梯形图”和“指令表”编程比较：梯形图编程比较简单、明了，接近电路图，所以一般 PLC 程序都用梯形图来编辑，然后转换成指令表，下载运行。

7.7 设置通讯口参数

在 FXGP 中将程序编辑完成后和 PLC 通讯前，应设置通讯口的参数。如果只是编辑程序，不和 PLC 通讯，可以不做此步。

设置通讯口参数，分两个步骤：

（1）PLC 串行口设置。点击菜单“PLC”的子菜单“串行口设置（D8120）［e］”，弹出如图 7-7 所示对话框。

检查是否一致，如果不对，马上修正，然后［确认］返回菜单做下一步（注：串行口设置一般已由厂方设置完成）。

（2）PLC 的端口设置。点击菜单“PLC”的子菜单弹出如图 7-8 所示对话框。

根据 PLC 与 PC 连接的端口号，选择 COM1 ~ COM4 中的一个，［确认］返回菜单。注：PLC 的端口设置也可以在编程前进行。

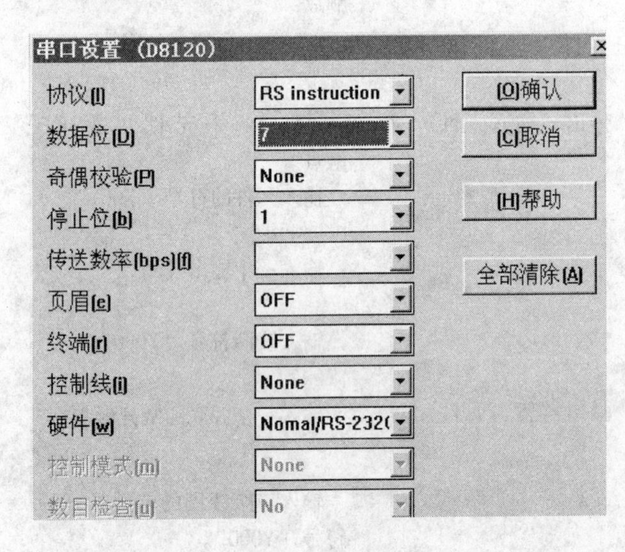

图 7-7　“串行口设置”对话框

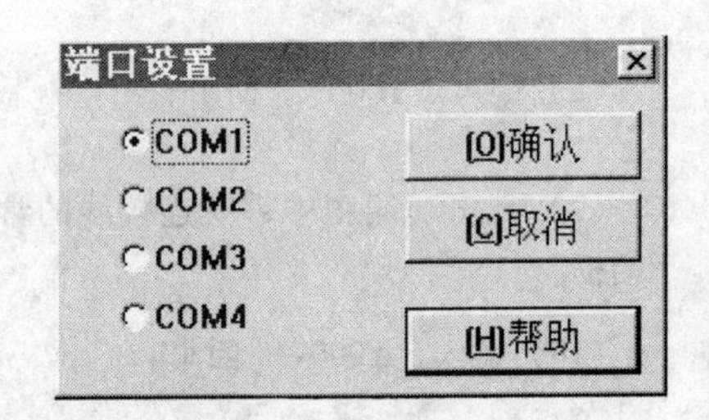

图 7-8　“端口设置”对话框

7.8　FXGP 与 PLC 之间的程序传送

在 FXGP 中把程序编辑好之后，要把程序下传到 PLC 中去。程序只有在 PLC 中才能运行；也可以把 PLC 中的程序上传到 FXGP 中来。在 FXGP 和 PLC 之间进行程序传送之前，应该先用电缆连接好 PC-FXGP 和 PLC。

7.8.1　把 FXGP 中的程序下传到 PLC 中

若 FXGP 中的程序用“指令表”编辑即可直接传送，如果用“梯形图”编辑的则要求转换成“指令表”才能传送，因为 PLC 只识别指令。

点击菜单“PLC”的二级子菜单“传送”→“写出”：弹出对话框，有两个选择〈所有范围〉、〈范围设置〉。

（1）所有范围。即状态栏中显示的“程序步”（FX2N-8000、FX0N-2000）会全部写入 PLC，时间比较长（此功能可以用来刷新 PLC 的内存）。

（2）范围设置。先确定“程序步”的“起始步”和“终止步”的步长，然后把确定的步长指令写入 PLC，时间相对比较短。

程序步的长短都在状态栏中明确显示。

在“状态栏”会出现“程序步”（或“已用步”）写入（或插入）FX2N 等字符。选择完［确认］，如果这时 PLC 处于“RUN”状态，通讯不能进行，屏幕会出现“PLC 正在运行，无法写入”的文字说明提示，这时应该先将 PLC 的“RUN、STOP”的开关拨到“STOP”或点击菜单“PLC”的［遥控运行/停止［0］］（遥控只能用于 FX2N 型 PLC），然后才能进行通讯。进入 PLC 程序写入过程，这时屏幕会出现闪烁着的“写入 Please wait a moment”等提示符。

“写入结束”后自动“核对”，核对正确才能运行。注意这时的“核对”只是核对程序是否写入了 PLC，电路的正确与否由 PLC 判定，与通讯无关。

若“通讯错误”提示符出现，可能有两个问题要检查。第一，在状态检查中看“PLC 类型”是否正确，例如运行机型是 FX2N，但设置的是 FX0N，就要更改成 FX2N。第二，PLC 的“端口设置”是否正确，即 COM 口。排除了这两个问题后，重新“写入”直到“核对”完成表示程序已输送到 PLC 中。

7.8.2 把 PLC 中的程序上传到 FXGP 中

若要把 PLC 中的程序读回 FXGP，首先要设置好通讯端口，点击“PLC”子菜单“读入”弹出［PLC 类型设置］对话框，选择 PLC 类型，［确认］读入开始。结束后状态栏中显示程序步数。这时在 FXGP 中可以阅读 PLC 中的运行程序。

注意：FXGP 和 PLC 之间的程序传送，有可能原程序会被当前程序覆盖，假如不想覆盖原有程序，应该注意文件名的设置。

7.9 程序的运行与调试

7.9.1 程序运行

当程序写入 PLC 后就可以在 PLC 中运行了。先将 PLC 处于 RUN 状态（可用手拨 PLC 的“RUN/STOP”开关到“RUN”挡，FX0N、FX2N 都适合，也可用遥控使 PLC 处于“RUN”状态，这只适合 FX2N 型），再通过实验系统的输入开关给 PLC 输入给定信号，观察 PLC 输出指示灯，验证是否符合编辑程序的电路逻辑关系，如果有问题还可以通过 FXGP 提供的调试工具来确定问题所在，然后解决问题。

例：运行验证程序

编辑、传送、运行如图 7-9 所示程序。

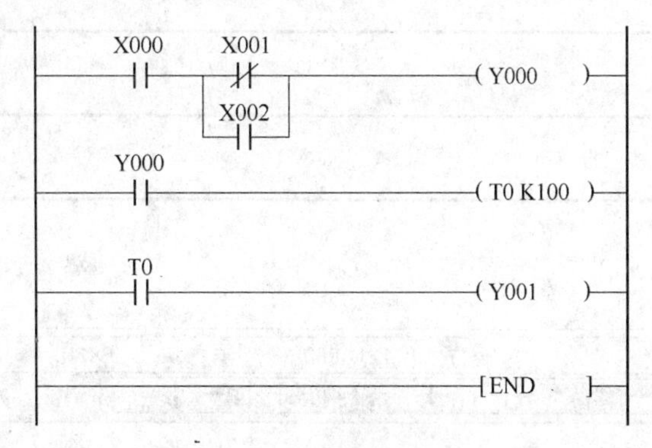

图 7-9 运行验证程序示例

步骤：

（1）梯形图方式编辑，然后［转换］成指令表程序。

（2）程序［写入］PLC，在［写入］时 PLC 应处于“STOP”状态。

（3）PLC 中的程序在运行前应使 PLC 处于“RUN”状态。

(4) 输入给定信号，观察输出状态，可以验证程序的正确性。

操作步骤	解　释
闭合 X000、断开 X001	Y000 应该动作
闭合 X000、闭合 X002	Y000 应该动作
断开 X000	Y000 应该不动作
闭合 X000、闭合 X001、断开 X002	Y000 应该不动作
	Y000 这条电路正确
Y000 动作 10s 后 T0 定时器触点闭合	Y001 应该动作 T0、Y001 电路正确

7.9.2　程序调试

当程序写入 PLC 后，按照设计要求可用 FXGP 来调试 PLC 程序。如果有问题，可以通过 FXGP 提供的调试工具来确定问题所在。调试工具：监控/测试下面举例说明：

监控/测试包括：

(1) 开始监控。在 PLC 运行时通过梯形图程序显示各位元件的动作情况，见图 7-10。

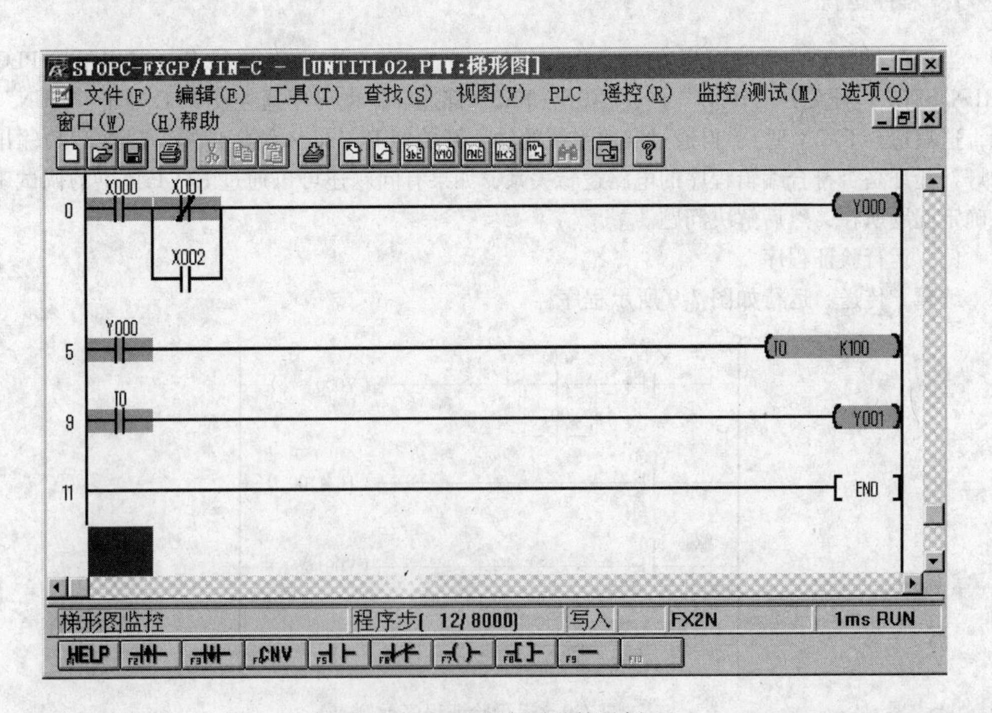

图 7-10　PLC 运行时监控示例

当 X000 闭合、Y000 线圈动作、T0 计时到、Y001 线圈动作，此时可观察到动作的每个元件位置上出现翠绿色光标，表示元件改变了状态。利用“开始监控”可以实时观察程序运行。

(2) 进入元件监控。在PLC运行时，监控指定元件单元的动作情况，见图7-11。

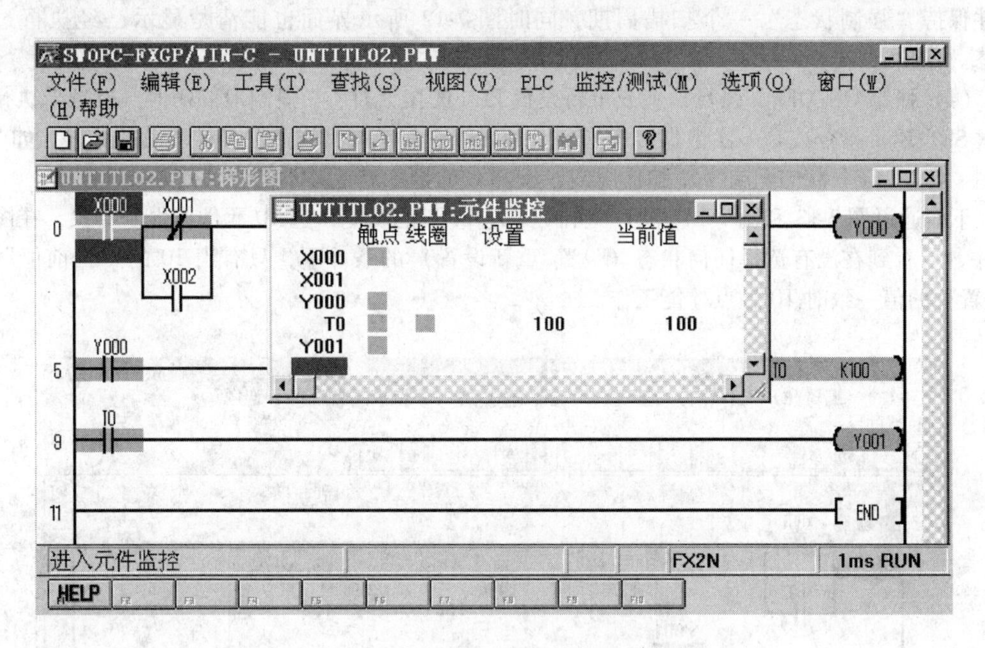

图7-11 监控指定元件单元的动作情况示例

当指定元件进入监控（在“进入元件监控”对话框中输入元件号)，就可以非常清楚元件改变状态的过程，例如T0定时器，当当前值增加到和设置的一致，状态发生变化。这过程在对话框中能清楚地看到。

(3) 强制Y输出。强制PLC输出端口（Y）输出ON/OFF，见图7-12。

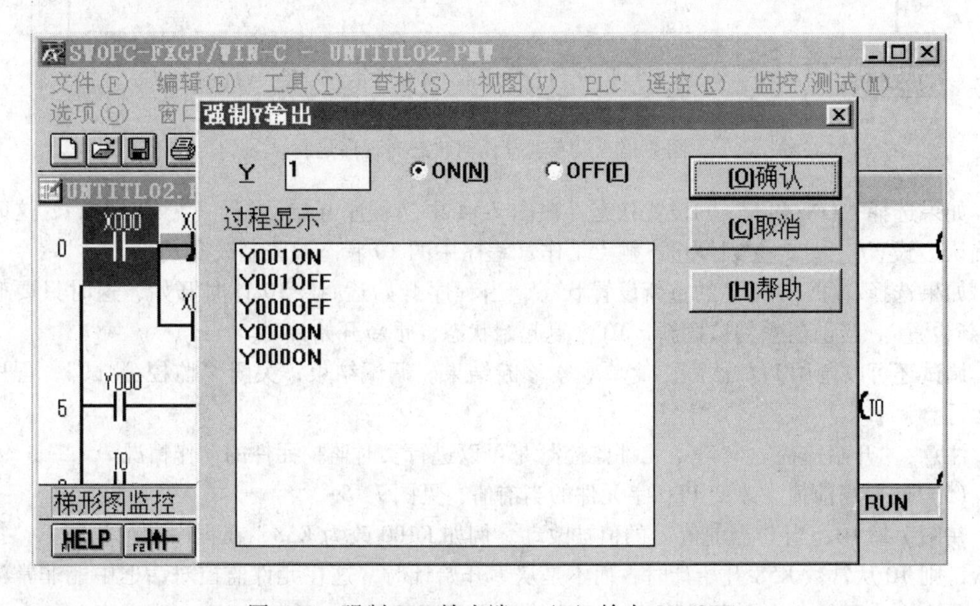

图7-12 强制PLC输出端口（Y）输出ON/OFF

如果在程序运行中需要强制某个输出端口（Y）输出ON或OFF，可以在“强制Y输出”的对话框中输入所要强制的“Y”元件号，选择“ON”或“OFF”状态“确认”后，元件保持“强制状态”一个扫描周期，同时图 7-12 所示界面也能清楚显示已经执行过的状态。

（4）强制 ON/OFF。强行设置或重新设置 PLC 的位元件：“强制 ON/OFF”相当于执行了一次 SET/RST 指令或是一次数据传递指令。对那些在程序中其线圈已经被驱动的元素，如 Y0，强制“ON/OFF”状态只有一个扫描周期，从 PLC 的指示灯上并不能看到效果。

下面通过图 7-13 和图 7-14 说明“强制 ON/OFF”的功能，选 T0 元件作强制对象，在图 7-13 中，可看到在没有选择任何状态（设置/重新设置）的条件下，只有当 T0 的“当前值”与“设置”的值一致时 T0 触点才能工作。

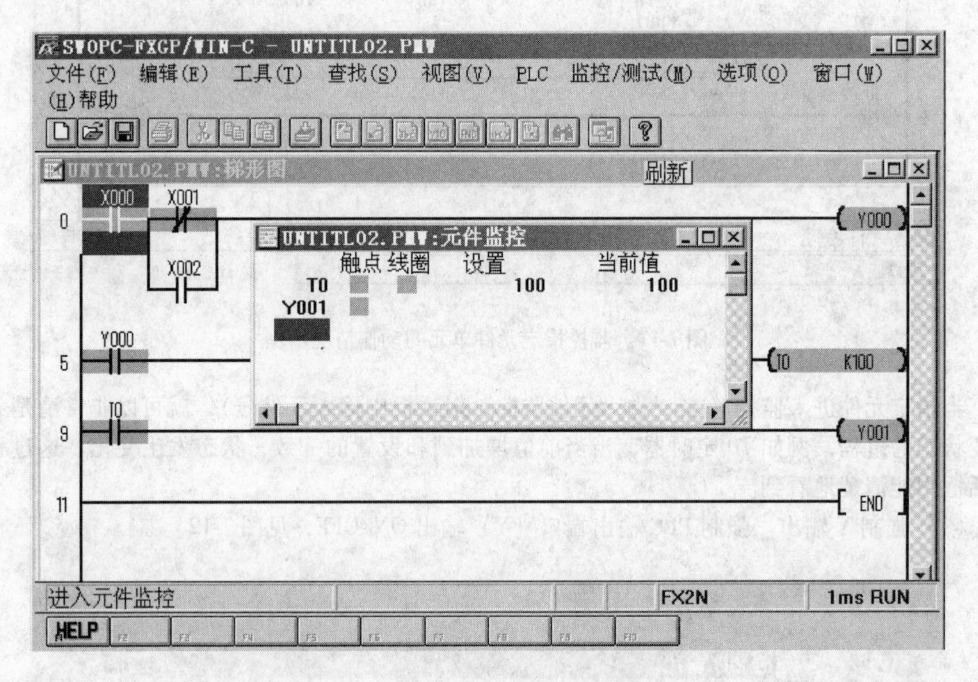

图 7-13　没有选择任何状态时程序运行

如果选择“ON/OFF”的设置状态，在图 7-14 中当程序开始运行，T0 计时开始，这时只要确认“设置”，计时立刻停止，触点工作（程序中的 T0 状态被强制改变）。

如果选择“ON/OFF”的重新设置状态，当程序开始运行，T0 计时开始，这时只要确认“重新设置”，当前值立刻被刷新，T0 恢复起始状态，重新开始计时。

调试还可以调用 PLC 诊断，简单观察诊断结果。调试结束，关闭“监控/测试”，程序进入运行。

注意：“开始监控”、“进入元件监控”是可以进行实时监控元件的动作情况。

（5）改变当前值。改变 PLC 字元件的当前值，见图 7-15。

在图 7-15 中，当“当前值”的值被改动。例如 K100 改为 K58，在程序运行状态下，执行确认，则 T0 从常数 K58 开始计时，而不是从零开始计时，这在元件监控对话框中能非常清楚地反映出来，同时在改变当前值的对话框的“过程显示”中也能观察到。改变当前值在程序调试中可用于瞬时观察。

（6）改变设置值。改变 PLC 中计数器或计时器的设置值，见图 7-16 和图 7-17。

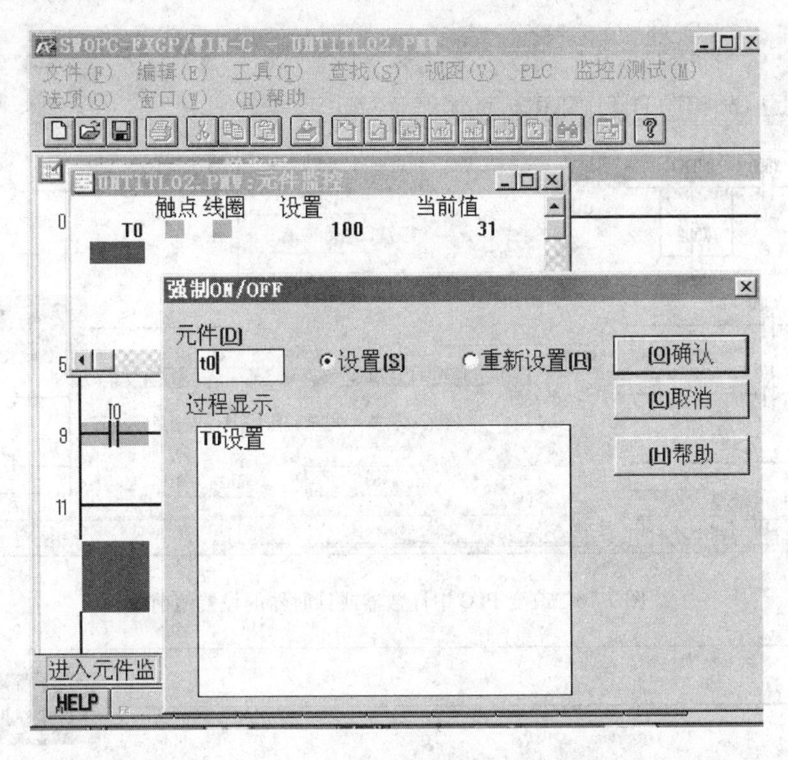

图 7-14 选择“ON/OFF”的设置状态时程序运行

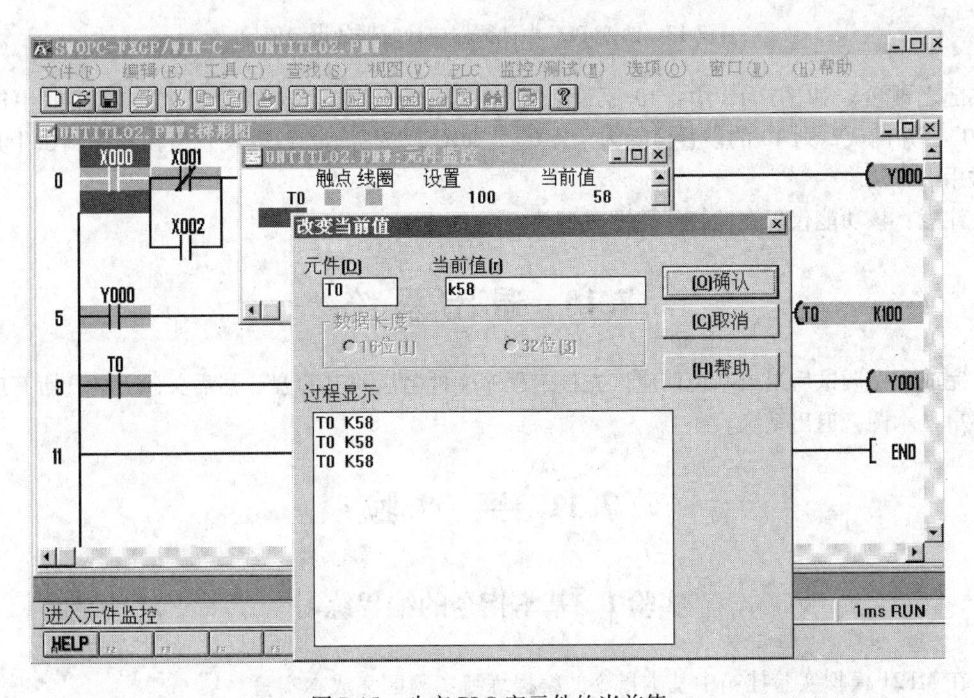

图 7-15 改变 PLC 字元件的当前值

在程序运行监控中，如果要改变光标所在位置的计数器或计时器的输出命令状态，只需在“改变设置值”对话框中输入要改变的值，则该计数器或计时器的设置值被改变，输出命令状

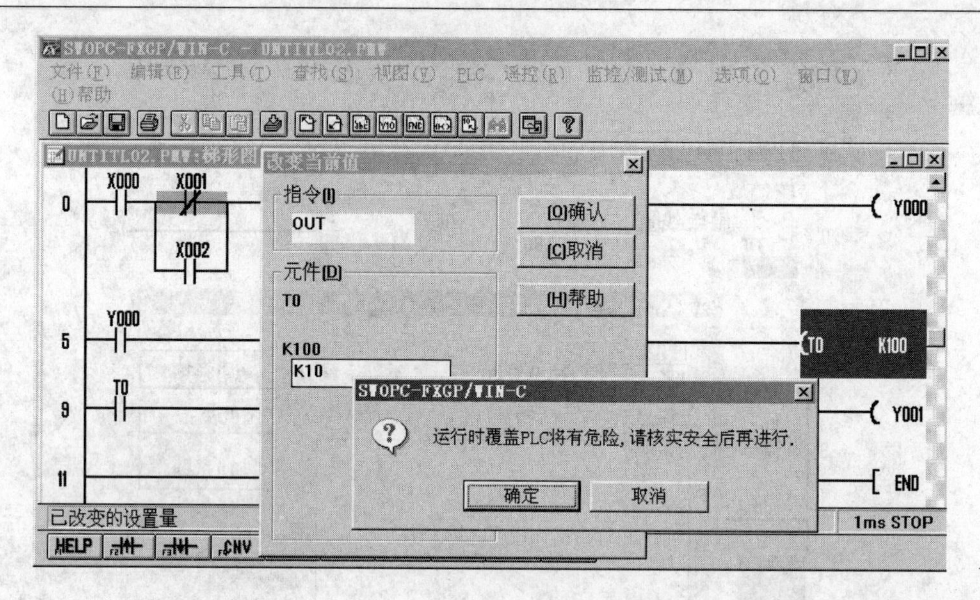

图 7-16　改变 PLC 中计数器或计时器的设置值前

图 7-17　改变 PLC 中计数器或计时器的设置值后

态亦随之改变。如图 7-16 中，T0 原设置值为“K100”，在“改变设置值”对话框中改为“K10”，并确认，则 T0 的设置值变为“K10”，如图 7-17 所示。改变设置值在程序调试中是比较常用的方法。

注意：该功能仅仅在监控线路图时有效。

7.10　退出系统

完成程序调试后退出系统前应该先核定程序文件名后将其存盘，然后关闭 FXGP 所有应用子菜单显示图，退出系统。

7.11　实　　验

实验 1　基本指令的编程练习

在 MF21 模拟实验挂箱中基本指令的编程练习实验区完成本实验。

基本指令编程练习的实验面板如图 7-18 所示。图 7-18a 中的接线孔，通过防转座插锁紧线与 PLC 的主机相应的输入、输出插孔相接。X*i* 为输入点，Y*i* 为输出点。图 7-18b 中下面两排 X0 ~ X15 为输入按键和开关、模拟开关量的输入。上边一排 Y0 ~ Y11 是 LED 指示灯，接 PLC

主机输出端，用以模拟输出负载的通与断。

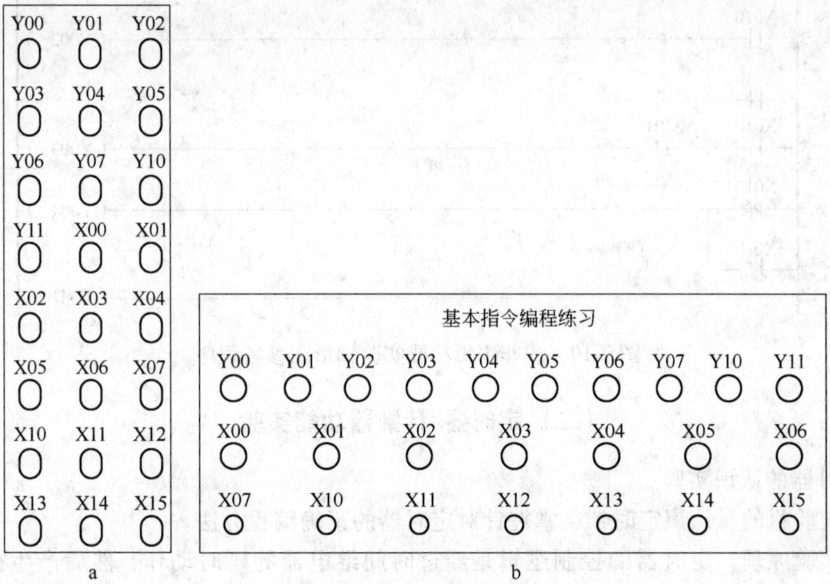

图 7-18 实验面板图

（一）与或非逻辑功能实验

一、实验目的

1. 熟悉 PLC 装置；

2. 熟悉 PLC 及实验系统的操作；

3. 掌握与、或、非逻辑功能的编程方法。

二、实验原理

调用 PLC 基本指令，可以实现“与”、“或”、“非”逻辑功能。

三、输入/输出接线列表

与或非逻辑功能实验的输入、输出接线见表 7-1。

表 7-1 输入、输出接线表

输入	X10	X11	输出	Y1	Y2	Y3	Y4
接线	X10	X11	接线	Y01	Y02	Y03	Y04

四、实验步骤

通过专用电缆连接 PC 与 PLC 主机。打开编程软件，逐条输入程序，检查无误并把其下载到 PLC 主机后，将主机上的 STOP/RUN 按钮拨到 RUN 位置，运行指示灯点亮，表明程序开始运行，有关的指示灯将显示运行结果。

拨动输入开关 X10、X11，观察输出指示灯 Y1、Y2、Y3、Y4 是否符合与、或、非逻辑的正确结果。

五、梯形图参考程序

参考图 7-19。

X010 X011
0 Y001
X010
3 Y002
X011
X010 X011
6 Y003
X010
9 Y004
X011
12 END

图 7-19 或非逻辑功能实验梯形图参考程序

(二) 定时器/计数器功能实验

1. 定时器的认识实验

(1) 实验目的。认识定时器，掌握针对定时器的正确编程方法。

(2) 实验原理。定时器的控制逻辑是经过时间继电器的延时动作，然后产生控制作用。其控制作用同一般继电器。

(3) 梯形图参考程序参考图 7-20。

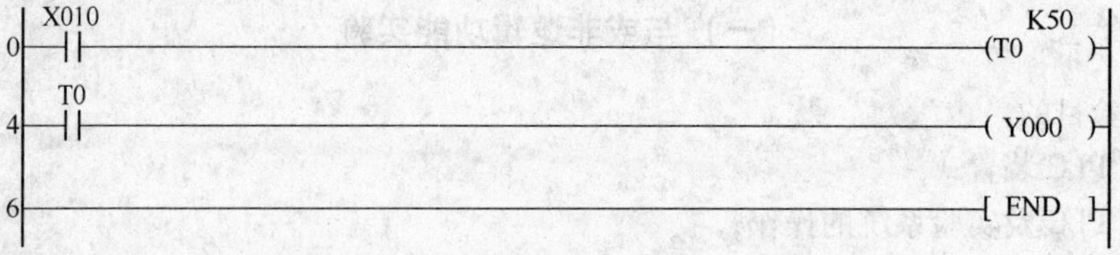

X010 K50
0 T0
T0
4 Y000
6 END

图 7-20 定时器认识梯形图参考程序

2. 定时器扩展实验

(1) 实验目的。掌握定时器的扩展及其编程方法。

(2) 实验原理。由于 PLC 的定时器都有一定的定时范围，如果需要的设定值超过机器范围，我们可以通过几个定时器的串联组合来扩充设定值的范围。

(3) 梯形图参考程序参考图 7-21。

图 7-21 定时器扩展梯形图参考程序

3. 计数器认识实验

(1) 实验目的。认识计数器，掌握针对计数器的正确编程方法。

(2) 实验原理。三菱 FXOS 系列的内部计数器分为 16 位二进制加法计数器和 32 位增计数/减计数器两种。其中的 16 位二进制加法计数器，其设定值在 K1 ~ K32767 范围内有效。

这是一个由定时器T0和计数器C0组成的组合电路。T0形成一个设定值为1s的自复位定时器，当X10接通，T0线圈得电，经延时1s，T0的常闭接点断开，T0定时器断开复位，待下一次扫描时，T0的常闭接点才闭合，T0线圈又重新得电，即T0接点每次接通时间为一个扫描周期。计数器对这个脉冲信号进行计数，计数到10次，C0常开接点闭合，使Y0线圈接通。从X10接通到Y0有输出，延时时间为定时器和计数器设定值的乘积：$T_{总} = T0 \times C0 = 1 \times 10 = 10s$。

（3）梯形图参考程序参考图7-22。

图7-22　计数器认识梯形图参考程序

4. 计数器的扩展实验

（1）实验目的。掌握计数器的扩展及其编程方法。

（2）实验原理。由于PLC的计数器都有一定的定时范围，如果需要的设定值超过机器范围，我们可以通过几个计数器的串联组合来扩充设定值的范围。

此实验中，总的计数值$C_{总} = C0 \times C1 = 20 \times 3 \times 1 = 60$。

（3）梯形图参考程序参考图7-23。

图7-23　计数器扩展梯形图参考程序

实验2　四节传送带的模拟

在MF21模拟实验挂箱中四节传送带的模拟实验区完成本实验。

一、实验目的

通过使用各基本指令，进一步熟练掌握 PLC 的编程和程序调试。

二、控制要求

有一个用四条皮带运输机的传送系统，分别用四台电动机带动，控制要求如下：

（1）启动时先启动最末一条皮带机，经过 5s 延时，再依次启动其他皮带机。

（2）停止时应先停止最前一条皮带机，待料运送完毕后再依次停止其他皮带机。

（3）当某条皮带机发生故障时，该皮带机及其前面的皮带机立即停止，而该皮带机以后的皮带机待运完后才停止。例如 M2 故障，M1、M2 立即停，经过 5s 延时后，M3 停，再过 5s，M4 停。

当某条皮带机上有重物时，该皮带机前面的皮带机停止，该皮带机运行 5s 后停，而该皮带机以后的皮带机待料运完后才停止。例如，M3 上有重物，M1、M2 立即停，过 5s，M3 停，再过 5s，M4 停。

三、四节传送带的模拟实验面板图

四节传送带的模拟实验面板见图 7-24。

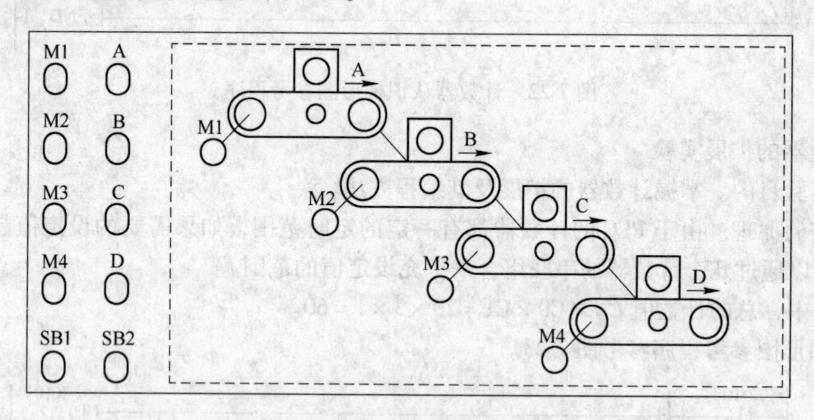

图 7-24　四节传送带的模拟实验面板图

上图中的 A、B、C、D 表示负载或故障设定；M1、M2、M3、M4 表示传送带的运动。启动、停止用动合按钮来实现，负载或故障设置用钮子开关来模拟，电机的停转或运行用发光二极管来模拟。

四、输入/输出接线列表

四节传送带模拟实验的输入、输出接线见表 7-2。

表 7-2　四节传送带模拟实验的输入/输出接线表

输入	SB1	A	B	C	D	SB2
接线	X0	X1	X2	X3	X4	X5
输出	M1	M2	M3	M4		
接线	Y1	Y2	Y3	Y4		

五、梯形图参考程序

（1）模拟故障梯形图参考程序如图 7-25 所示。

（2）模拟载重梯形图参考程序如图 7-26 所示。

```
0   X000  X005(NC)   [SET Y004]
    M1               (M1)
5   M1               (T0 K50)
9   T0               [SET Y003]
                     (M2)
12  M2               (T1 K50)
16  T1               [SET Y002]
                     (M3)
19  M3               (T2 K50)
23  T2               [SET Y001]
25  X005  X000(NC)   [RST Y001]
    M4               (M4)
30  M4               (T3 K50)
34  T3               [RST Y002]
                     (M5)
37  M5               (T4 K50)
41  T4               [RST Y003]
                     (M6)
44  M6               (T5 K50)
48  T5               [RST Y004]
50  X001             [RST Y001]
                     (M7)
53  M7               (T6 K50)
57  T6               [RST Y002]
                     (M8)
60  M8               (T7 K50)
64  T7               [RST Y003]
                     (M9)
67  M9               (T11 K50)
71  T11              [RST Y004]
```

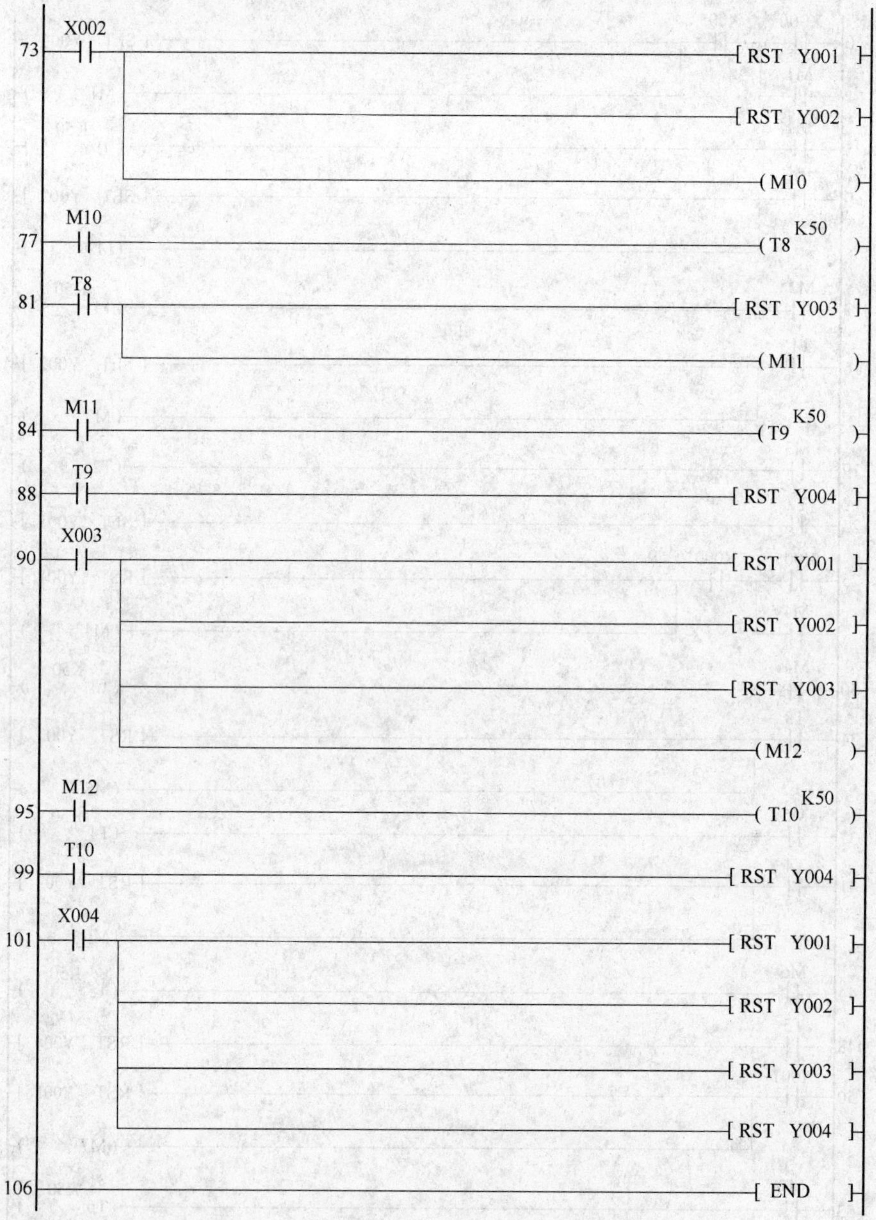

```
73   X002 ─┤├─┬──────────[ RST  Y001 ]
              ├──────────[ RST  Y002 ]
              └──────────( M10 )
77   M10 ─┤├─────────────( T8  K50 )
81   T8 ─┤├─┬────────────[ RST  Y003 ]
            └────────────( M11 )
84   M11 ─┤├─────────────( T9  K50 )
88   T9 ─┤├──────────────[ RST  Y004 ]
90   X003 ─┤├─┬──────────[ RST  Y001 ]
              ├──────────[ RST  Y002 ]
              ├──────────[ RST  Y003 ]
              └──────────( M12 )
95   M12 ─┤├─────────────( T10  K50 )
99   T10 ─┤├─────────────[ RST  Y004 ]
101  X004 ─┤├─┬──────────[ RST  Y001 ]
              ├──────────[ RST  Y002 ]
              ├──────────[ RST  Y003 ]
              └──────────[ RST  Y004 ]
106  ────────────────────[ END ]
```

图 7-25　四节传送带的模拟故障实验梯形图参考程序

```
0    X000 ─┤├─┬─ X005 ─┤/├─┬─[ SET  Y004 ]
     M1 ──┤├──┘            └─( M1 )
5    M1 ─┤├──────────────────( T0  K50 )
9    T0 ─┤├─┬────────────────[ SET  Y003 ]
            └────────────────( M2 )
12   M2 ─┤├──────────────────( T1  K50 )
```

```
16  T1 ──┤├──┬──────────────────[SET Y002]
             └──────────────────(M3)
19  M3 ──┤├─────────────────────(T2 K50)
23  T2 ──┤├─────────────────────[SET Y001]
25  X005 ──┤├──┬── X000 ──┤/├──┬──[RST Y001]
    M4   ──┤├──┘               └──(M4)
30  M4 ──┤├─────────────────────(T3 K50)
34  T3 ──┤├──┬──────────────────[RST Y002]
             └──────────────────(M5)
37  M5 ──┤├─────────────────────(T4 K50)
41  T4 ──┤├──┬──────────────────[RST Y003]
             └──────────────────(M6)
44  M6 ──┤├─────────────────────(T5 K50)
48  T5 ──┤├─────────────────────[RST Y004]
50  X001 ──┤├───────────────────(T6 K50)
54  T6 ──┤├──┬──────────────────[RST Y001]
             └──────────────────(M7)
57  M7 ──┤├─────────────────────(T7 K50)
61  T7 ──┤├──┬──────────────────[RST Y002]
             └──────────────────(M8)
64  M8 ──┤├─────────────────────(T8 K50)
73  T8 ──┤├──┬──────────────────[RST Y003]
             └──────────────────(M9)
76  M9 ──┤├─────────────────────(T9 K50)
80  T9 ──┤├─────────────────────[RST Y004]
82  X002 ──┤├──┬────────────────[RST Y001]
               └────────────────(M10)
85  M10 ──┤├────────────────────(T10 K50)
89  T10 ──┤├──┬─────────────────[RST Y002]
              └─────────────────(M11)
```

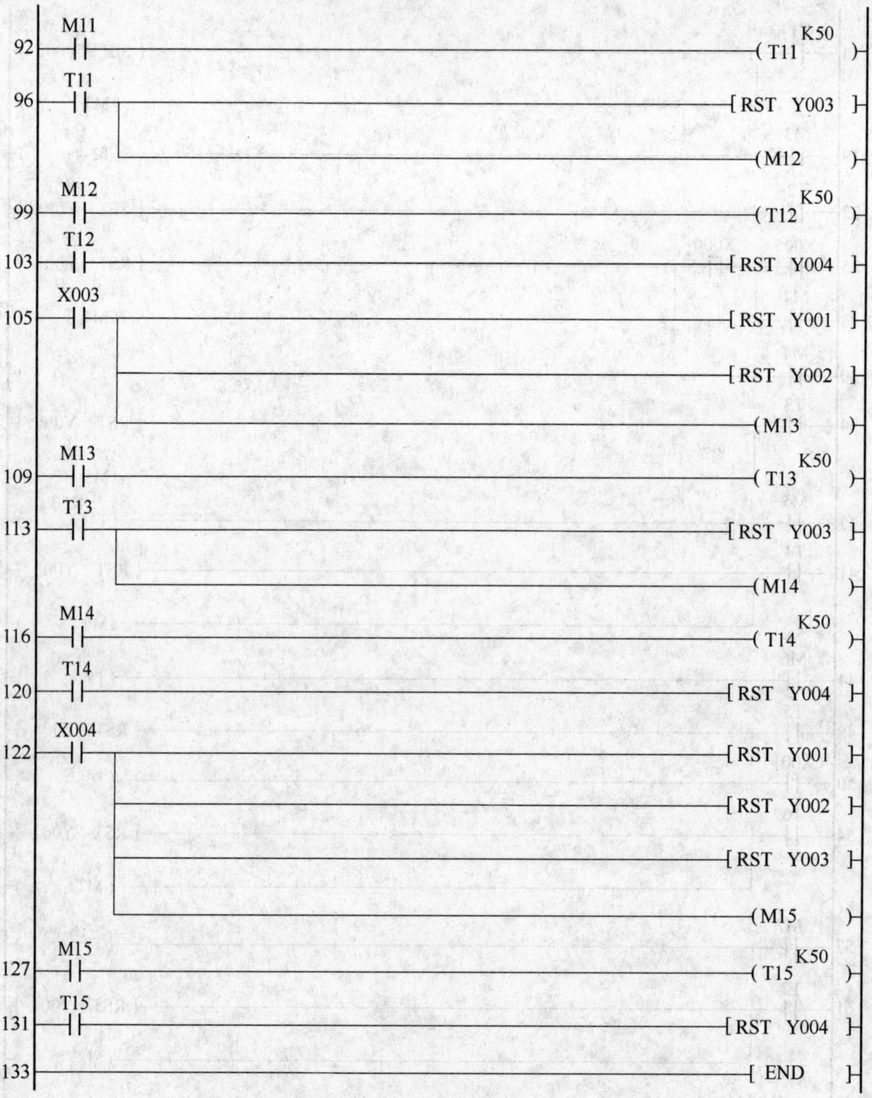

```
 92  M11 ─┤├──────────────────────────( T11  K50 )
 96  T11 ─┤├──┬───────────────────────[ RST  Y003 ]
              └───────────────────────( M12 )
 99  M12 ─┤├──────────────────────────( T12  K50 )
103  T12 ─┤├──────────────────────────[ RST  Y004 ]
105  X003 ─┤├─┬───────────────────────[ RST  Y001 ]
              ├───────────────────────[ RST  Y002 ]
              └───────────────────────( M13 )
109  M13 ─┤├──────────────────────────( T13  K50 )
113  T13 ─┤├──┬───────────────────────[ RST  Y003 ]
              └───────────────────────( M14 )
116  M14 ─┤├──────────────────────────( T14  K50 )
120  T14 ─┤├──────────────────────────[ RST  Y004 ]
122  X004 ─┤├─┬───────────────────────[ RST  Y001 ]
              ├───────────────────────[ RST  Y002 ]
              ├───────────────────────[ RST  Y003 ]
              └───────────────────────( M15 )
127  M15 ─┤├──────────────────────────( T15  K50 )
131  T15 ─┤├──────────────────────────[ RST  Y004 ]
133  ─────────────────────────────────[ END ]
```

图 7-26　四节传送带的模拟载重梯形图参考程序

实验 3　自动配料系统的模拟

在 MF21 模拟实验挂箱中自动配料系统模拟实验区完成本实验。

一、实验目的

（1）熟练掌握 PLC 的编程和程序调试。

（2）了解掌握现代工业中自动配料系统的工作过程和编程方法。

二、控制要求

系统启动后，配料装置能自动识别货车到位情况，对货车进行自动配料，当车装满时，配料系统能自动关闭。

三、自动配料系统模拟实验面板图

自动配料系统模拟实验面板见图 7-27。

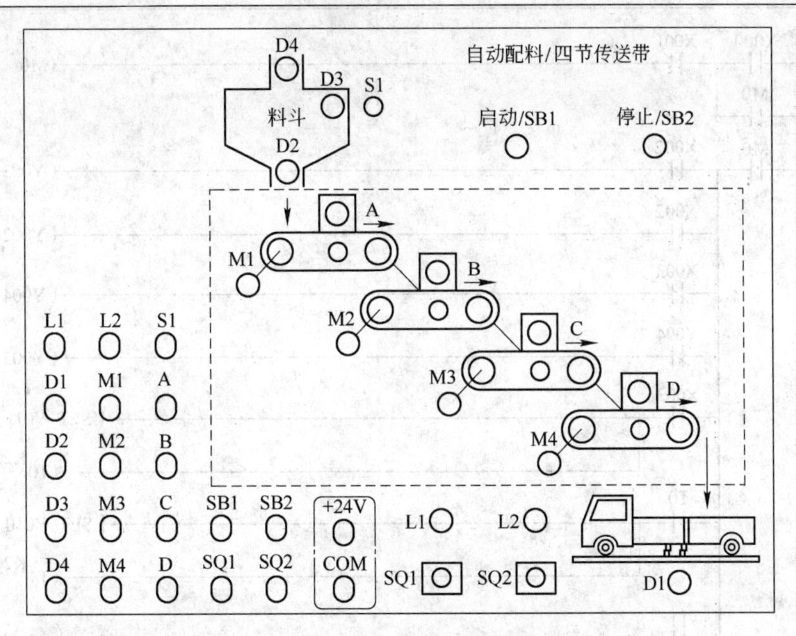

图 7-27 自动配料系统模拟实验面板图

四、输入、输出接线列表

自动配料系统的模拟实验输入、输出接线如表 7-3 所示。

表 7-3 自动配料系统的模拟实验输入、输出接线表

按 钮	SB1	SB2	S1	SQ1	SQ2
功 能	启动	停止	料斗满	车未到位	车装满
连 线	X0	X1	X2	X3	X4

指示灯	D1	D2	D3	D4
功 能	车装满	料斗下口下料	料斗满	料斗上口下料
连 线	Y0	Y1	Y2	Y3

指示灯	L1	L2	M1	M2	M3	M4
功 能	车未到位	车到位	电机 M1	电机 M2	电机 M3	电机 M4
连 线	Y4	Y5	Y6	Y7	Y10	Y11

五、工作过程

(1) 初始状态。系统启动后，红灯 L2 灭，绿灯 L1 亮，表明允许汽车开进装料。料斗出料口 D2 关闭，若料位传感器 S1 置为 OFF（料斗中的物料不满），进料阀开启进料（D4 亮）。当 S1 置为 ON（料斗中的物料已满），则停止进料（D4 灭）。电动机 M1、M2、M3 和 M4 均为 OFF。

(2) 装车控制。装车过程中，当汽车开进装车位置时，限位开关 SQ1 置为 ON，红信号灯 L2 亮，绿灯 L1 灭；同时启动电机 M4，经过 2s 后，再启动 M3，再经 2s 后启动 M2，再经过 2s 最后启动 M1，再经过 2s 后才打开出料阀（D2 亮），物料经料斗出料。

当车装满时，限位开关 SQ2 为 ON，料斗关闭，2s 后 M1 停止，M2 在 M1 停止 2s 后停止，M3 在 M2 停止 2s 后停止，M4 在 M3 停止 2s 后最后停止。同时红灯 L2 灭，绿灯 L1 亮，表明汽车可以开走。

(3) 停机控制。按下停止按钮 SB2，自动配料装车的整个系统终止运行。

六、梯形图参考程序

自动配料系统的模拟实验梯形图参考程序见图 7-28。

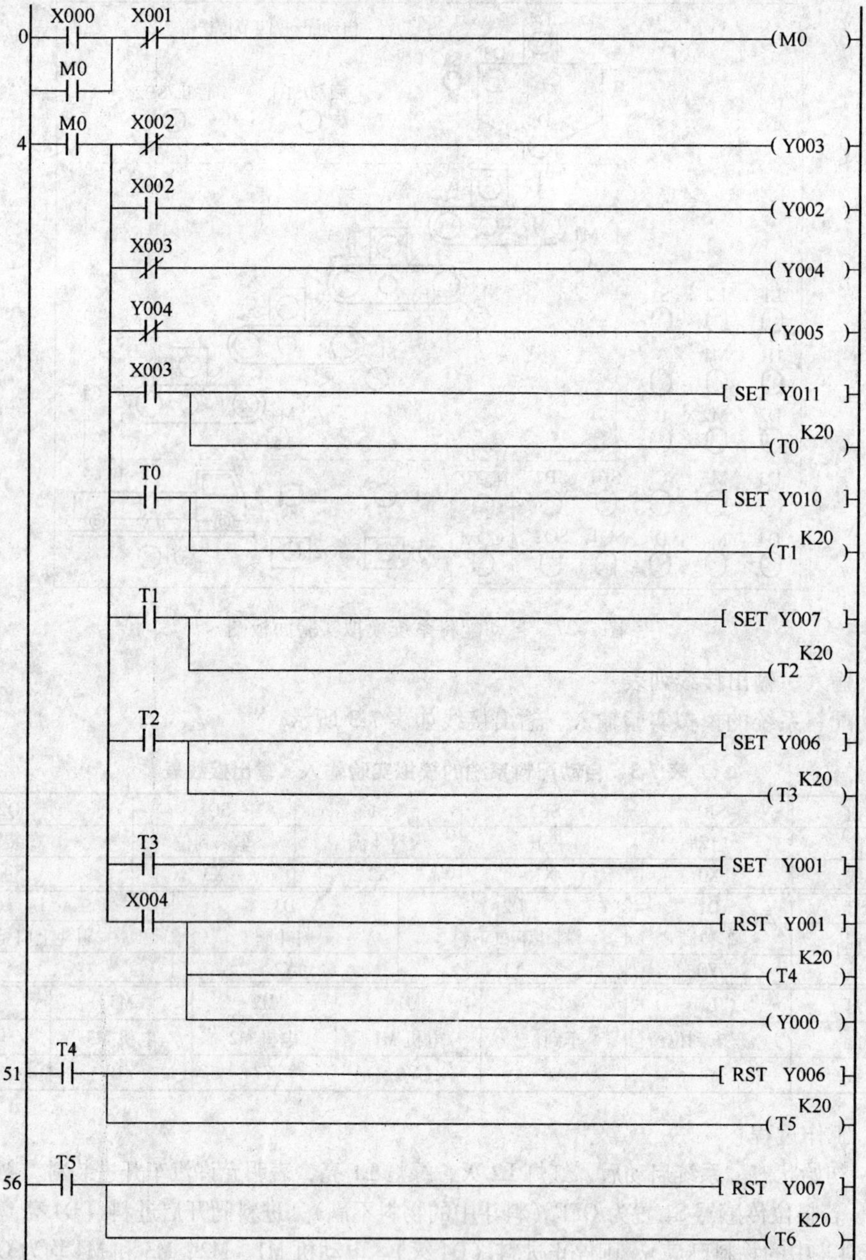

```
0   X000  X001(常闭)                    (M0)
    M0
4   M0    X002(常闭)                    (Y003)
          X002                          (Y002)
          X003(常闭)                    (Y004)
          Y004(常闭)                    (Y005)
          X003                          [SET Y011]
                                        (T0 K20)
          T0                            [SET Y010]
                                        (T1 K20)
          T1                            [SET Y007]
                                        (T2 K20)
          T2                            [SET Y006]
                                        (T3 K20)
          T3                            [SET Y001]
          X004                          [RST Y001]
                                        (T4 K20)
                                        (Y000)
51  T4                                  [RST Y006]
                                        (T5 K20)
56  T5                                  [RST Y007]
                                        (T6 K20)
61  T6                                  [RST Y010]
                                        (T7 K20)
66  T7                                  [RST Y011]
                                        [RST Y005]
                                        [SET Y004]
70                                      [END]
```

图 7-28　自动配料系统的模拟实验梯形图参考程序

实验4　十字路口交通灯控制的模拟

在MF22模拟实验挂箱中十字路口交通灯模拟控制实验区完成本实验。

一、实验目的

熟练使用各基本指令，根据控制要求，掌握PLC的编程方法和程序调试方法，使学生了解用PLC解决一个实际问题的全过程。

二、十字路口交通灯控制实验面板图

十字路口交通灯控制实验面板如图7-29所示。

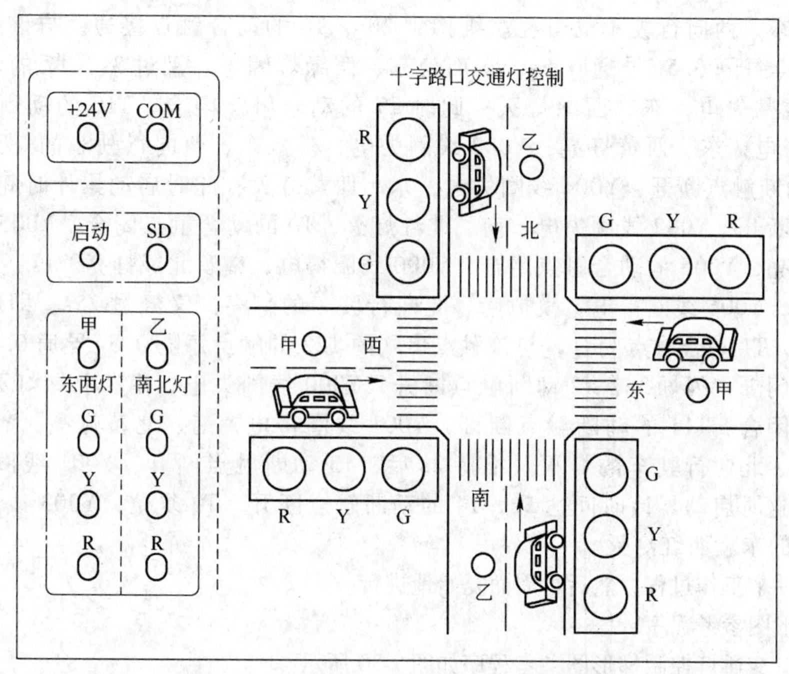

图7-29　十字路口交通灯控制实验面板图

实验面板图中，甲模拟东西向车辆行驶状况；乙模拟南北向车辆行驶状况。东、西、南、北四组红、绿、黄三色发光二极管模拟十字路口的交通灯。

三、控制要求

信号灯受一个启动开关控制，当启动开关接通时，信号灯系统开始工作，且先南、北红灯亮，东、西绿灯亮。当启动开关断开时，所有信号灯都熄灭。

南、北红灯亮维持25s。东、西绿灯亮维持20s。到20s时，东、西绿灯闪亮，闪亮3s后熄灭。在东、西绿灯熄灭时，东、西黄灯亮，并维持2s。到2s时，东、西黄灯熄灭，东、西红灯亮，同时，南、北红灯熄灭，绿灯亮。

东、西红灯亮维持25s。南、北绿灯亮维持20s，然后闪亮3s后熄灭。同时南、北黄灯亮，维持2s后熄灭，这时南、北红灯亮，东、西绿灯亮，周而复始。

四、输入/输出接线列表

十字路口交通灯控制实验输入、输出接线见表7-4。

表 7-4　十字路口交通灯控制实验输入、输出接线表

输入	SD							
接线	X0							
输出	南北 G	南北 Y	南北 R	东西 G	东西 Y	东西 R	甲	乙
接线	Y0	Y1	Y2	Y3	Y4	Y5	Y7	Y6

五、工作过程

当启动开关 SD 合上时，X000 触点接通，Y002 得电，南、北红灯亮；同时 Y002 的动合触点闭合，Y003 线圈得电，东、西绿灯亮。1s 后，T12 的动合触点闭合，Y007 线圈得电，模拟东、西向行驶车的灯亮。维持到 20s，T6 的动合触点接通，与该触点串联的 T22 动合触点每隔 0.5s 导通 0.5s，从而使东、西绿灯闪烁。又过 3s，T7 的动断触点断开，Y003 线圈失电，东、西绿灯灭；此时 T7 的动合触点闭合、T10 的动断触点断开，Y004 线圈得电，东、西黄灯亮，Y007 线圈失电，模拟东、西向行驶车的灯灭。再过 2s 后，T5 的动断触点断开，Y004 线圈失电，东、西黄灯灭；此时启动累计时间达 25s，T0 的动断触点断开，Y002 线圈失电，南、北红灯灭，T0 的动合触点闭合，Y005 线圈得电，东、西红灯亮，Y005 的动合触点闭合，Y000 线圈得电，南、北绿灯亮。1s 后，T13 的动合触点闭合，Y006 线圈得电，模拟南、北向行驶车的灯亮。又经过 25s，即启动累计时间为 50s 时，T1 动合触点闭合，与该触点串联的 T22 的触点每隔 0.5s 导通 0.5s，从而使南、北绿灯闪烁；闪烁 3s，T2 动断触点断开，Y000 线圈失电，南、北绿灯灭；此时 T2 的动合触点闭合、T11 的动断触点断开，Y001 线圈得电，南、北黄灯亮，Y006 线圈失电，模拟南、北向行驶车的灯灭。维持 2s 后，T3 动断触点断开，Y001 线圈失电，南、北黄灯灭。这时启动累计时间达 5s，T4 的动断触点断开，T0 复位，Y003 线圈失电，即维持了 30s 的东、西红灯灭。

上述是一个工作过程，然后再周而复始地进行。

六、梯形图参考程序

十字路口交通灯控制梯形图参考程序如图 7-30 所示。

```
0   X000  T4(动断)      (T0  K250)
5   T0                  (T4  K300)
9   X000  T0(动断)      (T6  K200)
14  T6                  (T10 K220)
                        (T7  K30)
21  T7                  (T5  K20)
25  T0                  (T1  K250)
29  T1                  (T11 K270)
                        (T2  K30)
```

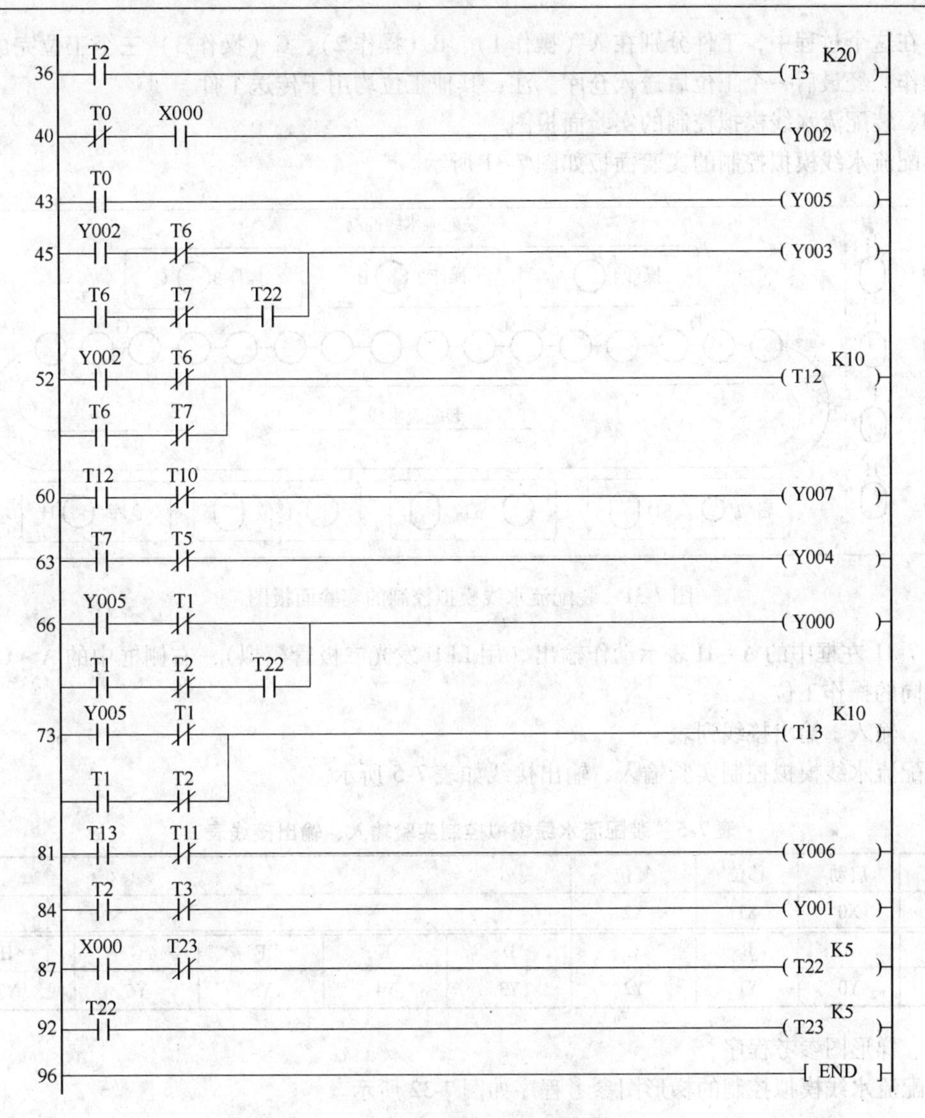

图 7-30 十字路口交通灯控制梯形图参考程序

实验 5 装配流水线控制的模拟

在 MF22 实验挂箱中装配流水线的模拟控制实验区完成本实验。

一、实验目的

了解移位寄存器在控制系统中的应用及针对移位寄存器指令的编程方法。

二、实验原理

使用移位寄存器指令（SFTR、SFTL）可以大大简化程序设计。移位寄存器指令的功能如下：若在输入端输入一连串脉冲信号，在移位脉冲作用下，脉冲信号依次移到移位寄存器的各个继电器中，并将这些继电器的状态输出。其中，每个继电器可在不同的时间内得到由输入端输入的一连串脉冲信号。

三、控制要求

在本实验中，传送带共有 16 个工位。工件从 1 号位装入，依次经过 2 号位、3 号位……16

号位。在这个过程中，工件分别在 A（操作 1）、B（操作 2）、C（操作 3）三个工位完成三种装配操作，经最后一个工位后送入仓库。注：其他工位均用于传送工件。

四、装配流水线模拟控制的实验面板图

装配流水线模拟控制的实验面板如图 7-31 所示。

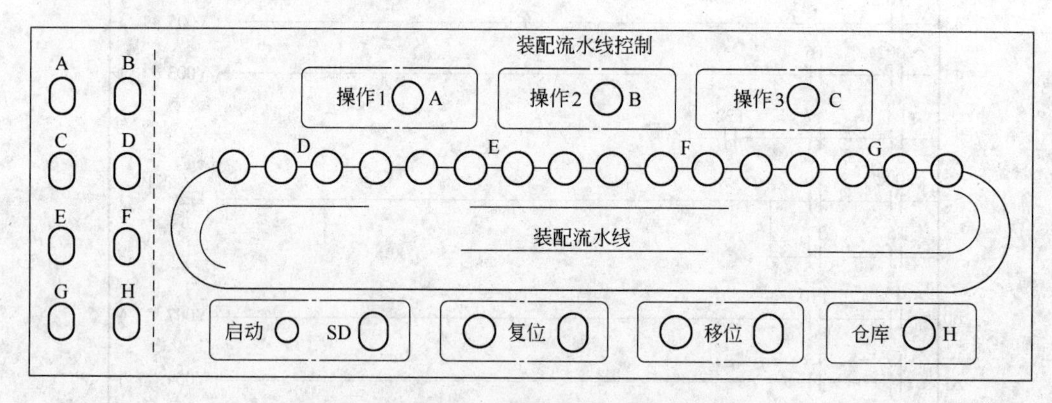

图 7-31　装配流水线模拟控制的实验面板图

图 7-31 左框中的 A ~ H 表示动作输出（用 LED 发光二极管模拟），右侧框中的 A ~ G 表示各个不同的操作工位。

五、输入、输出接线列表

装配流水线模拟控制实验输入、输出接线如表 7-5 所示。

表 7-5　装配流水线模拟控制实验输入、输出接线表

输入	启动	移位	复位					
接线	X0	X1	X2					
输出	A	B	C	D	E	F	G	H
接线	Y0	Y1	Y2	Y3	Y4	Y5	Y6	Y7

六、梯形图参考程序

装配流水线模拟控制的梯形图参考程序如图 7-32 所示。

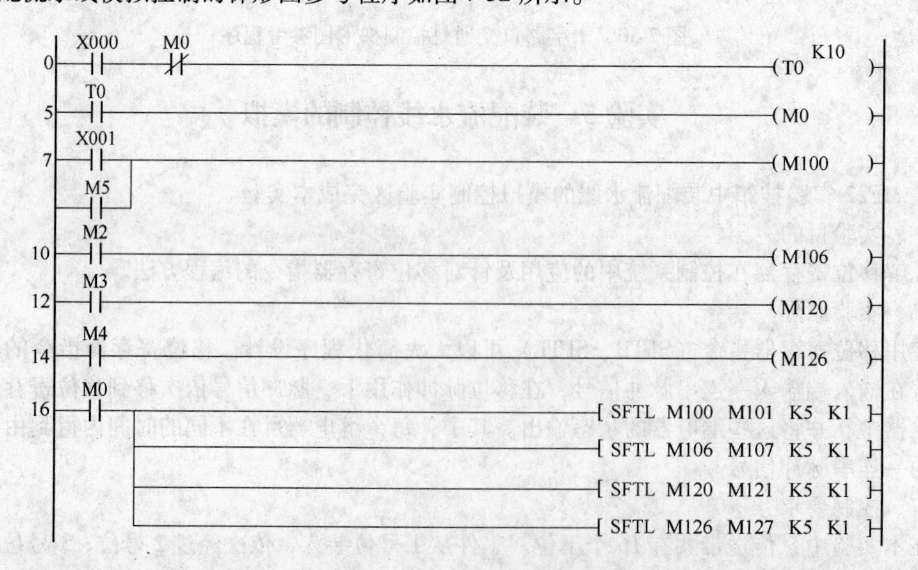

```
53   M105 ─┬─────────────── [ PLS M10 ]
     M111 ─┤
     M125 ─┤
     M131 ─┘
59   M11 ── T21(/) ─┬────── ( M11 )
     M100 ──────────┘
                    └────── ( T10 K50 )
66   M11 ── T10(/) ─┬────── ( M200 )
     M12 ───────────┘
70   M204 ─┬─────────────── ( T11 K80 )
           └── T11(/) ───── ( M12 )
76   M10 ────────────────── [ SFTL M200 M201 K4 K1 ]
86   M201 ───────────────── ( T2 K30 )
90   T2 ──┬──────────────── ( T3 K15 )
          └── T3(/) ─────── ( M2 )
96   M202 ───────────────── ( T4 K30 )
100  T4 ──┬──────────────── ( T5 K15 )
          └── T5(/) ─────── ( M3 )
106  M203 ───────────────── ( T6 K30 )
110  T6 ──┬──────────────── ( T7 K15 )
          └── T7(/) ─────── ( M4 )
116  M204 ───────────────── ( T8 K30 )
120  T8 ──┬──────────────── ( T9 K15 )
          └── T9(/) ─────── ( M5 )
126  M101 ─┬─────────────── ( Y003 )
     M107 ─┤
     M121 ─┤
     M127 ─┘
131  M102 ─┬─────────────── ( Y004 )
     M108 ─┤
     M122 ─┤
```

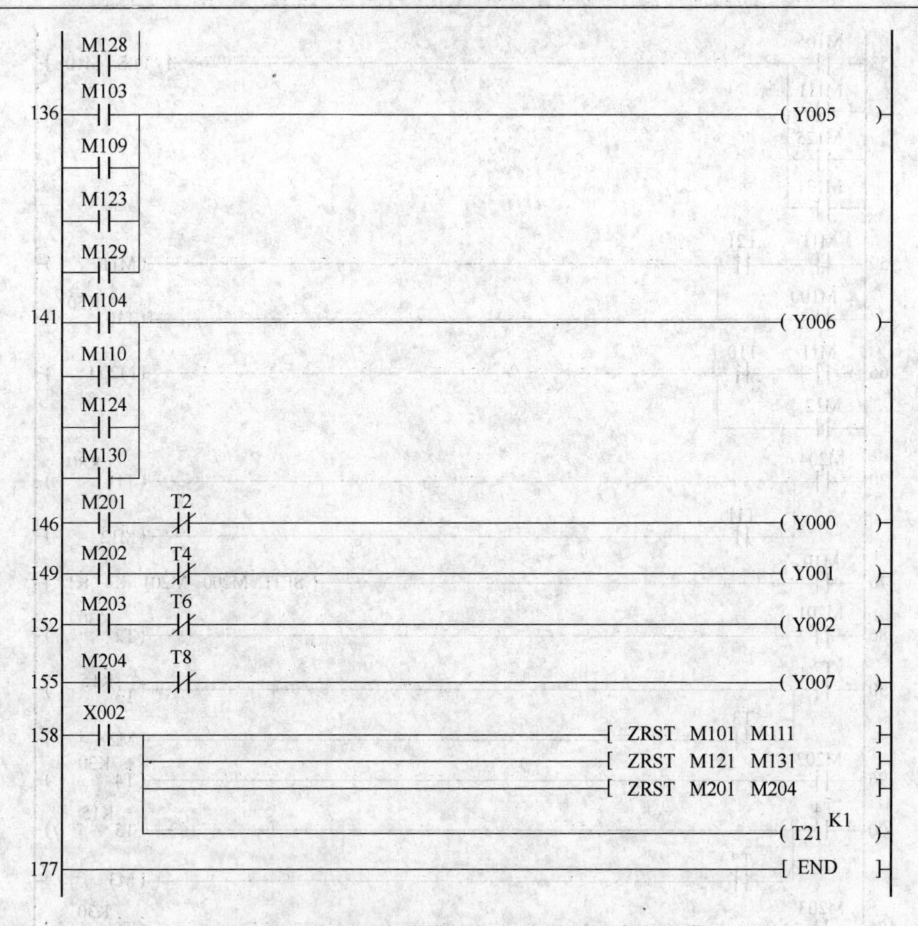

图 7-32　装配流水线模拟控制的梯形图参考程序

实验 6　水塔水位控制

在 MF23 实验挂箱中水塔水位控制区完成本实验。

一、实验目的

用 PLC 构成水塔水位自动控制系统。

二、控制要求

当水池水位低于水池低水位界（S4 为 ON 表示），阀 Y 打开进水（Y 为 ON），定时器开始定时，4s 后，如果 S4 还不为 OFF，那么阀 Y 指示灯闪烁，表示阀 Y 没有进水，出现故障，S3 为 ON 后，阀 Y 关闭（Y 为 OFF）。当 S4 为 OFF 时，且水塔水位低于水塔低水位界时 S2 为 ON，电机 M 运转抽水。当水塔水位高于水塔高水位界时电机 M 停止。

三、水塔水位控制的实验面板图

水塔水位控制的实验面板如图 7-33 所示，面板中 S1 表示水塔的水位上限，S2 表示水塔水位下限，S3 表示水池水位上限，S4 表示水池水位下限，M1 为抽水电机，Y 为水阀。

四、输入、输出接线列表

水塔水位控制的输入、输出接线如表 7-6 所示。

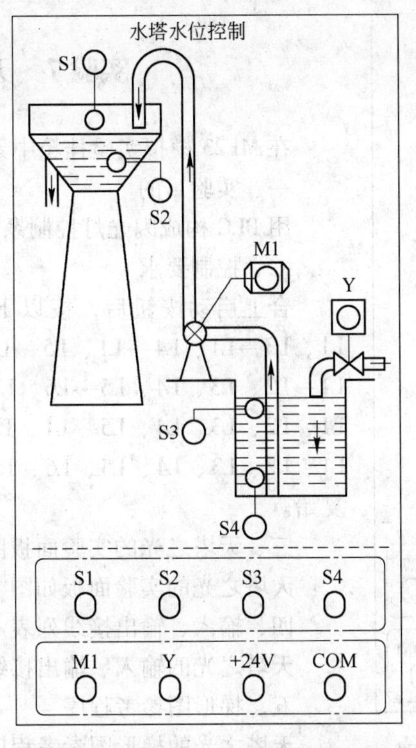

图 7-33 水塔水位控制的实验面板图

表 7-6 水塔水位控制的输入、输出接线列表

输入	S1	S2	S3	S4	输出	M1	Y
接线	X0	X1	X2	X3	接线	Y0	Y1

五、梯形图参考程序

水塔水位控制的梯形图参考程序如图 7-34 所示。

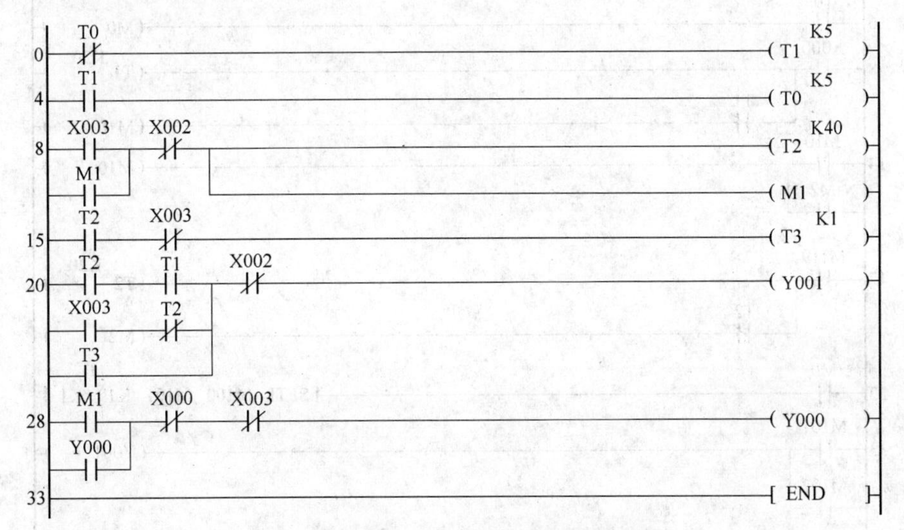

图 7-34 水塔水位控制的梯形图参考程序

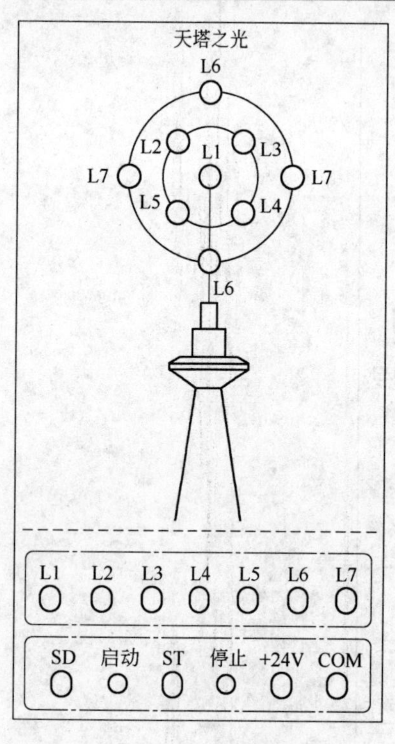

图 7-35　天塔之光的实验面板图

实验 7　天塔之光

在 MF23 模拟实验挂箱中天塔之光实验区完成本实验。

一、实验目的

用 PLC 构成闪光灯控制系统。

二、控制要求

合上启动按钮后，按以下规律显示：L1→L1、L2→L1、L3→L1、L4→L1、L5→L1、L2、L4→L1、L3、L5→L1→L2、L3、L4、L5→L6、L7→L1、L6→L1、L7→L1→L1、L2、L3、L4、L5→L1、L2、L3、L4、L5、L6、L7→L1、L2、L3、L4、L5、L6、L7→L1……如此循环，周而复始。

三、天塔之光的实验面板图

天塔之光的实验面板如图 7-35 所示。

四、输入、输出接线列表

天塔之光的输入、输出接线如表 7-7 所示。

五、梯形图参考程序

天塔之光的梯形图参考程序如图 7-36 所示。

表 7-7　天塔之光的输入、输出接线列表

输入	SD	ST	输出	L1	L2	L3	L4	L5	L6	L7
接线	X0	X1	接线	Y1	Y2	Y3	Y4	Y5	Y6	Y7

```
 0  X000 ─┤├─ X001 ─┤/├─ M0 ─┤/├──────────────(T0  K20)
 6  T0 ─┤├────────────────────────────────────(M0)
 8  X000 ─┤├─┬────────────────────────────────(T1  K30)
             └─ T1 ─┤/├───────────────────────(M10)
14  M10 ─┤├─┬─────────────────────────────────(M100)
    M2 ─┤├──┘
17  M119 ─┤├─┬────────────────────────────────(T2  K20)
             └─ T2 ─┤/├───────────────────────(M2)
23  M0 ─┤├──────────────────[SFTL M100 M101 K19 K1]
33  M101 ─┤├─┬────────────────────────────────(Y001)
    M102 ─┤├─┤
    M103 ─┤├─┤
```

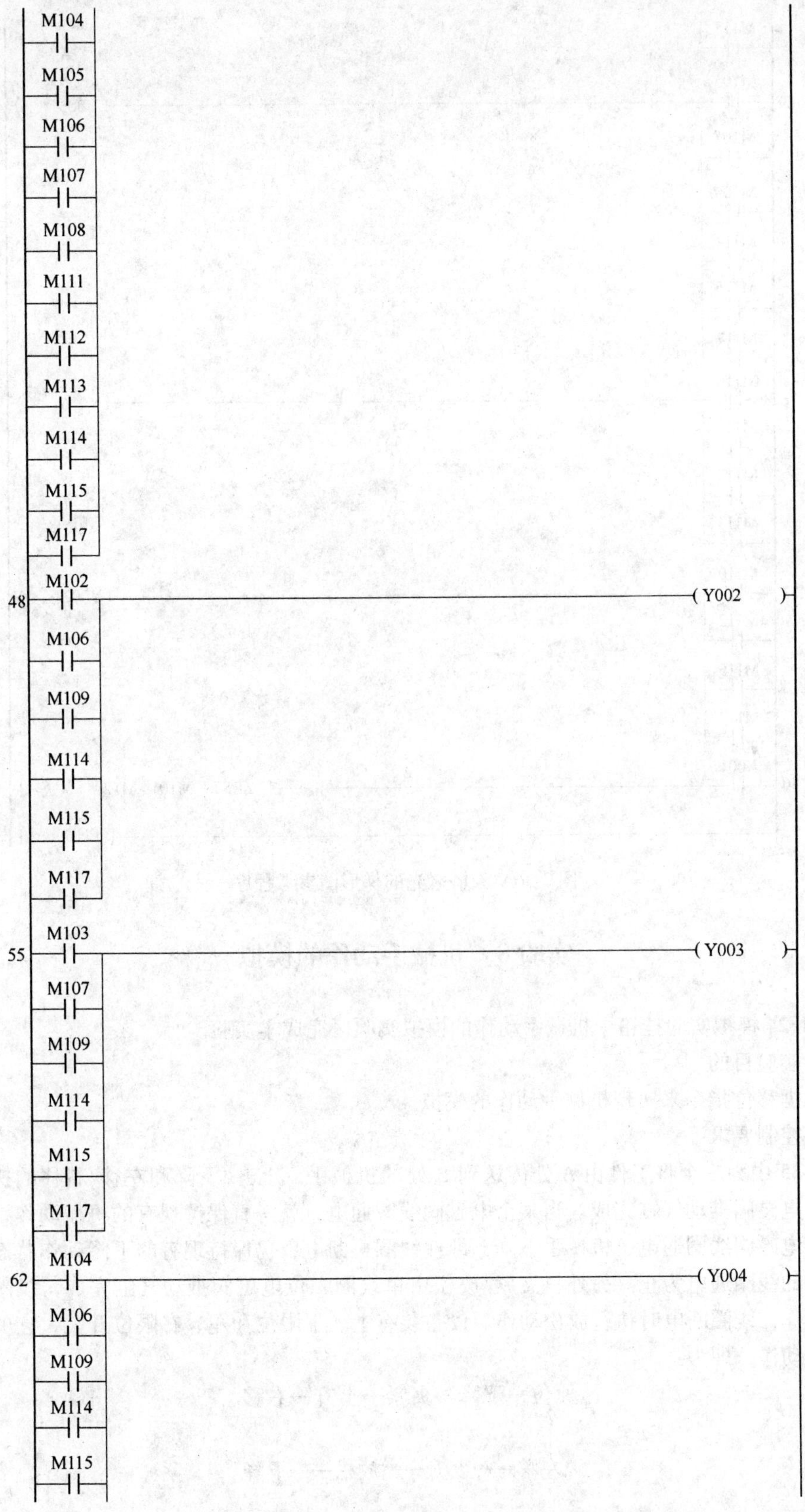

M104
M105
M106
M107
M108
M111
M112
M113
M114
M115
M117

48 M102 —(Y002)
M106
M109
M114
M115
M117

55 M103 —(Y003)
M107
M109
M114
M115
M117

62 M104 —(Y004)
M106
M109
M114
M115

```
     M117
69   M105                               (Y005   )
     M107
     M109
     M114
     M115
     M117
76   M110                               (Y006   )
     M111
     M115
     M117
81   M110                               (Y007   )
     M112
     M115
     M117
86   X001              [ ZRST  M101  M120  ]
92                                      [ END   ]
```

图 7-36　天塔之光的梯形图参考程序

实验 8　机械手动作的模拟

在 MF24 模拟实验挂箱中机械手动作的模拟实验区完成本实验。

一、实验目的

用数据移位指令来实现机械手动作的模拟。

二、控制要求

图 7-35 中为一个将工件由 A 处传送到 B 处的机械手，上升/下降和左移/右移的执行用双线圈二位电磁阀推动气缸完成。当某个电磁阀线圈通电，就一直保持现有的机械动作，例如一旦下降的电磁阀线圈通电，机械手下降，即使线圈再断电，仍保持现有的下降动作状态，直到相反方向的线圈通电为止。另外，夹紧/放松由单线圈二位电磁阀推动气缸完成，线圈通电执行夹紧动作，线圈断电时执行放松动作。设备装有上、下限位和左、右限位开关，它的工作过程有八个动作，即为：

原位→下降→夹紧→上升→右移
↑　　　　　　　　　　　　↓
左移←—上升←—放松←—下降

三、机械手动作的模拟实验面板图

机械手动作的模拟实验面板如图7-37所示。

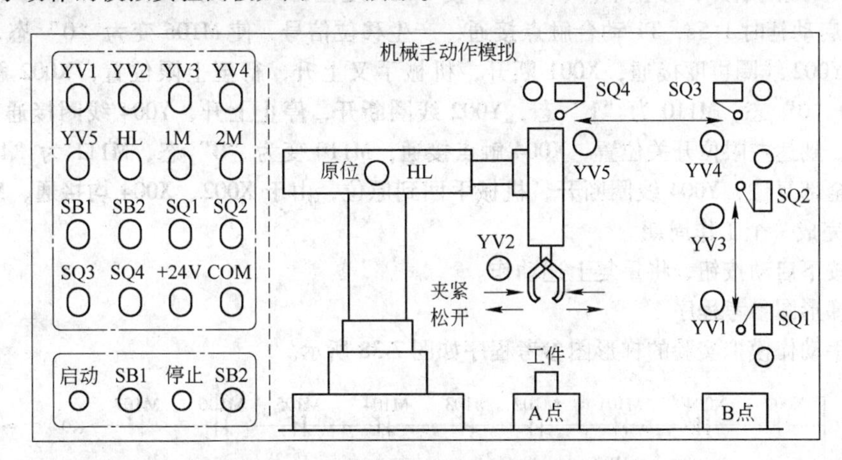

图7-37 机械手动作的模拟实验面板图

此面板中的启动、停止用动断按钮来实现，限位开关用钮子开关来模拟，电磁阀和原位指示灯用发光二极管来模拟。

四、输入、输出接线列表

机械手动作模拟的输入、输出接线见表7-8。

表7-8 机械手动作模拟的输入、输出接线列表

输入	SB1	SQ1	SQ2	SQ3	SQ4	SB2
接线	X0	X1	X2	X3	X4	X5
输出	YV1	YV2	YV3	YV4	YV5	HL
接线	Y0	Y1	Y2	Y3	Y4	Y5

五、工作过程分析

当机械手处于原位时，上升限位开关X002、左限位开关X004均处于接通（“1”）状态，移位寄存器数据输入端接通，使M100置“1”，Y005线圈接通，原位指示灯亮。

按下启动按钮，X000置“1”，产生移位信号，M100的“1”态移至M101，下降阀输出继电器Y000接通，执行下降动作，由于上升限位开关X002断开，M100置“0”，原位指示灯灭。

当下降到位时，下限位开关X001接通，产生移位信号，M100的“0”态移位到M101，下降阀Y000断开，机械手停止下降，M101的“1”态移到M102，M200线圈接通，M200动合触点闭合，夹紧电磁阀Y001接通，执行夹紧动作，同时启动定时器T0，延时1.7s。

机械手夹紧工件后，T0动合触点接通，产生移位信号，使M103置“1”，“0”态移位至M102，上升电磁阀Y002接通，X001断开，执行上升动作。由于使用S指令，M200线圈具有自保持功能，Y001保持接通，机械手继续夹紧工件。

当上升到位时，上限位开关X002接通，产生移位信号，“0”态移位至M103，Y002线圈断开，不再上升，同时移位信号使M104置“1”，X004断开，右移阀继电器Y003接通，执行右移动作。

待移至右限位开关动作位置，X003动合触点接通，产生移位信号，使M103的“0”态移位到M104，Y003线圈断开，停止右移，同时M104的“1”态已移到M105，Y000线圈再次接通，执行下降动作。

当下降到使 X001 动合触点接通位置，产生移位信号，“0”态移至 M105，“1”态移至 M106，Y000 线圈断开，停止下降，R 指令使 M200 复位，Y001 线圈断开，机械手松开工件；同时，T1 启动延时 1.5s，T1 动合触点接通，产生移位信号，使 M106 变为“0”态，M107 为“1”态，Y002 线圈再度接通，X001 断开，机械手又上升，行至上限位置，X002 触点接通，M107 变为“0”态，M110 为“1”态，Y002 线圈断开，停止上升，Y004 线圈接通，X003 断开，左移。到达左限位开关位置，X004 触点接通，M110 变为“0”态，M111 为“1”态，移位寄存器全部复位，Y004 线圈断开，机械手回到原位，由于 X002、X004 均接通，M100 又被置“1”，完成一个工作周期。

再次按下启动按钮，将重复上述动作。

六、梯形图参考程序

机械手动作模拟实验的梯形图参考程序如图 7-38 所示。

```
 0  X002  X004  /M101  /M102  /M103  /M104  /M105  /M106  /M107  —K0 →
    K0 → /M108  /M109                                  —( M100 )
12  X004  M109 ─┬─[ ZRST  M101  M109 ]
    X005 ───────┘
20  M100  X000 ─┬─[ SFTL  M100  M101  K9  K1 ]
    M101  X001 ─┤
    M102  T0   ─┤
    M103  X002 ─┤
    M104  X003 ─┤
    M105  X001 ─┤
    M106  T1   ─┤
    M107  X002 ─┤
    M108  X004 ─┘
55  M100                                               —( Y005 )
57  M101 ─┬─                                           —( Y000 )
    M105 ─┘
60  M102 ─┬─[ SET  M200 ]
          │                                      K17
          └─                                           —( T0 )
65  M200                                               —( Y001 )
```

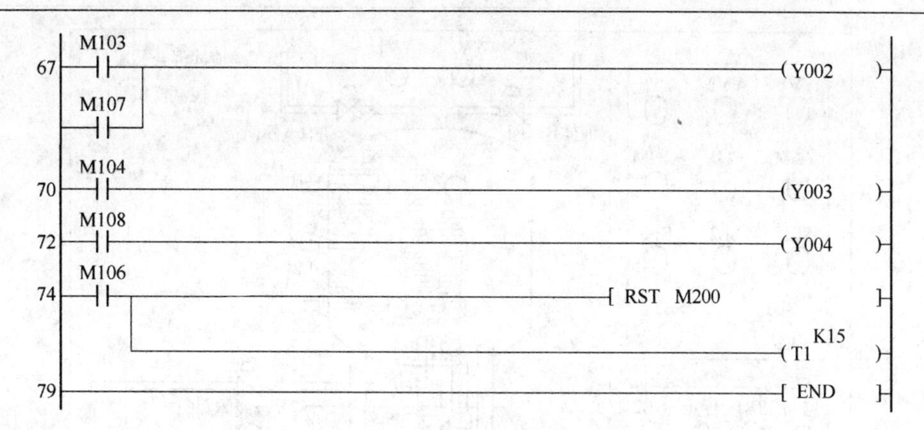

图 7-38　机械手动作模拟实验的梯形图参考程序

实验 9　液体混合装置控制的模拟

在 MF24 模拟实验挂箱中液体混合装置的模拟控制实验区完成本实验。

一、实验目的

熟练使用各条基本指令，通过对工程实例的模拟，熟练地掌握 PLC 的编程和程序调试。

二、控制要求

本装置（图 7-39）为两种液体混合模拟装置，SL1、SL2、SL3 为液面传感器，液体 A、B 阀门与混合液阀门由电磁阀 YV1、YV2、YV3 控制，M 为搅匀电机，控制要求如下：

（1）初始状态：装置投入运行时，液体 A、B 阀门关闭，混合液阀门打开 20s 将容器放空后关闭。

（2）启动操作：按下启动按钮 SB1，装置就开始按下列约定的规律操作。

液体 A 阀门打开，液体 A 流入容器。当液面到达 SL2 时，SL2 接通，关闭液体 A 阀门，打开液体 B 阀门。液面到达 SL1 时，关闭液体 B 阀门，搅匀电机开始搅匀。搅匀电机工作 6s 后停止搅动，混合液体阀门打开，开始放出混合液体。当液面下降到 SL3 时，SL3 由接通变为断开，再过 2s 后，容器放空，混合液阀门关闭，开始下一周期。

（3）停止操作：按下停止按钮 SB2 后，在当前的混合液操作处理完毕后，才停止操作（停在初始状态上）。

三、液体混合装置控制的模拟实验面板图

液体混合装置控制的模拟实验面板如图 7-39 所示。

此面板中，液面传感器用钮子开关来模拟，启动、停止用动合按钮来实现，液体 A 阀门、液体 B 阀门、混合液阀门的打开与关闭以及搅匀电机的运行与停转用发光二极管的点亮与熄灭来模拟。

四、输入、输出接线列表

液体混合装置控制的模拟实验接线如表 7-9 所示。

表 7-9　液体混合装置控制模拟的输入、输出接线列表

输入	SB1	SB2	SL1	SL2	SL3	输出	YV1	YV2	YV3	YKM
接线	X0	X1	X2	X3	X4	接线	Y0	Y1	Y2	Y3

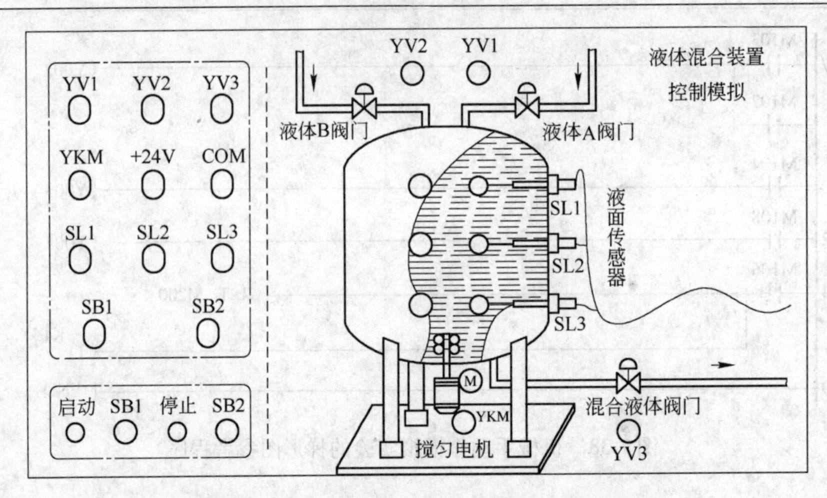

图 7-39　液体混合装置控制的模拟实验面板图

五、工作过程分析

根据控制要求编写的梯形图分析其工作过程。

启动操作：按下启动按钮 SB1，X000 的动合触点闭合，M100 产生启动脉冲，M100 的动合触点闭合，使 Y000 保持接通，液体 A 电磁阀 YV1 打开，液体 A 流入容器。

当液面上升到 SL3 时，虽然 X004 动合触点接通，但没有引起输出动作。

当液面上升到 SL2 位置时，SL2 接通，X003 的动合触点接通，M103 产生脉冲，M103 的动合触点接通一个扫描周期，复位指令 RST Y000 使 Y000 线圈断开，YV1 电磁阀关闭，液体 A 停止流入；与此同时，M103 的动合触点接通一个扫描周期，保持操作指令 SET Y001 使 Y001 线圈接通，液体 B 电磁阀 YV2 打开，液体 B 流入。

当液面上升到 SL1 时，SL1 接通，M102 产生脉冲，M102 动合触点闭合，使 Y001 线圈断开，YV2 关闭，液体 B 停止注入，M102 动合触点闭合，Y003 线圈接通，搅匀电机工作，开始搅匀。搅匀电机工作时，Y003 的动合触点闭合，启动定时器 T0，经过 6s，T0 动合触点闭合，Y003 线圈断开，电机停止搅动。当搅匀电机由接通变为断开时，使 M112 产生一个扫描周期的脉冲，M112 的动合触点闭合，Y002 线圈接通，混合液电磁阀 YV3 打开，开始放混合液。

当液面下降到 SL3 时，液面传感器 SL3 由接通变为断开，使 M110 动合触点接通一个扫描周期，M201 线圈接通，T1 开始工作，2s 后混合液流完，T1 动合触点闭合，Y002 线圈断开，电磁阀 YV3 关闭。同时，T1 的动合触点闭合，Y000 线圈接通，YV1 打开，液体 A 流入，开始下一循环。

停止操作：按下停止按钮 SB2，X001 的动合触点接通，M101 产生停止脉冲，使 M200 线圈复位断开，M200 动合触点断开，在当前的混合操作处理完毕后，使 Y000 不能再接通，即停止操作。

六、梯形图参考程序

液体混合装置控制模拟实验的梯形图参考程序如图 7-40 所示。

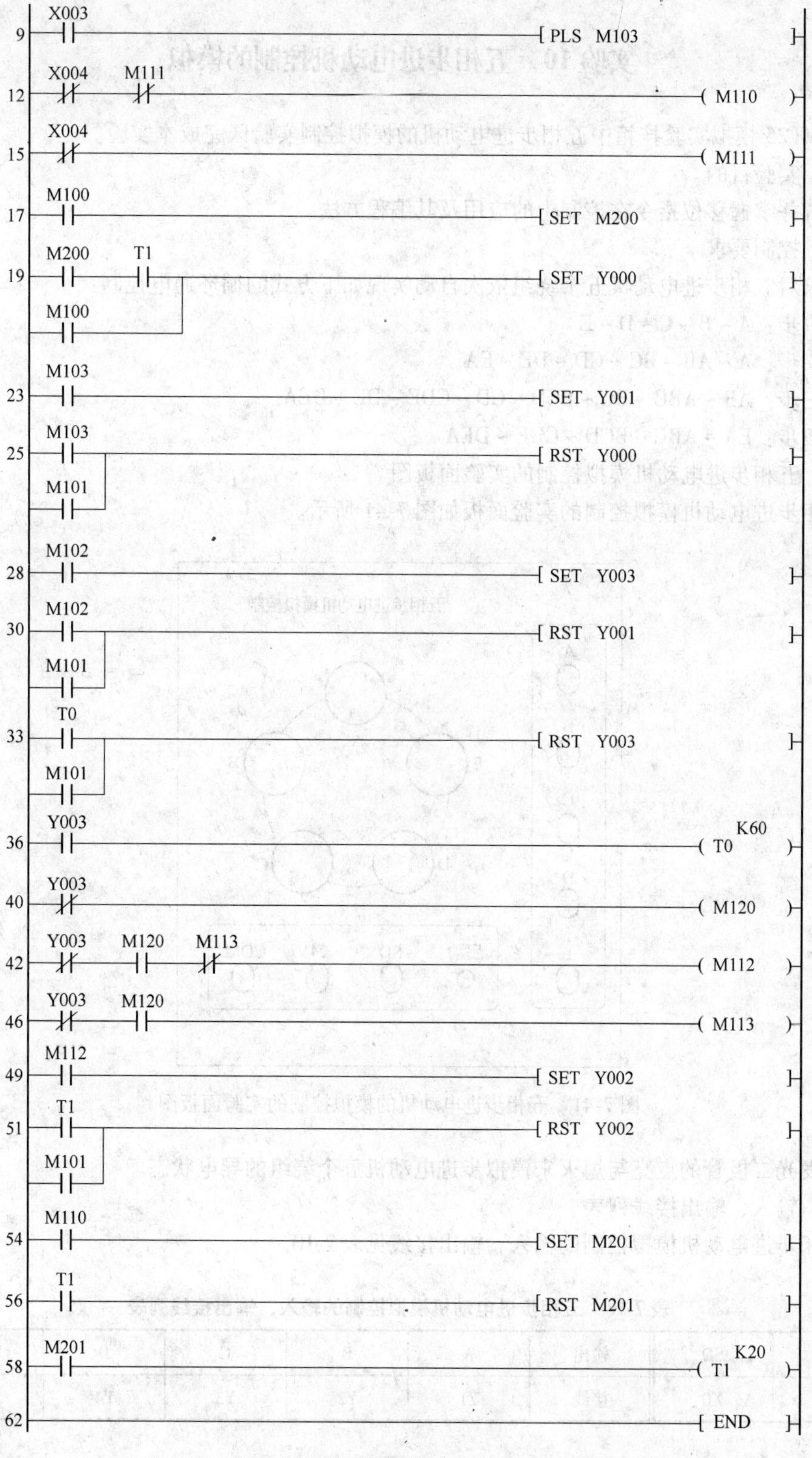

```
9   X003 ─┤├─────────────────────[PLS M103]
12  X004 ─┤/├─ M111 ─┤/├─────────( M110 )
15  X004 ─┤/├────────────────────( M111 )
17  M100 ─┤├─────────────────────[SET M200]
19  M200 ─┤├─ T1 ─┤├─┬───────────[SET Y000]
    M100 ─┤├─────────┘
23  M103 ─┤├─────────────────────[SET Y001]
25  M103 ─┤├─┬───────────────────[RST Y000]
    M101 ─┤├─┘
28  M102 ─┤├─────────────────────[SET Y003]
30  M102 ─┤├─┬───────────────────[RST Y001]
    M101 ─┤├─┘
33  T0 ─┤├─┬─────────────────────[RST Y003]
    M101 ─┤├─┘
36  Y003 ─┤├─────────────────────( T0 K60 )
40  Y003 ─┤/├────────────────────( M120 )
42  Y003 ─┤/├─ M120 ─┤├─ M113 ─┤/├─( M112 )
46  Y003 ─┤/├─ M120 ─┤├──────────( M113 )
49  M112 ─┤├─────────────────────[SET Y002]
51  T1 ─┤├─┬─────────────────────[RST Y002]
    M101 ─┤├─┘
54  M110 ─┤├─────────────────────[SET M201]
56  T1 ─┤├───────────────────────[RST M201]
58  M201 ─┤├─────────────────────( T1 K20 )
62  ─────────────────────────────[END]
```

图7-40　液体混合装置控制模拟实验的梯形图参考程序

实验 10 五相步进电动机控制的模拟

在 MF25 模拟实验挂箱中五相步进电动机的模拟控制实验区完成本实验。

一、实验目的

了解并掌握移位指令在控制中的应用及其编程方法。

二、控制要求

要求对五相步进电动机五个绕组依次自动实现如下方式的循环通电控制：

第一步：A ~ B ~ C ~ D ~ E

第二步：A ~ AB ~ BC ~ CD ~ DE ~ EA

第三步：AB ~ ABC ~ BC ~ BCD ~ CD ~ CDE ~ DE ~ DEA

第四步：EA ~ ABC ~ BCD ~ CDE ~ DEA

三、五相步进电动机模拟控制的实验面板图

五相步进电动机模拟控制的实验面板如图 7-41 所示。

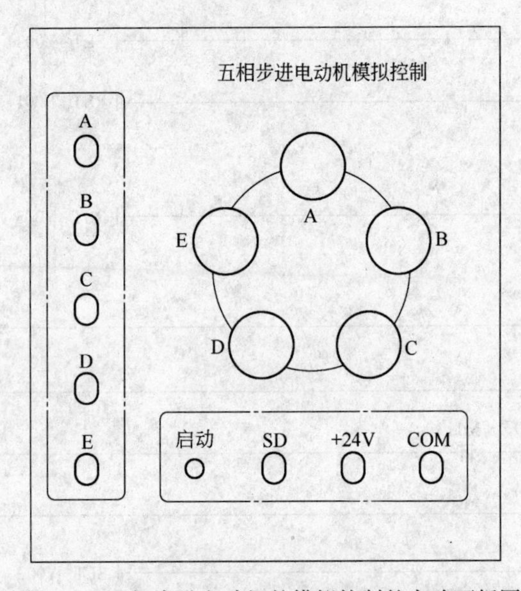

图 7-41 五相步进电动机的模拟控制的实验面板图

用发光二极管的点亮与熄灭来模拟步进电动机五个绕组的导电状态。

四、输入、输出接线列表

五相步进电动机模拟控制的输入、输出接线见表 7-10。

表 7-10 五相步进电动机模拟控制的输入、输出接线列表

输入	SD	输出	A	B	C	D	E
接线	X0	接线	Y1	Y2	Y3	Y4	Y5

五、梯形图参考程序

五相步进电动机的模拟控制的梯形图参考程序见图 7-42。

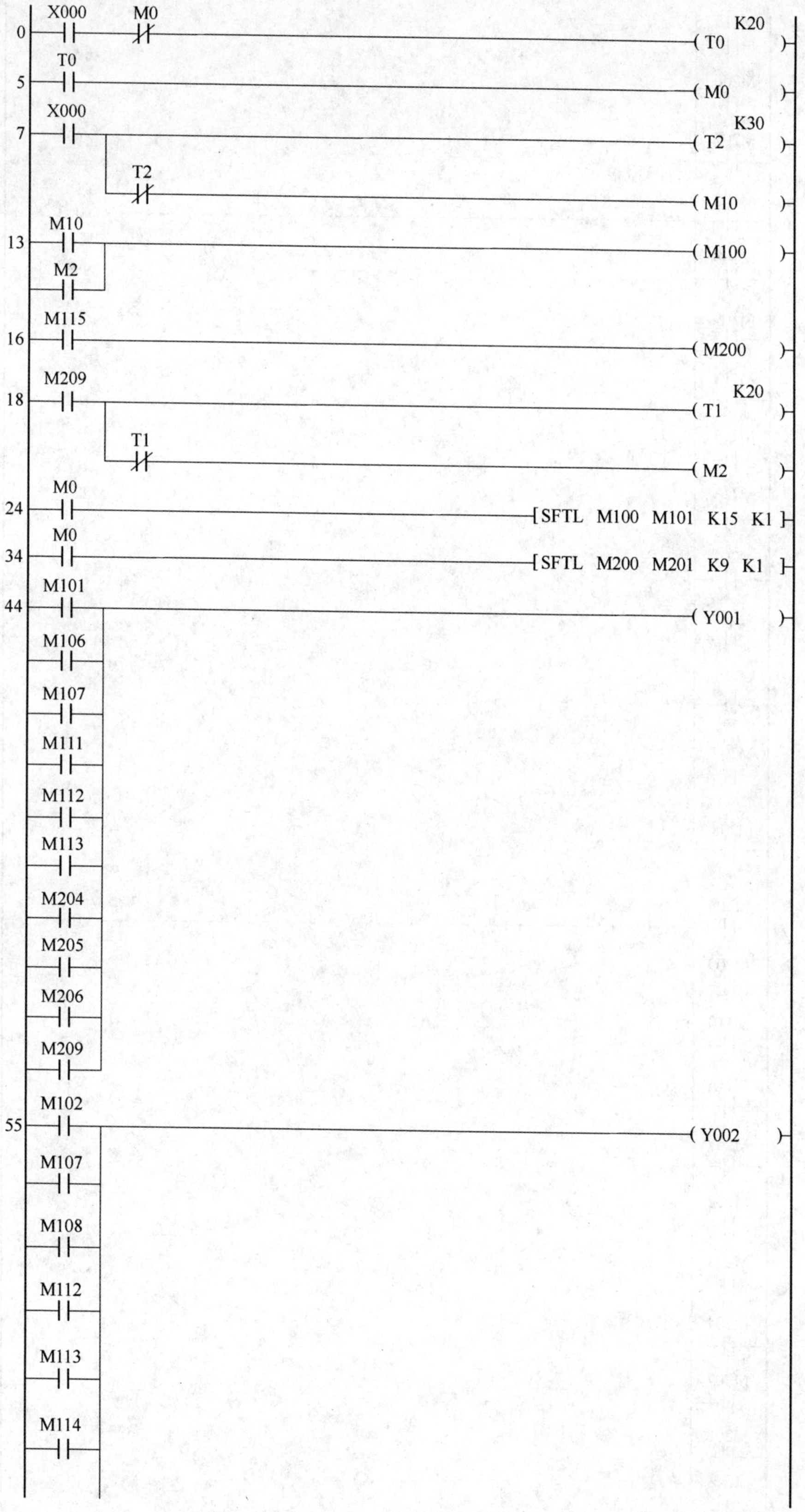

0 X000 M0 (T0 K20)
5 T0 (M0)
7 X000 (T2 K30)
T2 (M10)
13 M10 M2 (M100)
16 M115 (M200)
18 M209 (T1 K20)
T1 (M2)
24 M0 [SFTL M100 M101 K15 K1]
34 M0 [SFTL M200 M201 K9 K1]
44 M101 M106 M107 M111 M112 M113 M204 M205 M206 M209 (Y001)
55 M102 M107 M108 M112 M113 M114 (Y002)

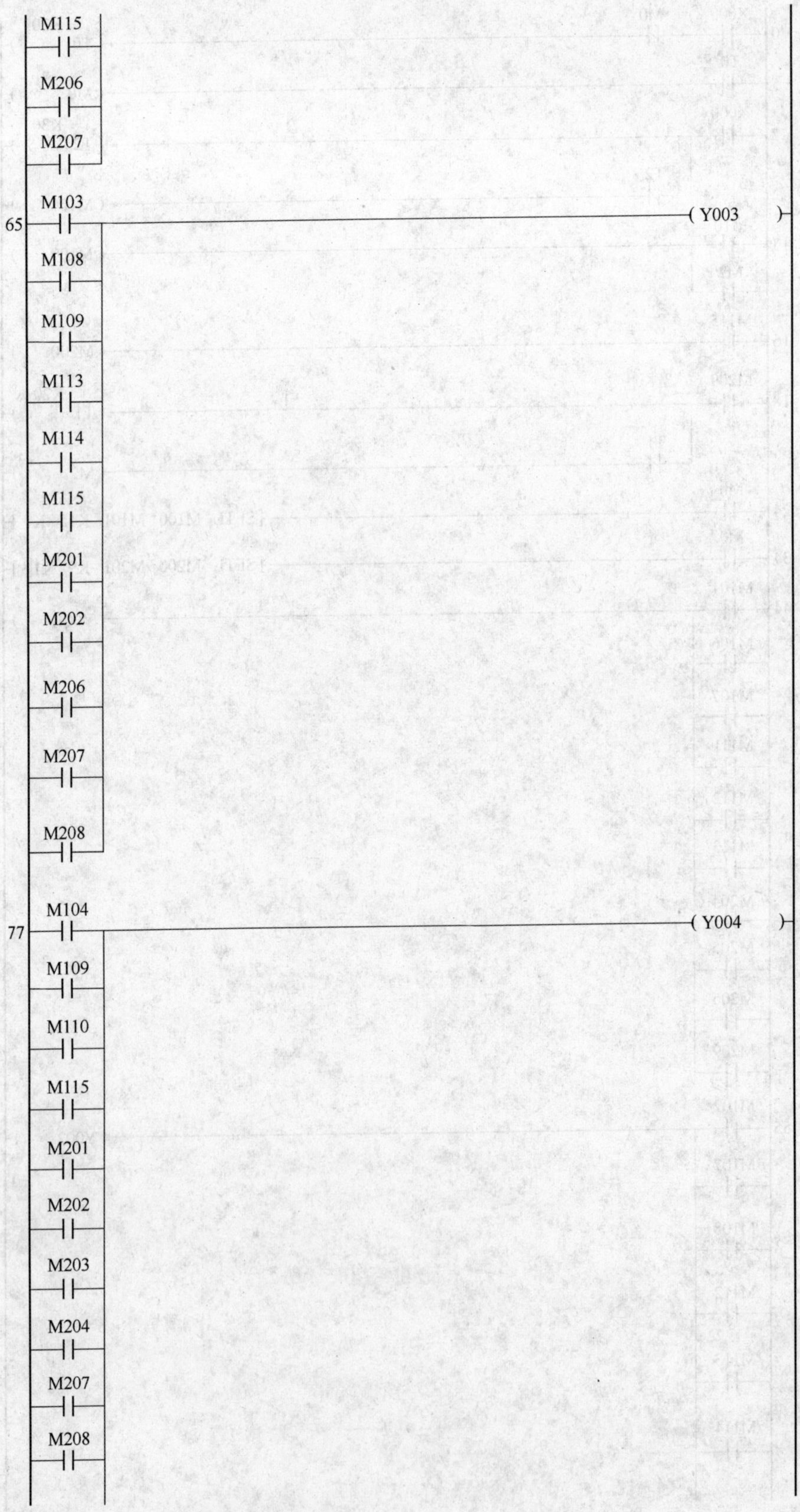

M115
M206
M207
65 M103 (Y003)
M108
M109
M113
M114
M115
M201
M202
M206
M207
M208
77 M104 (Y004)
M109
M110
M115
M201
M202
M203
M204
M207
M208

```
        M209
    ─┤├─┘
        M105
 89 ─┤├─┬──────────────────────────( Y005 )
        M110  │
    ─┤├─┤
        M111  │
    ─┤├─┤
        M202  │
    ─┤├─┤
        M203  │
    ─┤├─┤
        M204  │
    ─┤├─┤
        M205  │
    ─┤├─┤
        M208  │
    ─┤├─┤
        M209  │
    ─┤├─┘
        X000
 99 ─┤↓├──────────────────[ ZRST  M100  M220 ]
106 ──────────────────────────────[ END ]
```

图 7-42　五相步进电动机模拟控制实验的梯形图参考程序

六、练习题

（1）试编制三相步进电机单三拍反转的 PLC 控制程序。

（2）试编制三相步进电机三相六拍正转的 PLC 控制程序。

（3）试编制三相步进电机双三拍正转的 PLC 控制程序。

（4）试编制五相十拍运行方式的 PLC 控制程序。

实验 11　LED 数码显示控制

在 MF25 模拟实验挂箱中 LED 数码显示控制实验区完成本实验。

一、实验目的

了解并掌握置位与复位指令 SET、RST 在控制中的应用及其编程方法。

二、实验原理

SET 为置位指令，使动作保持；RST 为复位指令，使操作保持复位。SET 指令的操作目标元件为 Y、M、S。而 RST 指令的操作元件为 Y、M、S、D、V、Z、T、C。这两条指令是 1～3 个程序步。用 RST 指令可以对定时器、计数器、数据寄存器、变址寄存器的内容清零。

三、控制要求

按下启动按钮后，由八组 LED 发光二极管模拟的八段数码管开始显示：先是一段段显示，显示次序是 A、B、C、D、E、F、G、H。随后显示数字及字符，显示次序是 0、1、2、3、4、5、6、7、8、9、A、B、C、D、E、F，再返回初始显示，并循环不止。

四、LED 数码显示控制的实验面板图

LED 数码显示控制的实验面板如图 7-43 所示，图中的 A、B、C、D、E、F、G、H 用发光二极管模拟输出。

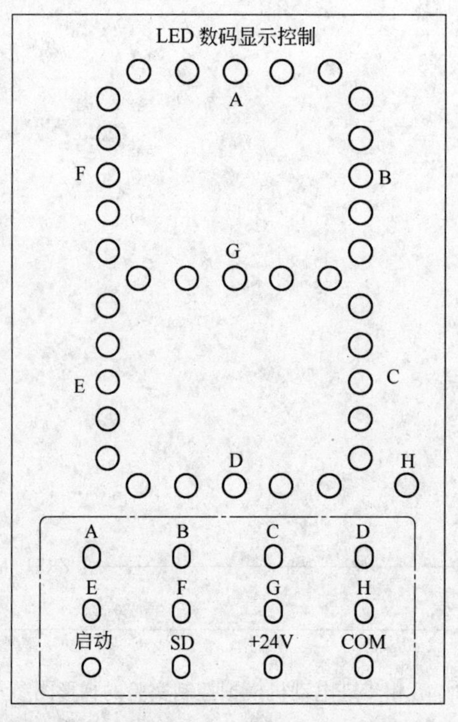

图 7-43　LED 数码显示控制的实验面板图

五、输入、输出接线列表

LED 数码显示控制的输入、输出接线见表 7-11。

表 7-11　LED 数码显示控制的输入、输出接线列表

输入	SD
接线	X0

输出	A	B	C	D	E	F	G	H
接线	Y0	Y1	Y2	Y3	Y4	Y5	Y6	Y7

六、梯形图参考程序

LED 数码显示控制的梯形图参考程序见图 7-44。

```
     X000     M0                                        K10
0 ───┤├──────┤/├─────────────────────────────────( T0    )─
     T0
5 ───┤├──────────────────────────────────────────( M0    )─
     X000                                               K15
7 ───┤├──┬───────────────────────────────────────( T1    )─
         │    T1
         └───┤/├─────────────────────────────────( M10   )─
```

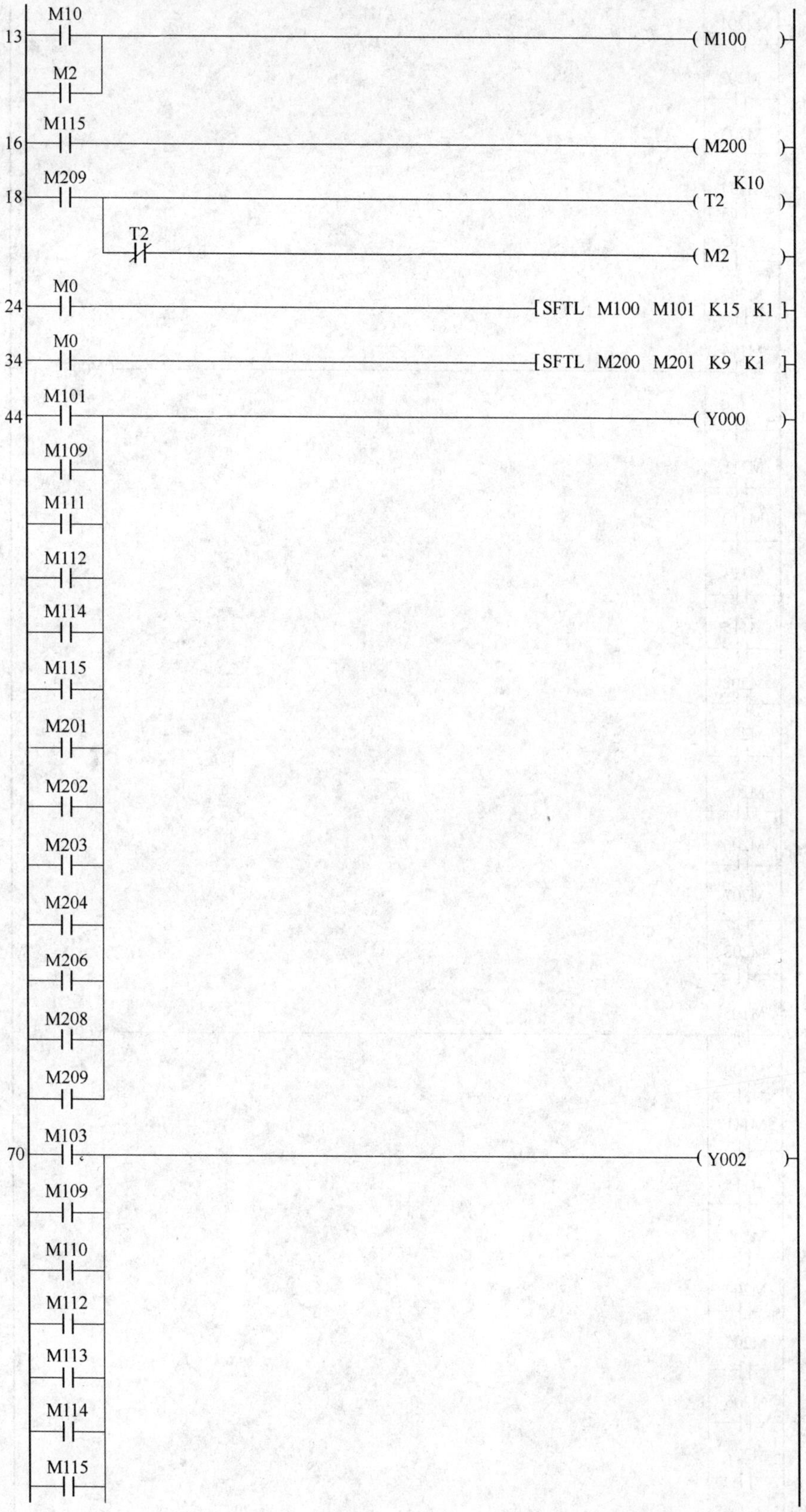

13 M10 M2 (M100)
16 M115 (M200)
18 M209 (T2 K10)
T2 (M2)
24 M0 [SFTL M100 M101 K15 K1]
34 M0 [SFTL M200 M201 K9 K1]
44 M101 M109 M111 M112 M114 M115 M201 M202 M203 M204 M206 M208 M209 (Y000)
70 M103 M109 M110 M112 M113 M114 M115 (Y002)

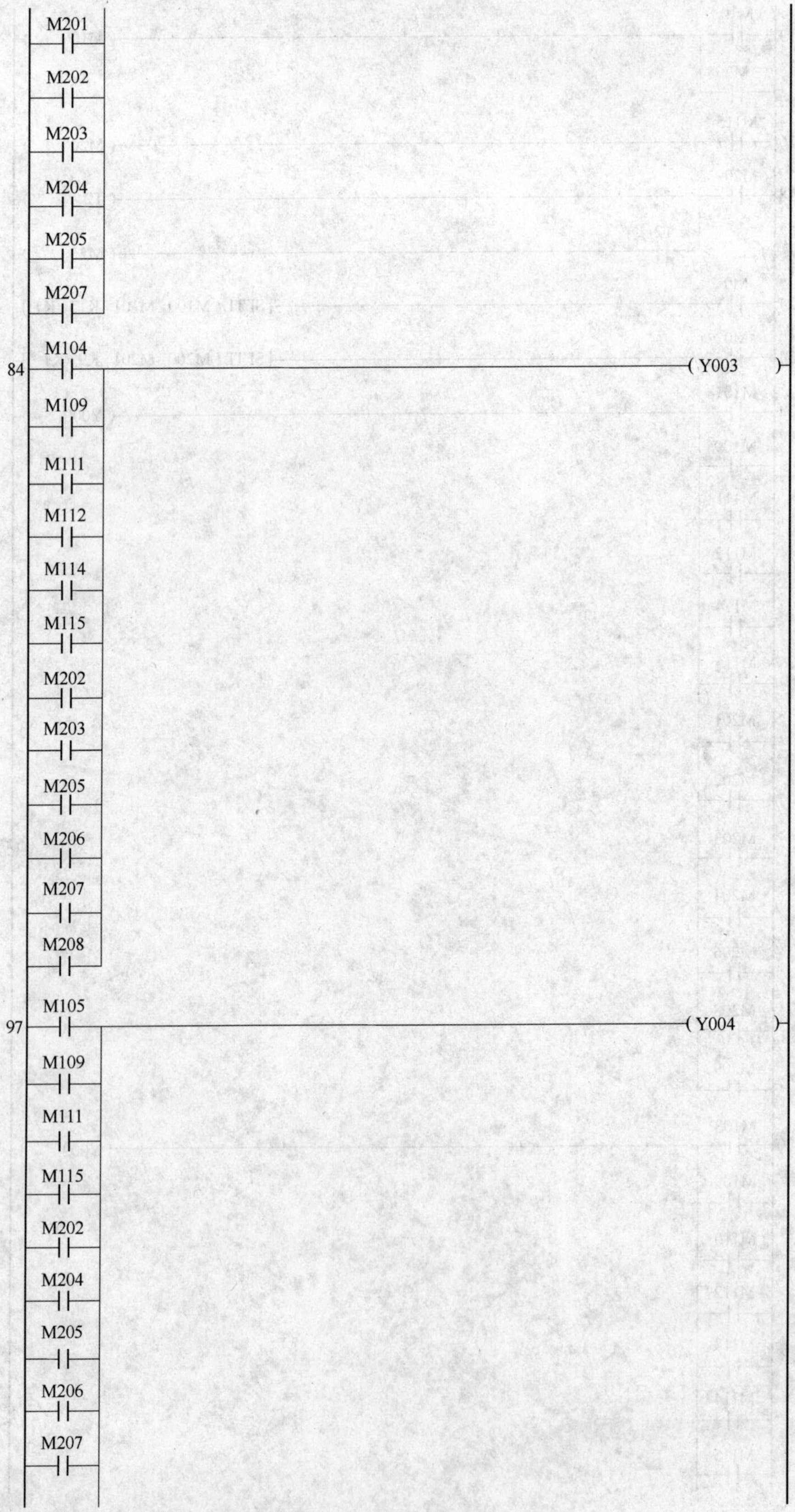

M201
M202
M203
M204
M205
M207
84 M104 (Y003)
M109
M111
M112
M114
M115
M202
M203
M205
M206
M207
M208
97 M105 (Y004)
M109
M111
M115
M202
M204
M205
M206
M207

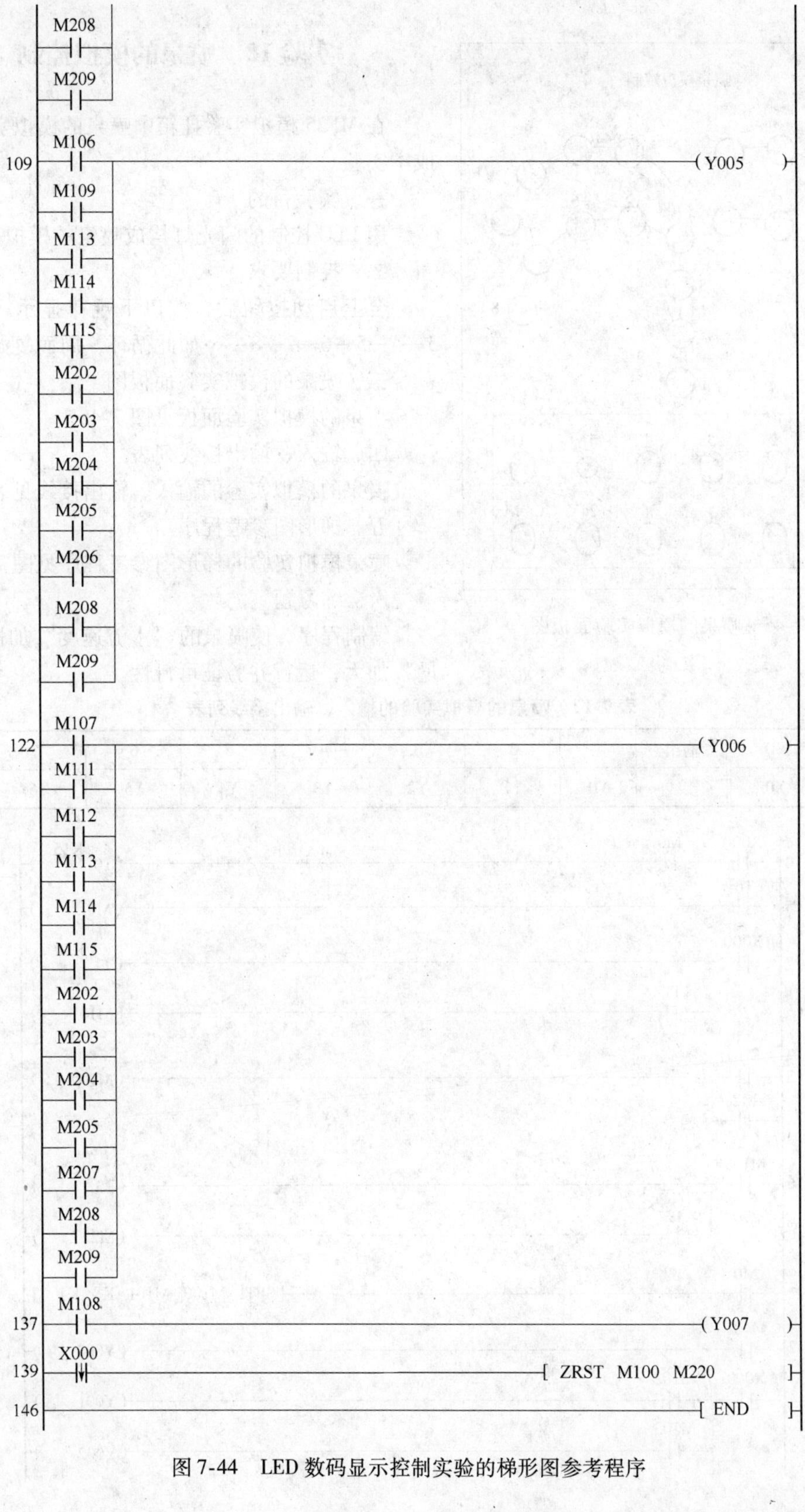

M208
M209
109 M106 (Y005)
M109
M113
M114
M115
M202
M203
M204
M205
M206
M208
M209
122 M107 (Y006)
M111
M112
M113
M114
M115
M202
M203
M204
M205
M207
M208
M209
137 M108 (Y007)
139 X000 [ZRST M100 M220]
146 [END]

图 7-44 LED 数码显示控制实验的梯形图参考程序

实验 12 喷泉的模拟控制

在 MF25 模拟实验挂箱中喷泉的模拟实验区完成本实验。

一、实验目的

用 PLC 控制的闪光灯构成喷泉的模拟系统。

二、控制要求

合上启动按钮后，按以下规律显示：1—2—3—4—5—6—7—8……如此循环，周而复始。

三、喷泉的模拟实验面板图

喷泉的模拟实验面板见图 7-45。

四、输入、输出接线列表

喷泉的模拟实验的输入、输出接线见表 7-12。

五、梯形图参考程序

喷泉模拟实验的梯形图参考程序见图 7-46。

六、练习题

编制程序，使喷泉的“水流速度”加快、“水量”加大，运行并验证可行性。

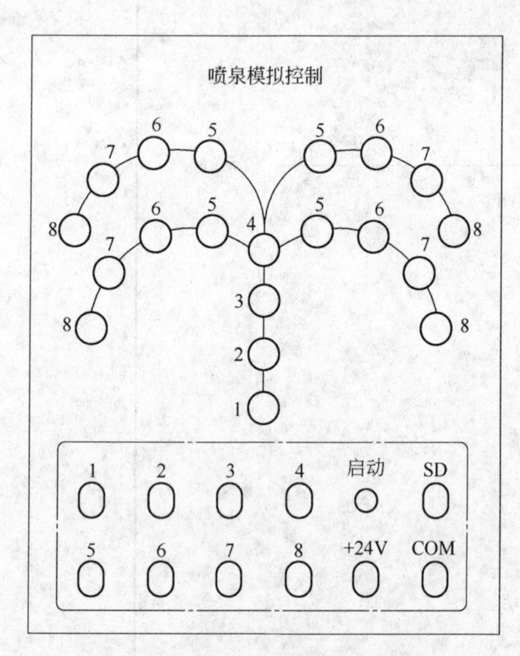

图 7-45 喷泉的模拟实验面板图

表 7-12 喷泉的模拟实验的输入、输出接线列表

输入	SD	输出	1	2	3	4	5	6	7	8
接线	X0	接线	Y0	Y1	Y2	Y3	Y4	Y5	Y6	Y7

```
0   X000  M0(常闭)                          (T0 K15)
5   T0                                      (M0)
7   X000                                    (T1 K30)
         T1(常闭)                           (M10)
13  M10                                     (M100)
    M2
16  M108                                    (T2 K20)
         T2(常闭)                           (M2)
22  M0                    [SFTL M100 M101 K8 K1]
32  M101                                    (Y000)
34  X000  M102                              (Y001)
          M103                              (Y002)
```

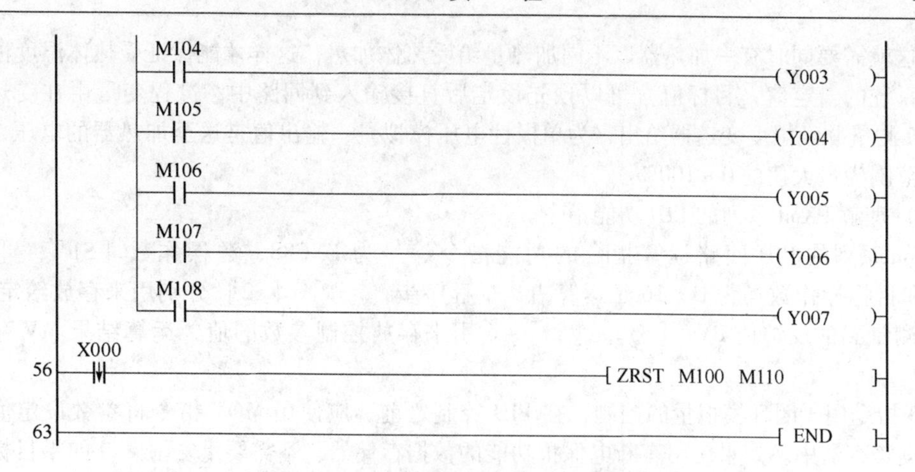

图 7-46 喷泉模拟实验的梯形图参考程序

实验 13 温度 PID 控制

在 MF26 模拟实验挂箱中温度 PID 控制实验区完成本实验。

一、实验目的

熟悉使用三菱 FX 系列的 PID 控制，通过对实例的模拟，熟练地掌握 PLC 控制的流程和程序调试。

二、温度 PID 控制面板图

温度 PID 控制实验的面板如图 7-47 所示，此面板中的 Pt100 为热电偶，用来监测受热体的温度，并将采集到的温度信号送入变送器，再由变送器输出单极性模拟电压信号到模拟量模块，经内部运算处理后，输出模拟量电流信号到调压模块输入端，调压模块根据输入电流的大小，改变输出电压的大小，并送至加热器。

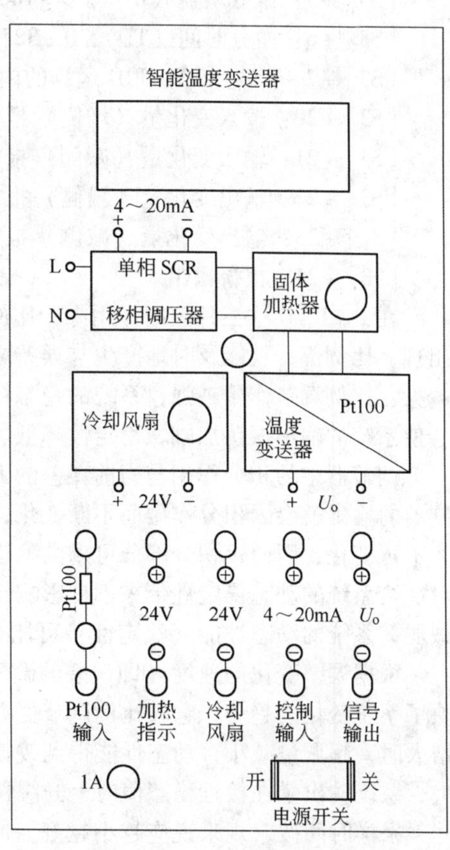

图 7-47 温度 PID 控制面板图

为了使温度变送器正常工作，还要对其参数进行设置。在基本状态下按⟳键并保持约 2s，即进入参数设置状态。在参数设置状态下按⟳键，仪表将依次显示各参数，例如上限报警值 HIAL、参数锁 Loc 等，对于配置好并锁上参数锁的仪表，只出现操作工需要用到的参数（现场参数）。用<、∨、∧等键可修改参数值，按<键并保持不放，可返回显示上一参数。先按<键不放接着再按⟳键可退出设置参数状态。

如果没有按键操作，约 30s 后会自动退出设置参数状态。需要设定的参数有：CTRL = 0，SN = 21，DIL = 000.0，DIH = 100.0，DIP = 1。

三、实验原理

（1）本实验说明。

欲使受热体维持一定的温度，需一风扇不断给其降温。这就需要同时有一加热器以不同加热量给受热体加热，这样才能保证受热体温度恒定。

本系统的给定值（目标值）可以预先设定后直接输入到回路中；过程变量由在受热体中的 Pt100 测量并经温度变送器给出，为单极性电压模拟量；输出值是送至加热器的电压，其允许变化范围为最大值的 0～100%。

（2）理解 FXon 系列的 PID 功能指令。

FXon 系列的 PID 回路运算指令的功能指令编号为 FNC88，源操作数［S1］、［S2］、［S3］和目标操作数均为 D，16 位运算占 9 个程序步，［S1］、［S2］分别用来存放给定值 SV 和当前测量到的反馈值 PV，［S3］～［S3］+6 用来存放控制参数的值，运算结果 MV 存放在［D］中。

PID 指令用于闭环模拟量的控制，在 PID 控制之前，应使用 MOV 指令将参数设定值预先写入数据寄存器中。如果使用有断电保护功能的数据存储器，不需要重复写入。如果目标操作数［D］有断电保护功能，应使用初始化脉冲 M8002 的常开触点将它复位。

［S3］～［S3］+24 分别用来存放 PID 运算的各种参数，具体如下。

［S3］：采样周期（Ts），1～32767（ms）；

［S3］+1：动作方向（ACT）；

［S3］+2：输入滤波常数（α），0～99%，0 时没有输入滤波；

［S3］+3：比例增益（Kp），1～32767%；

［S3］+4：积分时间（TI），0～32767（×100ms），0 时作为∞处理；

［S3］+5：微分增益（KD），0～100%，0 时无微分增益；

［S3］+6：微分时间（TD），0～32767（×10ms），0 时无微分处理；

［S3］+7～［S3］+19：PID 运算的内部处理占用；

［S3］+20：输入变化量（增侧）报警设定值，0～32767；

［S3］+21：输入变化量（减侧）报警设定值，0～32767；

［S3］+22：输出变化量（增侧）报警设定值和输出上限设定值；

［S3］+23：输出变化量（减侧）报警设定值和输出下限设定值；

［S3］+24：报警输出。

在 P、I、D 这三种控制作用中，比例部分与误差部分信号在时间上是一致的，只要误差一出现，比例部分就能及时地产生与误差成正比例的调节作用，具有调节及时的特点。比例系数越大，比例调节作用越强，系统的稳态精度越高；但是对于大多数的系统来说，比例系数过大会使系统的输出振荡加剧，稳定性降低。

调节器中的积分作用与当前误差的大小和误差的历史情况都有关系，只要误差不为零，控制器的输出就会因积分作用而不断变化，一直要到误差消失，系统处于稳定状态时，积分部分才不再变化，因此，积分部分可以消除稳态误差，提高控制精度。但是积分作用的动作缓慢，可能给系统的动态稳定性带来不良影响，因此很少单独使用。积分时间常数增大时，积分作用减弱，系统的动态性能（稳定性）可能有所改善，但是，消除稳态误差的速度减慢。

根据误差变化的速度（即误差的微分），微分部分提前给出较大的调节作用，微分部分反映了系统变化的趋势，它较比例调节更为及时，所以微分部分具有预测的特点。微分时间常数增大时，超调量减小，动态性能得到改善，但抑制高频干扰的能力下降。如果微分时间常数过大，系统输出量在接近稳态值时上升缓慢。

采样时间按常规来说应越小越好，但是时间间隔过小时，会增加 CPU 的工作量，相邻两次采样的差值几乎没有什么变化，所以也不宜将此时间取得过小，另外，假如此项取比运算时间短的时间数值，则系统无法执行。FX2N-3A 模块输入、输出特性如图 7-48 所示。

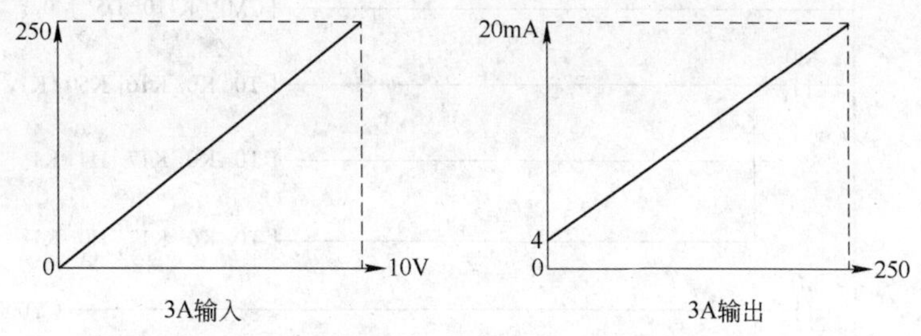

图 7-48 FX2N-3A 模块输入、输出特性

四、输入、输出接线列表

温度 PID 控制实验的输入、输出接线见表 7-13。

表 7-13 温度 PID 控制输入、输出接线列表

加热指示 +	加热指示 -	冷却风扇 +	冷却风扇 -	控制输入 +	控制输入 -	信号输出 +	信号输出 -
主机 24 +	Y1	主机 24 +	Y0	FX2N-3A Iout	FX2N-3A Out-com	FX2N-3A Vin1	FX2N-3A Com1

注意：不要漏接热电偶 Pt100 的补偿端。

五、实验注意事项

本挂箱内的加热器由 4 个内热式烙铁芯构成，长时间的满负荷工作会使受热体温度明显升高，影响挂箱内的环境温度，可能会对元器件造成损坏。因此，在进行实验时，设定值不要设得过高（一般高于室内温度 10～20℃即可），以免对挂箱造成不良影响。

六、梯形图参考程序

温度 PID 控制的梯形图参考程序见图 7-49。

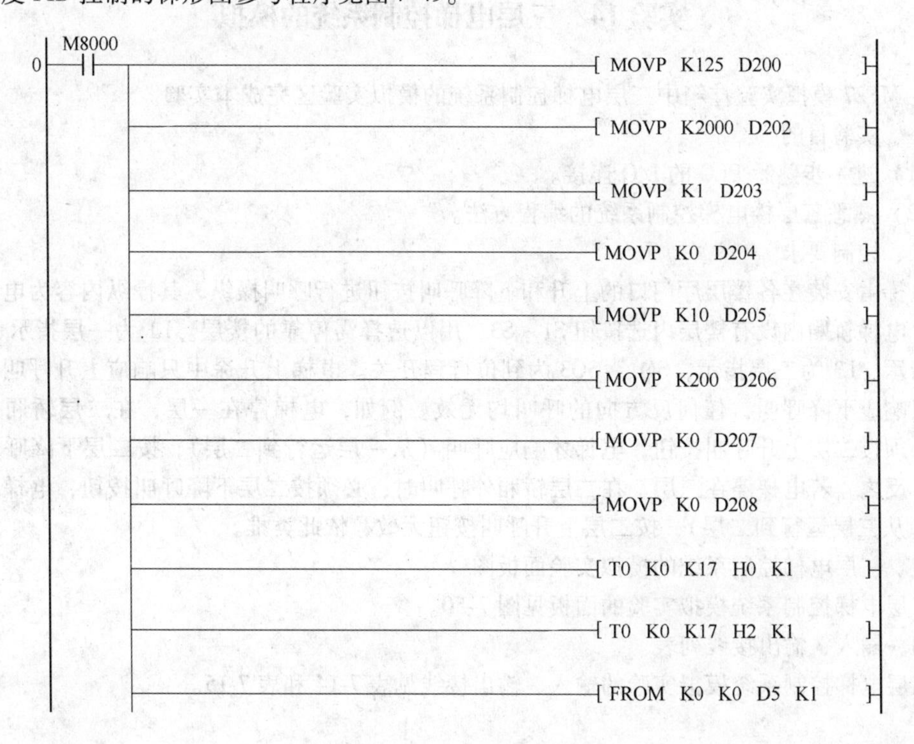

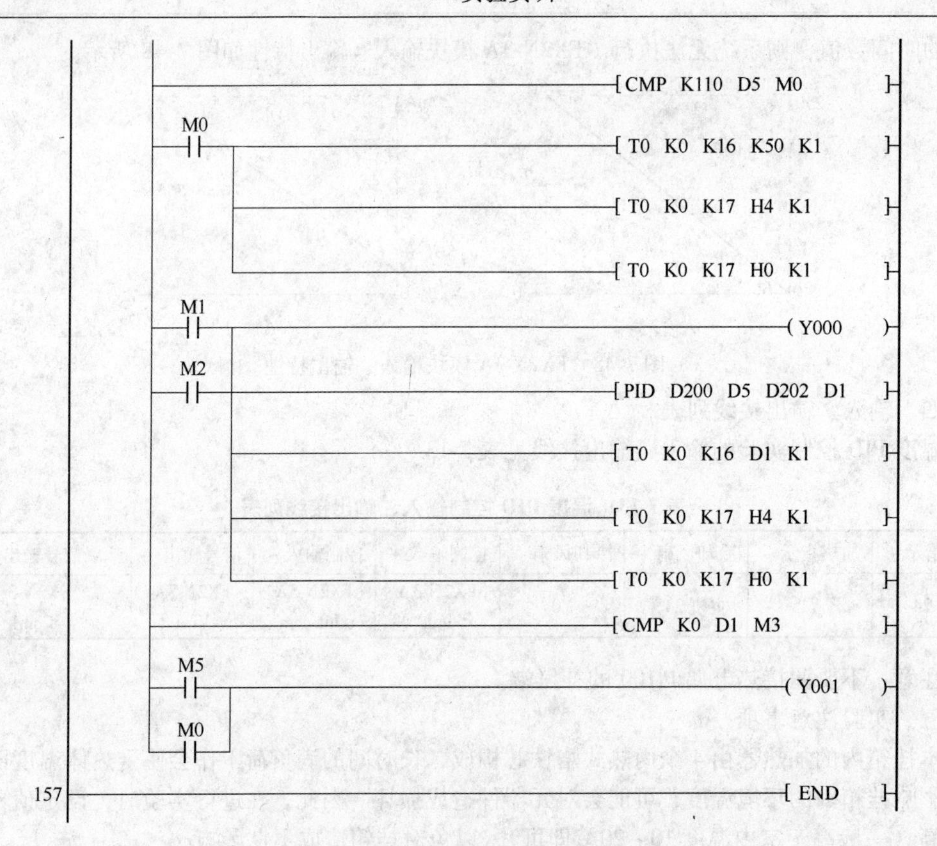

图 7-49　温度 PID 控制的梯形图参考程序

实验 14　三层电梯控制系统的模拟

在 MF27 模拟实验挂箱中三层电梯控制系统的模拟实验区完成本实验。

一、实验目的

(1) 进一步熟悉 PLC 的 I/O 连接。

(2) 熟悉三层楼电梯控制系统的编程方法。

二、控制要求

电梯由安装在各楼层厅门口的上升和下降呼叫按钮进行呼叫操纵，其操纵内容为电梯运行方向。电梯轿厢内设有楼层内选按钮 S1 ~ S3，用以选择需停靠的楼层。L1 为一层指示、L2 为二层指示、L3 为三层指示，SQ1 ~ SQ3 为到位行程开关。电梯上升途中只响应上升呼叫，下降途中只响应下降呼叫，任何反方向的呼叫均无效。例如，电梯停在一层，在二层轿厢外呼叫时，必须按二层上升呼叫按钮，电梯才响应呼叫（从一层运行到二层），按二层下降呼叫按钮无效；反之，若电梯停在三层，在二层轿厢外呼叫时，必须按二层下降呼叫按钮，电梯才响应呼叫（从三层运行到二层），按二层上升呼叫按钮无效，依此类推。

三、三层电梯控制系统的模拟实验面板图

三层电梯控制系统模拟实验的面板见图 7-50。

四、输入、输出接线列表

三层电梯控制系统模拟实验的输入、输出接线见表 7-14 和表 7-15。

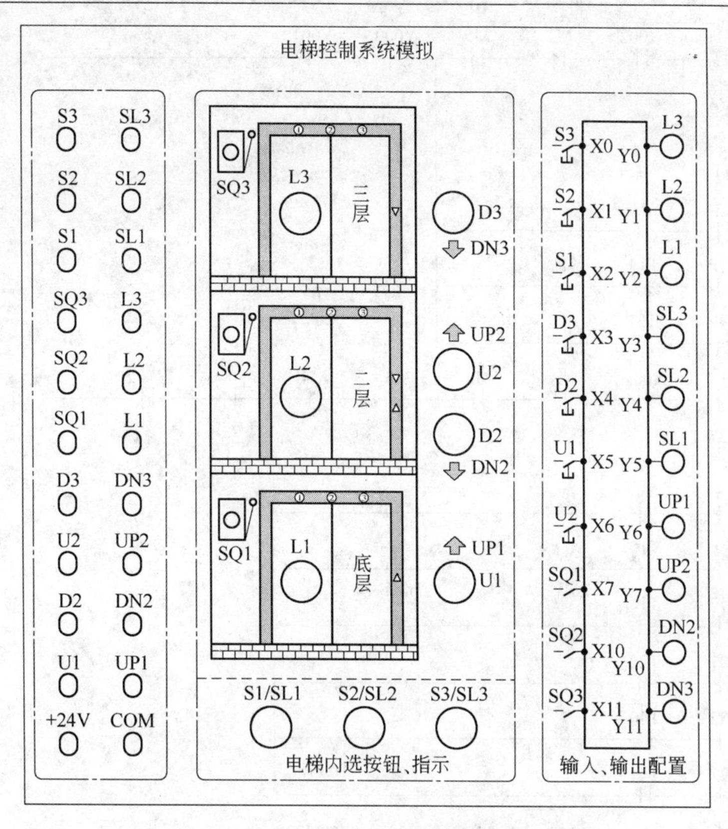

图 7-50 三层电梯控制系统的模拟实验面板图

表 7-14 三层电梯控制系统的模拟实验输入接线表

序 号	名 称	输入点	序 号	名 称	输出点
0	三层内选按钮 S3	X000	5	一层上呼按钮 U1	X005
1	二层内选按钮 S2	X001	6	二层上呼按钮 U2	X006
2	一层内选按钮 S1	X002	7	一层行程开关 SQ1	X007
3	三层下呼按钮 D3	X003	8	二层行程开关 SQ2	X010
4	二层下呼按钮 D2	X004	9	三层行程开关 SQ3	X011

表 7-15 三层电梯控制系统的模拟实验输出接线表

序 号	名 称	输入点	序 号	名 称	输出点
0	三层指示 L3	Y000	6	二层内选指示 SL2	Y006
1	二层指示 L2	Y001	7	一层内选指示 SL1	Y007
2	一层指示 L1	Y002	8	一层上呼指示 UP1	Y010
3	轿厢下降指示 DOWN	Y003	9	二层上呼指示 UP2	Y011
4	轿厢上升指示 UP	Y004	10	二层下呼指示 DN2	Y012
5	三层内选指示 SL3	Y005	11	三层下呼指示 DN3	Y013

五、梯形图参考程序

三层电梯控制系统模拟实验的梯形图参考程序见图 7-51。

0 T11 X002 M1 M5 Y000 Y001 (Y002)
T19
T38
T1 T2
T13 T14
T30 T31

18 T15 X001 M1 M2 M3 M4 Y000 Y002 (Y001)
T27
T3 T4
T9 T10
T17 T18
T21 T22
T32 T40
T37 T41

46 T5 X000 M3 M6 Y001 Y002 (Y000)
T23
T33
T7 T8
T25 T26
T35 T36

64 X002 X004 X005 X003 X000 (M1)
M1 M3 M6 M20 (T1 K10)

78 T1 (T2 K30)

82 T2 X002 (T3 K30)
(T4 K50)
(T5 K80)
(T6 K100)

96 X000 X003 X004 X005 X002 (M3)

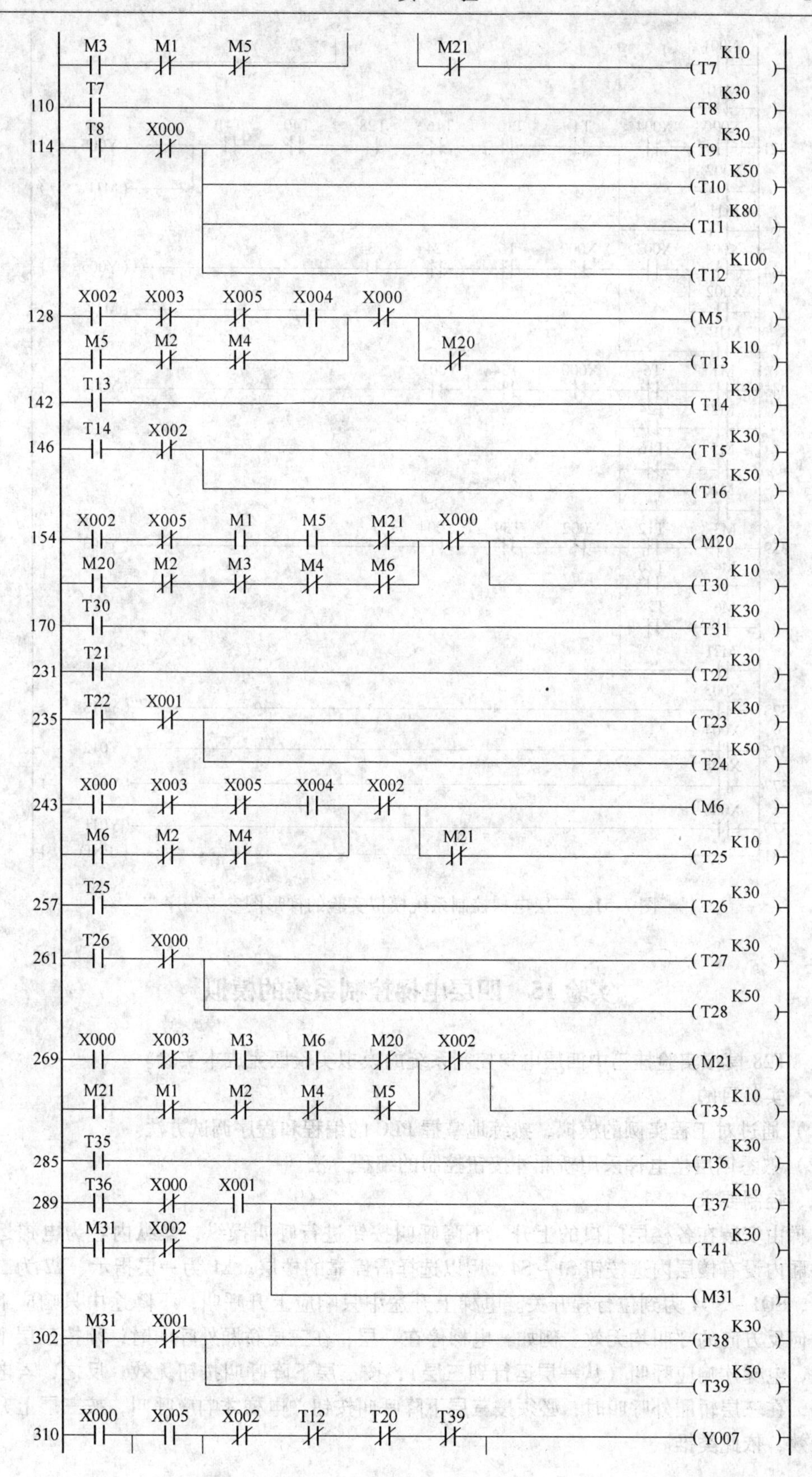
M3 M1 M5 M21 K10 T7
110 T7 K30 T8
114 T8 X000 K30 T9 K50 T10 K80 T11 K100 T12
128 X002 X003 X005 X004 X000 M5
M5 M2 M4 M20 K10 T13
142 T13 K30 T14
146 T14 X002 K30 T15 K50 T16
154 X002 X005 M1 M5 M21 X000 M20
M20 M2 M3 M4 M6 K10 T30
170 T30 K30 T31
231 T21 K30 T22
235 T22 X001 K30 T23 K50 T24
243 X000 X003 X005 X004 X002 M6
M6 M2 M4 M21 K10 T25
257 T25 K30 T26
261 T26 X000 K30 T27 K50 T28
269 X000 X003 M3 M6 M20 X002 M21
M21 M1 M2 M4 M5 K10 T35
285 T35 K30 T36
289 T36 X000 X001 K10 T37
M31 X002 K30 T41
M31
302 M31 X001 K30 T38 K50 T39
310 X000 X005 X002 T12 T20 T39 Y007

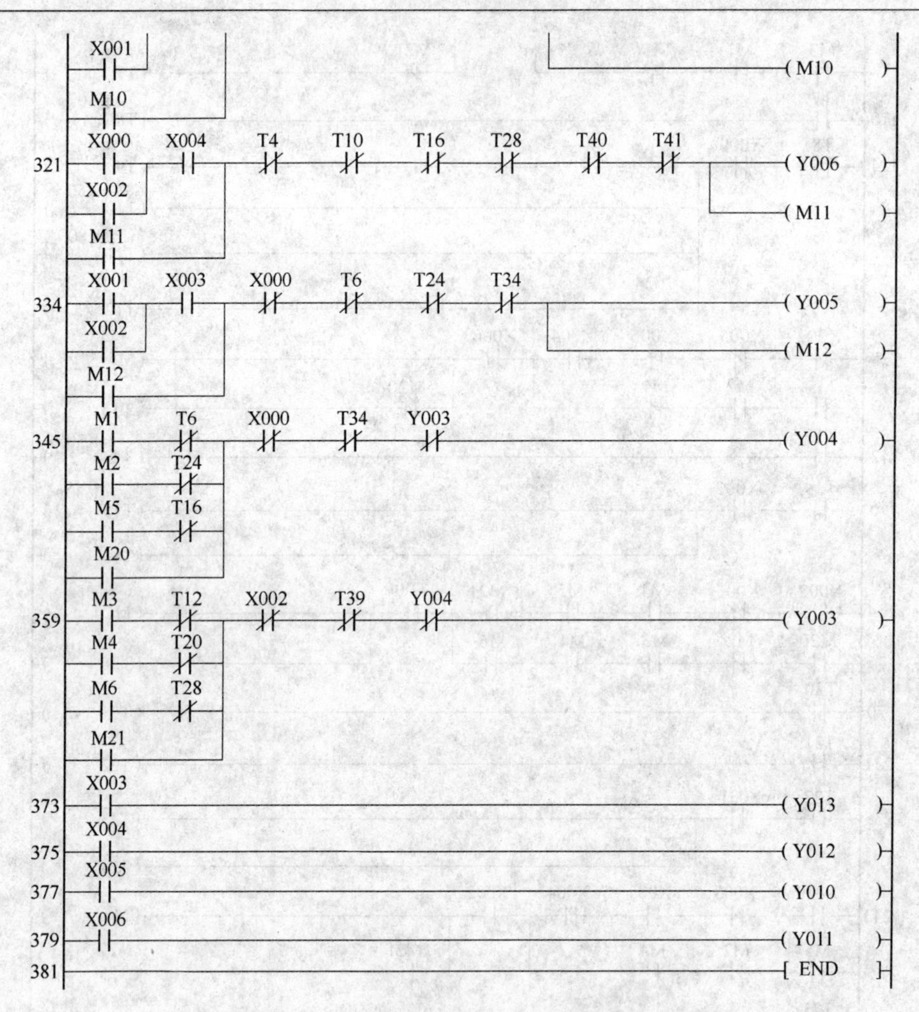

图 7-51　三层电梯控制系统模拟实验的梯形图参考程序

实验 15　四层电梯控制系统的模拟

在 MF28 模拟实验挂箱中四层电梯控制系统的模拟实验区完成本实验。

一、实验目的

（1）通过对工程实例的模拟，熟练地掌握 PLC 的编程和程序调试方法。

（2）熟悉四层楼电梯采用轿厢外按钮控制的编程方法。

二、控制要求

电梯由安装在各楼层门口的上升、下降呼叫按钮进行呼叫操纵，操纵内容为电梯运行方向。轿厢内设有楼层内选按钮 S1 ~ S4，用以选择需停靠的楼层。L1 为一层指示、L2 为二层指示……，SQ1 ~ SQ4 为到位行程开关。电梯上升途中只响应上升呼叫，下降途中只响应下降呼叫，任何反方向的呼叫均无效。例如，电梯停在一层，在三层轿厢外呼叫时，须按三层上升呼叫按钮，电梯才响应呼叫（从一层运行到三层），按三层下降呼叫按钮无效；反之，若电梯停在四层，在三层轿厢外呼叫时，必须按三层下降呼叫按钮，电梯才响应呼叫，按三层上升呼叫按钮无效，依此类推。

三、四层电梯控制系统的模拟实验面板图

四层电梯控制系统的模拟实验面板见图7-52。

四、输入、输出接线列表

四层电梯控制系统模拟实验的输入、输出接线见表7-16和表7-17。

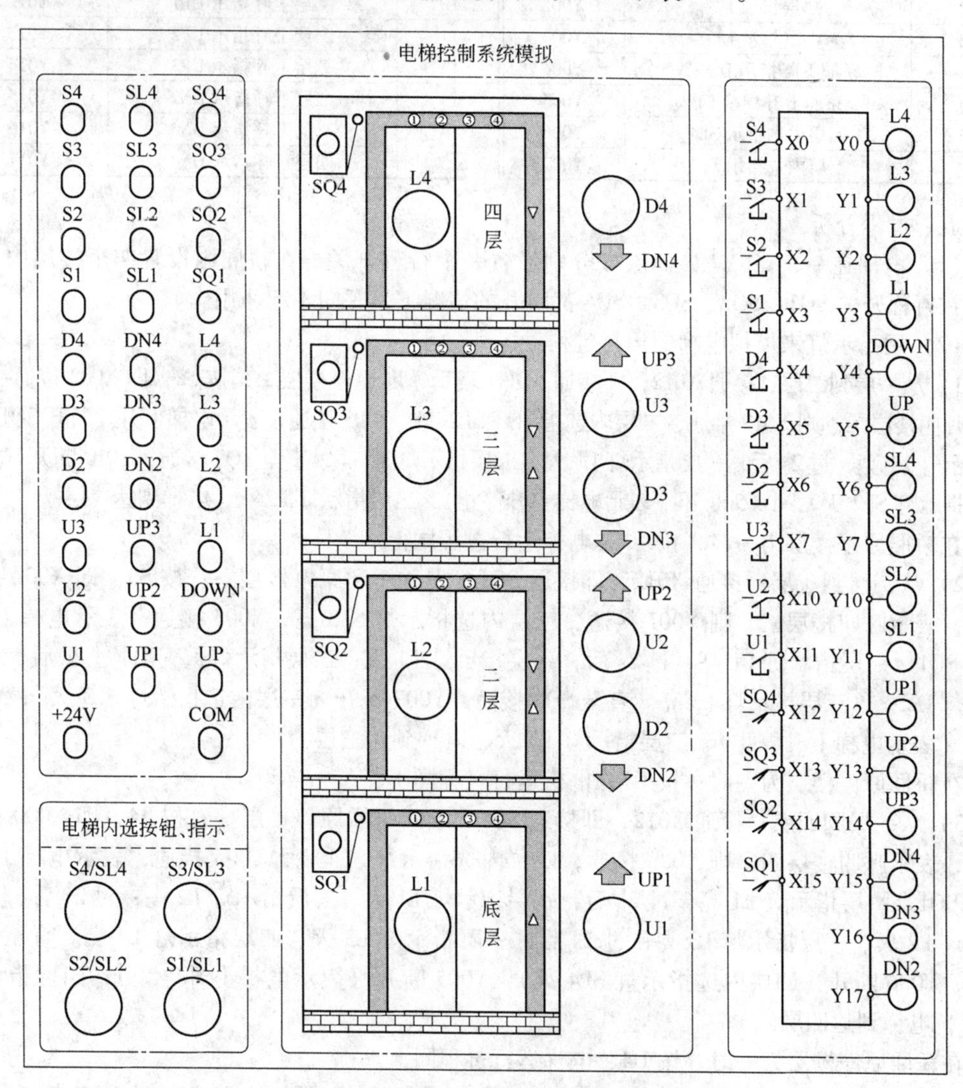

图7-52 四层电梯控制系统的模拟实验面板图

表7-16 四层电梯控制系统的模拟实验输入接线表

序 号	名 称	输入点	序 号	名 称	输出点
0	四层内选按钮S4	X000	7	一层上呼按钮U1	X007
1	三层内选按钮S3	X001	8	二层上呼按钮U2	X010
2	二层内选按钮S2	X002	9	三层上呼按钮U3	X011
3	一层内选按钮S1	X003	10	一层行程开关SQ1	X012
4	四层下呼按钮D4	X004	11	二层行程开关SQ2	X013
5	三层下呼按钮D3	X005	12	三层行程开关SQ3	X014
6	二层下呼按钮D2	X006	13	四层行程开关SQ4	X015

表 7-17　四层电梯控制系统的模拟实验输出接线表

序　号	名　　称	输入点	序　号	名　　称	输出点
0	四层指示 L4	Y000	8	二层内选指示 SL2	Y010
1	三层指示 L3	Y001	9	一层内选指示 SL1	Y011
2	二层指示 L2	Y002	10	一层上呼指示 UP1	Y012
3	一层指示 L1	Y003	11	二层上呼指示 UP2	Y013
4	轿厢下降指示 DOWN	Y004	12	三层上呼指示 UP3	Y014
5	轿厢上升指示 UP	Y005	13	二层下呼指示 DN2	Y015
6	四层内选指示 SL4	Y006	14	三层下呼指示 DN3	Y016
7	三层内选指示 SL3	Y007	15	四层下呼指示 DN4	Y017

五、过程分析

(1) 电梯在一、二、三、四层楼分别设置一个行程开关，在轿厢内设置四个楼层内选按钮。在行程开关 SQ1、SQ2、SQ3、SQ4 都断开的情况下，呼叫不起作用。

(2) 用指示灯来模拟电梯的运行过程。

1) 从一层到二层：接通 X012，即接通 SQ1，表示轿厢原停楼层一；按 S2，即 X002 接通一下，表示呼叫楼层二，则 Y010 接通，二层内选指示灯 SL2 亮，Y005 接通，表示电梯上升。断开 SQ1，一层指示灯 L1 亮，过 2s 后，一层指示灯 L1 灭、二层指示灯 L2 亮，直至 SQ2 接通，Y010 断开（二层内选指示灯 SL2 灭），Y005 断开（表示电梯上升停止），二层指示灯 L2 灭，电梯到达二层。

在轿厢原停楼层为一时，按 U2，电梯运行过程同上。

2) 从一层到三层：接通 X012，即接通 SQ1，表示轿厢原停楼层一；按 S3，即 X001 接通一下，表示呼叫楼层三，则 Y007 接通，三层内选指示灯 SL3 亮，Y005 接通，表示电梯上升。断开 SQ1，一层指示灯 L1 亮，过 2s 后，一层指示灯 L1 灭、二层指示灯 L2 亮；过 2s 后，二层指示灯 L2 灭、三层指示灯 L3 亮。直至 SQ3 接通，Y007 断开（三层内选指示灯 SL3 灭），Y005 断开（表示电梯上升停止），三层指示灯 L3 灭，电梯到达三层。

在轿厢原停楼层为一时，按 U3，电梯运行过程同上。

3) 从一层到四层：接通 X012，即接通 SQ1，表示轿厢原停楼层一；按 S4，即 X000 接通一下，表示呼叫楼层四，则 Y006 接通，四层内选指示灯 SL4 亮，Y005 接通，表示电梯上升。断开 SQ1，一层指示灯 L1 亮，过 2s 后，一层指示灯 L1 灭、二层指示灯 L2 亮；过 2s 后，二层指示灯 L2 灭、三层指示灯 L3 亮；过 2s 后，三层指示灯 L3 灭、四层指示灯 L4 亮。直至 SQ4 接通，Y006 断开（四层内选指示灯 SL4 灭），Y005 断开（表示电梯上升停止），四层指示灯 L4 灭，电梯到达四层。

在轿厢原停楼层为一时，按 D4，电梯运行过程同上。

4) 从二层到三层：接通 X013，即接通 SQ2，表示轿厢原停楼层二；按 S3，即 X001 接通一下，表示呼叫楼层三，则 Y007 接通，三层内选指示灯 SL3 亮，Y005 接通，表示电梯上升。断开 SQ2，二层指示灯 L2 亮，过 2s 后，二层指示灯 L2 灭、三层指示灯 L3 亮；直至 SQ3 接通，Y007 断开（四层内选指示灯 SL4 灭），Y005 断开（表示电梯上升停止），三层指示灯 L3 灭，电梯到达三层。

在轿厢原停楼层为二时，按 U3，电梯运行过程同上。

5) 从二层到四层：接通 X013，即接通 SQ2，表示轿厢原停楼层二；按 S4，即 X000 接通一下，表示呼叫楼层四，则 Y006 接通，四层内选指示灯 SL4 亮，Y005 接通，表示电梯上升。断开 SQ2，二层指示灯 L2 亮，过 2s 后，二层指示灯 L2 灭、三层指示灯 L3 亮；过 2s 后，三层指示灯 L3 灭、四层指示灯 L4 亮。直至 SQ4 接通，Y006 断开（四层内选指示灯 SL4 灭），Y005 断开（表示电梯上升停止），四层指示灯 L4 灭，电梯到达四层。

在轿厢原停楼层为二时，按 D4，电梯运行过程同上。

6）从三层到四层：接通 X014，即接通 SQ3，表示轿厢原停楼层三；按 S4，即 X000 接通一下，表示呼叫楼层四，则 Y006 接通，四层内选指示灯 SL4 亮，Y005 接通，表示电梯上升。断开 SQ3，三层指示灯 L3 亮，过 2s 后，三层指示灯 L3 灭、四层指示灯 L4 亮。直至 SQ4 接通，Y006 断开（四层内选指示灯 SL4 灭），Y005 断开（表示电梯上升停止），四层指示灯 L4 灭，电梯到达四层。

在轿厢原停楼层为三时，按 D4，电梯运行过程同上。

7）从四层到三层：接通 X015，即接通 SQ4，表示轿厢原停楼层四；按 S3，即 X001 接通一下，表示呼叫楼层三，则 Y007 接通，三层内选指示灯 SL3 亮，Y004 接通，表示电梯下降。断开 SQ4，四层指示灯 L4 亮，过 2s 后，四层指示灯 L4 灭、三层指示灯 L3 亮，直至 SQ3 接通，Y007 断开（三层内选指示灯 SL3 灭），Y004 断开（表示电梯下降停止），三层指示灯 L3 灭，电梯到达三层。

在轿厢原停楼层为四时，按 D3，电梯运行过程同上。

8）从四层到二层：接通 X015，即接通 SQ4，表示轿厢原停楼层四；按 S2，即 X002 接通一下，表示呼叫楼层二，则 Y010 接通，二层内选指示灯 SL2 亮，Y004 接通，表示电梯下降。断开 SQ4，四层指示灯 L4 亮，过 2s 后，四层指示灯 L4 灭、三层指示灯 L3 亮；过 2s 后，三层指示灯 L3 灭、二层指示灯 L2 亮。直至 SQ2 接通，Y010 断开（二层内选指示灯 SL2 灭），Y004 断开（表示电梯下降停止），二层指示灯 L2 灭，电梯到达二层。

在轿厢原停楼层为四时，按 D2，电梯运行过程同上。

9）从四层到一层：接通 X015，即接通 SQ4，表示轿厢原停楼层四，按 S1，即 X003 接通一下，表示呼叫楼层一，则 Y011 接通，一层内选指示灯 SL1 亮，Y004 接通，表示电梯下降。断开 SQ4，四层指示灯 L4 亮，过 2s 后，四层指示灯 L4 灭、三层指示灯 L3 亮；过 2s 后，三层指示灯 L3 灭、二层指示灯 L2 亮；过 2s 后，二层指示灯 L2 灭、一层指示灯 L1 亮。直至 SQ1 接通，Y011 断开（一层内选指示灯 SL1 灭），Y004 断开（表示电梯下降停止），一层指示灯 L1 灭，电梯到达一层。

在轿厢原停楼层为四时，按 U1，电梯运行过程同上。

10）从三层到二层：接通 X014，即接通 SQ3，表示轿厢原停楼层三；按 S2，即 X002 接通一下，表示呼叫楼层二，则 Y010 接通，二层内选指示灯 SL2 亮，Y004 接通，表示电梯下降。断开 SQ3，三层指示灯 L3 亮，过 2s 后，三层指示灯 L3 灭、二层指示灯 L2 亮。直至 SQ2 接通，Y010 断开（二层内选指示灯 SL2 灭），Y004 断开（表示电梯下降停止），二层指示灯 L2 灭，电梯到达二层。

在轿厢原停楼层为三时，按 D2，电梯运行过程同上。

11）从三层到一层：接通 X014，即接通 SQ3，表示轿厢原停楼层三；按 S1，即 X003 接通一下，表示呼叫楼层 1，则 Y011 接通，一层内选指示灯 SL1 亮，Y004 接通，表示电梯下降。断开 SQ3，三层指示灯 L3 亮，过 2s 后，三层指示灯 L3 灭、二层指示灯 L2 亮；过 2s 后，二层指示灯 L2 灭、一层指示灯 L1 亮。直至 SQ1 接通，Y011 断开（一层内选指示灯 SL1 灭），Y004 断开（表示电梯下降停止），一层指示灯 L1 灭，电梯到达一层。

在轿厢原停楼层为三时，按 U1，电梯运行过程同上。

12）从二层到一层：接通 X013，即接通 SQ2，表示轿厢原停楼层二；按 S1，即 X003 接通一下，表示呼叫楼层一，则 Y011 接通，一层内选指示灯 SL1 亮，Y004 接通，表示电梯下降。断开 SQ2，二层指示灯 L2 亮，过 2s 后，二层指示灯 L2 灭、一层指示灯 L1 亮。直至 SQ1 接通，Y011 断开（一层内选指示灯 SL1 灭），Y004 断开（表示电梯下降停止），一层指示灯 L1 灭，电梯到达一层。

在轿厢原停楼层为二时，按 U1，电梯运行过程同上。

13）从一层到二、三、四层：接通 X012，即接通 SQ1，表示轿厢原停楼层一；按 S2、S3、S4，即 X000、X001、X002 接通一下，表示呼叫楼层为二、三、四，则 Y010、Y006、Y007 接通，二层内选指示灯 SL2、三层内选指示灯 SL3、四层内选指示灯 SL4 亮，Y005 接通，表示电梯上升。断开 SQ1，一层指示灯 L1 亮，过 2s 后，一层指示灯 L1 灭、二层指示灯 L2 亮；SQ2 闭合后，二层指示灯 L2 灭、二层内选指示灯 SL2 灭，SQ2 断开后，二层指示灯 L2 亮，过 2s 后，二层指示灯 L2 灭、三层指示灯 L3 亮；SQ3 闭合后，三层指示灯 L3 灭、三层内选指示灯 SL3 灭，SQ3 断开后，三层指示灯 L3 亮，过 2s 后，三层指示灯 L3 灭、四层指示灯 L4 亮。直至 SQ4 接通，Y006 断开（四层内选指示灯 SL4 灭），Y005 断开（表示电梯上升停止），四层指示灯 L4 灭，电梯到达四层。

在轿厢原停楼层为一时，按 U2、U3、D4，电梯运行过程同上。

14）从一层到二、三层：接通 X012，即接通 SQ1，表示轿厢原停楼层一；按 S2、S3，即 X001、X002 接通一下，表示呼叫楼层为二、三，则 Y010、Y007 接通，二层内选指示灯 SL2、三层内选指示灯 SL3 亮，Y005 接通，表示电梯上升。断开 SQ1，一层指示灯 L1 亮，过 2s 后，一层指示灯 L1 灭、二层指示灯 L2 亮；SQ2 闭合后，二层指示灯 L2 灭、二层内选指示灯 SL2 灭，SQ2 断开后，二层指示灯 L2 亮，过 2s 后，二层指示灯 L2 灭、三层指示灯 L3 亮。直至 SQ3 接通，Y007 断开（三层内选指示灯 SL3 灭），Y005 断开（表示电梯上升停止），三层指示灯 L3 灭，电梯到达三层。

在轿厢原停楼层为一时，按 U2、U3，电梯运行过程同上。

15）从一层到三、四层：接通 X012，即接通 SQ1，表示轿厢原停楼层一；按 S3、S4，即 X000、X001 接通一下，表示呼叫楼层为三、四，则 Y006、Y007 接通，三层内选指示灯 SL3、四层内选指示灯 SL4 亮，Y005 接通，表示电梯上升。断开 SQ1，一层指示灯 L1 亮，过 2s 后，一层指示灯 L1 灭、二层指示灯 L2 亮；过 2s 后，二层指示灯 L2 灭、三层指示灯 L3 亮；SQ3 闭合后，三层指示灯 L3 灭、三层内选指示灯 SL3 灭，SQ3 断开后，三层指示灯 L3 亮，过 2s 后，三层指示灯 L3 灭、四层指示灯 L4 亮。直至 SQ4 接通，Y006 断开（四层内选指示灯 SL4 灭），Y005 断开（表示电梯上升停止），四层指示灯 L4 灭，电梯到达四层。

在轿厢原停楼层为一时，按 U3、D4，电梯运行过程同上。

16）从一层到二、四层：接通 X012，即接通 SQ1，表示轿厢原停楼层一；按 S2、S4，即 X000、X002 接通一下，表示呼叫楼层为二、四，则 Y006、Y010 接通，二层内选指示灯 SL2、四层内选指示灯 SL4 亮，Y005 接通，表示电梯上升。断开 SQ1，一层指示灯 L1 亮，过 2s 后，一层指示灯 L1 灭、二层指示灯 L2 亮；SQ2 闭合后，二层指示灯 L2 灭、二层内选指示灯 SL2 灭，SQ2 断开后，二层指示灯 L2 亮，过 2s 后，二层指示灯 L2 灭、三层指示灯 L3 亮；过 2s 后，三层指示灯 L3 灭、四层指示灯 L4 亮。直至 SQ4 接通，Y006 断开（四层内选指示灯 SL4 灭），Y005 断开（表示电梯上升停止），四层指示灯 L4 灭，电梯到达四层。

在轿厢原停楼层为一时，按 U2、D4，电梯运行过程同上。

17）从二层到三、四层：接通 X013，即接通 SQ2，表示轿厢原停楼层二；按 S3、S4，即 X000、X001 接通一下，表示呼叫楼层为三、四，则 Y006、Y007 接通，三层内选指示灯 SL3、四层内选指示灯 SL4 亮，Y005 接通，表示电梯上升。断开 SQ2，二层指示灯 L2 亮，过 2s 后，二层指示灯 L2 灭、三层指示灯 L3 亮；SQ3 闭合后，三层指示灯 L3 灭、三层内选指示灯 SL3 灭，SQ3 断开后，三层指示灯 L3 亮，过 2s 后，三层指示灯 L3 灭、四层指示灯 L4 亮。直至 SQ4 接通，Y006 断开（四层内选指示灯 SL4 灭），Y005 断开（表示电梯上升停止），四层指示灯 L4 灭，电梯到达四层。

在轿厢原停楼层为二时，按 U3、D4，电梯运行过程同上。

18）从三层到二、一层：接通 X014，即接通 SQ3，表示轿厢原停楼层三；按 S2、S1，即 X002、X003 接通一下，表示呼叫楼层为二、一，则 Y010、Y011 接通，二层内选指示灯 SL2、一层内选指示灯 SL1 亮，Y004 接通，表示电梯下降。断开 SQ3，三层指示灯 L3 亮，过 2s 后，三层指示灯 L3 灭、二层指示灯 L2 亮；SQ2 闭合后，二层指示灯 L2 灭、二层内选指示灯 SL2 灭，SQ2 断开后，二层指示灯 L2 亮，过 2s 后，二层指示灯 L2 灭、一层指示灯 L1 亮。直至 SQ1 接通，Y011 断开（一层内选指示灯 SL1 灭），Y004 断开（表示电梯下降停止），一层指示灯 L1 灭，电梯到达一层。

在轿厢原停楼层为三时，按 D2、U1，电梯运行过程同上。

19）从四层到三、二、一层：接通 X015，即接通 SQ4，表示轿厢原停楼层四；按 S1、S2、S3，即 X001、X002、X003 接通一下，表示呼叫楼层为一、二、三，则 Y007、Y010、Y011 接通，一层内选指示灯 SL1、二层内选指示灯 SL2、三层内选指示灯 SL3 亮，Y004 接通，表示电梯下降。断开 SQ4，四层指示灯 L4 亮，过 2s 后，四层指示灯 L4 灭、三层指示灯 L3 亮；SQ3 闭合后，三层指示灯 L3 灭、三层内选指示灯 SL3 灭，SQ3 断开后，三层指示灯 L3 亮，过 2s 后，三层指示灯 L3 灭、二层指示灯 L2 亮；SQ2 闭合后，二层指示灯 L2 灭、二层内选指示灯 SL2 灭，SQ2 断开后，二层指示灯 L2 亮，过 2s 后，二层指示灯 L2 灭、一层指示灯 L1 亮。直至 SQ1 接通，Y011 断开（一层内选指示灯 SL1 灭），Y004 断开（表示电梯下降停止），一层指示灯 L1 灭，电梯到达一层。

在轿厢原停楼层为四时，按 U1、D2、D3，电梯运行过程同上。

20）从四层到三、二层：接通 X015，即接通 SQ4，表示轿厢原停楼层四；按 S2、S3，即 X001、X002 接通一下，表示呼叫楼层为二、三，则 Y007、Y010 接通，二层内选指示灯 SL2、三层内选指示灯 SL3 亮，Y004 接通，表示电梯下降。断开 SQ4，四层指示灯 L4 亮，过 2s 后，四层指示灯 L4 灭、三层指示灯 L3 亮；SQ3 闭合后，三层指示灯 L3 灭、三层内选指示灯 SL3 灭，SQ3 断开后，三层指示灯 L3 亮，过 2s 后，三层指示灯 L3 灭、二层指示灯 L2 亮。直至 SQ2 接通，Y010 断开（二层内选指示灯 SL2 灭），Y004 断开（表示电梯下降停止），二层指示灯 L2 灭，电梯到达二层。

在轿厢原停楼层为四时，按 D2、D3，电梯运行过程同上。

21）从四层到二、一层：接通 X015，即接通 SQ4，表示轿厢原停楼层四；按 S1、S2，即 X002、X003 接通一下，表示呼叫楼层为一、二，则 Y010、Y011 接通，一层内选指示灯 SL1、二层内选指示灯 SL2 亮，Y004 接通，表示电梯下降。断开 SQ4，四层指示灯 L4 亮，过 2s 后，四层指示灯 L4 灭、三层指示灯 L3 亮；过 2s 后，三层指示灯 L3 灭、二层指示灯 L2 亮；SQ2 闭合后，二层指示灯 L2 灭、二层内选指示灯 SL2 灭，SQ2 断开后，二层指示灯 L2 亮，过 2s 后，二层指示灯 L2 灭、一层指示灯 L1 亮。直至 SQ1 接通，Y011 断开（一层内选指示灯 SL1 灭），Y004 断开（表示电梯下降停止），一层指示灯 L1 灭，电梯到达一层。

在轿厢原停楼层为四时，按 U1、D2，电梯运行过程同上。

22）从四层到三、一层：接通 X015，即接通 SQ4，表示轿厢原停楼层四；按 S1、S3，即 X001、X003 接通一下，表示呼叫楼层为一、三，则 Y007、Y011 接通，一层内选指示灯 SL1、三层内选指示灯 SL3 亮，Y004 接通，表示电梯下降。断开 SQ4，四层指示灯 L4 亮，过 2s 后，四层指示灯 L4 灭、三层指示灯 L3 亮；SQ3 闭合后，三层指示灯 L3 灭、三层内选指示灯 SL3 灭，SQ3 断开后，三层指示灯 L3 亮，过 2s 后，三层指示灯 L3 灭、二层指示灯 L2 亮；过 2s 后，二层指示灯 L2 灭、一层指示灯 L1 亮。直至 SQ1 接通，Y011 断开（一层内选指示灯 SL1 灭），Y004 断开（表示电梯下降停止），一层指示灯 L1 灭，电梯到达一层。

在轿厢原停楼层为四时，按 U1、D3，电梯运行过程同上。

实验 16 五层电梯控制系统的模拟

在 MF29 模拟实验挂箱中五层电梯控制系统的模拟实验区完成本实验。

一、实验目的

（1）通过对工程实例的模拟，熟练地掌握 PLC 的编程和程序调试方法。

（2）熟悉五层楼电梯采用轿厢外按钮控制的编程方法。

二、控制要求

电梯由安装在各楼层门口的上升和下降呼叫按钮进行呼叫操纵，其操纵内容为电梯运行方向。电梯轿箱内设有楼层内选按钮 S1 ~ S5，用以选择需停靠的楼层。L1 为一层指示、L2 为二层指示……，SQ1 ~ SQ5 为到位行程开关。电梯上升途中只响应上升呼叫，下降途中只响应下降呼叫，任何反方向的呼叫均无效。例如，电梯停在一层，在三层轿箱外呼叫时，必须按三层上升呼叫按钮，电梯才响应呼叫（从一层运行到三层），按三层下降呼叫按钮无效；反之，若电梯停在四层，在三层轿箱外呼叫时，必须按三层下降呼叫按钮，电梯才响应呼叫，按三层上升呼叫按钮无效。

三、五层电梯控制系统的模拟实验面板图

五层电梯控制系统的模拟实验面板如图 7-53 所示。

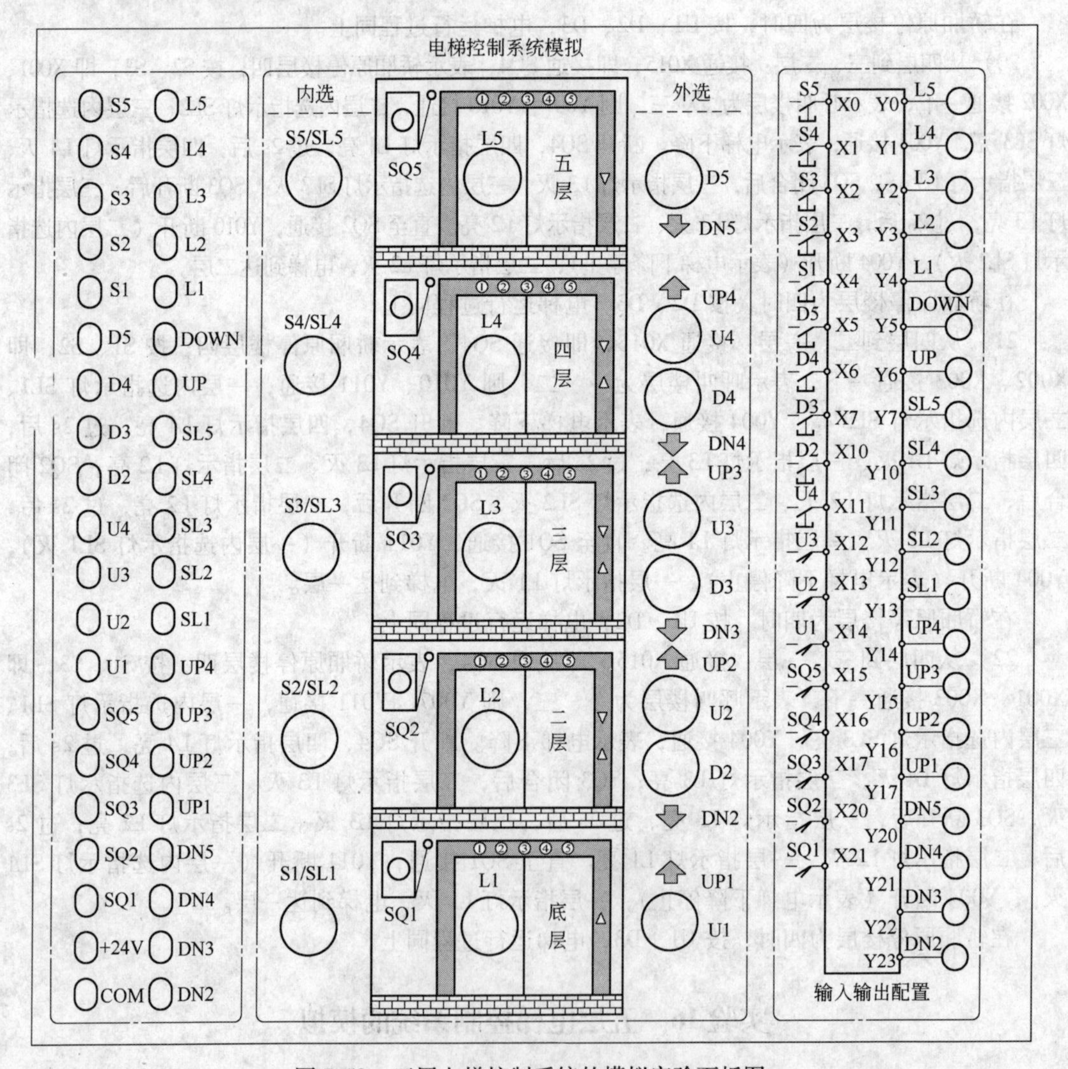

图 7-53　五层电梯控制系统的模拟实验面板图

四、输入/输出接线列表

五层电梯控制系统的模拟实验输入、输出接线见表7-18和表7-19。

表7-18　五层电梯控制系统的模拟实验输入表

序　号	名　称	输入点	序　号	名　称	输出点
0	五层内选按钮S5	X000	9	一层上呼按钮U1	X011
1	四层内选按钮S4	X001	10	二层上呼按钮U2	X012
2	三层内选按钮S3	X002	11	三层上呼按钮U3	X013
3	二层内选按钮S2	X003	12	四层上呼按钮U4	X014
4	一层内选按钮S1	X004	13	一层行程开关SQ1	X015
5	五层下呼按钮D5	X005	14	二层行程开关SQ2	X016
6	四层下呼按钮D4	X006	15	三层行程开关SQ3	X017
7	三层下呼按钮D3	X007	16	四层行程开关SQ4	X020
8	二层下呼按钮D2	X010	17	五层行程开关SQ5	X021

表7-19　五层电梯控制系统的模拟实验输出表

序　号	名　称	输入点	序　号	名　称	输出点
0	五层指示L5	Y000	10	二层内选指示SL2	Y012
1	四层指示L4	Y001	11	一层内选指示SL1	Y013
2	三层指示L3	Y002	12	一层上呼指示UP1	Y014
3	二层指示L2	Y003	13	二层上呼指示UP2	Y015
4	一层指示L1	Y004	14	三层上呼指示UP3	Y016
5	轿箱下降指示DOWN	Y005	15	四层上呼指示UP4	Y017
6	轿箱上升指示UP	Y006	16	二层下呼指示DN2	Y020
7	五层内选指示SL5	Y007	17	三层下呼指示DN3	Y021
8	四层内选指示SL4	Y010	18	四层下呼指示DN4	Y022
9	三层内选指示SL3	Y011	19	五层下呼指示DN5	Y023

五、工作过程

参考四层电梯控制系统模拟实验工作过程描述。

实验17　轧钢机控制系统模拟

在MF30模拟实验挂箱中轧钢机控制系统模拟实验区完成本实验。

一、实验目的

用PLC构成轧钢机控制系统，熟练掌握PLC的编程和程序调试方法。

二、控制要求

当启动按钮 SD 接通，电机 M1、M2 运行，传送钢板，检测传送带上有无钢板的传感器 S1 的信号（即开关为 ON），表示有钢板，电机 M3 正转（MZ 灯亮）；S1 的信号消失（为 OFF），检测传送带上钢板到位后的传感器 S2 有信号（为 ON），表示钢板到位，电磁阀动作（YU1 灯亮），电机 M3 反转（MF 灯亮）。Y1 给一向下压下量，S2 信号消失，S1 有信号，电机 M3 正转……重复上述过程。

Y1 第一次接通，发光管 A 亮，表示有一向下压下量，第二次接通时，A、B 亮，表示有两个向下压下量，第三次接通时，A、B、C 亮，表示有三个向下压下量，若此时 S2 有信号，则停机，须重新启动。

三、轧钢机控制系统模拟的实验面板图

轧钢机控制系统模拟的实验面板如图 7-54 所示。

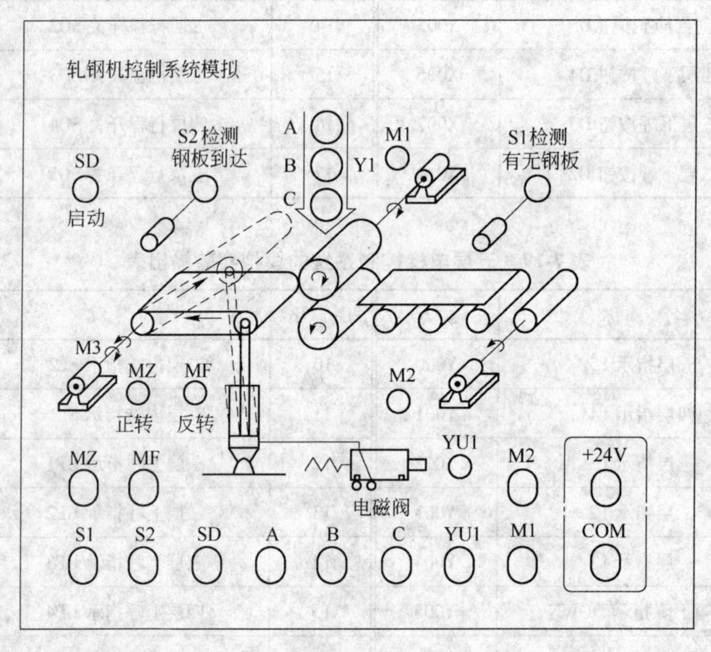

图 7-54　轧钢机控制系统模拟的实验面板图

四、输入/输出接线列表

轧钢机控制系统模拟实验输入、输出接线见表 7-20。

表 7-20　轧钢机控制系统模拟实验输入、输出接线表

输入	SD	S1	S2				
接线	X0	X1	X2				
输出	M1	M2	MZ	MF	A	B	C	YU1
接线	Y0	Y1	Y2	Y3	Y4	Y5	Y6	Y7

五、梯形图参考程序

轧钢机控制系统模拟实验梯形图参考程序见图 7-55。

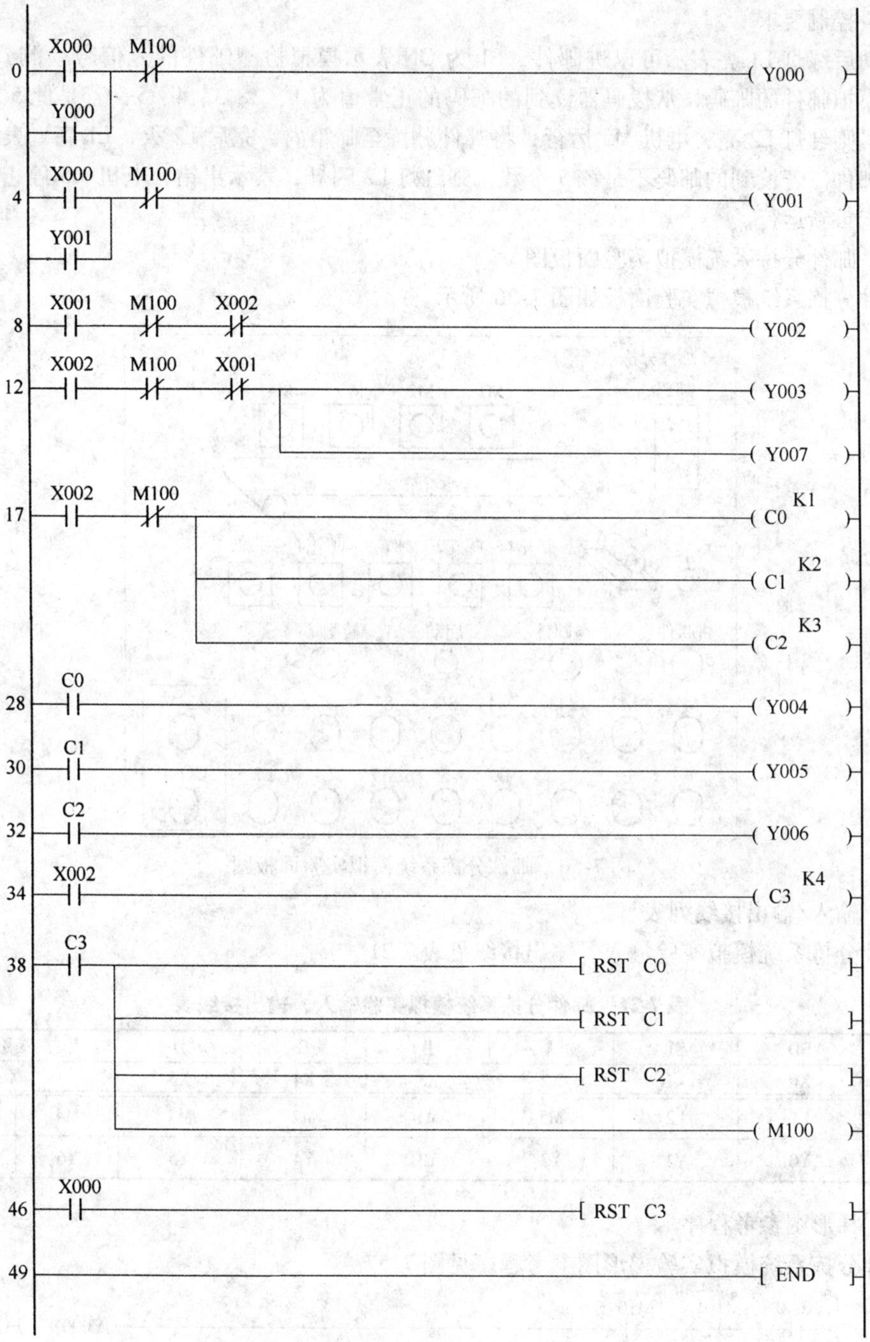

X000 M100
0 (Y000)
Y000
X000 M100
4 (Y001)
Y001
X001 M100 X002
8 (Y002)
X002 M100 X001
12 (Y003)
(Y007)
X002 M100
17 (C0 K1)
(C1 K2)
(C2 K3)
C0
28 (Y004)
C1
30 (Y005)
C2
32 (Y006)
X002
34 (C3 K4)
C3
38 [RST C0]
[RST C1]
[RST C2]
(M100)
X000
46 [RST C3]
49 [END]

图 7-55 轧钢机控制系统模拟实验梯形图参考程序

实验 18 邮件分拣系统模拟

在 MF30 模拟实验挂箱中邮件分拣系统模拟实验区完成本实验。

一、实验目的

用 PLC 构成邮件分拣控制系统，熟练掌握 PLC 编程和程序调试方法。

二、控制要求

启动后绿灯 L1 亮表示可以进邮件，S1 为 ON 表示模拟检测邮件的光信号检测到了邮件，拨码器模拟邮件的邮码，从拨码器读到的邮码的正常值为 1、2、3、4、5，若是此 5 个数中的任一个，则红灯 L2 亮，电机 M5 运行，将邮件分拣至邮箱内，完后 L2 灭，L1 亮，表示可以继续分拣邮件。若读到的邮码不是该 5 个数，则红灯 L2 闪烁，表示出错，电机 M5 停止，重新启动后，能重新运行。

三、邮件分拣系统模拟实验面板图

邮件分拣系统模拟实验面板如图 7-56 所示。

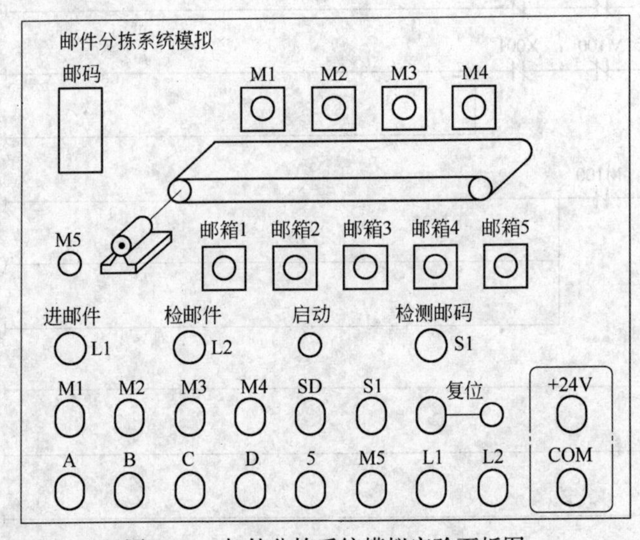

图 7-56　邮件分拣系统模拟实验面板图

四、输入/输出接线列表

邮件分拣系统模拟实验输入、输出接线见表 7-21。

表 7-21　邮件分拣系统模拟实验输入、输出接线表

输入	SD	S1	A	B	C	D	复位	
接线	X0	X1	X2	X3	X4	X5	X6	
输出	L1	L2	M5	M1	M2	M3	M4	5
接线	Y0	Y1	Y2	Y3	Y4	Y5	Y6	Y7

五、梯形图参考程序

邮件分拣系统模拟实验梯形图参考程序见图 7-57。

```
0  ──┤ X000 ├──┬──┤/ M101 ├──┤/ M100 ├──────────────( Y000 )
     ──┤ Y000 ├──┘
     ──┤ M102 ├─────────┘
6  ──┤ X000 ├──┬──┤/ M100 ├─────────────────────────( M103 )
     ──┤ M103 ├──┘
10 ──┤ X001 ├────┤/ M100 ├──┤/ M110 ├──────────────[ SET Y002 ]
```

```
14  M102 ─┬──────────────────────────────────── [ RST Y002 ]
    M100 ─┘
17  X002  X003/  X004/  X005/  Y002  M100/ ─┬── ( T3  K10 )
                                            └── ( M0 )
27  T3 ──────────────────────────────────────── ( Y003 )
29  Y003 ────────────────────────────────────── ( T4  K15 )
33  X003  X002/  X004/  X005/  Y002  M100/ ─┬── ( T5  K20 )
                                            └── ( M1 )
43  T5 ──────────────────────────────────────── ( Y004 )
45  Y004 ────────────────────────────────────── ( T6  K15 )
49  X002  X003  X004/  X005/  Y002  M100/ ──┬── ( T7  K30 )
                                            └── ( M2 )
59  T7 ──────────────────────────────────────── ( Y005 )
61  Y005 ────────────────────────────────────── ( T8  K15 )
65  X004  X002/  X003/  X005/  Y002  M100/ ─┬── ( T9  K40 )
                                            └── ( M3 )
75  T9 ──────────────────────────────────────── ( Y006 )
77  Y006 ────────────────────────────────────── ( T10  K15 )
81  X002  X004  X003/  X005/  Y002  M100/ ──┬── ( T11  K50 )
                                            └── ( M4 )
91  T11 ─────────────────────────────────────── ( Y007 )
93  Y007 ────────────────────────────────────── ( T12  K15 )
97  T4  ─┬───────────────────────────────────── ( M102 )
    T6  ─┤
    T8  ─┤
    T10 ─┤
    T12 ─┘
```

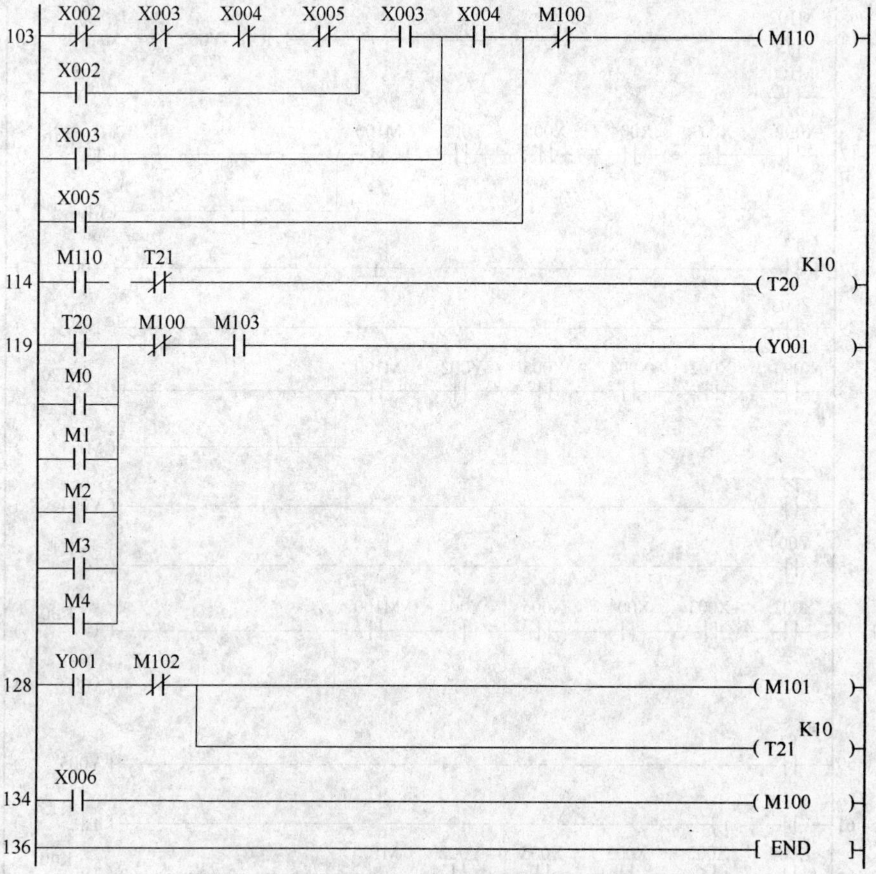

```
103  X002 X003 X004 X005 X003 X004 M100   (M110)
     X002
     X003
     X005
114  M110 T21                            (T20 K10)
119  T20 M100 M103                       (Y001)
     M0
     M1
     M2
     M3
     M4
128  Y001 M102                           (M101)
                                         (T21 K10)
134  X006                                (M100)
136                                      [END]
```

图 7-57　邮件分拣系统模拟实验梯形图参考程序

实验 19　运料小车控制模拟

在 FM30 模拟实验挂箱中运料小车控制模拟实验区完成本实验。

一、实验目的

用 PLC 构成运料小车控制系统，掌握多种方式控制的编程。

二、控制要求

系统启动后，选择手动方式（按下微动按钮 A4），通过 ZL、XL、RX、LX 四个开关的状态决定小车的运行方式。装料开关 ZL 为 ON，系统进入装料状态，灯 S1 亮，ZL 为 OFF，右行开关 RX 为 ON，灯 R1、R2、R3 依次点亮，模拟小车右行，卸料开关 XL 为 ON，小车进入卸料，XL 为 OFF，左行开关 LX 为 ON，灯 L1、L2、L3 依次点亮，模拟小车左行。

拨动停止按钮后，再触动微动按钮 A3，系统进入自动模式，即“装料—右行—卸料—装料—左行—卸料—装料”循环。

再次拨动停止按钮后，选择单周期方式（按下微动按钮 A2），小车来回运行一次。

同理，拨动停止按钮后，选择单步方式（选择 A1 按钮），每按动一次 A1，小车运行一步。

三、运料小车控制模拟实验面板图

运料小车控制模拟实验面板如图 7-58 所示。

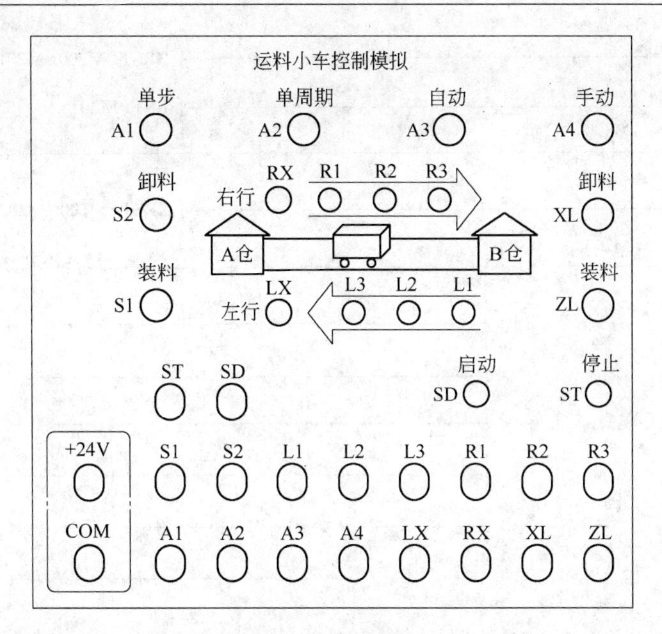

图 7-58 运料小车控制模拟实验面板图

四、输入、输出接线列表

运料小车控制模拟实验输入、输出接线见表 7-22。

表 7-22 运料小车控制模拟实验输入、输出接线表

输入	SD	ST	ZL	XL	RX	LX	A1	A2	A3	A4
接线	X0	X1	X2	X3	X4	X5	X6	X7	X10	X11
输出	S1	S2	R1	R2	R3	L1	L2	L3		
接线	Y0	Y1	Y2	Y3	Y4	Y5	Y6	Y7		

五、梯形图参考程序

运料小车控制模拟实验的梯形图参考程序见图 7-59。

```
0   X000    M1
    -| |----|/|------------------------------( M300 )
    M300
    -| |

4   X011    M300
    -| |----| |------------------------------( M200 )
    M200
    -| |-------------------------[ ZRST  M201  M203 ]

15  X010    M300
    -| |----| |------------------------------( M201 )
    M201
    -| |-------------------------[ RST  M200 ]
         |-----------------------[ ZRST  M202  M203 ]

27  X007    M300
    -| |----| |------------------------------( M202 )
```

```
     M202
 ----| |----+----------------------------[ ZRST  M200  M201 ]
            |
            +----------------------------[ RST  M203 ]

     X006      M300
 39 -| |----+--| |-----------------------( M203 )
     M203   |
 ----| |----+----------------------------[ ZRST  M200  M202 ]

     X006      M203      M300                          K1
 50 -| |-------| |-------| |----+--------( C20 )
                                |                      K2
                                +--------( C21 )
                                |                      K3
                                +--------( C22 )
                                |                      K4
                                +--------( C23 )
                                |                      K5
                                +--------( C24 )
                                |                      K6
                                +--------( C25 )
                                |                      K7
                                +--------( C26 )

     C21
 74 -| |---------------------------------[ RST  C20 ]
     C22
 77 -| |---------------------------------[ ZRST  C20  C21 ]
     C23
 83 -| |---------------------------------[ ZRST  C20  C22 ]
     C24
 89 -| |---------------------------------[ ZRST  C20  C23 ]
     C25
 95 -| |---------------------------------[ ZRST  C20  C24 ]
     C26
101 -| |---------------------------------[ ZRST  C20  C26 ]

     M201      M300      M0                            K15
107 -| |----+--| |-------|/|-------------( T1 )
     M202   |
 ----| |----+

     T1
114 -| |---------------------------------( M0 )

     M201                                              K30
116 -| |----+----------------------------( T30 )
     M202   |  T30
 ----| |----+--|/|-----------------------( M30 )

     M30
123 -| |----+----------------------------( M100 )
     M32    |
 ----| |----+

     M112                                              K15
126 -| |----+----------------------------( T32 )
            |  T32
            +--|/|-----------------------( M32 )

     M0
132 -| |---------------------------------[ SFTL  M100  M101  K12  K1 ]

     M200      X002      Y001
142 -| |-------| |----+--|/|-------------( Y000 )
     M101             |
 ----| |--------------+
     M106             |
 ----| |--------------+
```

```
        C20
        C23
150     M200   X003   Y000(常闭)          (Y001)
        M105
        M110
        C22
        C25
158     M102                               (Y002)
        M20
161     M103                               (Y003)
        M21
164     M104                               (Y004)
        M22
167     M107                               (Y005)
        M23
170     M108                               (Y006)
        M24
173     M109                               (Y007)
        M25
176     X004                        [SET  M20]
        C21                         (T10  K10)
                                    (T11  K20)
                                    (T12  K30)
                                    [RST  M25]
189     T10                         [SET  M21]
                                    [RST  M20]
192     T11                         [SET  M22]
                                    [RST  M21]
195     T12                         [RST  M22]
```

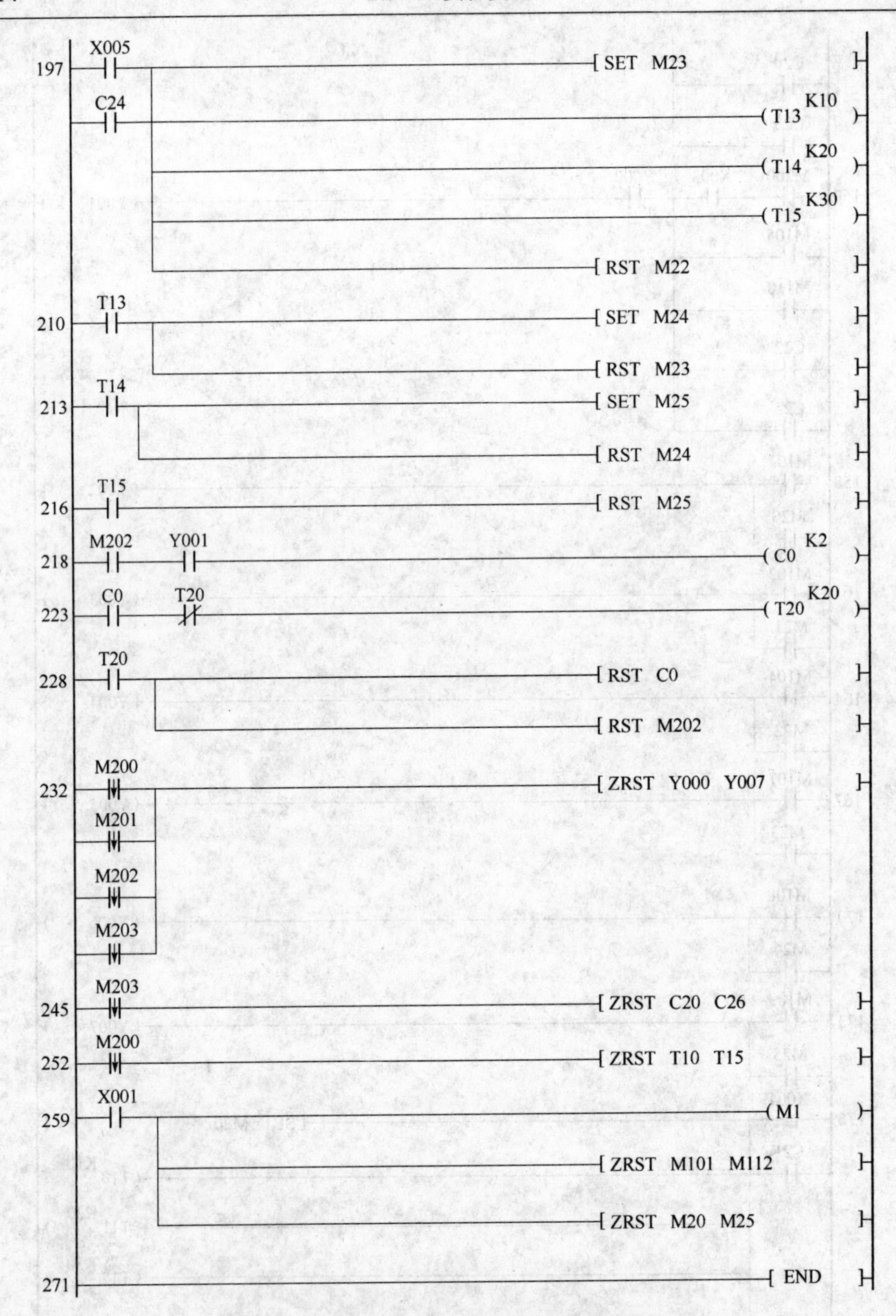

图 7-59　运料小车控制模拟实验梯形图参考程序

实验 20　舞台灯光的模拟

在 MF30 模拟实验挂箱中舞台灯光的模拟实验区完成本实验。

一、实验目的

用 PLC 构成舞台灯光控制系统。

二、实验内容

合上启动按钮，按以下规律显示：1—2—3—4—5—6—7—8—12—1234—123456—12345678—345678—5678—78—15—26—48—26—15—1357—2468—1 如此循环。

三、舞台灯光的模拟实验面板图

舞台灯光的模拟实验面板如图 7-60 所示。

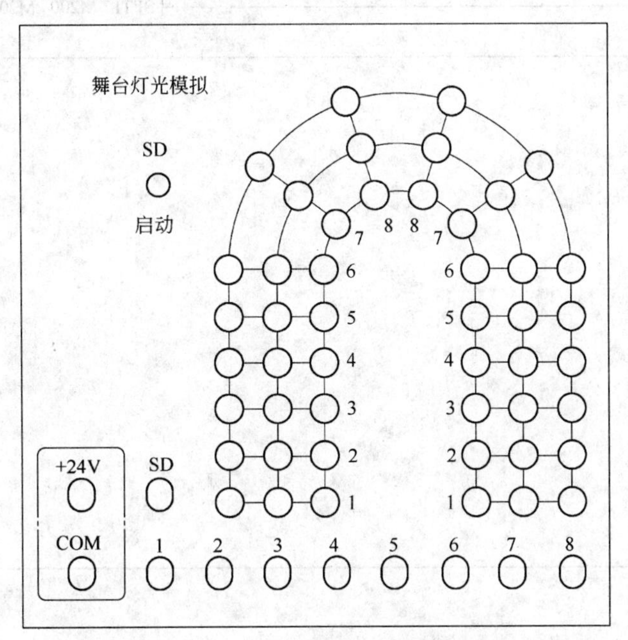

图 7-60 舞台灯光的模拟实验面板图

四、输入、输出接线列表

舞台灯光的模拟实验输入、输出接线见表 7-23。

表 7-23 舞台灯光的模拟实验输入、输出接线表

输入	SD							
接线	X0							
输出	1	2	3	4	5	6	7	8
接线	Y0	Y1	Y2	Y3	Y4	Y5	Y6	Y7

五、梯形图参考程序

舞台灯光模拟实验的梯形图参考程序见图 7-61。

```
0   X000 ─┤├─ M0 ─┤/├──────────────( T0  K20 )
5   T0   ─┤├──────────────────────( M0 )
7   X000 ─┤├──┬───────────────────( T1  K30 )
              └─ T1 ─┤/├──────────( M10 )
13  M10  ─┤├──┬───────────────────( M100 )
    M2   ─┤├──┘
16  M115 ─┤├──────────────────────( M200 )
```

```
18  M209 ─┤├─┬──────────────────────( T2  K20 )
             └─ T2 ─┤/├─────────────( M2 )
24  M0 ─┤├─┬────────────[SFTL M100 M101 K15 K1]
           └────────────[SFTL M200 M201 K9 K1]
43  M101 ─┤├─┬──────────────────────( Y000 )
    M109 ─┤├─┤
    M110 ─┤├─┤
    M111 ─┤├─┤
    M112 ─┤├─┤
    M201 ─┤├─┤
    M207 ─┤├─┤
    M208 ─┤├─┤
    M210 ─┤├─┤
    T10  ─┤├─┘
54  M102 ─┤├─┬──────────────────────( Y001 )
    M109 ─┤├─┤
    M110 ─┤├─┤
    M111 ─┤├─┤
    M112 ─┤├─┤
    M202 ─┤├─┤
    M206 ─┤├─┤
    M209 ─┤├─┤
    M211 ─┤├─┤
    T10  ─┤├─┘
65  M103 ─┤├─┬──────────────────────( Y002 )
    M110 ─┤├─┤
    M111 ─┤├─┤
    M112 ─┤├─┤
    M113 ─┤├─┤
    M203 ─┤├─┤
    M205 ─┤├─┤
    M208 ─┤├─┤
```

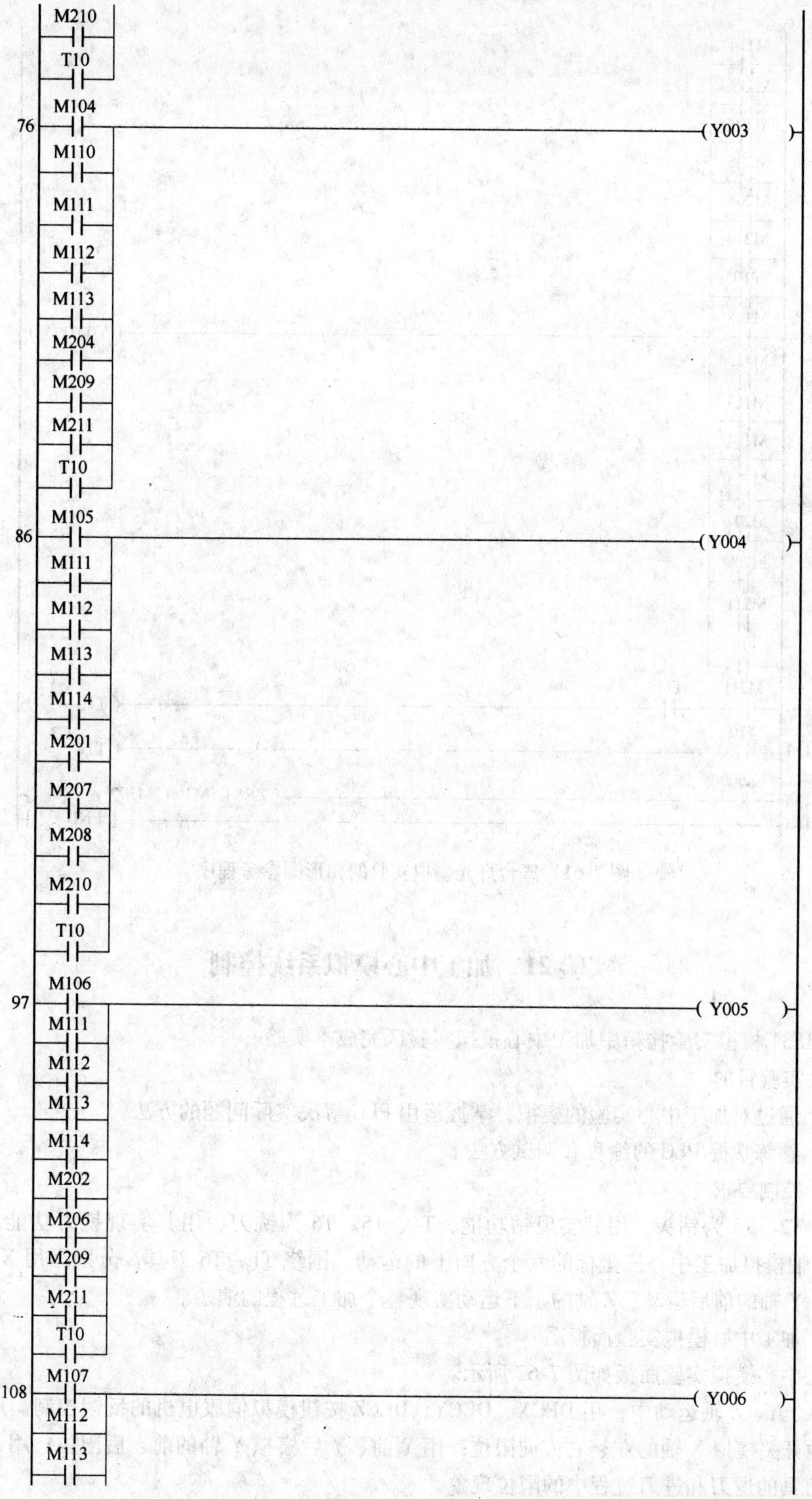

M210
T10
76 M104 —(Y003)
M110
M111
M112
M113
M204
M209
M211
T10
86 M105 —(Y004)
M111
M112
M113
M114
M201
M207
M208
M210
T10
97 M106 —(Y005)
M111
M112
M113
M114
M202
M206
M209
M211
T10
108 M107 —(Y006)
M112
M113

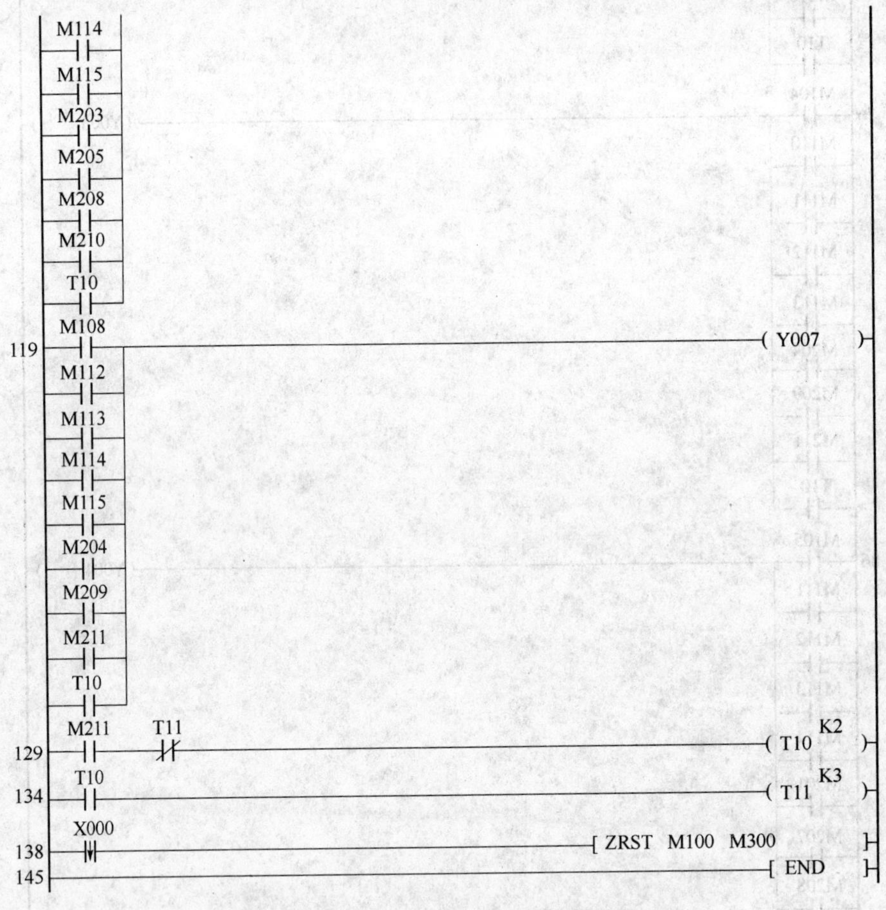

图 7-61　舞台灯光模拟实验的梯形图参考程序

实验 21　加工中心模拟系统控制

在 MF31 模拟实验挂箱中加工中心模拟实验区完成本实验。

一、实验目的

(1) 通过对加工中心实验的模拟，掌握运用 PLC 解决实际问题的方法。

(2) 熟练掌握 PLC 的编程和调试方法。

二、控制要求

T1、T2、T3 为钻头，用其实现钻功能；T4、T5、T6 为铣刀，用其实现铣刀功能。X 轴、Y 轴、Z 轴模拟加工中心三坐标的六个方向上的运动。围绕 T1 ~ T6 刀具，分别运用 X 轴的左右运动；Y 轴的前后运动；Z 轴的上下运动实现整个加工过程的演示。

三、加工中心模拟实验面板图

加工中心模拟实验面板如图 7-62 所示。

在 X、Y、Z 轴运动中，用 DECX、DECY、DECZ 按钮模拟伺服电机的反馈控制。用 X 左、X 右拨动开关模拟 X 轴的左、右方向限位；用 Y 前、Y 后模拟 Y 轴的前、后限位；用 Z 上、Z 下模拟刀具的退刀和进刀过程中的限位现象。

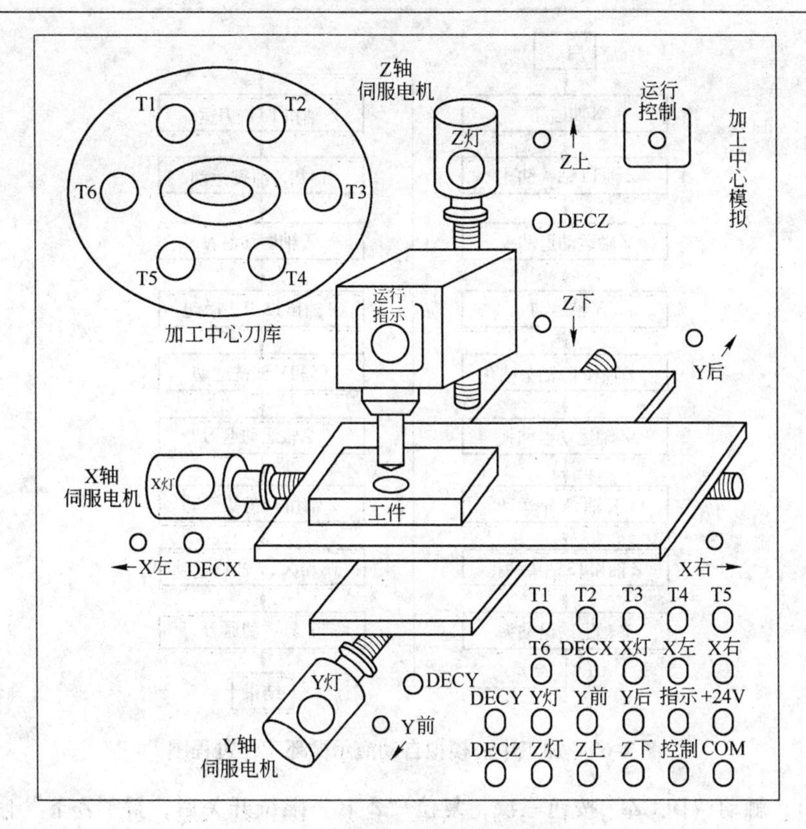

图 7-62　加工中心模拟实验面板图

四、输入/输出接线列表

加工中心模拟实验的输入、输出接线见表 7-24。

表 7-24　加工中心模拟实验输入、输出接线表

输入	运行控制	DECX	DECY	DECZ	X 左	X 右	Y 前	Y 后	Z 上	Z 下
接线	X0	X1	X2	X3	X4	X5	X6	X7	X10	X11
输出	运行指示	T1	T2	T3	T4	T5	T6	X 灯	Y 灯	Z 灯
接线	Y0	Y1	Y2	Y3	Y4	Y5	Y6	Y7	Y10	Y11

五、工作过程分析

(1) 自动演示循环工作过程分析。加工中心模拟自动演示循环工作过程如图 7-63 所示。

(2) 现场模拟工作过程分析。

1) 拨动“运行控制”开关，启动系统。“X 轴运行指示灯”亮，模拟工件正沿 X 轴向左运行。

2) 触动“DECX”按钮三次，模拟工件沿 X 轴向左运行三步，拨动“X 左”限位开关，模拟工件已到指定位置。此时 T3 钻头沿 Z 轴向下运动（Z 灯、T3 灯亮）。

3) 触动“DECZ”按钮三次，模拟 T3 转头向下运行三步，对工件进行钻孔。拨动“Z 下”限位开关置 ON，模拟钻头已对工件加工完毕；继续触动“DECZ”按钮三次，模拟 T3 钻头返回刀库，复位“Z 下”限位开关后，使“Z 上”限位开关置 ON，系统将自动取铣刀 T5，准备对工件进行铣加工。

图 7-63　加工中心模拟自动演示循环工作过程图

4）同 3），触动“DECZ”按钮三次，复位“Z 上”限位开关后，置“Z 下”限位开关为 ON，“Y 轴运行指示灯”亮，模拟对工件的铣加工。

5）触动“DECY”按钮 4 次后，拨动“Y 前”限位开关置 ON，模拟铣刀已对工件加工完毕，系统进入退刀状态（Z 轴运行指示灯亮）。

6）再次触动“DECZ”按钮三次，复位“Z 下”限位开关后，置位“Z 上”限位开关，模拟铣刀 T5 已回刀库，“X 灯”亮，将“X 左”、“Y 前”和“Z 上”复位，进入下一轮加工循环。

六、梯形图参考程序

（1）自动演示的梯形图参考程序见图 7-64。

```
 0  X000  M0(NC)                         (T0  K30)
 5  T0                                   (M0)
 7  X000                                 (T1  K40)
        T1(NC)                           (M10)
                                         (Y000)
16  M10                                  (M100)
    M2
19  M138                                 (T2  K30)
        T2(NC)                           (M2)
```

```
      M0
25 ──┤├──────────────────────────[SFTL M100 M101 K38 K1]
      M102
35 ──┤├──┬───────────────────────(Y001)
      M103│
   ──┤├──┤
      M104│
   ──┤├──┘
      M108
39 ──┤├──┬───────────────────────(Y002)
      M109│
   ──┤├──┤
      M110│
   ──┤├──┘
      M114
43 ──┤├──┬───────────────────────(Y003)
      M115│
   ──┤├──┤
      M116│
   ──┤├──┘
      M120
47 ──┤├──┬───────────────────────(Y004)
      M121│
   ──┤├──┤
      M122│
   ──┤├──┤
      M123│
   ──┤├──┘
      M126
52 ──┤├──┬───────────────────────(Y005)
      M127│
   ──┤├──┤
      M128│
   ──┤├──┘
      M132
57 ──┤├──┬───────────────────────(Y006)
      M133│
   ──┤├──┤
      M134│
   ──┤├──┤
      M135│
   ──┤├──┘
      M101
62 ──┤├──┬───────────────────────(Y007)
      M113│
   ──┤├──┤
      M121│
   ──┤├──┤
      M122│
   ──┤├──┤
      M123│
   ──┤├──┤
      M133│
   ──┤├──┤
      M134│
   ──┤├──┤
```

```
    M135
   ─┤├─┘

    M107
71 ─┤├──┬───────────────────────────────( Y010 )
    M113│
   ─┤├──┤
    M127│
   ─┤├──┤
    M128│
   ─┤├──┤
    M129│
   ─┤├──┤
    M133│
   ─┤├──┤
    M134│
   ─┤├──┤
    M135│
   ─┤├──┘

    M102
80 ─┤├──┬───────────────────────────────( Y011 )
    M103│
   ─┤├──┤
    M104│
   ─┤├──┤
    M105│
   ─┤├──┤
    M108│
   ─┤├──┤
    M109│
   ─┤├──┤
    M110│
   ─┤├──┤
    M111│
   ─┤├──┤
    M114│
   ─┤├──┤
    M115│
   ─┤├──┤
    M116│
   ─┤├──┤
    M117│
   ─┤├──┤
    M120│
   ─┤├──┤
    M124│
   ─┤├──┤
    M126│
   ─┤├──┤
    M130│
   ─┤├──┤
    M132│
   ─┤├──┤
    M136│
   ─┤├──┘

              ┌─────────────────[ZRST  T0  T5      ]
    X000      │
99 ─┤/├───────┴─────────────────[ZRST  M100  M130  ]

106 ────────────────────────────[ END ]
```

图 7-64　加工中心模拟自动演示梯形图参考程序

（2）现场模拟的梯形图参考程序见图7-65。

```
0   X000  C0(NC)                      [SET Y007]
          X001                        (C0 K3)
          C0  X004                    [RST Y007]
                                      (Y011)
                                      (Y003)
              X003                    (C1 K3)
19  C1  X011  X003                    (C2 K3)
25  C2                                [RST Y003]
        X010                          [RST Y003]
                                      [SET Y005]
        X003                          (C3 K3)
34  C3  X011                          [SET Y010]
                                      [RST Y011]
                                      [RST Y003]
        X002                          (C4 K4)
43  C4  X006                          [SET Y011]
                                      [RST Y010]
        X003                          (C5 K3)
51  C5  X010                          [RST Y011]
                                      [RST Y005]
                                      [ZRST C0 C5]
59  X000(NC)                          [ZRST Y000 Y011]
                                      [ZRST C0 C5]
60                                    [END]
```

图7-65 加工中心现场模拟程序

七、思考题

上述现场模拟工作过程只是示例运用了T3钻头和T5铣刀，试着编制新程序，加上其他的钻头和铣刀对工件进行不同角度的加工。

附　　录

附录A　FX-20P编程器及其使用

编程器是PLC最重要的外围设备，它一方面对PLC进行编程，另一方面又能对PLC的工作状态进行监控。

FX-20P有在线编程和离线编程两种方式。在线编程也叫联机编程。编程器和FX型PLC直接相连，简易编程器对PLC用户程序存储器进行直接操作。在写入程序时，若未在PLC内装上EEPROM卡盒时，程序就写入PLC内部的RAM；若PLC装有EEPROM卡盒时，则程序就写入该存储器卡盒。离线编程方式编制的程序先写入编程器内部的RAM内，再成批地传送到PLC的存储器，也可以在编程器和ROM写入器之间进行程序传送。

附图A-1是FX-20P简易编程器与PLC主机的连接，图中FX-20P简称HPP。

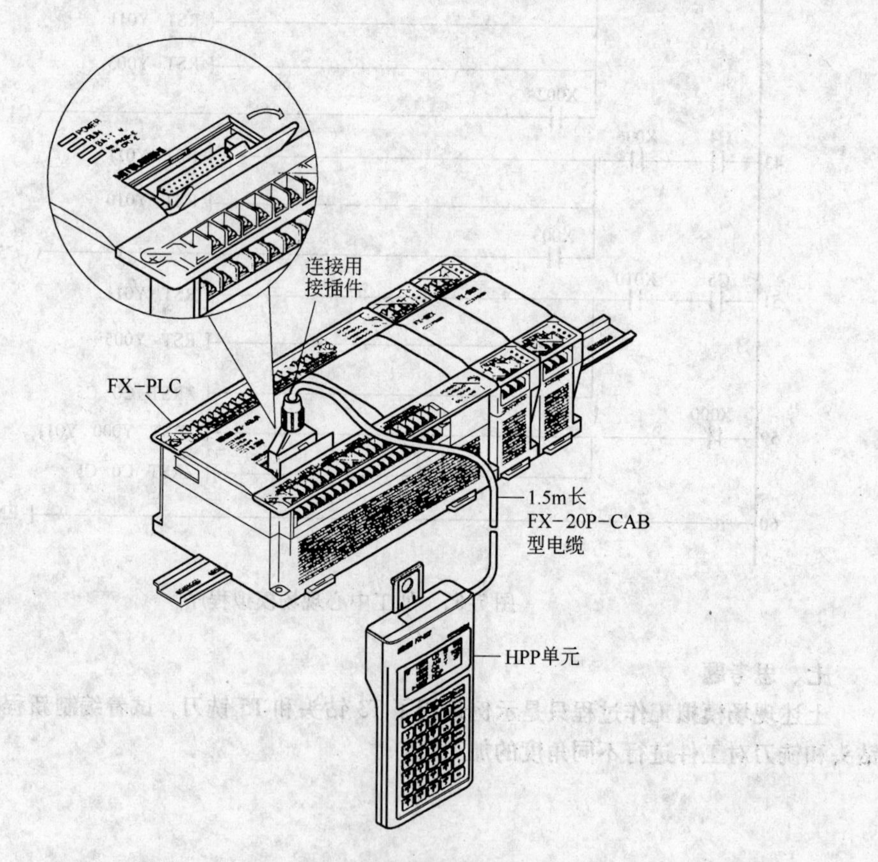

附图A-1　FX－20P编程器与PLC的连接

一、FX-20P 的结构

FX-20P 简易编程器由液晶显示屏、ROM 写入器接口、存储器卡盒的接口及包含功能键、指令键、元件符号键、数字键等的键盘组成。简易编程器配有专用电缆与 PLC 主机连接。主机的系列不同、电缆型号也不同。还有系统存储卡盒，用于存放系统软件。其他如 ROM 写入器模块和 PLC 存储器卡盒等为选用件。

1. FX-20P 的操作面板

附图 A-2 是 FX-20P 简易编程器的操作面板图，键盘上各键的作用说明如下。

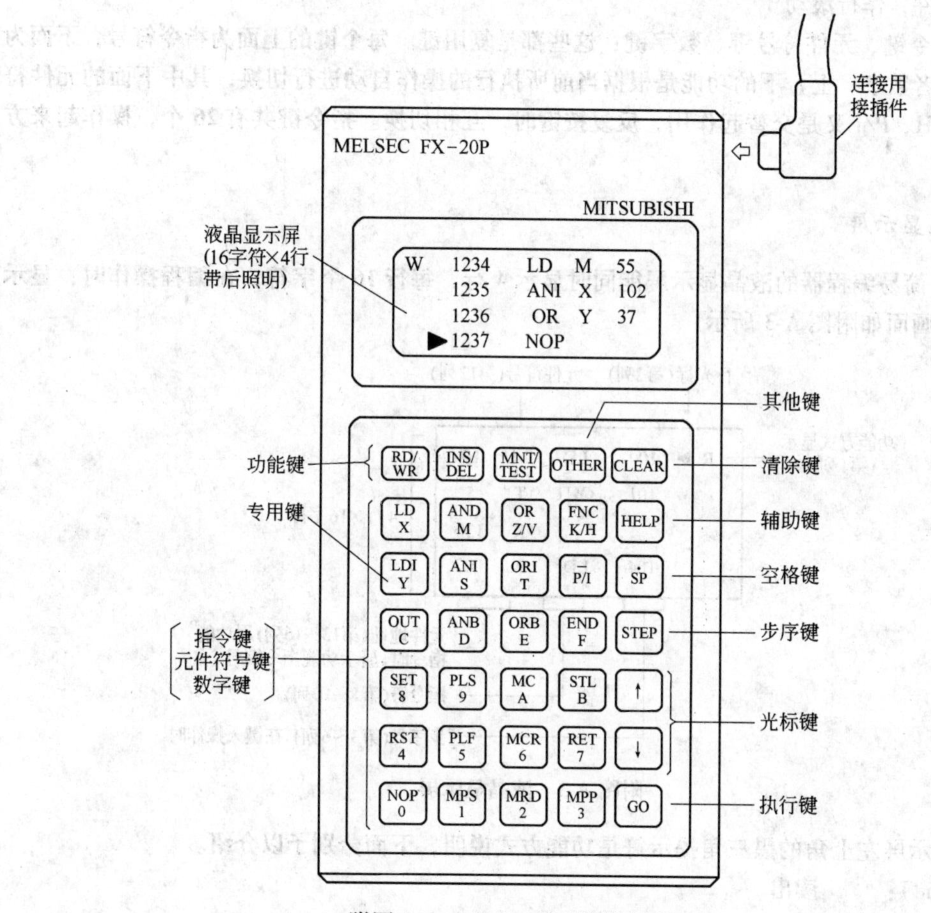

附图 A-2　FX-20P 编程器的操作面板

（1）功能键三个。RD/WR：读出/写入键；INS/DEL：插入/删除键；MNT/TEST：监视/测试键。三个功能键都是复用键，交替起作用，按第一次时选择键左上方表示的功能，按第二次时则选择右下方表示的功能。

（2）执行 GO：此键用于指令的确认、执行、显示画面和检索。

（3）清除键 CLEAR：如在按执行键前按此键，则清除键入的数据。该键也可以用于清除显示屏上的错误信息或恢复原来的画面。

（4）其他键 OTHER：在任何状态下按此键，将显示方式项目单菜单。安装 ROM 写入模块时，在脱机方式项目单上进行项目选择。

（5）辅助键 HELP：显示应用指令一览表。在监视时，进行十进制数和十六进制数的转换。

（6）空格键 SP：在输入时，用此键指定元件号和常数。

（7）步序键 STEP：设定步序号时按此键。

（8）两个光标键 ↑、↓；用该键移动光标和提示符，指定已指定元件前一个或后一个地址号的元件，作行滚动。

（9）指令键、元件符号键、数字键：这些都是复用键。每个键的上面为指令符号，下面为元件符号或者数字。上、下的功能是根据当前所执行的操作自动进行切换，其中下面的元件符号 Z/V、K/H、P/I 又是交替起作用，反复按键时，互相切换。指令键共有 26 个，操作起来方便、直观。

2. 液晶显示屏

FX-20P 简易编程器的液晶显示屏能同时显示 4 行、每行 16 个字符，在编程操作时，显示屏上显示的画面如附图 A-3 所示。

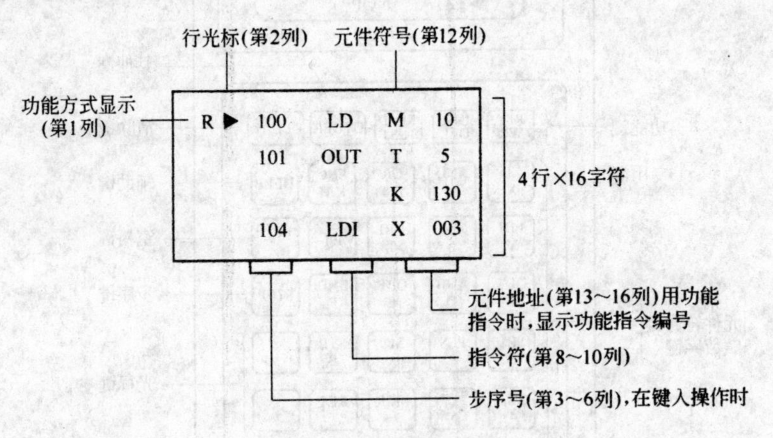

附图 A-3　液晶显示屏

液晶显示屏左上角的黑三角提示符是功能方式说明，下面分别予以介绍。

R（Read）：　读出

W（Write）：　写入

I（Insert）：　插入

D（Delete）：　删除

M（Monitor）：　监视

T（Test）：　测试

二、简易编程器的联机操作

如附图 A-1 所示，打开 PLC 主机上部的插座盖板，用电缆把主机和编程器连接起来，为编程作准备。简易编程器本身不带电源，是由 PLC 供电的。

1. 编程器的操作过程

简易编程器的操作过程为：

操作准备→方式选择→编程→监控→结束

（1）操作准备：主要是指连接，详见附图 A-1。

（2）方式选择：连接好以后，接通 PLC 的电源，在编程器显示屏上出现附图 A-4 中第一框画面。显示 2s 后转入下一个画面，根据光标的指示选择联机方式或脱机方式，然后再进行功能选择。

（3）编程：将 PLC 内部用户存储器的程序全部清除（在指定范围内成批写入 NOP 指令），然后用键盘编程。

（4）监控：监视元件动作和控制状态，对指定元件强制 ON/OFF 及常数修改。

COPYRIGHT(C)1990
MITSUBISHI
ELECTRIC　CORP
MELSEC　FX　V1.00

↓

PROGRAM　MODE
■ ONLINE (PC)
OFF LINE (HPP)

↓

GO

↓

ONLINE　MODE　FX
SELECT　FUNCTION
OR　MODE
MEM.SETT TNG 2K

附图 A-4　方式选择

2. 编程操作

编程操作按下述步骤进行。不管是联机方式还是脱机方式，基本编程操作相同，具体步骤为：

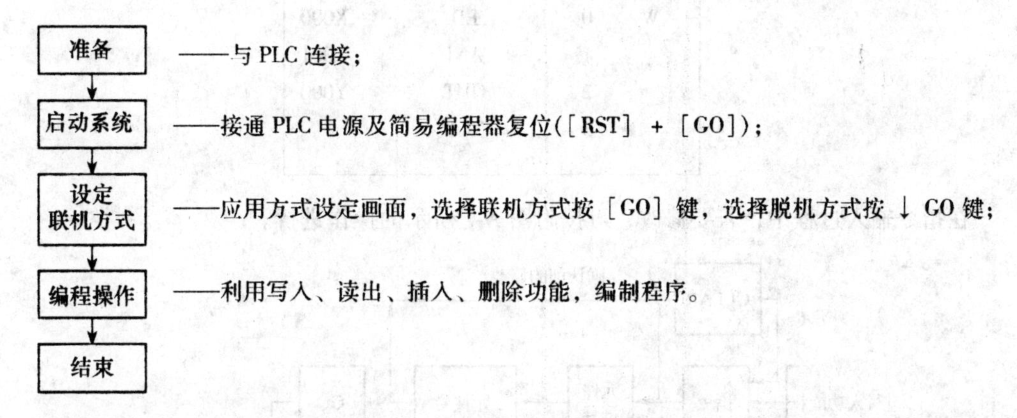

（1）程序写入。在写入程序之前，要将 PLC 内部存储器的程序全部清除（简称清零），清零步骤为：

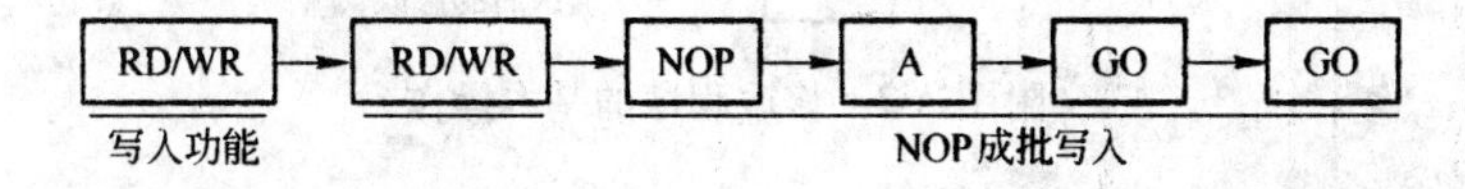

每个框表示按一次对应键。清零后即可进行程序写入操作。写入操作有写入基本指令 22 条，包括步进指令、功能指令等。

1）基本指令的写入。基本指令有三种情况：一是仅有指令助记符，不带元件；二是有指令助记符和一个元件；三是指令助记符带两个元件。写入三种基本指令的操作框图如附图 A-5 所示。

例如，要将附图 A-6 所示的梯形图程序写入到 PLC 中，可进行如下键操作。

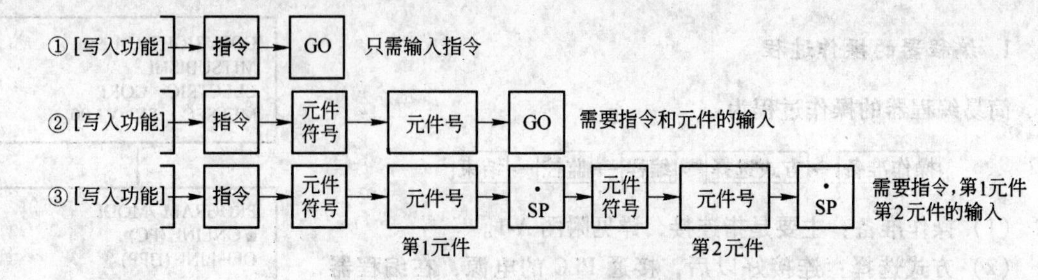

附图 A-5 写入指令的基本操作

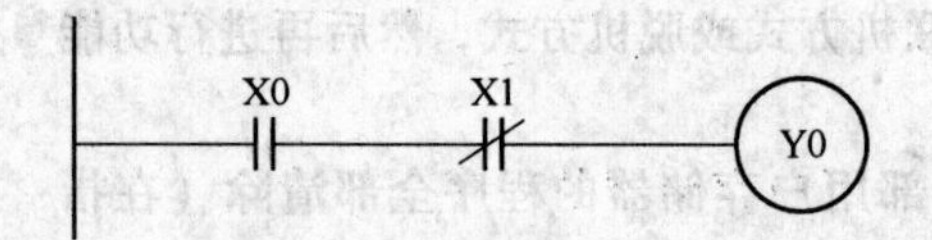

附图 A-6 梯形图之一

键操作：

[写入功能]→X→0→GO→ANI→X→1→GO→OUT→Y→0→GO

这时 FX-20P 简易编程器的液晶显示器显示画面为：

W	0	LD	X000
	1	ANI	X001
	2	OUT	Y000
▶	3	NOP	

在指令输入过程中，若要修改，可按附图 A-7 所示的操作进行。

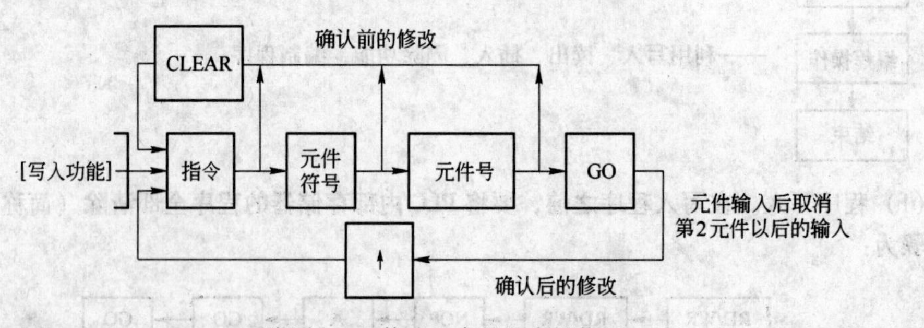

附图 A-7 修改程序的基本操作

例如，输入指令 OUT T0 K10，确认前（按GO键前），欲将 K10 改为 D9，其操作为：

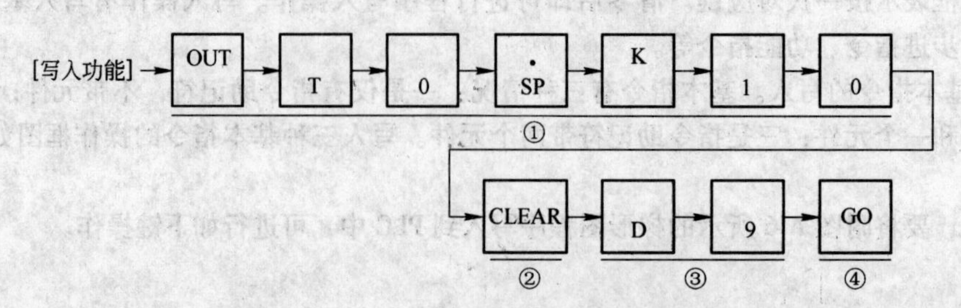

① 按指令键，输入第1元件和第2元件。

② 为取消第2元件，按1次 CLEAR 键。

③ 键入修改后的第2元件。

④ 按 GO 键，指令写入完毕。

若确认后，改按 GO 键，上例的修改操作是：

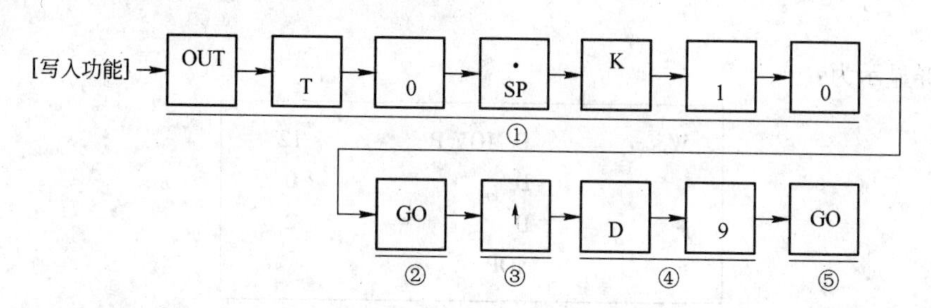

① 按指令键，输入第1元件和第2元件。

② 按 GO 键，①的内容输入完毕。

③ 将行光标移到K10的位置上。

④ 键入修改后的第2元件。

⑤ 按 GO 键，指令写入完毕。

2）功能指令的写入。写入功能指令时，按 FNC 键后再输入功能指令号。这里不要像输入基本指令那样，使用元件符号键。输入功能指令号有两种方法：一是直接输入指令号；二是借助于 HELP 键的功能，在所显示的指令的一览表上检索指令编号再输入。功能指令写入的基本操作如附图A-8所示。

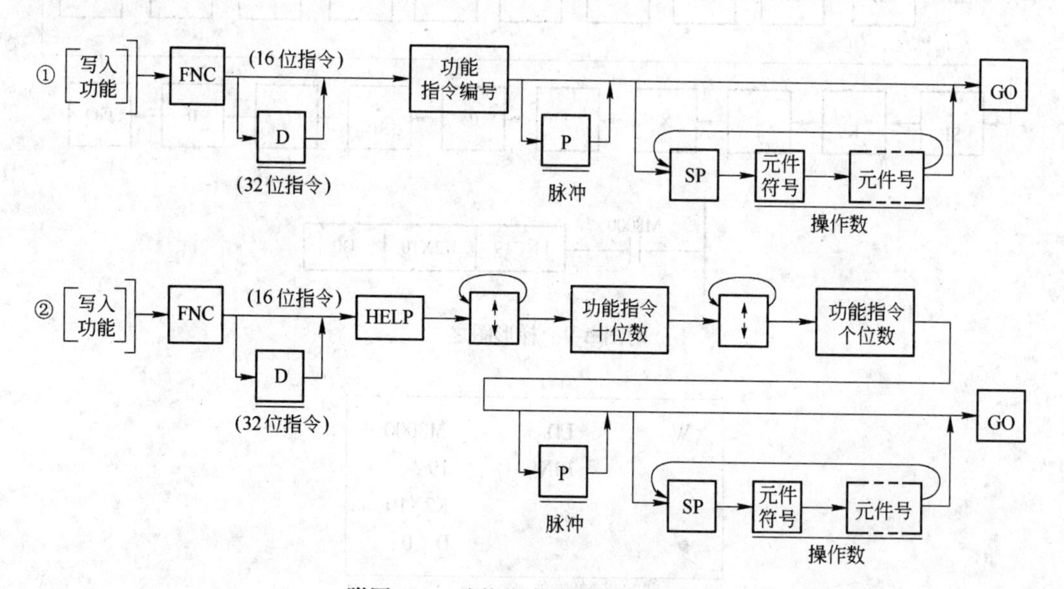

附图A-8　功能指令输入的基本操作

例如，写入功能指令（D）MOV（P）D0　D2，其键操作是：

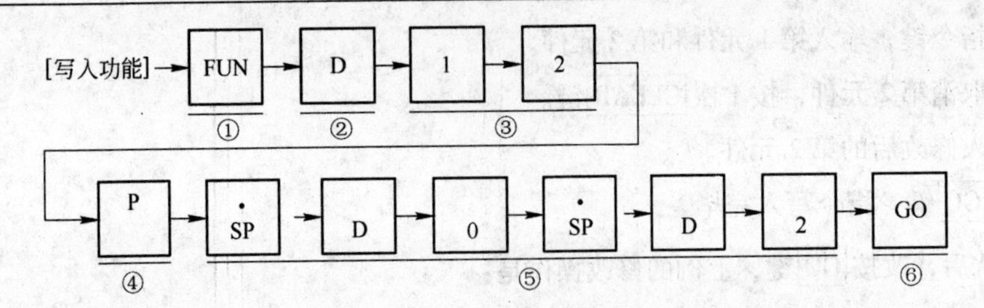

显示屏显示为：

W	D MOV P	12
	D	0
▶	D	2
	NOP	

① 按FNC键。

② 指定32位指令时，在键入指令号之前或之后，按D键。

③ 键入指令号。

④ 在指定脉冲指令时，键入指令号后按P键。

⑤ 写入元件时，按SP键，再依次键入元件符号和元件号。

⑥ 按GO键，指令写入完毕。

键入附图A-9所示梯形图程序的键操作与显示屏如下：

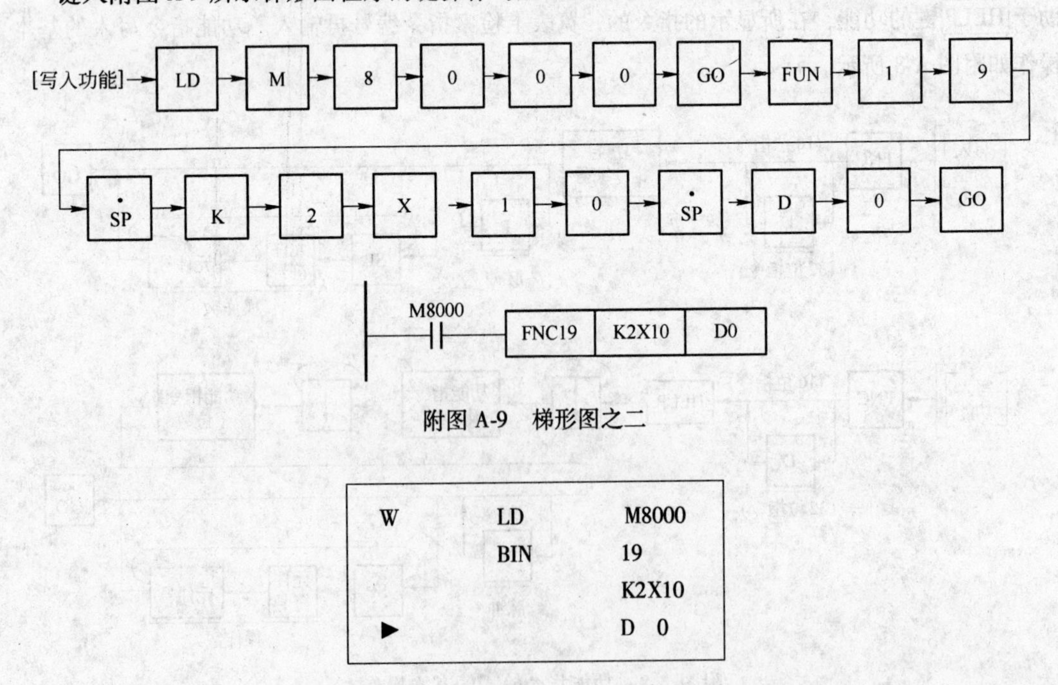

附图A-9　梯形图之二

3）元件的写入。在基本指令和功能指令的输入中，往往要涉及元件的写入。下面用一个实例说明元件写入的方法。

例如，写入功能指令 MOV K1 X10 ZD1，其键操作为：

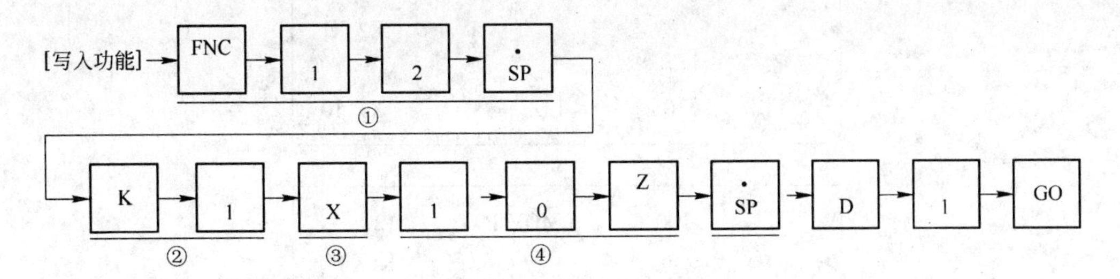

① 写入功能指令号。

② 进行位数指定。K1 表示 4 个二进制位。K1 ~ K4 用于 16 位指令，K1 ~ K8 用于 32 位指令。

③ 键入元件符号。

④ 键入元件号。变址寄存器 Z、V 附加在元件号上一起使用。

4）标号的输入。在程序 P（指针）、I（中断指针）作为标号使用时，其输入方法和指令相同，即按 P 或 I 键，再键入标号编号，最后按GO键。

5）程序的改写。在指定的步序上改写指令。例如，在 100 步上写入指令 OUT　T50 K123，其键操作为：

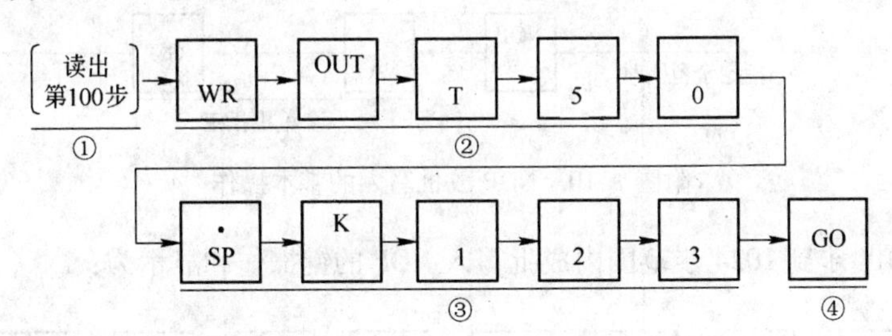

① 根据序号读出程序。

② 按WR键后，依次键入指令、元件符号及元件号。

③ 按SP键，键入第 2 元件符号和第 2 元件号。

④ 按GO键，则重新写入指令或指针。

如需改写在读出步数附近的指令，将光标直接移到指定处。只需改写指令的操作数。

例如，第 100 步的 MOV（P）指令元件 K2 X1 改写为 K1 X0 的键操作是：

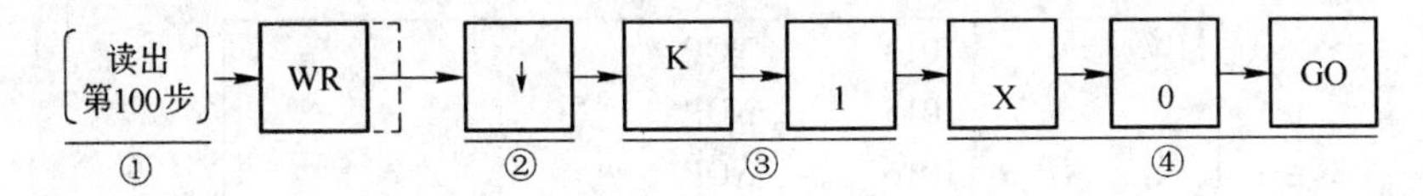

① 根据步序号读出程序。

② 按WR键后，将行光标移动到要改写的元件位置上。

③ 在指定位置时，按K键，键入数值。

④ 键入元件符号和元件号，再按GO键，改元件结束。在改写过程中，液晶显示器的显示为：

R ▶	100	MOV P	12
			K2 X1
			D 1
	105	LD	X 10

W	100	MOV P	12
▶			K1X 0
			D 1
	105	LD	X 10

6）NOP 的成批写入。在指定范围内，将 NOP 成批写入的基本操作如附图 A-10 所示。

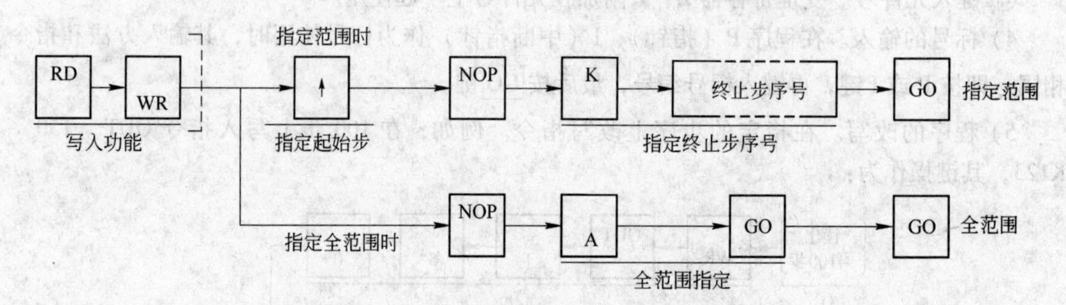

附图 A-10　NOP 成批写入的基本操作

例如，在 1014 步到 1024 步范围内成批写入 NOP 的键操作和显示为：

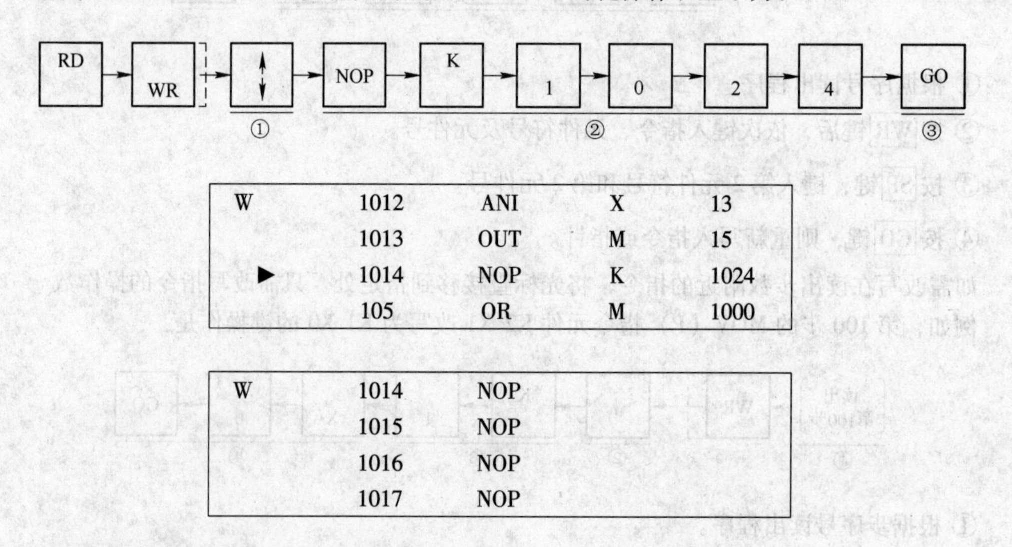

W	1012	ANI	X	13
	1013	OUT	M	15
▶	1014	NOP	K	1024
	105	OR	M	1000

W	1014	NOP
	1015	NOP
	1016	NOP
	1017	NOP

① 按 RD/WR 键两次后，将行光标移至写入 NOP 的起始步位置。

② 依次按 NOP 、 K 键，再键入终止步序号。

③ 按 GO 键，则在指定范围内成批写入 NOP。

（2）读出程序。把已写入到 PLC 中的程序读出这是常有的事。读出方式有根据步序号、指令、元件及指针等几种方式。在联机方式时，PLC 在运行中要读出指令时，只能根据步序号读出；若 PLC 状态为停止，还可以根据指令、元件以及指针读出。在脱机方式中，无论 PLC 处于何种状态，四种读出方式均可。

1）根据步序号读出。指定步序号，从 PLC 用户程序存储器中读出并显示程序的基本操作，如附图 A-11 所示。

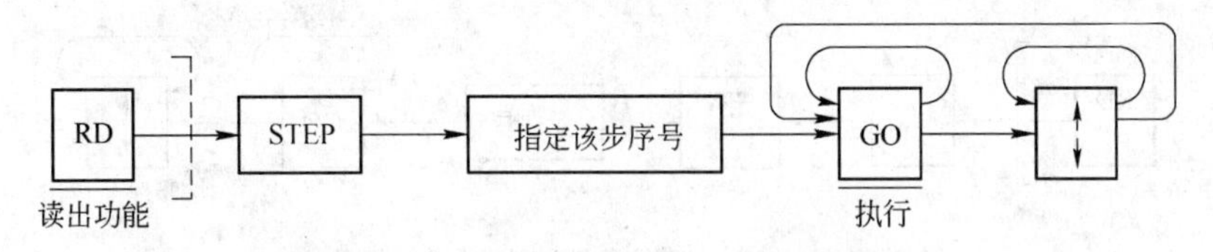

附图 A-11　根据步序号读出的基本操作

例如，要读出第 55 步的程序，其键操作步骤为：

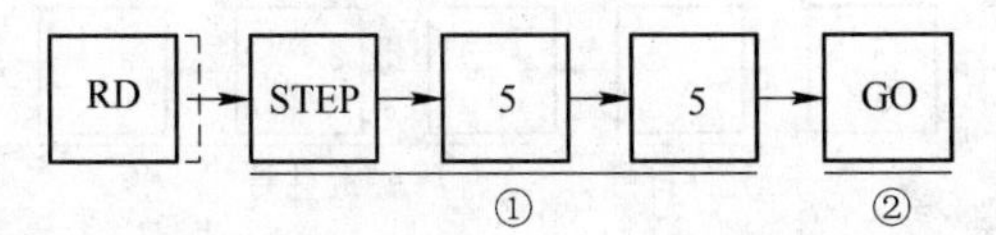

① 按STEP键，接着键入指定的步序号。

② 按GO键，执行读出。

2）根据指令读出。指定指令，从 PLC 用户程序存储器中读出并显示程序（PLC 处于 STOP 状态）的基本操作如附图 A-12 所示。

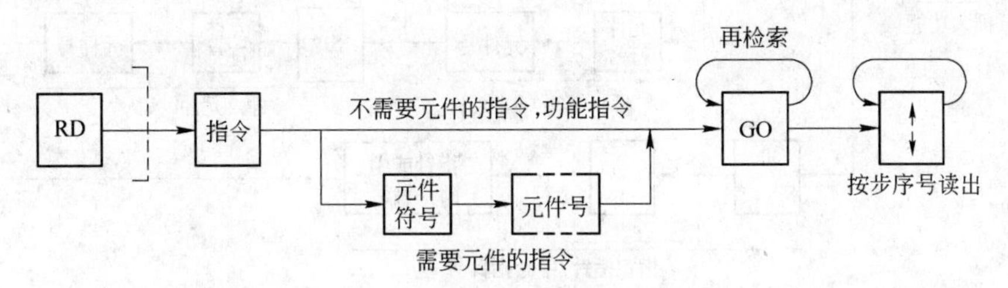

附图 A-12　根据指令读出的基本操作

例如，要读出指令 PLS M104 的键操作为：

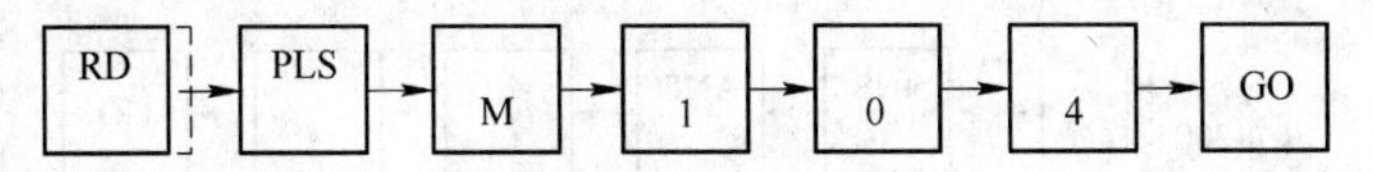

3）根据指针读出。指定指针，从 PLC 的用户程序存储器读出并显示程序（PLC 处于 STOP 状态）的基本操作如附图 A-13 所示。

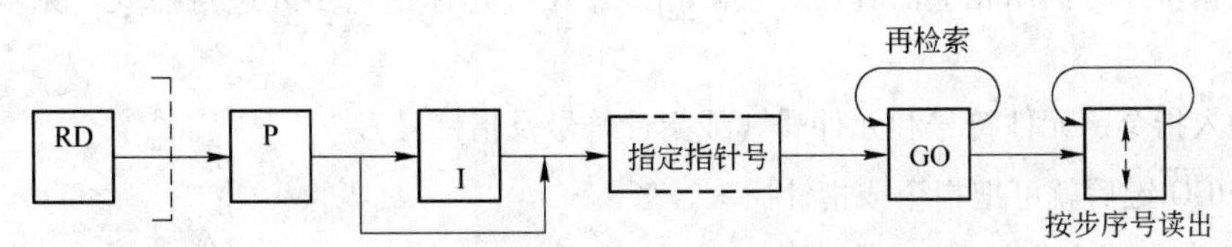

附图 A-13　根据指针读出的基本操作

例如，读出指针号为 3 的标号的键操作为：

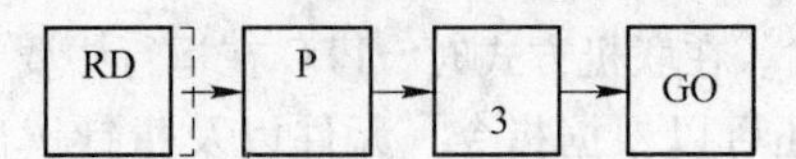

4）根据元件读出。指定元件符号和元件号，从 PLC 用户程序存储器中读出并显示程序（PLC 处于 STOP 状态）的基本操作如附图 A-14 所示。

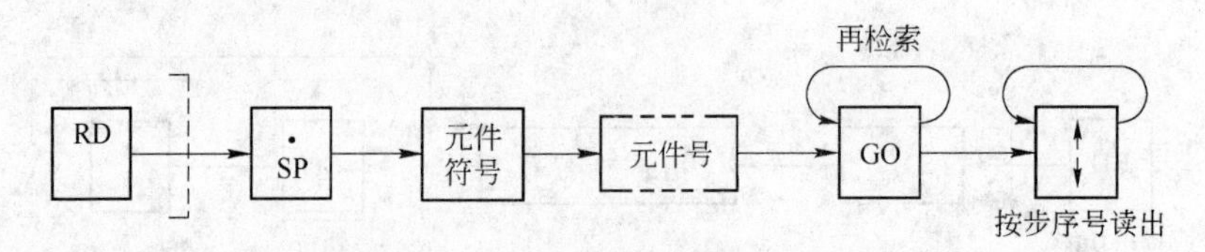

附图 A-14 根据元件读出的基本操作

例如，读出 Y123 的键操作为：

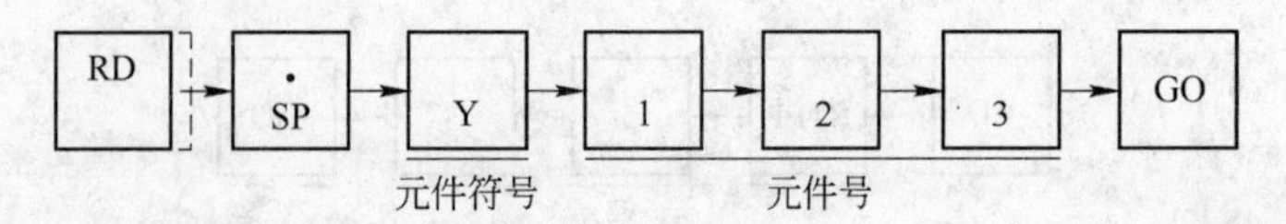

（3）插入程序。插入程序操作是根据步序号读出程序，在指定的位置上插入指令或指针，其操作如附图 A-15 所示。

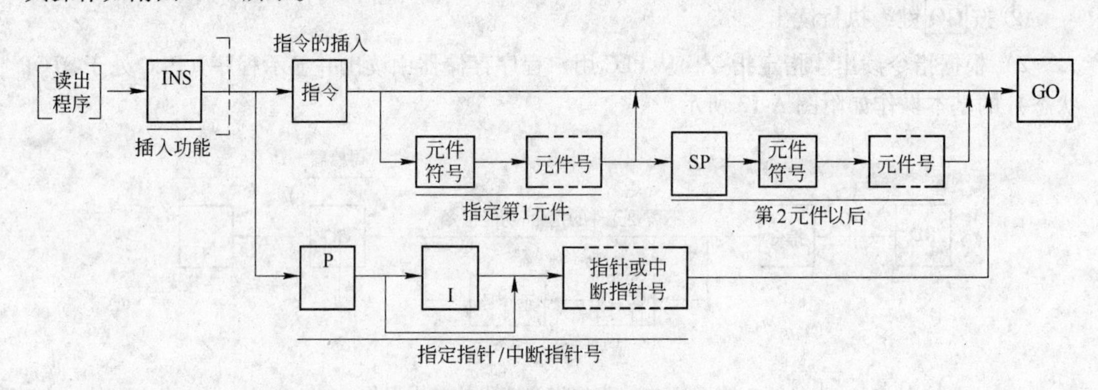

附图 A-15 插入的基本操作

例如，在 200 步前插入指令 AND M5 的键操作为：

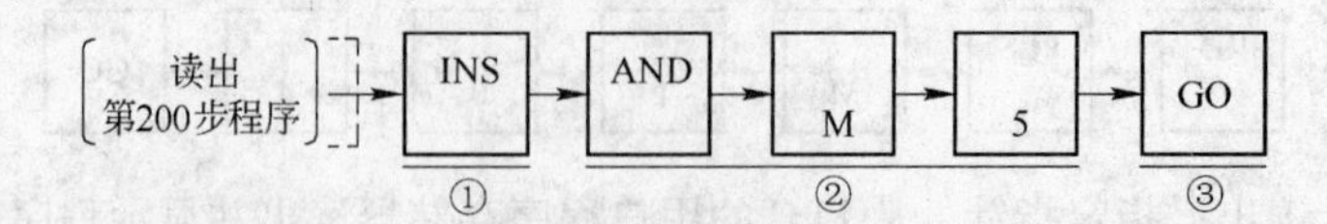

① 根据步序号读出相应的程序，按 INS 键。在行光标指定步处进行插入。无步序号的行不能插入。

② 键入指令、元件符号和元件号（或指针符号及指针号）。

③ 按 GO 键后就可把指令或指针插入。

（4）删除程序。删除程序分为逐条删除、指定范围删除和 NOP 式的成批删除几种方式。

1）逐条删除。读出程序，逐条删除用光标指定的指令或指针，基本操作如附图 A-16 所示。

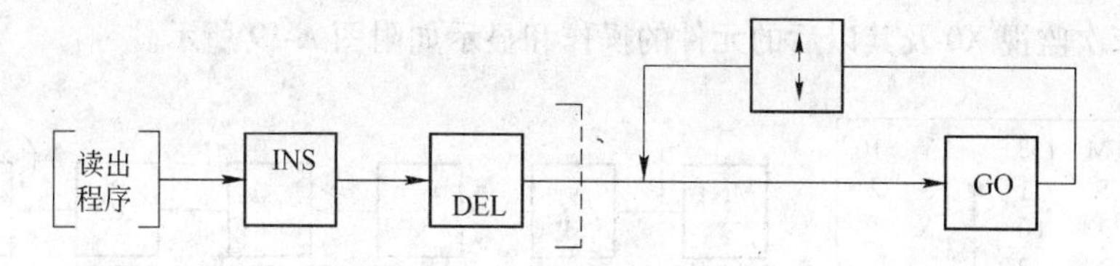

附图 A-16　逐条删除的基本操作

例如，要删除第 100 步的 ANI 指令，其操作为：

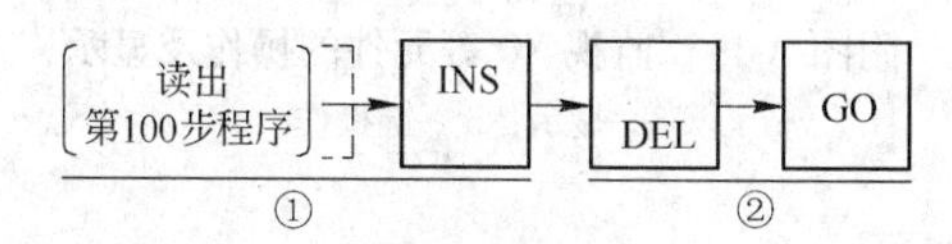

① 根据步序号读出相应程序，按 INS 键和 DEL 键。

② 按 GO 键后，即删除了行光标所指定的指针或指令，而且以后各步的步序号自动向前提。

2）指定范围的删除。将指定的起始步序号到终止步序号之间的程序成批删除的操作如附图 A-17 所示。

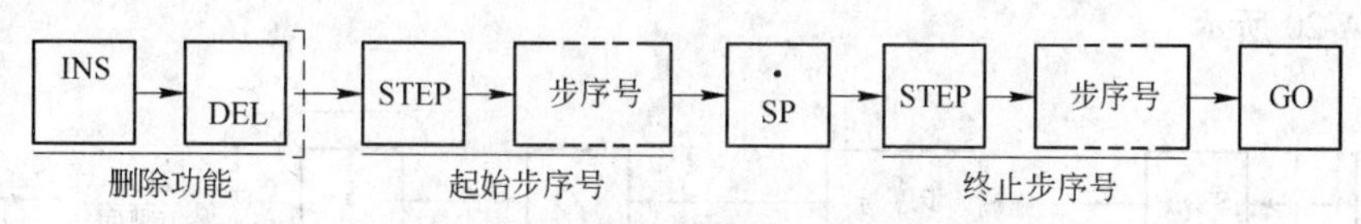

附图 A-17　指定范围删除的基本操作

3）NOP 式的成批删除。将程序中所有的 NOP 一起删除的键操作为：

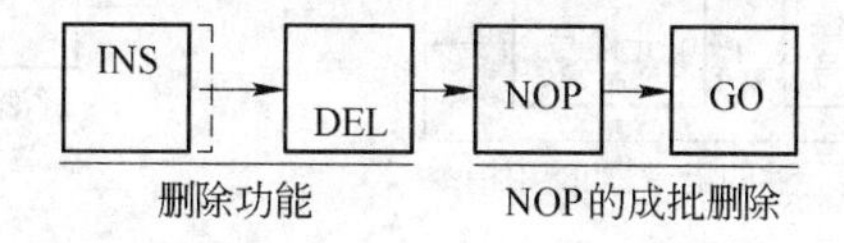

3. 监控操作

监控功能可分为监视与测控。监视功能是通过简易编程器的显示屏监视和确认在联机方式下 PLC 的动作和控制状态。它包括元件的监视、导通检查和动作状态的监视等内容。测控功能主要是编程器对 PLC 位元件的触点和线圈进行强制置位和复位，以及对常数的修改。这里包括强制置位、复位和修改 T、C、Z、V 的当前值和 T、C 的设定值，以及文件寄存器的写入等内容。

监控操作可分为准备、启动系统、设定联机方式、监控操作等步序，前几步与编程操作一样，下面对监控操作进行说明。

（1）元件监视。所谓元件监视是指监视指定元件的 ON/OFF 状态、设定值及当前值。元件监视的基本操作如附图 A-18 所示。

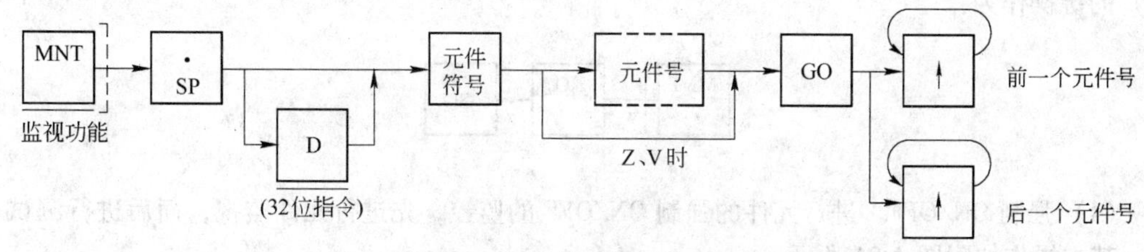

附图 A-18　元件监视的基本操作

例如，依次监视 X0 及其以后的元件的操作和显示如附图 A-19 所示。

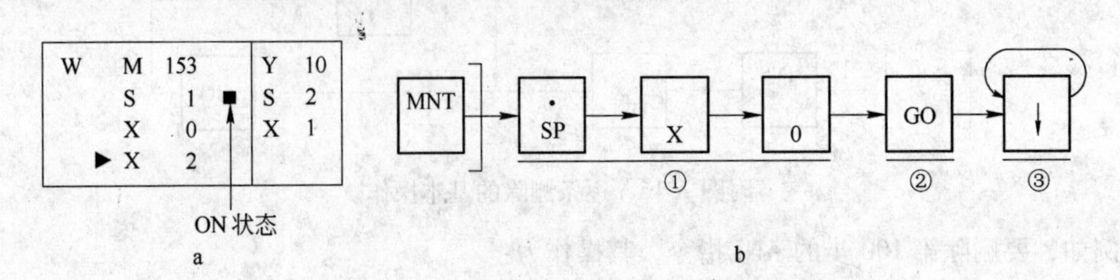

附图 A-19　监视 X0 等元件的操作及显示

a—显示；b—键操作

① 按MNT键后，再按SP键，键入元件符号及元件号。

② 按GO键，根据有无■标记，监视所键入元件的 ON/OFF 状态。

③ 通过按↑、↓键，监视前后元件的 ON/OFF 状态。

(2) 导通检查。根据步序号或指令读出程序，监视元件触点的导通及线圈动作，基本操作如附图 A-20 所示。

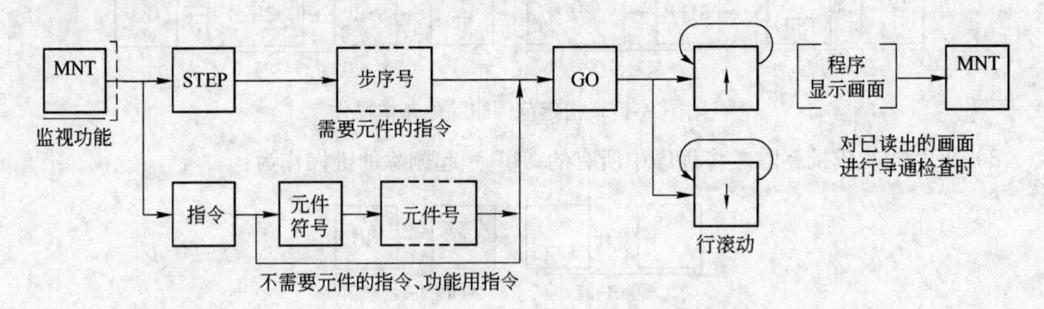

附图 A-20　导通检查的基本操作

例如，读出 126 步作导通检查的键操作为：

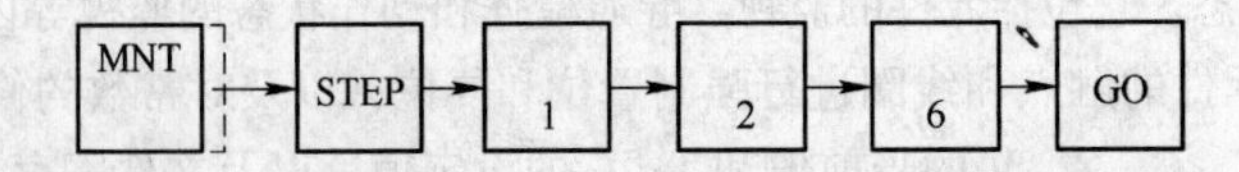

读出以指定步序号为首的 4 行指令，利用显示在元件左侧的■标记监视触点导通和线圈动作的状态。利用↑、↓键进行滚动。

(3) 动作状态的监视。利用步进指令，监视 S 的动作状态（状态号从小到大，最多为 8 点）的键操作为：

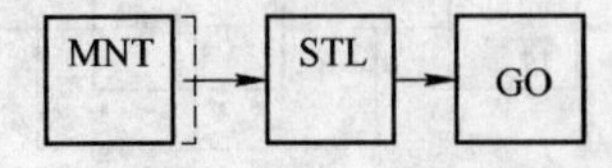

(4) 强制 ON/OFF。进行元件的强制 ON/OFF 的监控，先进行元件监视，而后进行测试功能，基本操作如附图 A-21 所示。

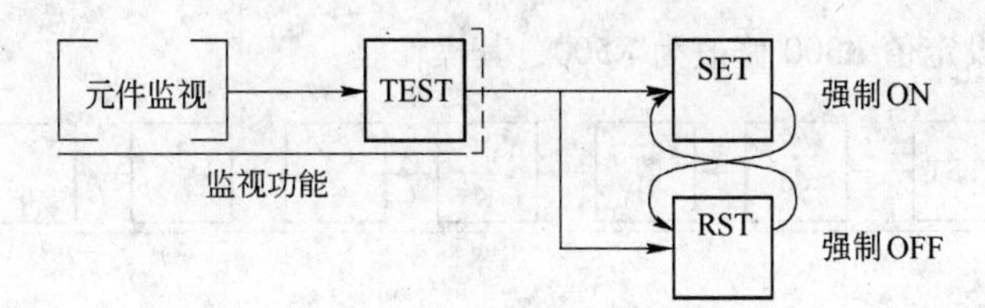

附图 A-21　强制 ON/OFF 的基本操作

例如，对 Y100 进行 ON/OFF 强制操作的键操作为：

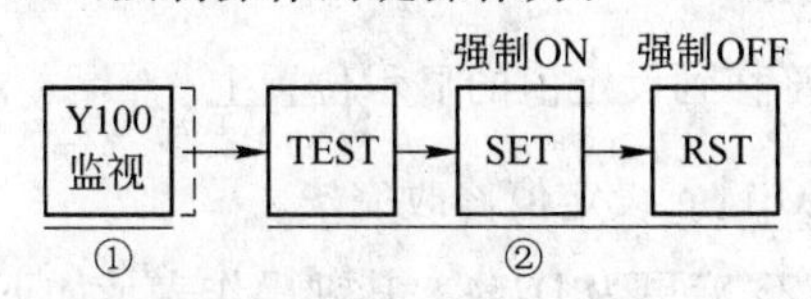

① 利用监视功能，对 Y100 元件进行监视。

② 按 TEST（测试）键。若此时被监视元件为 OFF 状态，则按 SET 键，强制 ON；若此时 Y100 元件为 ON 状态，则按 RST 键，强制 Y100 处于 OFF 状态。

强制 ON/OFF 操作只在一个运算周期内有效。

（5）修改 T、C、D、Z、V 的当前值。先进行元件监视后，再进入测试功能，修改 T、C、D、Z、V 的当前值的基本操作如附图 A-22 所示。

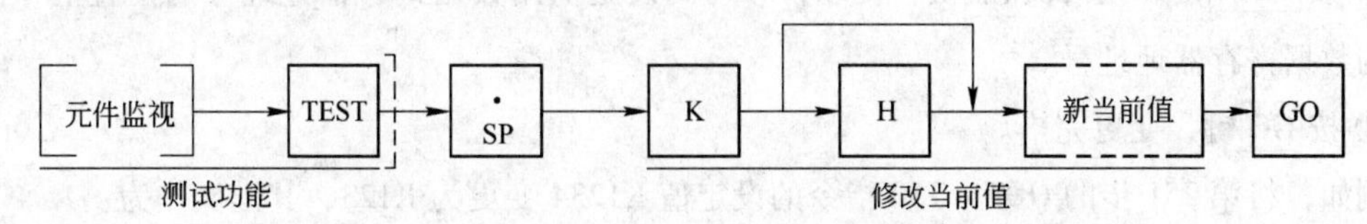

附图 A-22　修改 T、C、D、Z、V 的当前值的基本操作

将 32 位计数器的设定值寄存器 D1、D0 的当前值 K1234 修改为 K10，其键操作为：

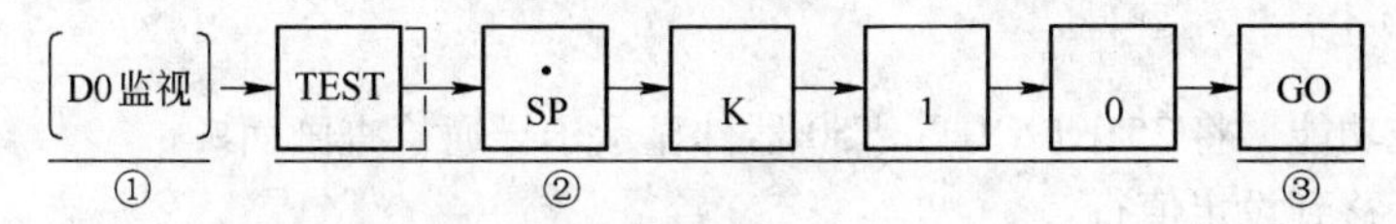

① 应用监视功能，对设定值寄存器进行监视。

② 按 TEST 键后按 SP 键，再按 K 或 K、H 键（常数 K 为十进制数设定、H 为十六进制数设定)，键入新的当前值。

③ 按 GO 键，当前值变更结束。

（6）修改 T、C 的设定值。元件监视或导通检查后，转到测试功能，可修改 T、C 的设定值，基本操作如附图 A-23 所示。

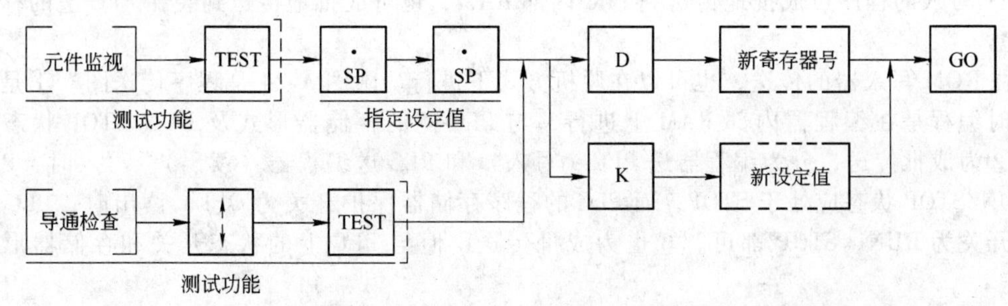

附图 A-23　修改 T、C 设定值的基本操作

例如，将 T5 的设定值 K300 修改为 K500，其操作是：

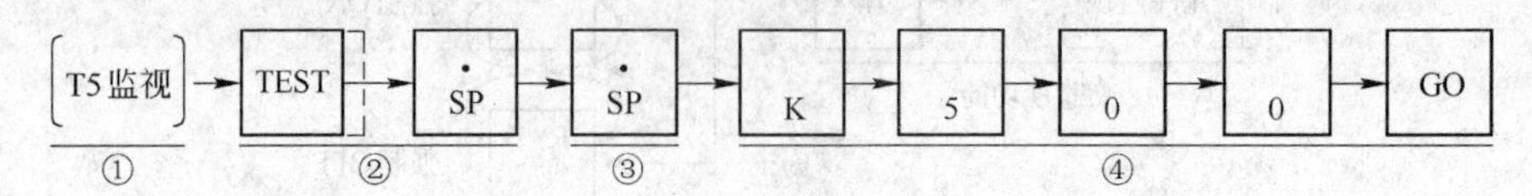

① 利用监控功能对 T5 进行监视。

② 按TEST键后，按一下SP键，则提示符出现在当前值的显示位置上。

③ 再按一下SP键，提示符移到设定值的显示位置上。

④ 键入新的设定值，按GO键，设定值修改完毕。

例如，将 T10 的设定值 D123 变更为 D234，其键操作表示如下。

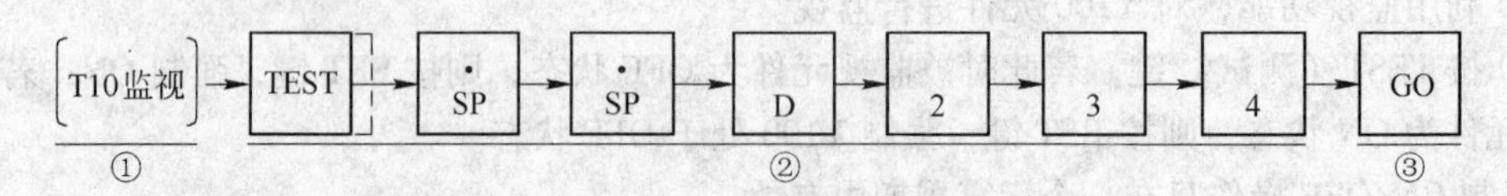

① 应用监控功能对 T10 进行监视。

② 按TEST键和按两次SP键，提示符移动到设定值用数据寄存器地址号的位置上，键入变更的数据寄存器地址号。

③ 按GO键，变更完毕。

例如，将第 251 步的 OUT T50 指令的设定值 K1234 变更为 K123，其键操作为：

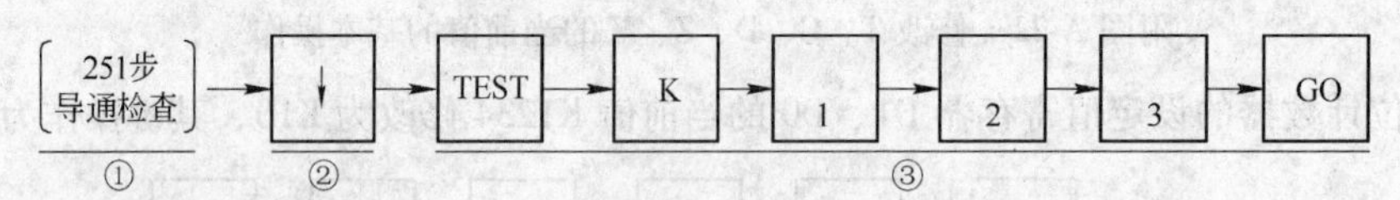

① 利用监控功能，将 251 步 OUT T50 器件显示于导通检查画面。

② 将行光标移到设定值行。

③ 按TEST键后，键入新的设定值，再按GO键后，修改变更完毕。

三、简易编程器的脱机操作

简易编程器的脱机方式是指编程器内部存储器的存取方式，也就是说脱机方式中所编程序存放在简易编程器内部的 RAM 中。而在联机方式中，简易编程器键入的程序是放在 PLC 内的 RAM 中，而编程器内部 RAM 中的程序原封不动地保存着。在编程器内部 RAM 上写入的程序可成批地传送到 PLC 内部 RAM，也可成批地传送到装在 PLC 上的存储器卡盒。

往 ROM 写入器的传送，也可以在脱机方式下进行。附图 A-24 是程序传送图。①是说明这时编程是在编程器内部 RAM 上进行，与 PLC 侧的存储器形式及 RUN/STOP 状态无关。②为成批传送，分为编程器送 PLC（写入）和 PLC 送编程器（读出）。写入时，PLC 的 RUN/STOP 状态应处于 STOP，而 PLC 的程序存储器保护开关为 OFF。读出时，PLC 的状态开关为 RUN、STOP 都可。③也为成批传送，但与 PLC 上的状态开关和存储器形式无关。

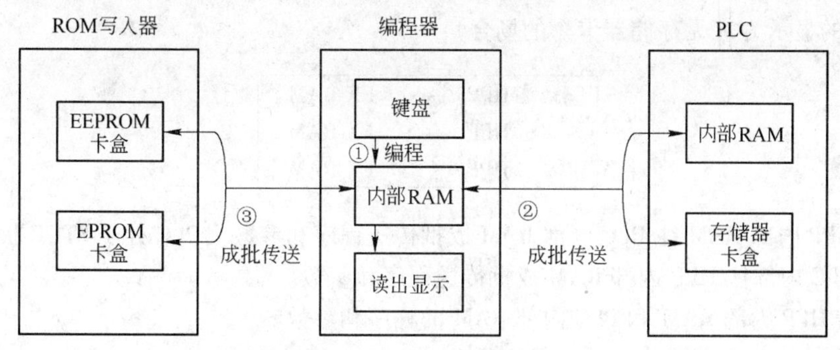

附图 A-24　程序传送

1. 脱机方式下的操作过程

脱机方式下的程序生成步骤为：

（1）准备是指将编程器与 PLC 连接好。

（2）组成系统是指 PLC 接通电源，编程器复位（RST + GO）。

（3）脱机方式的设定是指在方式设定画面下，按 ↓ 键和 GO 键，选择脱机方式。

（4）编程操作。脱机方式下的编程操作与联机方式下的编程操作同样进行，即利用写入、读出、插入、删除功能，生成并编辑程序。

（5）结束。脱机方式下生成的程序已写入到编程器内部的 RAM，若传送到 PLC 中，则 PLC 中原有的程序将消失。

简易编程器内部 RAM 的程序用超级电容器进行停电保护。充电 1h，可保持 3 天以上。因此，可将在实验室里脱机生成的、装在编程器内的程序，传送给装在现场的 PLC。

2. 脱机到联机切换

在脱机方式下设定的工作，最终还要在联机方式下完成。利用 OTHER 键显示项目单一览表进行方式的切换。脱机方式项目单有 7 个项目，利用光标键切换画面。除联机切换、编程器与 PLC 传送、模块间传送外，其他如程序检验、参数、元件变换、蜂鸣器音量调整等这些项目的操作与联机方式相同。

显示脱机方式项目单，选择各项目单的项目时，操作步骤如附图 A-25 所示。

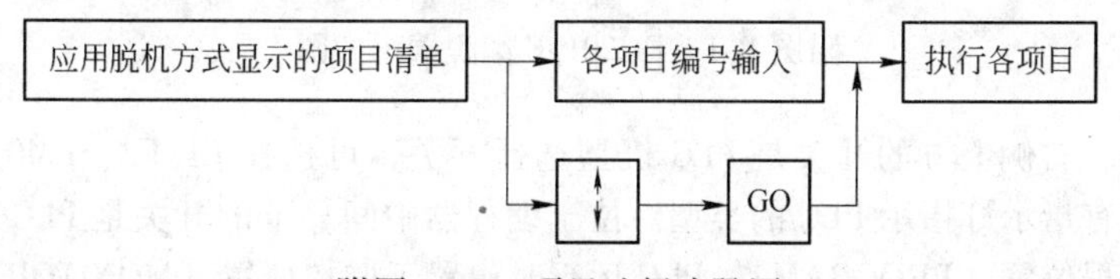

附图 A-25　项目选择步骤图

显示方式项目单时，按所选的项目的编号或光标对准所选项目并按 GO 键，即显示各项目单的项目，进行从脱机方式到联机方式的切换。下面仅介绍与联机方式操作要领不同的脱机方式项目单。

（1）编程器与主机（HPP-FXPLC）之间的传送。在编程器 HPP 和 FXPLC 之间成批地传送程序和参数的显示为（无存储器卡盒的场合）：

◪	HPP	→	FX-RAM	①
	HPP	←	FX-RAM	②
	HPP	:	FX-RAM	③

① 从 HPP 内部 RAM 往 PLC 内部 RAM 成批传送程序和参数（PLC 处于 STOP 状态）

② 从 PLC 内部往 HPP 内部 RAM 成批传送程序和参数。

③ 校核 HPP 内部 RAM 和 PLC 内部 RAM 的程序和参数。

应用 [↑↓] 键，对准光标，然后按 [GO] 键。

（2）若在 PLC 上安装 EEPROM 卡盒，进行 HPP→EEPROM 传送时，请将 PLC 处于 STOP 状态，并使存储卡盒内存储器保护开关置于 OFF 位置，其他操作相同。

附录 B　F1-20P-E 编程器及其使用

一、F1-20P-E 编程器

附图 B-1 所示为日本三菱公司的 F1-20P-E 编程器。

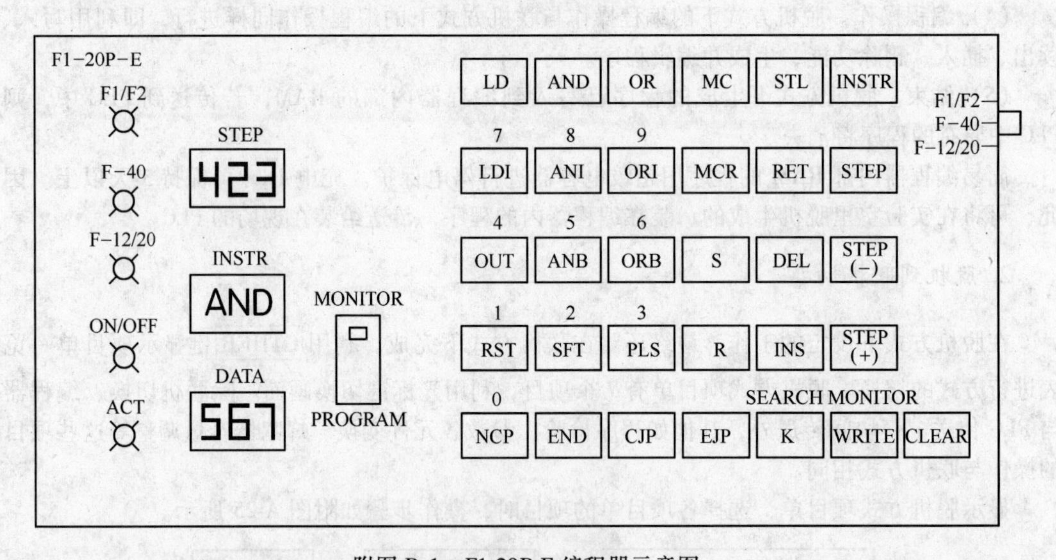

附图 B-1　F1-20P-E 编程器示意图

附图 B-1 中，右侧上方的开关是 PLC 机型选择开关，可选择 F1/F2、F-40、F-12/20 三种类型，在左上角有指示灯指示 PLC 的类型。位于编程器中间靠下的开关是 PLC 状态选择开关，编程时应置于编程位置（PROGRAM），PLC 运行时应置于监控位置（MONITOR）。编程器左下角的 ON/OFF 指示灯用于在元件监视时显示内部元件的开/关状态（对于定时器和计数器只有当显示值等于设定值时，发光管才显示）。ACT 指示灯用于在指令监视时显示触点的通/断状态。STEP、INSTR、DATA 分别用于显示程序的步序号、指令及元件号或常数值。编程器具有 22 个指令和数据键，其中一部分是双功能键（既是指令键，又是数字键），其功能由先后顺序自动决定。在编程器的右边有 9 个操作键，其作用如附表 B-1 所示。

附表 B-1　操作键功能表

键　名	功　能	键　名	功　能
INSTR	指令显示	INS	插　入
STEP	步　序	K（SEARCH）	常数（寻找）
STEP（－）	步序减一	WRITE（MONITOR）	写入（监视）
STEP（＋）	步序加一	CLEAR	清除屏蔽，置初始状态
DEL	删　除		

二、F1-20P-E 编程器的使用

1. RAM 的清零

在写入新程序之前，应对 PLC 的 RAM 清零。其操作步骤如附图 B-2 所示。

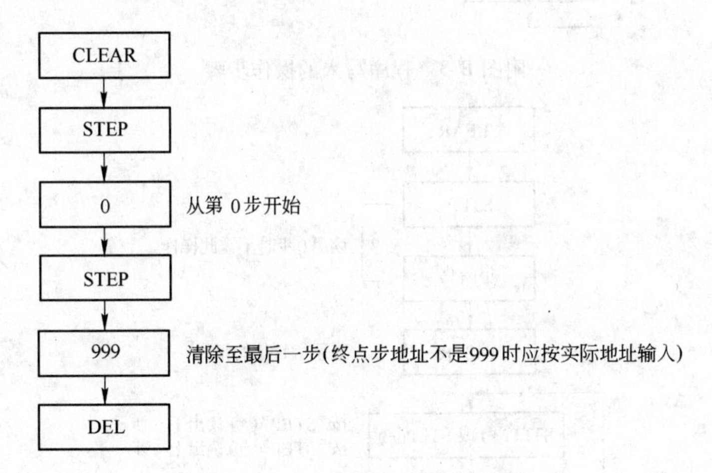

附图 B-2　RAM 清零的操作步骤

2. 程序写入

PLC 程序的写入按附图 B-3 所示顺序进行。

在按“WRITE”键前若需修改指令，先按“INSTR”键，然后写入正确的指令；在按“WRITE”键后若需修改指令，先按“STEP（－）”键返回到原指令处，然后在写入新的指令。

3. 用步序读出程序

在已知指令步序号的情况下，若想读出该条指令，可按附图 B-4 所示操作顺序直接读出，无需从程序的第 1 步读起。

4. 寻找指令

在不知道指令的步序号的情况下，可按附图 B-5 所示操作顺序找到该指令在程序中的步序号（如该指令在程序中多次出现，将找到所有的步序号）。

本操作不能用来寻找常数。在需要寻找常数时，要通过寻找常数前的一条指令，然后用“步序加一”来实现。

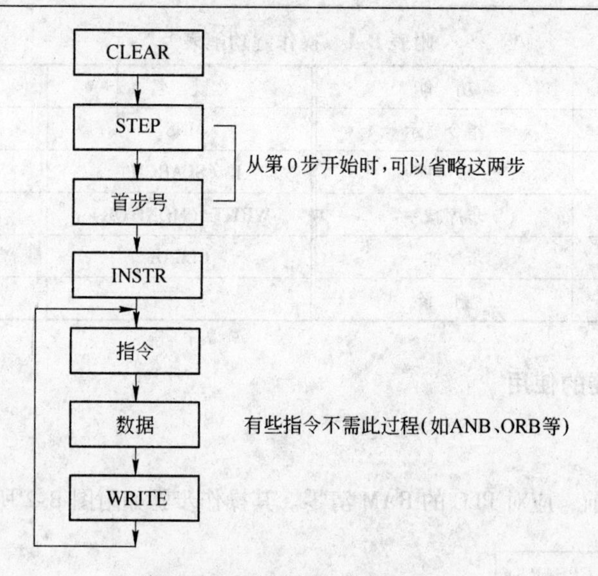

附图 B-3　程序写入的操作步骤

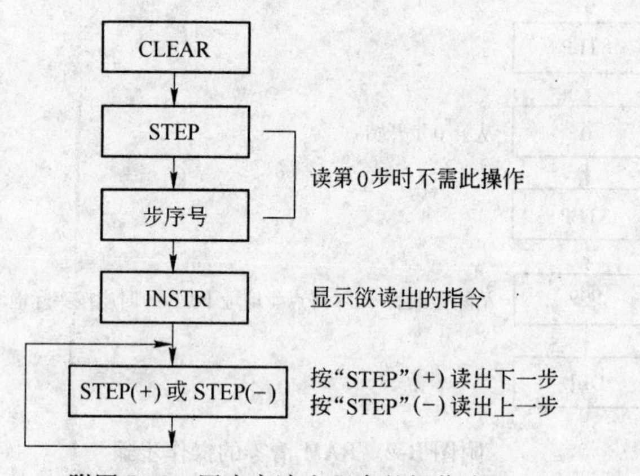

附图 B-4　用步序读出程序的操作步骤

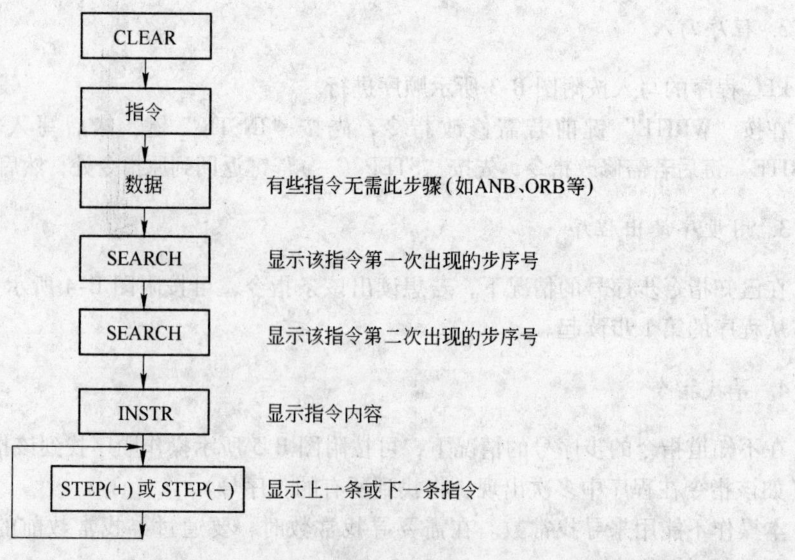

附图 B-5　寻找指令的操作步骤

5. 程序修改

在需要修改程序时，可按附图B-6所示操作顺序进行。
在需要修改常数时，应该先找到欲修改的常数，然后输入新的常数并写入。

6. 指令的删除

在需要删除某条指令时，可按附图B-7所示操作顺序进行。

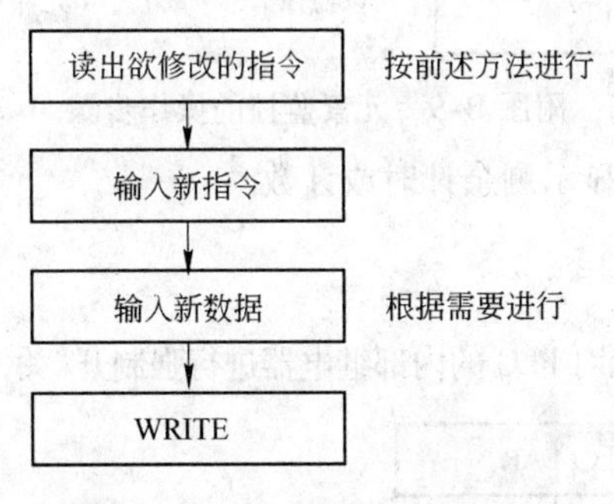

附图B-6 程序修改的操作步骤

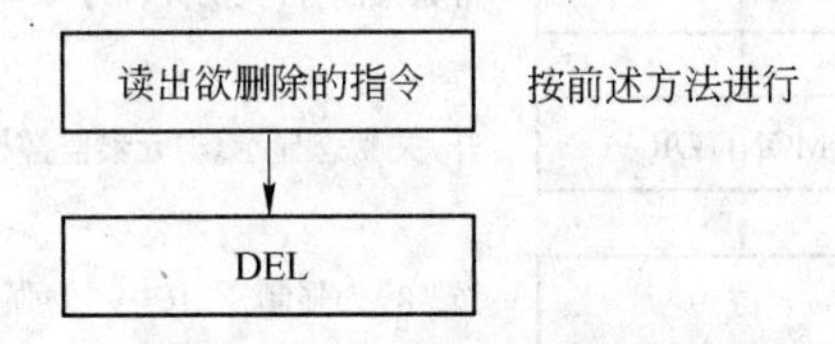

附图B-7 指令删除的操作步骤

7. 指令的插入

若需要在某指令前插入指令，可按附图B-8所示的操作顺序进行。

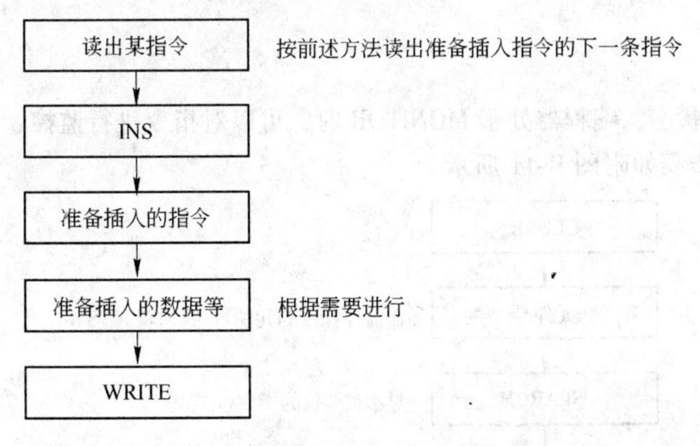

附图B-8 指令插入的操作步骤

8. 元素监控

当PLC处于RUN状态，编程器处于MONITOR状态时，可对PLC的内部元件实施监控，操作步骤如附图B-9所示。

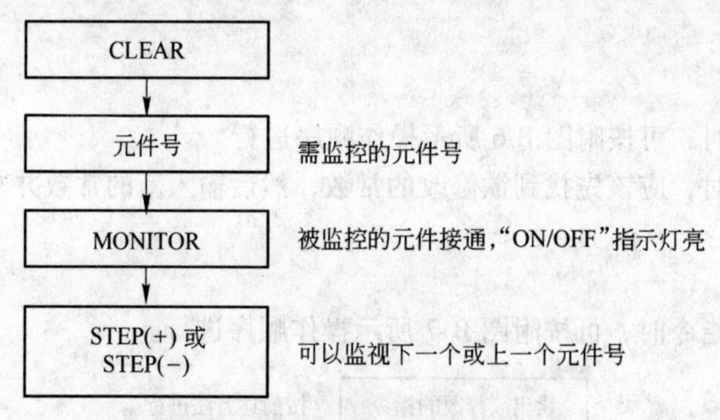

附图 B-9 元素监控的操作步骤

监视定时器或计数器时，显示剩余计时或计数。

9. 强制开/关

使用元件监控的方法，可以对 PLC 的内部继电器进行强制开/关，操作步骤如附图 B-10 所示。

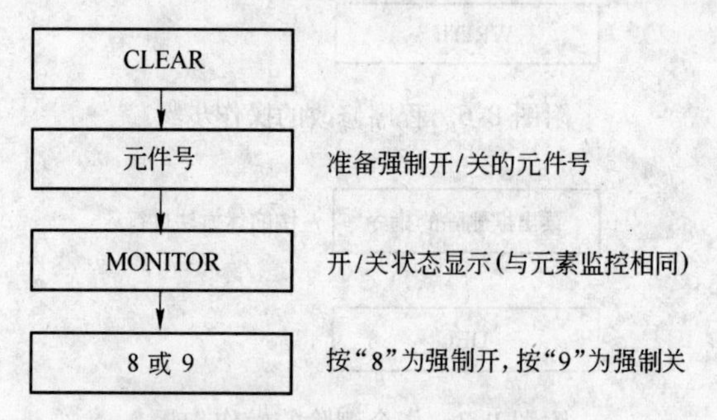

附图 B-10 强制开/关的操作步骤

强制开/关仅持续一个扫描周期。可以对定时器强制延时到或强制时间复位，对计数器强制计数到或强制复位。在停机状态时，可强制输出接通并进行保持，但在停机状态时，定时器不能强制开。

10. 指令监控

PLC 处于 RUN 状态，编程器处于 MONITOR 时，可以对指令进行监控，用"ACT"指示灯指示其状态，操作步骤如附图 B-11 所示。

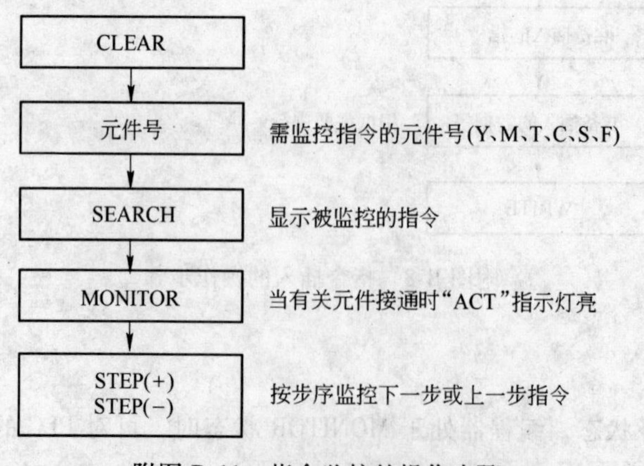

附图 B-11 指令监控的操作步骤

11. 监控状态时更改常数

指令监控状态时，可以改动正在运行程序中的常数，操作步骤如附图 B-12 所示。

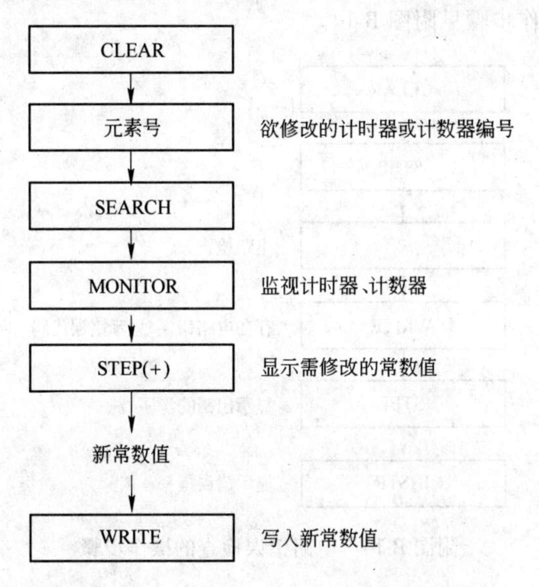

附图 B-12　监控状态时更改常数的操作步骤

如果修改正在使用的常数，其值将在定时或计数符合后才修改。

12. 错误检查

在编程状态下，利用编程器可以对所输入的程序是否存在语法错误、电路错误等进行检查。

（1）语法错误的检查。若程序存在 OUT、T 或 C 后无常数类的语法错误，可按附图 B-13 所示操作顺序进行检查。

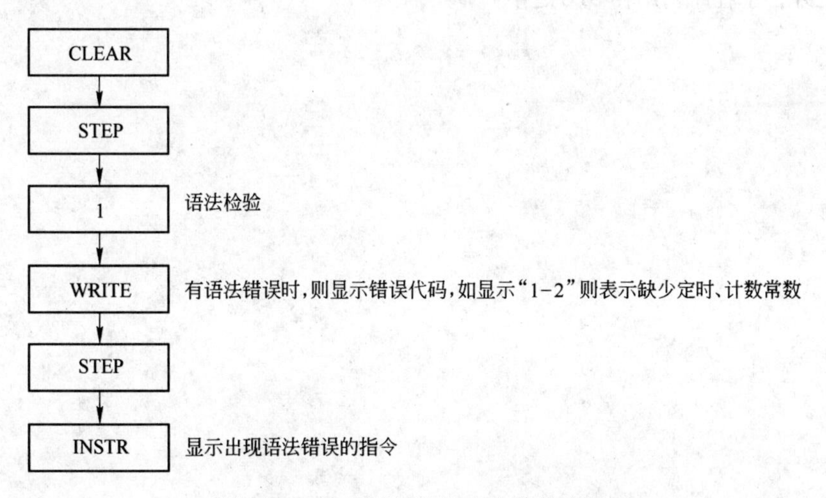

附图 B-13　语法错误检查的操作步骤

错误代码说明：

1-1　表示不正确的元件号（如：X800）或不相配的元件号（如：OUT X400-）；

1-2 表示 T 或 C 后无常数；

1-3 表示不正确的常数范围。

（2）电路错误的检查。

电路错误检查的操作步骤见附图 B-14。

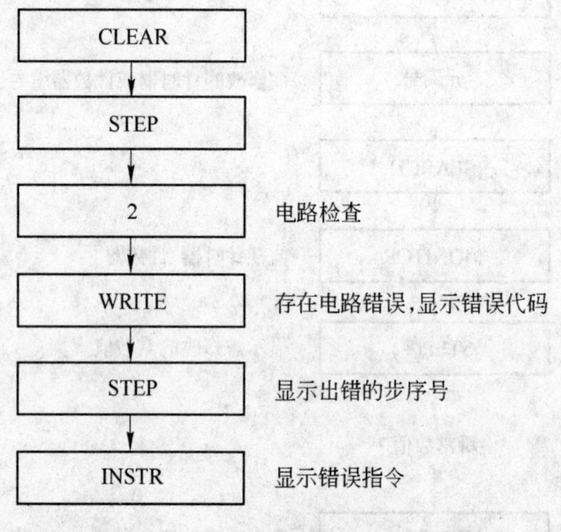

附图 B-14 电路错误检查的操作步骤

错误代码说明：

2-1 表示 LD 或 LDI 在一线圈中使用超过 8 次；

2-2 表示不正确的使用 LD、LDI 或 ANB、ORB；

2-3 表示不相配的步进指令（STL 没有从母线上开始；MC 和 MCR 在 STL 之中；RET 在 STL 之外；STL 在子程序之中；RET 遗漏；STL 连续使用超过 8 次）；

2-4 表示子程序启动超过两次；

2-5 表示不相配的子程序（调用指令在子程序内；无子程序返回指令；子程序返回指令在子程序之外；子程序调用在 STL 之中）。

参 考 文 献

［1］李伟. 机床电器与 PLC［M］. 西安：西安电子科技大学出版社，2006.
［2］肖明耀. 可编程控制技术（电工类）［M］. 北京：中国劳动社会保障出版社，2008.
［3］史增芳. 可编程控制器原理与应用［M］. 北京：中国林业出版社，2006.
［4］张鹤鸣，等. 可编程控制器原理及应用教程［M］. 北京：北京大学出版社，2007.
［5］钟肇新，等. 可编程控制器原理及应用［M］. 广州：华南理工大学出版社，2002.
［6］周万珍，等. PLC 分析与设计应用［M］. 北京：电子工业出版社，2004.
［7］高钦和. 可编程控制器应用技术设计实例［M］. 北京：人民邮电出版社，2004.
［8］程周. 电气控制与 PLC 原理及应用［M］. 北京：电子工业出版社，2003.
［9］王兆义. 小型可编程控制器实用技术［M］. 北京：机械工业出版社，2001.
［10］张万忠. 可编程控制器应用技术［M］. 北京：化学工业出版社，2003.
［11］杨长能，等. 可编程控制器（PLC）例题习题及实验指导［M］. 重庆：重庆大学出版社，1994.
［12］郭宗仁. 可编程序控制器及其通信网络技术［M］. 北京：人民邮电出版社，1999.